国家级实验教学示范中心联席会
计算机学科组规划教材

教育部高等学校计算机类专业教学指导委员会
推荐教材

软件项目管理

—— 基于PMBOK 微课视频版

田更 编著

清华大学出版社
北京

内 容 简 介

本书依据项目管理协会(Project Management Institute,PMI)制定的行业标准,以 PMI 组织编写的《项目管理知识体系指南》(PMBOK)为指引,围绕软件项目开发的全过程,从软件项目整体管理、软件项目范围管理、软件项目进度管理、软件项目成本管理、软件项目质量管理、软件项目资源管理、软件项目沟通管理、软件项目风险管理等方面对软件项目中的管理问题进行探讨,并提供了如 Rational 统一过程及敏捷软件开发等经典的软件工程方法实践案例。

本书内容贴近软件项目管理实践,知识重点突出,且配有详尽的案例分析与 PMP 仿真测试题,对知识重点给予了进一步的详尽解释,便于读者深入地理解理论知识。单元测试题与附录中的模拟试题贴近PMP 认证考试内容,并配有详尽的解答分析,可显著提升学习者对知识内容理解的深度与广度。与传统教材相比,本书教学资源丰富,且特别适合开展翻转教学和混合式教学,资源内容涵盖教学大纲与教案、授课视频(包括理论与实践教学视频)、PPT(翻转教学模式)以及 PMP 模拟测试练习题及课后习题答案。教材设计引入了建构式学习理论,且通俗易懂,知识点主次分明,适合各种层次的阅读者。

本书可作为高等学校软件工程、计算机科学与技术等专业的教材,也可作为软件项目管理认证考试的参考书。

图书在版编目(CIP)数据

软件项目管理:基于 PMBOK:微课视频版/田更编著.—北京:清华大学出版社,2023.4(2024.7重印)
国家级实验教学示范中心联席会计算机学科组规划教材
ISBN 978-7-302-63027-2

Ⅰ. ①软… Ⅱ. ①田… Ⅲ. ①软件开发−项目管理−高等学校−教材 Ⅳ. ①TP311.52

中国国家版本馆 CIP 数据核字(2023)第 043795 号

责任编辑:赵　凯
封面设计:刘　键
责任校对:郝美丽
责任印制:刘　菲

出版发行:清华大学出版社
　　　　网　　　址:https://www.tup.com.cn, https://www.wqxuetang.com
　　　　地　　　址:北京清华大学学研大厦 A 座　　　　邮　　编:100084
　　　　社 总 机:010-83470000　　　　　　　　　　邮　　购:010-62786544
　　　　投稿与读者服务:010-62776969, c-service@tup.tsinghua.edu.cn
　　　　质量反馈:010-62772015, zhiliang@tup.tsinghua.edu.cn
　　　　课件下载:https://www.tup.com.cn, 010-83470236
印 装 者:三河市君旺印务有限公司
经　　销:全国新华书店
开　　本:185mm×260mm　　印　　张:21.25　　　　　字　　数:518 千字
版　　次:2023 年 6 月第 1 版　　　　　　　　　　　印　　次:2024 年 7 月第 3 次印刷
印　　数:3001~5000
定　　价:69.00 元

产品编号:097638-01

软件项目管理是软件工程和项目管理的交叉学科,是项目管理的原理和方法在软件工程领域的应用。软件项目管理的根本目的是让软件项目,尤其是大型项目的整个软件生命周期(从分析、设计、编码到测试、维护全过程)都能在管理者的控制之下,并能以预定成本,按期、按质地完成软件并交付用户使用。研究软件项目管理是为了从已有的成功或失败的案例中总结出能够指导今后开发的通用原则、方法,同时避免前人的失误。

项目管理协会(Project Management Institution,PMI)于1966年在美国宾州成立,是目前全球影响最大的项目管理专业机构,其组织的项目管理专家(Project Management Professional,PMP)认证被广泛认同。PMI的突出贡献是总结了一套项目管理知识体系(Project Management Body Of Knowledge,PMBOK)。PMBOK总结了项目管理实践中成熟的理论、方法、工具和技术,也包括一些富有创造性的新知识。

本书依据PMI制定的行业标准,以PMI组织编写的《项目管理知识体系指南》为指引,围绕软件项目开发的全过程,从软件项目整体管理、软件项目范围管理、软件项目进度管理、软件项目成本管理、软件项目质量管理、软件项目资源管理、软件项目沟通管理、软件项目风险管理等方面对软件项目中的管理问题进行探讨,并提供了如Rational统一过程及敏捷软件开发等经典的软件工程方法实践案例。

本书内容贴近软件项目管理实践,主线清晰,知识重点突出,配有微课视频、授课PPT、案例分析、练习题与模拟测试题及其答案,教学资源丰富,可显著提升学习者对知识内容理解的深度与广度,特别适合开展翻转教学和混合式教学,教学建议如下:

(1)对知识内容的第一遍学习。要求学生提前自主学习教学资源中提供的授课视频并完成课后作业。

(2)对知识内容的第二遍学习。翻转线下课堂授课模式,围绕关键知识内容展开讨论,由学生进行知识点归纳、拓展与总结,最终形成自主构建的知识体系。

(3)对知识内容的实践性学习。课程实验安排在学期结束前集中进行,要求学生自主学习实验教学视频(本书提供),并按教师提供的实训任务书完成综合实训。

配套资源使用说明:

为了方便教学,本书配有微课视频、教学大纲、教学课件、模拟试题与答案等资源。

(1)获取微课视频方式。

读者可以先扫描本书封底的文泉云盘防盗码,再扫描书中相应的视频二维码,即可观看教学视频。

(2)其他资源可先扫描本书封底的文泉云盘防盗码,再扫描下方二维码,即可获取。

教学大纲　　　　　　　　教学课件　　　　　　模拟试题与答案

本书可作为高等学校信息、软件工程、计算机科学与技术等专业的教材，也可作为软件项目管理认证考试的参考书。

由于作者水平有限，书中不当与疏漏之处在所难免，敬请广大读者和专家提出宝贵意见，以便进一步改进和完善。

编　者

2023 年 4 月

目 录

第1章

软件项目管理概述

视频讲解

【学习目标】

◆ 了解项目和软件项目的概念与特征
◆ 了解软件危机的表现与原因
◆ 了解软件项目管理的起源与概念
◆ 掌握软件项目管理的生命周期与管理过程的内容
◆ 掌握软件项目管理的特点、原则、过程划分及相关重要概念
◆ 了解软件项目管理知识体系的相关内容
◆ 通过案例分析和测试题练习,进行知识归纳与拓展

1.1 引言

1.1.1 项目的概念与特征

1. 项目的概念

项目是人们通过努力,运用新的方法,将人力的、材料的和财务的资源组织起来,在给定的费用和时间约束规范内,完成一项独立的、一次性的工作任务,以期达到由数量和质量指标所限定的目标。

项目参数包括项目范围、质量、成本、时间、资源。美国项目管理协会(Project Management Institute,PMI)在其出版的《项目管理知识体系指南》(*Project Management Body Of Knowledge*)中对项目的定义是:项目是为创造独特的产品、服务或成果而进行的临时性工作。以下活动都可以称为一个项目:①开发一项新产品;②计划举行一项大型活动(如策划组织婚礼、大型国际会议等);③策划一次自驾游;④ERP的咨询、开发、实施与培训。

2. 项目的特征

项目通常有以下一些基本特征：

（1）项目具有独特的产品、服务或成果，实现项目目标可能产生一个或多个可交付成果。例如，即便采用相同的材料或者相同的施工单位来建设，每个建筑也具备独特性（如位置、设计、环境等）。

（2）项目具有临时性。项目的临时性指项目具有明确的起点和终点。临时性并不意味着持续时间短。在以下一种或多种情况下，项目宣告结束：①达成项目目标；②不会或不能达成目标；③项目资金缺乏或没有可分配资金；④项目需求不复存在；⑤无法获取所需人力或物力资源；⑥出于法律或便利原因而终止项目。

（3）项目要综合考虑范围、时间、成本、质量、资源、沟通、风险、采购及相关方等十大知识领域的整合。

（4）项目驱动组织变更。项目旨在推动组织从一个状态转到另一个状态，从而达成特定目标。

（5）项目创造商业价值。包括有形效益（货币资产、股东权益、公共事业、固定实施、工具及市场份额等）及无形效益（商誉、品牌认知度、公共利益、商标、战略一致性及声誉等）。

（6）项目具有启动背景。如符合法规、法律或社会需求，满足相关方的要求或需求，执行、变更业务或技术战略，创造、改进或修复产品、过程和服务。

1.1.2　软件项目的分类与特征

1. 软件项目的分类

软件项目的常用分类如下：

（1）按规模划分：大型项目、中小型项目等。大型项目比较复杂，代码量在百万行数量级，开发团队在百人以上。

（2）按软件开发模式分：组织内部使用的软件项目、直接为用户开发的外部项目和软件外包项目。

（3）按产品不同的交付类型分：产品型项目和一次型项目。

（4）按软件商业模式分：软件产品销售和在线服务（Online Service）或者随需服务模式（On-Demand）和内部部署模式（On-Premise）。

（5）按软件发布方式分：新项目和重复项目（旧项目）或完整版本（Full Package Release/Major Release）、次要版本或服务包（Service Pack）和修正补丁包（Patch）等。

（6）按项目待开发的产品进行分类：如在 COCOMO 模型中，可分为组织型、嵌入型和半独立型。其中组织型（Organic）是相对较小、较简单的软件项目（小于 50 KLOC），开发人员对项目目标的理解比较充分，与软件系统相关的工作经验丰富，对软件的使用环境很熟悉，受硬件的约束较小；嵌入型（Embedded）要求在紧密联系的硬件、软件和操作的限制条件下运行，通常与某种复杂的硬件设备集成，对接口、数据结构和算法要求高，对软件规模没有限制。半独立型（Semidetached）介于上述两种项目之间，规模和复杂度都属于中等或更高（小于 300 KLOC）。

（7）按系统架构分（Architecture）：B/S结构和C/S结构或集中式系统和分布式系统或面向对象（OOA）、面向服务（SOA）和面向组件（COA）。

（8）按技术划分：Web应用、客户端应用、系统平台软件等。

2. 软件项目的特征

软件项目除具有一般项目的特点外，还具有一些特殊特征：

（1）独特性。"没有完全一样的项目"这一特性在IT领域表现得更为突出。软件项目具有智力密集、可见性差、劳动密集、自动化程度低及软件项目开发方法的多样性等特点，与其他产品相比，客户对IT产品（尤其软件产品）的要求更特殊，时间较为紧迫。任何项目都有周期限制，但是IT行业的特点决定了在时间周期上有更加严格的要求。随着信息技术的飞速发展，IT项目的生命周期越来越短，时间把控甚至成为项目能否成功的决定性因素，因为市场机会稍纵即逝。

（2）不确定性。不确定性是指项目不可能完全在规定的时间内由规定的人员按规定的预算完成。这是因为，项目计划和预算本质上是基于对未来的"估计"和"假设"进行的预测，且由于IT项目的独特性，与同类项目的类比较为困难。

（3）人的特点。软件产品开发的整个过程主要由设计过程组成（基本没有制造过程），同时，它不需要使用大量的物质资源，主要资源是人力资源。与其他项目相比，软件项目中人的成本很高，人的能力直接影响项目的成败，而人为因素的风险是最大的。

（4）高度复杂性。软件项目的复杂性包括理解程序的难度、改错及维护程序的难度、向他人解释程序的难度、按指定方法修改程序的难度、根据设计文档编写程序的工作量、执行程序时需要资源的程度等。

1.1.3　软件危机

1. 软件危机的产生背景

20世纪60年代以前，计算机刚刚投入实际使用，软件设计往往只是为了一个特定的应用而在指定的计算机上设计和编制，采用密切依赖于计算机的机器代码或汇编语言，软件的规模比较小，文档资料通常也不存在，很少使用系统化的开发方法，设计软件往往等同于编制程序，基本上是个人设计、个人使用、个人操作、自给自足的私人化的软件生产方式。

20世纪60年代中期，大容量、高速度计算机的出现，使计算机的应用范围迅速扩大，软件数量急剧增长，高级语言开始出现，操作系统的发展引起了计算机应用方式的变化，大量数据处理导致第一代数据库管理系统的诞生。软件系统的规模越来越大，复杂程度越来越高，软件可靠性问题也越来越突出，软件危机开始爆发。

1968年，北大西洋公约组织（North Atlantic Treaty Organization，NATO）在联邦德国的国际学术会议上创造了软件危机（Software Crisis）一词，为了解决问题，在1968、1969年连续召开两次著名的NATO会议，并同时提出了软件工程的概念。

2. 软件危机的表现

软件危机是指在计算机软件的开发和维护过程中所遇到的一系列严重问题。软件危机是落后的软件生产方式无法满足迅速增长的计算机软件需求，从而导致软件开发与维护过程中出现一系列严重问题的现象。这些严重的问题阻碍着软件生产的规模化、商品化以及生产效率，让软件的开发和生产成为制约软件产业发展的"瓶颈"。软件危机主要表现在以下几方面：

（1）软件开发进度难以预测。工期拖延几个月甚至几年的现象并不罕见，这种现象降低了软件开发组织的信誉。

（2）软件开发成本难以控制。投资一再追加，令人难以置信。往往是实际成本比预算成本高出一个数量级。而为了赶进度和节约成本所采取的一些权宜之计往往又损害了软件产品的质量，从而不可避免地引起用户的不满。

（3）用户对产品功能难以满意。开发人员和用户之间很难沟通、矛盾很难统一。往往是软件开发人员不能真正了解用户的需求，而用户又不了解计算机求解问题的模式和能力，双方无法用共同熟悉的语言进行交流和描述。在双方互不充分了解的情况下，就仓促上阵设计系统、匆忙着手编写程序，这种"闭门造车"的开发方式必然导致最终的产品不符合用户的实际需要。

（4）软件产品质量无法保证。系统中的错误难以消除，软件是逻辑产品，质量问题很难以统一的标准度量，因而造成质量控制困难。软件产品并非没有错误，但是盲目地检测很难发现错误，而隐藏的错误往往是造成重大事故的隐患。

（5）软件产品难以维护。软件产品本质上是开发人员的代码化的逻辑思维活动，他人难以替代，除非是开发者本人，否则很难及时检测、排除系统故障。为使系统适应新的硬件环境或根据用户的需要在原系统中增加一些新的功能，又有可能增加系统中的错误。

（6）软件缺少适当的文档资料。文档资料是软件必不可少的重要组成部分，实际上，软件的文档资料是开发组织和用户之间权利和义务的合同书，是系统管理者、总体设计者向开发人员下达的任务书，是系统维护人员的技术指导手册，是用户的操作说明书。缺乏必要的文档资料或者文档资料不合格，将给软件开发和维护带来许多严重的困难和问题。

3. 软件危机产生的原因

软件危机产生的原因主要表现在以下几方面：

（1）用户需求不明确。在软件开发过程中，用户需求不明确问题主要体现在四方面：在软件开发出来之前，用户自己也不清楚软件开发的具体需求；用户对软件开发需求的描述不精确，可能有遗漏、有二义性甚至有错误；在软件开发过程中，用户还提出修改软件开发功能、界面、支撑环境等方面的要求；软件开发人员对用户需求的理解与用户本来愿望有差异。

（2）缺乏正确的理论指导。缺乏有力的方法学和工具方面的支持。软件开发不同于大多数其他工业产品，其开发过程是复杂的逻辑思维过程，其产品极大程度地依赖于开发人员高度的智力投入。过分地依靠程序设计人员在软件开发过程中的技巧和创造性，加剧了软件开发产品的个性化，这也是产生软件危机的一个重要原因。

（3）软件开发规模越来越大。随着软件开发应用范围的扩增，软件开发规模愈来愈大。大型软件开发项目需要组织一定的人力共同完成，而多数管理人员缺乏开发大型软件开发系统的经验，多数软件开发人员又缺乏管理方面的经验。各类人员的信息交流不及时、不准确，有时还会产生误解。软件项目开发人员不能有效、独立自主地处理大型软件开发的全部关系和各个分支，因此容易产生疏漏和错误。

（4）软件开发复杂度越来越高。软件开发不仅在规模上快速地发展壮大，而且其复杂性也急剧地增加。软件开发产品的特殊性和人类智力的局限性，导致人们无力处理"复杂问题"。所谓"复杂问题"的概念是相对的，一旦人们采用先进的组织形式、开发方法和工具提高了软件开发效率和能力，就会出现更大、更复杂的新问题。

1.2 软件项目管理

1.2.1 软件项目管理概述

1. 软件项目管理的起源

软件项目管理起源于 20 世纪 70 年代中期的美国，当时美国国防部专门研究了软件开发不能按时提交、预算超支和质量达不到用户要求的原因，结果发现 70% 的问题是因为管理不善引起的，而非技术原因。于是软件开发者开始逐渐重视软件开发中的各项管理。到了 20 世纪 90 年代中期，软件研发项目管理不善的问题仍然存在。美国软件工程实施现状的调查结果显示，软件研发的情况仍然很难预测，大约只有 10% 的项目能够在预定的费用和进度下交付。

据统计，1995 年，美国共取消了 810 亿美元的商业软件项目，其中 31% 的项目未做完就被取消，53% 的软件项目进度通常要延长 50% 的时间，只有 9% 的软件项目能够及时交付并且费用也控制在预算之内。

软件项目管理和其他项目管理相比有其特殊性。首先，软件是纯知识产品，其开发进度和质量很难估计和度量，生产效率也难以预测和保证。其次，软件系统的复杂性也导致了开发过程中难以预见和控制各种风险。Windows 这样的操作系统有 1500 万行以上的代码，同时有数千个程序员在进行开发，项目经理有上百个，这样庞大的系统如果没有良好的管理，其软件质量是难以想象的。

2. 软件项目管理的概念

软件项目管理是软件工程和项目管理的交叉学科，是项目管理的原理和方法在软件工程领域的应用。软件项目管理的对象是软件工程项目，它所涉及的范围覆盖了整个软件工程过程。为使软件项目开发获得成功，关键问题是必须对软件项目的工作范围、可能风险、需要资源（人、硬件/软件）、要实现的任务、经历的里程碑、花费工作量（成本）、进度安排等做到整体把控。这种管理在技术工作开始之前就应开始，在软件从概念到实现的过程中持续进行，到软件工程过程最后结束时才终止。

软件项目管理是为了使软件项目能够按照预定的成本、进度、质量顺利完成，而对人员（People）、产品（Product）、过程（Process）和项目（Project）进行分析和管理的活动。

软件项目管理的根本目的是让软件项目尤其是大型项目的整个软件生命周期（从分析、设计、编码到测试、维护全过程）都能在管理者的控制之下，以预定成本按期、按质地完成软件并交付用户使用。进行软件项目管理的研究，可以从已有的成功或失败的案例中总结出能够指导今后开发的通用原则、方法，避免前人的失误。

软件项目管理的内容主要包括人员的组织与管理、软件度量、软件项目计划、风险管理、软件质量保证、软件过程能力评估、软件配置管理等。这几个方面贯穿、交织于整个软件开发过程中。其中，人员的组织与管理把注意力集中在项目组人员的构成、优化；软件度量关注用量化的方法评测软件开发中的费用、生产率、进度和产品质量等要素是否符合期望值，包括过程度量和产品度量两个方面；软件项目计划主要包括工作量、成本、开发时间的估计，并根据估计值制定和调整项目组的工作；风险管理预测未来可能出现的各种危害到软件产品质量的潜在因素并采取措施进行预防；软件质量保证是保证产品和服务充分满足消费者要求的质量而进行的有计划、有组织的活动；软件过程能力评估是对软件开发能力的高低进行衡量；软件配置管理针对开发过程中人员、工具的配置及使用提出管理策略。

1.2.2　软件项目管理的特点与原则

1. 软件项目管理的特点

软件不同于一般的传统产品，它是对物理世界的一种抽象，是逻辑性的、知识性的产品，是一种智力产品。因此，软件项目管理也具备一些鲜明的特点：

（1）软件项目独特性的影响。设计性项目与其他类型的项目完全不同。设计性项目要求长时间地创造和发明，需要许多技术非常熟练的、有能力合格完成任务的技术人员。开发者必须在项目涉及的领域中具备深厚和广博的知识，并且有能力在团队沟通和协作中有良好的表现。设计性项目同样也需要用不同的方法进行设计和管理。

（2）软件过程模型的影响。在软件开发过程中，会选用特定的软件过程模型，如瀑布模型、原型模型、迭代模型、快速开发模型和敏捷模型等。选择不同的模型，软件开发过程会存在不同的活动和操作方法，其结果会影响软件项目的管理。例如，在采用瀑布模型的软件开发过程中，对软件项目会采用严格的阶段性管理方法；而在迭代模型中，软件构建和验证并行进行，开发人员和测试人员的协作就显得非常重要，项目管理的重点是沟通管理、配置管理和变更控制。

（3）需求变化频繁。软件需求的不确定性或变化的频繁性使软件项目计划的有效性降低，从而给软件项目计划的制订和实施都带来了很大的挑战。例如，人们采用极限编程的方法来应对需求的变化，以用户需求为中心，采用短周期产品发布的方法来满足频繁变化的用户需求。

需求的不确定性或变化的频繁性还给项目的工作量估算造成很大的影响，进而带来更大的风险。仅了解需求是不够的，只有等到设计出来之后，才能彻底了解软件的构造。另外，软件设计的高技术性进一步增加了项目的风险，所以软件项目的风险管理尤为重要。

（4）难以估算工作量。虽然前人已经对软件工作量的度量做了大量研究，提出了许多方法，但始终缺乏有效的软件工作量度量方法和手段。不能有效地度量软件的规模和复杂性，就很难准确估计软件项目的工作量。对软件项目工作量的估算主要依赖于对代码行、对象点或功能点等的估算。虽然上述估算可以使用相应的方法，但这些方法的应用还是很困难的。例如,对于基于代码行的估算方法,不仅因不同的编程语言有很大的差异,而且也没有标准来规范代码,代码的精炼和优化的程度等对工作量影响都很大。基于对象点或功能点的方法也不能适应快速发展的软件开发技术,缺少统一的、标准的度量数据以供参考。

(5) 主要的成本是人力成本。项目成本可以分为人力成本、设备成本和管理成本,也可以根据和项目的关系分为直接成本和间接成本。软件项目的直接成本是在项目中所使用的资源而引起的成本,由于软件开发活动主要是智力活动,软件产品是智力的产品,所以在软件项目中,软件开发的最主要成本是人力成本,包括人员的薪酬、福利、培训等费用。

(6) 以人为本的管理。软件开发活动是智力的活动,要使项目获得最大收益,就要充分调动每个人的积极性、发挥每个人的潜力。要达到这样的目的,不能靠严厉的监管,也不能靠纯粹的量化管理,而是要靠良好的激励机制、工作环境和氛围,靠人性化的管理,即以人为本的管理思想。

2. 软件项目管理应遵循的原则

在软件项目管理中,有很多原则和经验值得我们去学习和借鉴。

(1) 计划原则。没有计划,就不知道该如何下手,计划能够告知什么时候该做什么事情。很多软件管理者告诉员工应该做什么就扬长而去,没有一个关于计划的说明,由于没有计划或计划太粗糙且不切实际,很多项目 1/3 或者 1/2 的时间花在了返工上,有时因为计划中遗漏了某一个关键人物,项目就有可能宣告失败。因此,应制订一个详尽的计划,以详细到开发人员可以理解的程度为宜。此外,对于开发人员,制订一个目标导向是充分调动其工作积极性的最佳方法,每一个任务阶段的成果能够将员工的工作效率维持在一个较高的水平,因为短期目标总是比长期目标来说更容易看到和达到。为此,制订一个计划,并让它符合目标导向(通过各个具体任务计划促使项目总计划的达成),是很有必要的。

(2) Brooks 原则。向一个已经滞后的项目添加人员,可能会使得项目更加滞后,因为新加入的员工需要增加相关培训、环境熟悉以及人员之间沟通的时间,迫使项目的工作效率急剧下降,沟通不畅以及工作效率的下降需要很多额外工作来弥补,而加班造成的疲劳会再次使工作效率下降,同时成本却不断攀升。不少项目管理人员抱怨时间紧迫,须知很多项目时间内的紧迫性来自于管理人员不假思索和不基于常理的邀功表现,没有充分考虑开发人员能力的多样性。

(3) 验收标准原则。我们进行某种任务,往往会因以何种结果为宜感到困惑。不求质量的开发人员往往凭经验草草了事,而追求完美的开发人员则会在该项任务上耗费太多的精力,常常吃力不讨好,这都是由于没有验收标准而导致的情景。没有验收标准,就无法知道要进行的任务需要一个什么样的结果,需要达到一个什么样的质量标准。在很多情况下会导致沉醉于辛勤耕耘却与目标结果背道而驰。对项目经理来说,制订好每一个任务的验收标准,才能严格地把好每一个质量关,同时了解项目进度情况。

(4) 默认无效原则。你的项目成员理解和赞成项目的范围、目标和你所指定的项目策略吗?不要认为项目管理人员的沉默就是同意,沉默在很多情况下只说明项目开发人员尚未弄清楚项目的范围、任务和目标。为此,软件项目管理人员还需要与开发者进行充分沟通,了解开发人员的想法。在还没有达成理解一致的前提下,一个团队是不可能成功的。

（5）80-20原则。80-20原则在软件开发和项目管理方面有很多的实例，其一便是我们在20%的项目要求上耗费了80%的时间，仔细分析一下，这些要求分为必需的和非必需的，我们建议将非必需的要求压缩或者放在一边，不必太重视。软件开发事实告诉我们，开发人员在非必需的项目要求上耗费了太多的精力，而实际上用户并不看重这些要求，而我们所做的努力往往是舍本求末。

（6）帕金森原则。帕金森原则是反映政府部门机构臃肿、效率低下的代名词，在软件开发过程中也同样适用。没有时间限制，工作就可能无限延期。在软件开发过程中如果没有严格的时间限制，则开发人员往往会比较懈怠。对于软件管理者而言，应该合理地考虑开发人员的工作效率和项目变更带来的负面影响，制订合理的项目工期并鼓励开发人员尽快完成。

（7）时间分配原则。在项目计划编制过程中，我们经常将人和设备的效率设置为100%，殊不知人还要吃饭、喝水、开会和休息，而且还没考虑开发人员的效率是否一直恒定在同一水平上，由于项目管理人员的无知，导致开发人员被迫拼命加班，结果依旧出现Brooks原则的问题，一般来说，开发人员的效率能达到80%就很不错了。

（8）变化原则。项目中唯一不变的就是变化，项目不考虑可能发生的变化是不可思议的，不过在面对项目变化带来的风险时，项目管理人员常常持逃避的态度。软件管理人员应及早做好风险管理，虽然风险储备不能解决所有问题，但预防胜于治疗，可惜大部分人没有这方面的意识。

（9）作业标准原则。一个团队要完成项目开发需要一定的章法。很可惜国内很多软件项目开发仍然是以作坊式为主，或没有开发章法，或章法粗糙。一个好的开发模式和代码规范能解决很多编写程序随心所欲的问题，因为缺乏作业标准而付出的代价往往是客户的抱怨和无休止的返工。

（10）复用和组织变革原则。如何解决日益突出的项目工期、成本和质量问题？这是项目管理者最关心的问题。从实践上来看，加强复用的力度、建立项目复用体系和实施组织变革是效果最好的途径之一。复用能够提高项目生产率、降低项目风险。软件项目管理可以快速地进入项目问题定义之中，减少项目开发量，从而尽可能地解决项目在时间、资源方面的过载问题。另一条途径就是实施项目团队的组织变革，精简软件项目管理机构，重新定义工作职责，制订柔性的项目工作流程，改善项目人员的开发效率，努力营造一个良好的项目开发环境，这样才能从根本上解决项目开发中的种种棘手问题。

1.2.3 软件项目管理的生命周期与管理过程

1. 软件项目管理中的重要概念

1）软件生命周期（Software Life Cycle，SLC）

软件生命周期是软件的产生直到报废或停止使用的生命周期。软件生命周期内有问题定义、可行性分析、总体描述、系统设计、编码、调试和测试、验收与运行、维护升级到废弃等阶段，也有将以上阶段的活动组合在内的迭代阶段，即迭代作为生命周期的阶段。软件生命周期描述如图1-1所示，软件生命周期中的相关人员描述如图1-2所示。

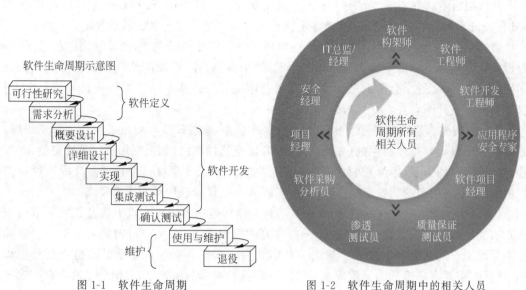

图 1-1　软件生命周期　　　　　图 1-2　软件生命周期中的相关人员

2) 软件项目管理的生命周期

软件项目管理的生命周期是一个项目从概念到完成所经过的所有阶段。所有项目都可分成若干阶段,且所有项目无论大小,都有一个类似的生命周期结构。其最简单的形式主要由四个主要阶段构成:概念阶段、开发或定义阶段、执行(实施或开发)阶段和结束(试运行或结束)阶段。阶段数量取决于项目复杂程度和所处行业,每个阶段还可再分解成更小的阶段。

项目阶段通常按顺序排列,阶段的名称和数量取决于参与项目的一个或多个组织的管理与控制需要、项目本身的特征及其所在的应用领域。可以在总体工作范围内或根据财务资源的可用性,按职能目标或分项目标、中间结果或可交付成果,或者特定的里程碑来划分阶段。阶段通常都有时间限制,有一个开始点、结束点或控制点。生命周期通常记录在项目管理方法论中。可以根据所在组织或行业的特性,或者所用技术的特性,来确定或调整项目生命周期。虽然每个项目都有明确的起点和终点,但具体的可交付成果及项目期间的活动会因项目的不同而有很大差异。不论项目涉及的具体工作是什么,生命周期都可以为管理项目提供基本框架。软件项目管理生命周期如图 1-3 所示。

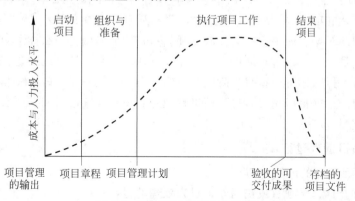

图 1-3　软件项目管理生命周期

软件项目管理的生命周期中有三个重要概念，分别是检查点（CheckPoint）、里程碑（Mile Stone）和基线（Base Line），描述了在什么时候对项目进行什么样的控制。

（1）检查点。指在规定的时间间隔内对项目进行检查，比较实际与计划之间的差异，并根据差异进行调整。可将检查点看作一个固定"采样"时点，而时间间隔根据项目周期长短不同而不同，频度过小会失去意义，频度过大会增加管理成本。常见的间隔是每周一次，项目经理需要召开例会并上交周报。

（2）里程碑。里程碑是项目中的重要时点或事件，里程碑清单列出了所有项目里程碑，并指明每个里程碑是强制性的（如合同要求的）还是选择性的（如根据历史信息确定的）。里程碑的持续时间为零，因为它们代表的是一个重要时间点或事件。里程碑是完成阶段性工作的标志，不同类型的项目，里程碑不同。里程碑在项目管理中具有重要意义。

（3）基线。指一个（或一组）配置项在项目生命周期的不同时间点上通过正式评审而进入正式受控的一种状态。基线其实是一些重要的里程碑，但相关交付物要通过正式评审并作为后续工作的基准和出发点。基线一旦建立后变化需要受控。重要的检查点是里程碑，重要的需要客户确认的里程碑就是基线。在我们实际的项目中，周例会是检查点的表现形式，高层的阶段汇报会是基线的表现形式。基线是项目储存库中每个工件版本在特定时期的一个"快照"，它提供一个正式标准，随后的工作基于此标准，并且只有经过授权后才能变更这个标准。建立一个初始基线后，以后每次对其进行的变更都将记录为一个差值，直到建成下一个基线。

【案例场景】

Case1：你让一个程序员一周内编写一个模块，前3天你们可能都很悠闲，可后2天就得拼命加班编程序了，而到周末时又发现系统有错误和遗漏，必须修改和返工，于是周末又得加班。

Case2：对于Case1中遇到的问题，实际上你有另一种选择，即周一与程序员一起列出所有需求，并请业务人员评审，这时就可能发现遗漏并及时修改；周二要求程序员完成模块设计并由你确认，如果没有大问题，周三、周四就可让程序员编程；同时自己准备测试案例，周五完成测试；一般经过需求、设计确认，如果程序员合格则不会有太大问题，周末就可以休息了。

【案例分析】

Case2增加了"需求"和"设计"两个里程碑，看似增加了额外工作，但其实有很大意义。首先，对一些复杂的项目，需要逐步逼近目标，里程碑产出的中间"交付物"是每一步逼近的结果，也是控制的对象。如果没有里程碑，中间想知道"他们做得怎么样了"是很困难的。其次，可以降低项目风险。通过早期评审可以提前发现需求和设计中的问题，降低后期修改和返工的可能性。另外，还可根据每个阶段产出结果分期确认收入，避免血本无归。最后，一般人在工作时都有"前松后紧"的习惯，而里程碑强制规定在某段时间做什么，从而合理分配工作，细化管理"粒度"。

2. 软件项目管理过程

1）软件项目管理的内涵

项目管理的对象，是项目或被当作项目来处理的运作；

项目管理的思想，是系统管理的系统方法论；

项目管理的组织,通常是临时性、柔性、扁平化的组织;

项目管理的机制,是项目经理负责制,强调责权利的对等;

项目管理的方式,是目标管理,包括进度、费用、技术、质量;

项目管理的要点,是创造、保持一种使项目顺利进行的环境;

项目管理的方法、工具、手段,应具有先进性和开放性。

2) 软件项目管理的阶段划分

软件项目管理贯穿于软件项目生命周期的始终,包括项目启动阶段、项目规划阶段、项目执行阶段、项目控制阶段和项目收尾阶段,在软件项目的生命周期中,这五大过程是反复出现的、是有重叠的。软件项目管理的阶段划分如图1-4所示。项目启动阶段的任务是识别客户需求内容,对客户提出的需求内容进行可行性分析、评估和立项。这是所有项目的开始阶段,是新的项目识别和开始的过程;项目获得批准之后,下一步就是规划项目的管理工作,以确保项目能在规定的时间和预算的范围内实现预期的目标;在对项目进行了规划之后,就可以开始执行项目了;项目控制阶段的任务是定期监测与度量项目执行情况阶段各项工作进展情况,识别是否有偏离计划之处,对于项目执行过程中出现的问题,及时发现并采取纠正措施,以确保项目目标实现;项目收尾阶段是交付产品以及总结经验教训。软件项目管理整体架构如图1-4所示。

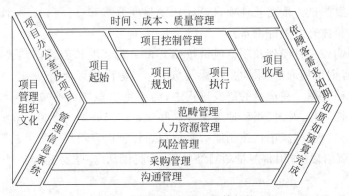

图 1-4　软件项目管理整体架构

(1) 项目启动阶段(作用是设定项目目标,让项目团队有事可做)。

项目识别。开发部门接到业务部门提出的客户需求后,对客户需求内容进行确认,对客户需求做可行性研究分析,通过与客户进行交流沟通、分析评估后,对需求的可实现内容和不能实现的内容达成一致意见,开发部门对于确认的需求内容纳入公司整体项目管理体系中管理,并配合业务部门撰写出详细的项目需求说明书。

项目立项。软件项目通过评审后就可以进行立项,编制需求开发任务书。软件公司接到项目任务后,首先由公司项目管理办公室按照公司软件项目管理流程,为新项目建立信息档案,编制项目代码,启动项目开发工作。

(2) 项目规划阶段(作用是制订工作路线,让项目团队"有法可依")。

项目范围规划。包括给出项目背景描述、项目目标描述,对项目工作结构进行分解(WBS)。制订里程碑计划和工作责任分配矩阵。

编制项目工作计划。项目工作计划编制要依据合同对工期的约定和要求、里程碑计划、

WBS,参照公司类似项目的历史信息和项目内外部条件,各种资源状况等内容,编制项目工作计划,常用的技术方法是 PERT 网络技术、甘特图法。具体包括项目进度计划、项目人力资源计划、项目费用预算、风险控制计划、质量控制计划、项目采购计划、培训计划和方案评估计划。

设计项目实现方案。包括项目技术实现方案、项目开发方案和项目测试方案。

确定信息沟通与披露渠道。确认项目沟通的渠道和方式,建立项目信息披露机制。

项目信息管理。通过专用的项目管理软件为项目编号建立信息档案,详细记载项目生命周期中每一个阶段产生的项目信息资料,要求项目组随时提交项目信息,逐步建成一个项目信息管理知识库。

(3) 项目执行阶段(作用是"按图索骥",让项目团队"有法必依")。

建立项目开发团队,明确团队组成形式。依据业务需求开发任务书中对项目完成时间、费用的要求,确认项目开发团队人员数量,明确项目经理,建立以项目经理为项目负责人的开发团队。团队组建完成后,项目经理组织团队人员进行交流学习和互相熟悉,说明项目任务、目标、规模、人员组成、规章制度和行为准则以及个人岗位和责任,建立团队与外界的初步联系及相互关系,确立团队的权限,建立团队的绩效管理机制,争取公司各方面支持,根据团员特点分配职责,收集有关项目信息。

实施项目开发测试。依据软件项目设计开发制度要求和软件项目管理规范,按照需求实现方案为项目具体开发做好准备。

实施项目采购。项目经理及项目成员按照公司采购制度和流程控制要求,了解软件产品供应商市场,咨询市场询价,采购招投标及与中标供应商签订合同。

项目信息文档管理。在项目的研发过程中,会产生很多来自不同层次和客户的项目管理所需信息和文档资料,及时、正确地搜集好这些项目信息并纳入项目信息管理档案中统一管理,为跟踪项目进程、提高项目控制能力及项目后评价以及项目绩效考核打好基础。

(4) 项目控制阶段(作用是测量项目绩效,让项目团队"违法必究",并且尽量做到"防患于未然")。

项目进度与费用控制。做好项目进度和费用分析。撰写项目进度报告。每周定期召开项目工作例会,并与项目外包商沟通,及时解决存在的问题。根据里程碑计划中制订的需求分析完成时间、系统设计完成时间、编码完成时间、测试完成时间和投产完成时间,在每一个阶段完成时召开会议,确认该时间段是否按计划完成工作。

项目资源的控制。项目的资源包括人力资源、开发环境资源、测试环境资源、设备资源等,在项目开发过程中。项目经理要根据项目开发进度情况,优化资源分配,合理安排项目使用的开发和测试环境,调整开发人员和测试人员数量和工作内容,通过项目资源优化,确保项目开发进度和质量。

采购过程及合同控制。监督和控制软件项目采购过程,要确定供应商招投标及中标是否按流程工作、供应商的资质是否符合要求、要求提供的文档资料是否齐全。对于中标的供应商要做好合同管理,确保卖方符合要求,买方要根据项目进度情况,做好项目阶段付款、合同内容变更管理。

需求变更管理。在软件项目的研发过程中,对于需求内容变化请求都要求做出快速的响应,这需要制订相应的变更管理工作流程,控制来自各方面的变更,同时更新项目计划内容,并及时把更新项目信息资料存入项目信息管理档案。

项目风险控制。根据项目规划阶段对项目开发过程中不同风险的识别及应对策略,实行项目"实时监控、实时询问、及时披露"制度。在项目开发过程中,对于出现的风险要及时向上级领导、客户反映,同时要采取措施把风险降低。对于外包商,项目经理需要密切监控项目的实施情况。

项目质量控制。按照质量确保计划,由质量控制员全程跟踪项目研发过程中质量控制点,提醒项目经理提交项目管理需要的质量信息资料,对于发现的问题要及时通知项目经理改正。

(5)项目收尾阶段。

项目验收。由客户进行验收测试,验证软件项目实现的功能是否实现了其需求。

项目后评价。项目开发结束,需要项目开发团队撰写项目报告,总结分析整个项目研发工作,分析项目开发期间出现的问题原因及解决的方法,撰写出项目总结分析报告,为以后项目研发提供借鉴经验。

1.3　项目管理过程中的重要文档

1.3.1　项目章程

项目章程是证明项目存在的正式书面说明和证明文件。由高级管理层签署,规定项目范围,如质量、时间、成本和可交付成果的约束条件,授权项目经理分派组织资源用于项目工作。通常是项目开始后第一份正式文件。它包含四个部分:商业文件、协议、事业环境因素、组织过程资产。其中,商业文件包含商业论证和效益管理计划。

(1)商业论证。一般情况下,商业论证会包含商业需求(强调启动项目的原因)和成本效益分析(确定项目是否值得投资),以论证项目的合理性并确定项目边界(是项目的约束或管制范围,没有项目边界将无法做出相对准确的投入和产出)。商业论证通常由商业分析师完成,由项目发起人提供给项目经理,项目经理可以对商业论证的内容提出建议。

(2)项目效益管理计划。对创造、提高和保持项目效益的过程进行定义的书面文件。该文件同样产生于项目启动之前,所以并不是由项目经理或项目团队编写,而是由发起人提供。因为有些项目的收益并不只是通过项目本身实现,而是通过相关运营或其他项目实现,所以可以简单理解为项目效益管理计划是由项目集经理或项目集团队编写发布。

(3)协议。用于定义启动项目的初衷。协议有多种形式,包括合同、谅解备忘录(MOUs)、服务水平协议(SLA)、协议书、意向书、口头协议、电子邮件或其他书面协议。

(4)事业环境因素和组织过程资产。是我们开展项目必须依赖或者可以使用的素材。它是来自于公司提供的项目背景资料。注意:商业文件和协议是和外界(甲方,即发起人)签署或制订的,所以"事业环境因素和组织过程资产"与"商业文件和协议"之间有微妙的差别。事业环境因素与组织过程资产的区别在于:

① 事业环境因素比较宏观,包括组织所处的外部政策与市场环境,以及组织内部的管理制度与企业文化等因素,这些因素通常会直接影响具体项目的决策和执行,但项目通常不会对事业环境因素产生反向影响。

② 事业环境因素作为项目管理过程的输入主要体现在启动与规划过程组，和项目整合管理的几个过程中，并且都和组织过程资产共同出现。

③ 组织过程资产比较具体，如流程与程序、模板、档案、经验教训、知识库等，每个项目可以直接加以利用，同时不少项目过程也会引起组织过程资产的更新。

④ 组织过程资产作为项目管理过程的输入除了与事业环境因素共同出现在启动与规划过程组中，更多地单独出现在执行、监控与收尾过程组中。另外，组织过程资产（更新）也出现在许多过程的输出里面。

1.3.2　项目管理计划

项目管理计划是项目的主计划或总体计划，它确定了执行、监控和结束项目的方式和方法，包括项目需要执行的过程、项目生命周期、里程碑和阶段划分等全局性内容。项目管理计划是其他各子计划制订的依据和基础，它从整体上指导项目工作有序进行。项目管理计划包括 12 个子计划、4 个基准、1 个项目生命周期描述和 1 个开发方法，如下：

（1）范围管理计划：确定如何定义、制订、监督、控制和确认项目范围。

（2）需求管理计划：确定如何分析、记录和管理需求。

（3）进度管理计划：为编制、监督和控制项目进度建立准则并确定活动。

（4）成本管理计划：确定如何规划、安排和控制成本。

（5）质量管理计划：确定在项目中如何实施组织的质量政策、方案、标准。

（6）资源管理计划：指导如何对项目资源进行分类、分配、管理和释放。

（7）沟通管理计划：确定项目信息将如何、何时、由谁来进行管理和传播。

（8）风险管理计划：确定如何安排与实施风险管理活动。

（9）采购管理计划：确定项目团队将如何从执行组织外部获取货物和服务。

（10）相关方参与计划：确定如何根据相关方的需求、利益和影响让他们参与项目决策和执行。

（11）变更管理计划：描述在整个项目期间如何正式审批和采纳变更请求。

（12）配置管理计划：描述如何记录和更新项目的特定信息，以及该记录和更新哪些信息，以保持产品、服务或成果的一致性和有效性。

（13）范围基准：经过批准的范围说明书、工作分解结构 WBS 和相应的 WBS 词典，用作比较依据。

（14）进度基准：经过批准的进度模型，用作与实际结果进行比较的数据。

（15）成本基准：经过批准的、按时间段分配的项目预算，用作与实际结果进行比较的依据。

（16）绩效测量基准：经过整合的项目范围、进度和成本计划，用作项目执行的比较依据，以测量和管理项目绩效。

（17）项目生命周期描述：描述项目从开始到结束所经历的一系列阶段。

（18）开发方法：描述产品、服务或成果的开发方法，如预测、迭代、敏捷或混合型模式。

1.3.3 项目文件

项目管理计划是主要的项目文件之一。另外,还有不属于项目管理计划但也可用于管理项目的其他文件,这些其他文件称为项目文件。过程所需的项目文件会因具体项目而异,项目经理负责确定过程所需的项目文件,以及将作为过程输出的项目文件更新。常用的33个项目文件描述如下:

(1) 活动属性:用于定义活动,指每项活动所具有的多重属性,用来扩充对活动的描述。活动属性随时间演进,可以用来识别开展工作的地点、编制开展活动的项目日历以及相关的活动类型。

(2) 活动清单:用于定义活动,包含项目所需的进度活动。对于滚动式规划或敏捷技术的项目,活动清单在项目中定期更新。其包括每个活动的表述及工作范围详述,使团队成员知道需要完成哪些工作。

(3) 假设日志:用于制订项目章程,是在整个项目生命周期中用来记录所有假设条件和制约因素的项目文件。

(4) 估算依据:用于估算活动持续时间、成本持续时间,以及所需要的支持信息的数量和种类,包括:关于估算依据的文件;关于全部假设条件的文件;关于已知制约因素的文件;关于估算区间的说明,以指出预期持续时间的所在区间;对最终估算的置信水平的说明;有关影响估算的单个项目风险的文件。

(5) 变更日志:项目过程中所做变更及其当前状态的综合清单。

(6) 成本估算:用于估算成本,包括对完成项目工作可能需要的成本、应对已识别风险的应急储备,以及应对计划外工作的管理储备的量化估算。成本估算应覆盖项目所使用的全部资源。

(7) 成本预测:用于控制成本。无论是计算得出的 EAC 值还是自下而上估算的 EAC 值,都要记录下来,并传达给相关方。

(8) 持续时间估算:用于估算活动持续时间,是对完成某项活动、阶段或是项目所需要的工作的时段数的定量评估,其中并不包含任何的滞后量,但可以有一定的变动区间。

(9) 问题日志:用于指导与管理项目工作,是记录和跟进所有问题的项目文件,在整个项目生命周期应该随同监控活动进行更新,包括:问题类型;问题提出者和提出时间;问题描述;问题优先级;由谁负责解决问题;目标解决日期;问题状态;最终解决情况。

(10) 经验教训登记册:用于管理项目知识,可以包含情况的类别和描述,还可以包括与情况相关的影响、建议和行动方案。可以记录遇到的挑战、问题、意识到的风险和机会或其他适用的内容。在项目的早期创建,作为其他过程的输入,不断更新。在项目或是阶段结束时,把相关信息归入经验教训知识库,成为组织过程资产的一部分。

(11) 里程碑清单:用于定义活动。里程碑是项目中的重要时点或时间,里程碑清单列出了所有项目里程碑,并指明里程碑是强制性的(如合同要求)还是选择性的(根据历史信息确定)。里程碑的持续时间为0,因为它们代表的是一个重要的时间点或事件。

(12) 实物资源分配单:实物资源分配单记录了项目将使用的材料、设备、用品、地点和其他实物资源。

（13）项目日历：用于制订进度计划。在项目日历中规定可以开展进度活动的可用工作日和工作班次，它把可用于开展进度活动的时间段与不可用的时间段区分开来。在一个进度模型中，可能需要采用不止一个项目日历来编制项目进度计划，因为有些活动需要不同的工作时段。因此可能需要对项目日历进行更新。

（14）项目沟通记录：项目沟通记录包含绩效报告、可交付成果的状态，以及项目生成的其他信息，涵盖整个项目过程中沟通的全部信息。

（15）项目进度计划：用于制订进度计划，是进度模型的输出，为各个项目关联的活动标注了计划日期、持续时间、里程碑和所需资源等信息。其至少要包括每个活动的计划开始日期与计划完成日期。呈现方式：横道图、里程碑图、项目进度网络图。

（16）项目进度网络图：用于排列活动顺序，是表示项目进度活动之间的逻辑关系（也叫依赖关系）的图形。带有多个紧前活动的活动代表路径汇聚，代表有多个紧后活动的活动则代表路径分支。汇聚和分支因受多个活动的影响，所以具有更大的风险。

（17）项目范围说明书：用于定义范围，是对项目范围、主要可交付成果、假设条件和制约因素的描述。记录了整个范围包括项目和产品范围；详细描述了项目的可交付成果；还代表项目相关方之间就项目范围所达成共识；描述要做和不要做的工作的详细程度；决定着项目管理团队控制整个项目范围的有效程度。包括产品范围描述、可交付成果、验收标准、项目除外责任。

（18）项目团队派工单：记录了团队成员及其在项目中的角色和职责，可包括项目团队名录，还需要把人员姓名插入项目管理的其他部分，如项目组织图和进度计划。

（19）质量控制测量结果：对质量控制活动的结果的书面记录。用于分析和评估项目过程和可交付成果的质量是否符合执行组织的标准或特定要求。质量控制测量结果也有助于分析这些测量结果的产生过程，以确定实际测量结果的正确程度。

（20）质量测量指标：质量测量指标专用于描述项目或产品属性，以及控制质量过程将如何验证符合程度。

（21）质量报告：用于报告质量管理问题、纠正措施建议以及在质量控制活动中所发现的其他情况的一种项目文件，其中也可以包括对过程、项目和产品改进的建议。

（22）需求文件：用于收集需求，描述各种单一需求将如何满足与项目相关的业务需求。开始可能只有高层级的需求，随着有关需求信息的增加逐渐细化。只有明确的（可测量和可测试的）、可跟踪、完整的、相互协调的、主要相关方愿意认可的需求才能作为基准。包括业务需求，相关方需求，解决方案需求（功能和非功能需求），过渡和就绪需求，项目需求，质量需求等。

（23）需求跟踪矩阵：用于收集需求，是把产品需求从其来源连接到能满足需求的可交付成果的一种表格。把每个需求与业务目标或是项目目标联系起来，有助于确保每个需求都具有商业价值。其提供了在整个项目生命周期中跟踪需求的一种方法，有助于保证需求文件中被批准的每一项需求在项目结束时都能够交付。

（24）资源分解结构：用于估算活动资源，是资源依类别和类型的层级展现。资源的类别包括人力、材料、设备和用品，资源的类型则包括技能水平、等级水平、持有证书或适用于项目的其他类型。在规划资源管理过程中，资源分解结构用于指导项目的分类活动，在这一过程中，资源分解结构是一份完整的文件，用于获取和监督资源。

（25）资源日历：表明每种具体资源的可用工作日或工作班次的日历。

（26）资源需求：工作包中的每个活动所需的资源类型和数量。

（27）风险登记册：用于识别风险，记录已识别单个项目风险的详细信息。随着实施定性风险分析、规划风险应对、实施风险应对和监督风险等过程的开展，这些过程的结果也要记录到风险登记册中。可能包括已识别风险的清单、潜在风险责任人、潜在风险应对措施清单。

（28）风险报告：用于识别风险。提供关于项目整体风险的信息，以及关于已识别的单个项目风险的概述信息。在项目风险管理的过程中，风险报告的编制是一项渐进式工作。随着实施定性风险分析、规划风险应对、实施风险应对和监督风险等过程的开展，这些过程的结果也要记录进风险登记册。其内容可能包括项目风险的来源、关于已识别单个项目风险的概述信息。

（29）进度数据：用以描述和控制进度计划的信息集合。

（30）进度预测：根据测算进度时已有的信息和知识，对项目未来的情况和事件所进行的估算或预计。

（31）相关方登记册：用以识别相关方。它记录关于已识别相关方的信息，包括省份信息、评估信息、相关方分类等。

（32）团队章程：用于规划资源管理，是为团队创建团队价值观、共识和工作指南的文件。对项目团队成员的可接受行为确定了明确的期望。包括团队价值观，沟通指南，决策标准和过程，冲突处理过程，会议指南，团队共识。

（33）测试与评估文件：描述用于确定产品是否达到质量管理计划中规定的质量目标的各种活动的项目文件。

1.4　项目管理过程中的工具与技术

软件项目管理过程中的工具与技术代表了为实现过程目的而采用的不同方法。例如，数据收集过程的目的是收集数据和信息，可采用头脑风暴、访谈和市场调查等技术以实现。以下是软件项目管理过程中常用的工具与技术。

1. 数据收集技术

数据收集技术用于从各种渠道收集数据与信息，以下是常用的 9 种数据收集工具与技术：

（1）头脑风暴。收集关于项目方法的创意和解决方案。

（2）焦点小组。召集预定的相关方和主题专家，了解他们对所讨论的产品服务或成果的期望和态度。主持人引导大家互动式讨论。

（3）访谈。通过与相关方直接面谈来获取信息的正式或非正式的方法。

（4）标杆对照。将实际与计划的产品过程和实践，与其他可比组织的实践进行比较，以便识别最佳实践。

（5）问卷调查。设计一系列书面问题，向众多受访者快速收集信息，也可用来收集客户满意度。地理位置分散或受众多样化的场景，适合开展统计分析的调查。

（6）检查表。又称计数表，用于合理排列各种事项，以便有效地收集关于潜在质量问题的有用数据。用核查表收集属性数据就特别方便。

（7）统计抽样。从目标总体中选取部分样本用于检查。

（8）核对单。需要考虑项目、行动或要点的清单，它常被用作提醒。应该不时地审查核对单，增加新信息，删除或存档过时的信息。

（9）市场调研。考察行业情况和具体卖方的能力，在规划采购管理中使用。

2. 数据分析技术

数据分析技术用于组织、评估和评价数据与信息，以下是常用的 29 种数据分析工具与技术：

（1）备选方案分析。用于比较不同的资源能力、进度压缩及不同工具，这有助于团队权衡资源、成本和持续时间变量，以确定完成项目工作的最佳方式。

（2）储备分析。用于确定项目所需应急储备量和管理储备、应对进度方面的不确定或用来应对已经接受的已识别风险。应该在项目进度文件中清楚地列出应急储备。

（3）假设情景分析。对各种情景进行评估，以预测它们对项目目标的影响，基于已有的计划，考虑各种各样的情景。

（4）模拟。将单个项目风险和不确定性的其他来源模型化，以评估他们对项目目标的潜在影响。它利用风险和其他不确定性资源计算整个项目可能的进度结果。

（5）挣值分析（Earned Value Analys，EVA）。计算进度和成本偏差以及成本和进度的绩效指数，以确定偏离目标的程度。

（6）迭代燃尽图。用于追踪迭代未完项中待完成的工作。它基于迭代规划中确定的工作，分析与理想燃尽图之间的偏差。

（7）绩效审查。根据进度基准测量，对比和分析进度绩效，如实际开始与完成日期、已完成百分比以及当前工作剩余持续时间。

（8）趋势分析。检查项目绩效随时间的变化情况以及确定绩效是在改善还是在恶化，并与未来绩效目标进行对比。

（9）偏差分析。关注实际开始与完成日期与计划的偏离、实际持续时间与计划的差异，评估这些偏差对未来的影响以及确定是否需要采取纠正或预防措施。

（10）质量成本。包括预防成本、评估成本及失败成本（内部外部）。能够在预防成本和评估成本之间找到恰当的平衡点，以避免失败成本。

（11）根本原因分析（Root Cause Analysis，RCA）。用于识别缺陷成因。

（12）成本绩效分析。在项目成本出现差异时，确定最佳的纠正措施。

（13）相关方分析。产生相关方清单和关注相关方的各种信息，确定项目相关方的风险偏好。

（14）SWOT 分析。对项目优势劣势、机会和威胁逐一进行检查。

（15）文件分析。通过对项目文件的结构化审查，可以识别出一些风险。包括计划、假设条件、制约因素、以往项目档案、合同、协议和技术文件。项目文件中的不确定性或模糊性以及同一文件内部的不一致，都可能是风险信号。

（16）假设条件和制约因素分析。每个项目及其管理计划的构思都是基于一系列假设条件，并受一系列制约因素的限制。

（17）风险数据质量评估。是开展定性风险分析的基础。

（18）风险概率和影响评估。考虑的是特定风险发生的可能性。

（19）其他风险参数评估。为了方便未来分析和行动，对单个项目风险进行优先级排序。

（20）敏感性分析。存在哪些风险或不确定因素对项目结果有最大的影响。敏感性分析通常用龙卷风图来表示。在龙卷风图中，标出定量风险分析模型中的每项要素与能影响的项目结果之间的关联系数。每个要素按关联强度降序排列，形成典型的龙卷风形状。

（21）决策树分析。在若干方案中选择一个最佳方案，它用不同分支代表不同决策或事件。通过计算每条分支的预期货币价值，来选出最优路径。

（22）影响图。不确定条件下决策制订的辅助图形工具。

（23）成本效益分析。是用来估算备选方案优势和劣势的财务分析工具，比较其可能的成本与预期收益率。

（24）技术绩效分析。把项目期间所取得的技术成果与取得相关技术成果的计划进行比较。它要求定义关于技术绩效的客观的、量化的测量指标，以便据此比较实际结果与计划要求。它包括重量、处理时间、缺陷数量及存储容量等。

（25）自制或外购分析。可以使用回收期、投资回报率、现金流贴现、净现值及收益成本来确定货物或服务是应该在项目内部自制还是从外部购买。

（26）建议书评估。在实施采购中，确定它们是否对包含在招标文件包中的招标文件、采购说明书、供方选择标准，都做出完整且充分的响应。

（27）绩效审查。对照协议，对质量资源进度和成本绩效进行测量、比较和分析，以审查合同工作的绩效，确定工作包是否提前或落后于进度计划、超出或低于预算，是否存在资源或质量问题。

（28）回归分析。作用于项目结果的不同变量之间的相互关系，以提高未来项目的绩效，在结束项目或阶段时使用。

（29）过程分析。在质量管理中，识别过程改进机会，同时检查在过程期间遇到的问题、制约因素和非增值活动。

3. 数据表现技术

数据表现技术用于显示用来传递数据和信息的图形方式或其他方法，以下是常用的17种数据表现技术：

（1）层级型。组织结构图，自上而下显示各种职位以及相互关系。

（2）责任分配矩阵。项目成员在各个工作包中的任务分配。

（3）文本型。详细描述团队成员的职责。

（4）相关方参与度评估矩阵。个体相关方当前与期望参与度之间的差距。

（5）概率和影响矩阵。是每个风险发生的概率和一旦发生对项目的影响映射起来的表格，用于将相关方当前参与水平与期望参与水平进行比较，对相关方参与水平进行分类。

（6）层级图。使用两个以上的参数对风险进行分类，常见的有气泡图。

（7）相关方映射分析/表现。利用不同方法对相关方进行分类的方法。对相关方进行分类有助于团队与已识别的项目相关方建立联系。

（8）亲和图。用来对大量创意进行分组的技术，以便进一步审查和分析。

（9）思维导图。把从头脑风暴中获得的创意整合成一张图，用以反映创意之间的共性与差异。

（10）流程图。一个或多个输入转化为一个或多个输出的过程中，所需要的步骤顺序和可能分支。

（11）逻辑数据模型。把组织数据可视化，以商业语言加以描述，不依赖任何特定技术，可用于识别出现数据完整性或其他质量问题的地方。

（12）矩阵图。以行列交叉的位置展示因素原因及目标之间的关系强弱。

（13）因果图。又称"鱼骨图""根本原因分析图"或"石川图"，将问题陈述的原因分解为离散的分支，有助于识别问题的主要原因或根本原因。

（14）亲和图。可以对潜在缺陷成因进行分类，展示最应关注的领域。

（15）直方图。一种展示数字数据的条形图，可以展示每个可交付成果的缺陷数量、缺陷成因的排列、各个过程的不合规次数或项目产品缺陷的其他表现形式。

（16）散点图。一种展示两个变量之间的关系的图形，它能够展示两支轴的关系，一支轴表示过程、环境或活动的任何要素，另一支轴表示质量缺陷。

（17）直方图。展示数字数据的条形图。

4. 决策技术

决策技术用于从不同备选方案选择行动方案，以下是常用的两种决策技术：

（1）多标准决策分析。多标准决策分析工具（如优先矩阵）可用于识别关键事项和合适的备选方案，并通过一系列决策排列出备选方案的优先顺序。先对标准排序和加权，再应用于所有备选方案，计算出各个备选方案的数学得分，然后根据得分对备选方案进行排序。

（2）投票。是一种为达成某种期望结果，而对多个未来行动方案进行评估的集体决策技术和过程，用于生成、归类和排序产品需求。

5. 沟通技巧

沟通技巧用于在相关方之间传递信息，以下是常用的两种沟通技巧：

（1）反馈。支持项目经理和团队及所有其他项目相关方之间的互动沟通，如指导、辅导和磋商。

（2）演示。信息或文档的正式交付方式。向项目相关方明确有效地演示项目信息，可包括：向相关方报告项目进度和信息更新；提供背景信息以支持决策制订；提供关于项目及其目标的通用信息以提升项目工作和项目团队的形象；提供具体信息以提升对项目工作和目标的理解和支持力度。

6. 人际关系与团队技能

人际关系与团队技能用于有效地领导团队成员和其他相关方并与之进行互动，以下是常用的14种人际关系与团队技能技术：

（1）名义小组技术。用于促进头脑风暴的一种技术，通过投票排列最有用的创意，以便进一步开展头脑风暴或优先排序，是一种结构化的头脑风暴形式。

（2）观察交谈。在收集需求时，直接查看个人在各自的环境中如何执行工作任务和实施流程。

（3）引导。有效引导团队成功达成决定、解决方案或结论的能力。引导与主题研讨会结合使用，把主要相关方召集在一起定义产品需求。使用引导技能的情景：联合应用设计或开发、用户故事或质量功能展开。

（4）会议管理。会议管理是采取步骤确保会议有效并高效地达到预期目标。

（5）人际交往。通过与他人互动式交流信息，建立联系。人际交往有利于项目经理及其团队通过非正式组织模式解决问题、影响相关方的行动以及提高相关方对项目工作和成果的支持，从而改善绩效。

（6）政治文化意识。有助于项目经理根据项目环境和组织的政治环境来规划沟通。政治意识是指对正式和非正式权利关系的认知。

（7）文化意识。理解个人、群体和组织之间的差异，并据此调整项目的沟通策略。

（8）沟通风格评估。用于评估沟通风格并识别偏好的沟通方法、形式和内容的一种技术，常用于不支持项目的相关方，可以先开展相关方参与度评估，再开展沟通风格评估。

（9）积极倾听。包括告知已收到、澄清与确认信息、理解以及消除妨碍理解的障碍。

（10）冲突管理。成功的冲突管理可提高项目生产性，改进工作关系。项目经理解决冲突的能力往往决定其管理项目团队的成败。

（11）情商。项目管理团队能用情商来了解、评估及控制团队成员的情绪，预测团队成员的行为，确定团队成员的关注点以及跟踪团队成员的问题，来达到减轻压力、加强合作的目的。

（12）领导力。领导力是领导团队，激励团队做好本职工作的能力。领导力对沟通愿景及鼓舞项目团队高效工作十分重要。

（13）影响力。项目经理通常没有或仅有很小的命令职权，所以他们适时影响相关方的能力，对保证项目成功非常关键。影响力包括说服他人，清晰表达观点和立场，积极且有效的倾听，了解综合考虑各种观点，收集相关信息及解决问题并达成一致意见。

（14）谈判。在资源分配谈判中，项目管理团队影响他人的能力很重要。很多项目需要针对所需资源进行谈判，项目管理团队需要与下列各方谈判：职能经理、执行组织中的其他项目管理团队，以及外部组织和供应商。

1.5　项目管理知识体系

在项目管理领域，目前有两个广为流行的知识体系：

（1）项目管理知识体系（Project Management Body Of Knowledge，PMBOK）是由美国项目管理协会（Project Management Institute，PMI）开发的一本书后续内容基于 PMBOK 标准。

（2）受控环境下的项目管理（Project In Controlled Environment，PRINCE）是由英国政府商务办公室开发的，PRINCE2 是 1996 年推出的第 2 版。

1.5.1　PMBOK

1. PMBOK 简介

PMBOK（项目管理知识体系）具体是美国项目管理协会（PMI）对项目管理所需的知识、技能和工具进行的概括性描述。

PMI 早在 20 世纪 70 年代末就率先提出了项目管理的知识体系 PMBOK,所以 PMI 制作的书称为项目管理知识体系指南,即 PMBOK 指南。利用该指南,可以查找项目管理相关的其他知识内容。该知识体系指南构成 PMP 考试的基础。它的第 1 版由 PMI 组织了 200 多名世界各国项目管理专家历经 4 年才完成,可谓集世界项目管理界精英之大成。

PMBOK 把项目管理分为 5 个阶段,从项目立项以后到项目交付结束,分为启动过程、规划过程、执行过程、监控过程与收尾过程。在软件项目的生命周期中,这五大过程是反复出现的、是有重叠的。

PMBOK 把项目管理知识体系分为 10 个知识领域,细分为 47 个子过程,过程之间用逻辑图表达关系,按输入、工具与技术、输出来阐述每个子过程,其中工具与技术明确说明这个过程应该做什么。PMBOK 十大知识领域包括:

(1) 项目整合管理,包括对隶属于项目管理过程组的各种过程和项目管理活动进行识别、定义、组合、统一和协调的各个过程。

(2) 项目范围管理,包括确保项目做且只做所需的全部工作,以成功完成项目的各个过程。

(3) 项目进度管理,包括为管理项目按时完成所需的各个过程。

(4) 项目成本管理,包括为使项目在批准的预算内完成而对成本进行规划、估算、预算、融资、筹资、管理和控制的各个过程,从而确保项目在批准的预算内完工。

(5) 项目质量管理,包括把组织的质量政策应用于规划、管理、控制项目和产品质量要求,以满足相关方目标的各个过程。

(6) 项目人力资源管理,包括识别、获取和管理所需资源以成功完成项目的各个过程,这些过程有助于确保项目经理和项目团队在正确的时间和地点使用正确的资源。

(7) 项目沟通管理,包括通过开发工件,以及执行用于有效交换信息的各种活动,来确保项目及其相关方的信息需求得以满足的各个过程。

(8) 项目风险管理,包括规划风险管理、识别风险、开展风险分析、规划风险应对、实施风险应对和监督风险的各个过程。

(9) 项目采购管理,包括从项目团队外部采购或获取所需产品、服务或成果的各个过程。

(10) 项目干系人管理,包括用于开展下列工作的各个过程。

将项目生命周期、项目管理过程组和项目管理知识领域三个维度,绘制成如图 1-5 所示的 PMBOK 三维关系解析图。其中:

X 轴指项目生命周期,分为需求、设计、开发、验证、生产、交付,这些过程是并行的,是循序渐进的,是不重复的,项目生命周期包含项目的五大过程。

Y 轴指项目管理过程组,包括项目的启动、规划、执行、控制和收尾过程。这个过程反复出现在项目生命周期中,因为项目级任务下的某些重要活动,会再次进行启动、计划、执行、控制和结束(收尾)。

Z 轴指项目管理的 10 个知识领域,这 10 个知识领域是 1+9 的关系,1 是指整合管理,9 是指其他各个知识领域,这 9 个知识分散在项目生命周期及项目过程组中,特别需要说明的是,PMBOK 的这些知识领域是可以独立使用的,而 IPMP、PRINCE2 的主题不能独立

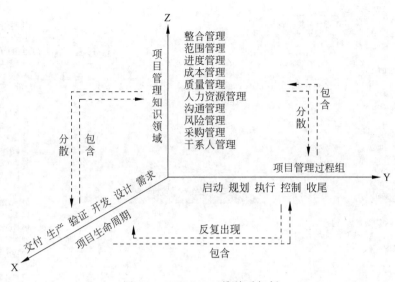

图 1-5　PMBOK 三维关系解析

使用。

项目管理的十大知识领域如图 1-6 所示。其中项目整合管理、项目范围管理、项目进度管理、项目成本管理、项目质量管理、项目人力资源管理、项目沟通管理、项目风险管理、项目采购管理、项目干系人管理等过程各领域的具体内容分别如图 1-7～图 1-16 所示。

2. PMP 考试（项目管理专业人士资格认证）简介

PMP 考试是由 PMI 组织和出题，严格评估项目管理人员知识技能是否具有高品质的资格认证考试。1999 年，PMP 考试在所有认证考试中第一个获得 ISO 9001 国际质量认证，从而成为全球最权威的认证考试之一。自从 1984 年以来，美国项目管理协会（PMI）就一直致力于全面发展，并保持一种严格的、以考试为依据的专家资质认证项目，以便推进项目管理行业和确认个人在项目管理方面所取得的成就。国内自 1999 年开始推行 PMP 认证，由国家外国专家局引进，由 PMI 授权 REP 机构负责培训，国际监考机构普尔文进行监考及考试组织。该认证需通过两种方式对报名申请者进行考核，以决定是否颁发给 PMP 申请者 PMP 证书。

（1）报名条件。符合下列两类条件之一者，均可报名。

第一类：申请者需具有学士学位或同等的大学学历或以上者。PMI 要求申请者在五大项目管理过程中（项目的起始阶段、计划阶段、实施阶段、控制阶段和收尾阶段）至少具有 4500 小时的项目管理经验，并且，在申请之日前 6 年内，累计项目管理月数至少达 36 个月。（注：在计算项目管理月份时，所要求的 36 个月是不重叠的、单独的。）

第二类：申请者不具备学士学位或同等大学学历或以上者。PMI 要求申请者在五大项目管理过程中（项目的起始阶段、计划阶段、实施阶段、控制阶段和收尾阶段）至少具有 7500 小时的项目管理经验，并且在申请之日前 8 年内，累计项目管理月数至少达 60 个月。（注：在计算项目管理月份时，所要求的 60 个月是不重叠的、单独的。）

（2）考试教材。美国项目管理协会（PMI）出版并发行的 PMBOK 指南（第 6 版）。

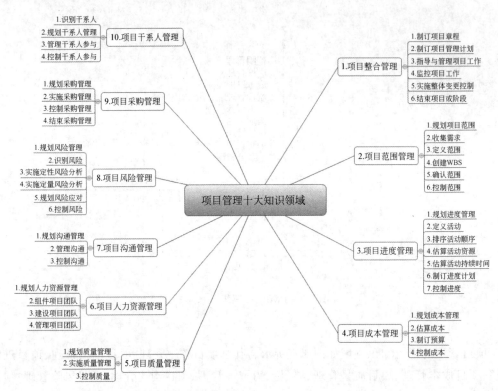

图 1-6　项目管理的十大知识领域

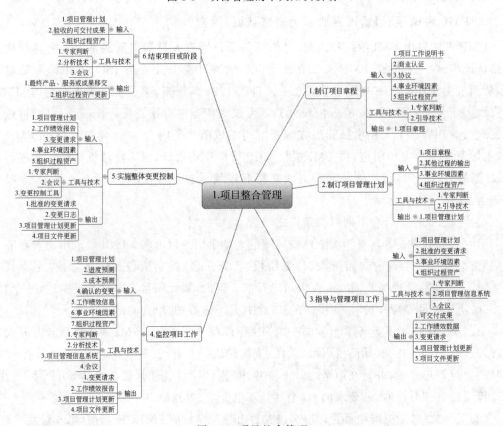

图 1-7　项目整合管理

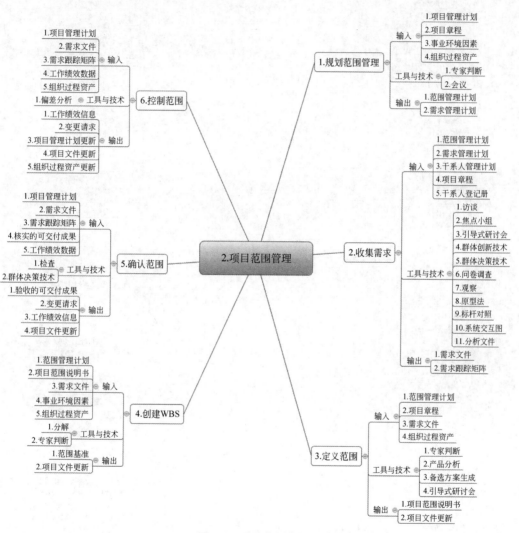

图 1-8　项目范围管理

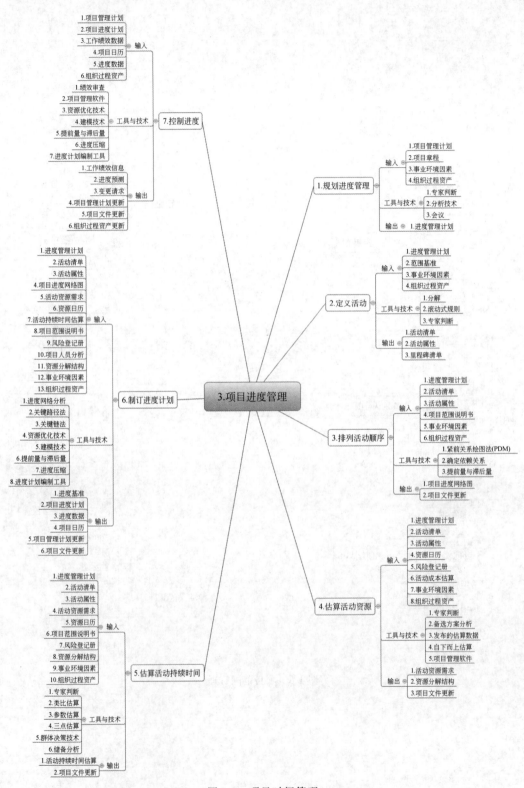

图 1-9　项目时间管理

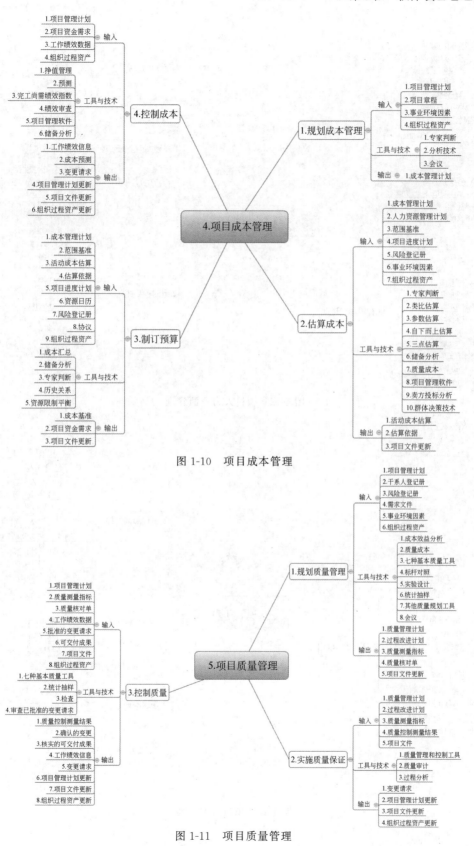

图 1-10　项目成本管理

图 1-11　项目质量管理

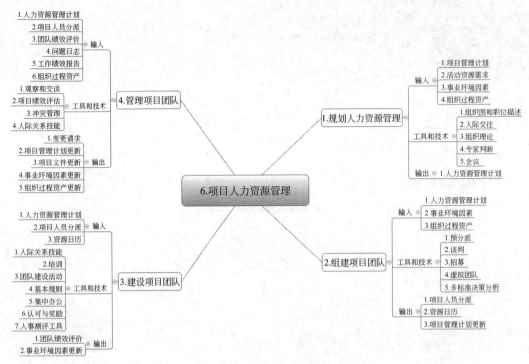

图 1-12　项目人力资源管理

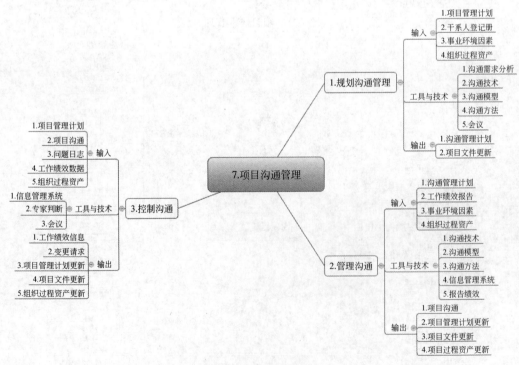

图 1-13　项目沟通管理

图 1-14 项目风险管理

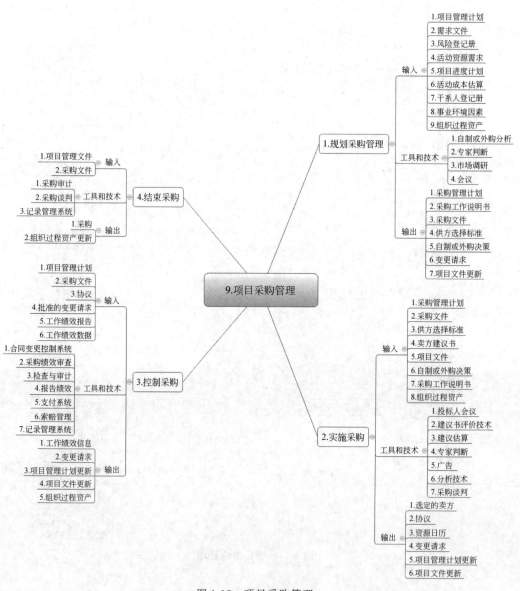

图 1-15　项目采购管理

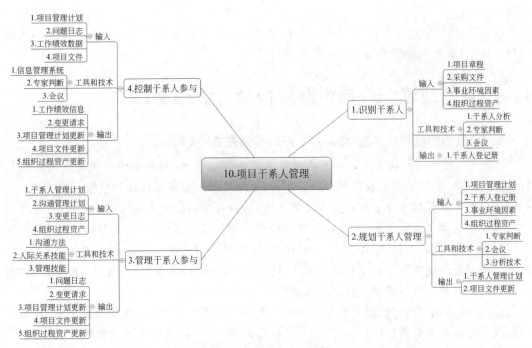

图 1-16 项目干系人管理

1.5.2 PRINCE2

PRINCE2 描述了如何以一种逻辑性的、有组织的方法,按照明确的步骤对项目进行管理。它不是一种工具,也不是一种技巧,而是结构化的项目管理流程。这也是为什么它容易被调整和升级,适用于所有类型的项目和情况。经过大量实践检验的 PRINCE2 能够有效提高项目执行的效率和效益。PRINCE2 提供一套很容易调整适合客户使用的标准,但更为重要的是按照 PRINCE2 标准建立了一套成熟的考试机制,使个人能够获得 PRINCE2 资格证书。

PRINCE2 主要过程的重要作用可归纳如下:

（1）项目指导(DP)是一个非常重要的过程,定义了项目管理委员会的职责。它确保项目管理委员会对商业论证最终负责,必要时对项目经理和高级管理层提出建议。

（2）项目准备(SU)过程可根据项目的需要来决定其正式程度。该过程明确一个基本问题:我们的项目是否切实可行、值得进行?

（3）项目启动(IP)是第一个真正的项目过程。它为项目奠定一个坚实的基础,与项目管理委员会在目标、风险和产品预期质量方面取得共识。

（4）阶段控制(CS)阶段包含项目经理的日常管理活动。

（5）产品交付管理(MP)过程涵盖根据产品描述中的质量标准制造和准备实际产品的工作。

（6）阶段边界管理(SB)对项目现状价值的评估具有重要作用,有助于决定商业论证是否仍旧可行。

（7）项目收尾(CP)确保项目的结束、必要的后续行动计划和项目后审查都能得到有效控制。

（8）项目计划（PL）描述了计划和重新计划项目的重复步骤。通过运用以产品为基础的计划技术，确保能够按照要求的结果来制订计划。

1.6 案例阅读——神州数码向项目管理要效益

1. IT 服务的特殊性：签单越多，有可能亏损越多

2000 年，神州数码软件服务从硬件系统集成中剥离出来，独立运作。当时业内的趋势已经非常明显，硬件系统集成的利润快速下滑，而软件服务业务则被寄予厚望。

然而神州数码自专注于软件服务业务之后，却发现面临着完全不同的业务规则，虽然软件服务业务看起来毛利很高，但实际上难以盈利。项目越签越多，单子越签越大，但是出现的问题也越来越多，大量项目陷入严重的困境，项目经理苦苦挣扎，但客户满意度依然不高，后续的项目款很难收回。甚至有的大型项目陷入濒临失败的状态，公司高层不断地出去"救火"，一两个问题项目可能导致整个公司受到严重影响。

在这种情况下，神州数码彻底地从硬件销售和硬件系统集成的思维中摆脱出来，开始认识到软件服务业务有其特殊性，软件服务业务的盈利，并不是依靠市场销售的"高歌猛进"，而是要加强项目管理，将每个合同的利润真正做出来。这显然是神州数码的核心任务并且是一个长期的任务。2004 年，神州数码总裁郭为先生总结出"项目管理能力是神州数码核心竞争力"的结论，并用"熬中药"来比喻项目管理能力建设的长期性。

2. 影响项目盈利的重要因素

项目盈利的影响要素众多，但所有的 IT 服务企业必须分析清楚盈利的核心要素。2000 年，神州数码成立了专职的项目管理部，对项目的状况进行了分析。

分析的结果令人震惊。项目盈利可以简单地用项目收入减去项目成本，但项目成本的实际情况却有着严重的问题：从成本偏差看，项目的成本偏差率分布很广，正偏差、负偏差比例都很大。而正偏差并非说明项目情况良好，而是项目预算明显高估。

进一步的分析发现，造成成本偏差的因素非常多，而原因绝对不是项目组乱花钱。2003 年，神州数码对成本偏差的原因进行了分析，当时排在最前面的 5 大问题是：项目范围定义与管理；项目的估算、预算、核算过程；项目管控过程；资源管理与资源利用效率；软件工程技术与质量管理。

为解决这些迫在眉睫的问题，神州数码自上而下对项目管理的进步花费了大量的精力。在过程中，神州数码逐渐发现，项目成功和项目盈利，在很大程度上并不取决于项目经理，而是与整个企业各层次人员都有密切的关系。即使项目经理很强，但是如果整个企业没有提供一个良好的项目管理环境和体系，项目也很难成功，更何况任何企业都不能保证每个项目经理都具备独立完成项目的能力。

3. 项目型企业的每个层次都需要参与项目管理

神州数码是"项目型"的企业。整个业务由一个一个的项目组成。项目级的管理（依靠项目经理和项目组的能力）依然是项目成功的重要因素，但不是全部因素。在项目管控过程中，仅依靠项目级的管理是难以解决所有问题的。

比如对项目成功影响极大的"估算—预算—核算"过程。对项目的估算是极为重要的项目管理环节。估算错误,计划就不准确,再优秀的项目经理也无力回天。过去常常觉得"不可思议"的情况就是,一些中标金额很高的项目,甚至几千万的软件项目,最终做下来还是造成了很高的亏损。企业没有组织级的估算标准、项目经理"拍脑袋"估算而导致的项目估算不准确,是导致这种结局的主要原因之一。

很多行业建立了很好的组织级估算的依据。比如工程建筑行业,无论是铺铁路、挖隧道还是盖楼盘,企业都有非常精确的估算数据标准。除了有企业标准外,一些项目甚至也有相应的国家标准,一个项目要用多少材料、用什么机械、需要多少人工,都有国家级的标准。比如房屋装修行业,刷墙漆、铺地板、改电路,都有企业规定的估算标准,现场的工长只需根据企业估算标准进行计算。相反,作为科技含量较高的软件服务行业,神州数码当时并没有组织级的估算标准,项目经理还是"拍脑袋"进行估算。项目经理根据自己个人的过往经验,来推算当前项目的工作量与工期。这是相当危险的。因为一旦项目经理的经验不足,或者项目经理的经验与当前项目不符,就会出现严重的估算偏差。

不仅仅在项目估算环节,在其他的众多关键环节,如项目实施方法、风险评估与应对、项目范围管理、实施过程控制、项目经验总结等,项目经理都难以独自做出好的决定。因此,神州数码认为,整个企业必须构建出一套完整的项目管理体系,企业级的管理和项目级的管理需要密切配合,才有可能解决问题。

4. 神州数码项目管理能力模型

神州数码最终建立的企业级项目管理模型如图 1-17 所示。

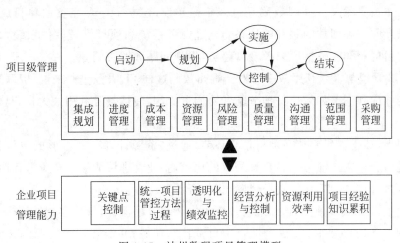

图 1-17　神州数码项目管理模型

神州数码认为,项目成功依靠两个层次的项目管理能力:项目级管理能力和组织级管理能力。其中,组织级管理能力是企业核心竞争力的基础。组织级的管理能力包括 6 方面:

(1) 关键点控制。项目组需要高层领导帮助或密切关注的,是一些项目实施的关键点。包括项目的关键步骤,以及项目组难以解决的突发事件,如风险、问题、事故、变更。通过项目管理软件系统,项目经理和高层领导随时沟通诸如"关键步骤""风险""问题""变更"的状况以及信息的流转,从而确保项目执行的关键要素被掌控。

（2）统一的项目管控的方法及过程。早期神州数码项目经理可以自由选择项目管控的方法和过程，直至神州数码认识到这种情况将会带来很大的危害。很多项目的严重亏损或者很坏影响，往往都是由于项目经理管控过程的缺失导致的。项目经理限于个人的经验和能力，常常做出不合适的判断，而且在压力之下，也容易"偷工减料"，最终导致严重的项目问题。

神州数码强有力地统一了项目实施的管控方法和流程。通过发布的项目经理及其他相关岗位都必须按照公司《项目经理手册》和项目管理软件系统的标准进行管理，而不考虑项目经理来自何处，有什么样的经验。为了进一步落实公司的体系，神州数码设置了"项目监理"职位，对项目实施过程进行审计，审计结果直接影响项目奖金。

（3）项目透明化，实时掌握项目进展和绩效。正如战场指挥官必须随时了解下属部队的状况，高层领导需要掌控项目进展与绩效。但往往很多项目是"一团迷雾"：项目进展如何？项目是否完成了某项关键工作？项目是否达到了某个重要里程碑？项目现在存在什么问题？有没有影响巨大的风险？显然，如果项目实施不能够做到"透明化"，而是"一团迷雾"，高层领导将无法掌握项目进展与绩效，无法预见问题，只能被动接受项目的结果。

神州数码的项目管理体系，要求实现"五大透明、三大跟踪"，并通过项目管理软件固化。项目透明化是神州数码项目管理的最重要的、也是最基础的内容。

（4）经营分析与控制。经营分析是所有企业都高度重视的事情。神州数码原先的经营控制是以部门为单位，后来迅速转变为以项目为单位：如果不知道项目的经营情况，部门的经营数据根本没有意义。神州数码经过多年的建设，建立了一套完整的项目成本估算、预算、核算，以及收益和回款的跟踪的体系。通过财务系统和项目管理软件系统，企业可以清晰地看到项目的利润变动情况以及变动趋势，发现问题和解决问题。

（5）资源管理与资源利用效率。对于神州数码这样IT服务企业来说，资源管理水平直接影响到企业的利润。如何更好地分配和协调资源，并使得资源利用最大化，是每月都要监控的大事。

从宏观上，神州数码要求在项目估算环节，通过"资源计划"工具，形成项目资源需求的预算。通过将企业资源池与项目资源需求的比较，企业管理层能够了解资源何时缺乏、何时空闲，从而可以做出调整，化解资源风险，保持资源利用率。

从微观上，神州数码越来越细地管理资源申请和分配流程，管理层能够清晰地看到每个资源在任何一段时间里面，在哪个项目中负责什么任务，并能够记录资源的技能信息和级别，从而为微观上寻求更有效的资源利用。

（6）不断积累项目知识和经验。项目实施中，能否不断积累知识和经验（如项目的估算数据），能否通过不断优化使得项目估算越来越准确，是企业项目管理能力的重要体现。神州数码主要建设了三个知识和经验库。第一个是"估算数据库"，通过积累估算数据，提供给项目经理企业级的估算依据，提升估算精确度。第二个是"风险评估表"，风险评估表的评估项是多年教训的积累，帮助企业和项目经理评估项目的风险。第三个是"项目生命周期库"，记录企业项目实施的最佳实践。项目经理可以应用企业同类项目的最佳实践，获得企业过去的经验,提高项目的绩效。这三个知识库都固化到项目管理软件系统中,并在项目管控过程中强制要求使用,起到很好的效果。

5. 效果与发展趋势

从项目绩效上看,神州数码取得了很大的成功。

(1) 项目成本偏差率得到了有效控制。至 2004 年,总体成本偏差率已经控制到 20% 以内,这是一个重要的里程碑,目前成本偏差率还在继续小幅降低。

(2) 严重问题项目大幅度减少。到 2003 年,神州数码仍然有"严重问题项目",需要高层领导出面去挽救。2004 年后,基本上不再有类似情况,项目成功率和客户满意度提高。

(3) 进入 2007 年,神州数码采取了一些新的措施,最重要的是进一步加强"项目透明化"的概念。神州数码在 2007 年"基地化开发"取得了重大成功,改变过去在客户现场做项目的方式,神州数码大部分项目在基地进行。这种异地模式需要强有力的项目管理,否则不仅项目容易失败,客户也根本不放心。多年的项目管理体系建设及项目管理软件系统,项目实施的透明化,为这种模式起到了保障作用。

6. 形成较为成熟的项目管理文化

神州数码通过多年的努力,逐步建设了企业级的项目管理体系,项目管控过程全部通过项目管理软件系统固化和自动化进行,并且形成了比较成熟的项目管理文化,表现在以下方面:

(1) 项目经理比较自觉地遵循企业的项目管理体系,项目经理认识到,采取合理的管控过程,才能够获得好的项目绩效,并且乐于将项目透明化,让高层领导看到项目的进展情况,以便让高层领导帮助自己发现和解决项目问题。

(2) 体系建设比较完整,将整个企业各种岗位的工作都囊括进去。项目实施不再是项目组的行为,而是整个企业的行为,项目组得到企业的支持更加及时,从而形成了较强的实施能力。

(3) 持续地进行工具建设,使得项目管理的规范性得到强化,项目核算更加精准,项目各岗位的绩效考核更加清晰。同时,项目组和企业之间的信息沟通更加通畅。

(4) 整个企业都比较重视项目管理的能力,或者称作"交付能力"。自上而下地将项目管理能力和体系作为企业经营管理的核心工作来看待。

(5) 神州数码采取了一些新的措施,如加强"项目透明化",这样不仅让管理层清楚地看到项目的实施进展,同时还让客户也能够比较清楚地看到。这样会带来一些好的影响:对项目干系人和客户来说,他们不仅需要能干的项目经理和项目组,更希望看到在项目组背后有一个更强大的企业体系的保障。如同在制造业,企业带领客户参观生产车间,借以向客户证明企业的生产水平和质量控制水平。神州数码将自己的项目管理软件系统开放给客户,客户可以进入系统实时地了解他们交付给神州数码项目的进展情况,这样不仅方便了客户,同时也让客户实际体会到神州数码"项目生产线"的良好管理,使得神州数码区别于竞争对手,赢得客户的信任,获取更高的效益。

1.7　单元测试题

简答题

（1）如何用最简单的一句话简单概括软件项目管理的各个阶段？

（2）如何用最简单的一句话简单概括项目管理知识体系十大知识领域？

（3）如何用一句话简单概括项目管理知识体系五大过程组？

（4）简述软件项目管理的生命周期及各阶段的任务。

（5）简述检查点（Check Point）、里程碑（Mile Stone）和基线（Base Line）的概念。

第2章

软件项目整合管理

视频讲解

【学习目标】

◆ 掌握软件项目整合管理的核心概念

◆ 掌握项目准备及启动阶段的任务

◆ 掌握制订项目章程过程的相关内容

◆ 掌握制订项目管理计划过程的相关内容

◆ 掌握可行性分析过程的相关内容

◆ 了解指导与管理项目工作过程的相关内容

◆ 了解管理项目知识过程的相关内容

◆ 了解监控项目工作和实施整体变更控制过程的相关内容

◆ 掌握软件配置管理的相关内容

◆ 了解结束项目或阶段的相关内容

◆ 通过案例分析和测试题练习,进行知识归纳与拓展

2.1 软件项目整合管理概述

项目整合管理包括对隶属于项目管理过程组的各种过程和项目管理活动进行识别、定义、组合、统一和协调的各个过程。在项目管理中,整合兼具统一、合并、沟通和建立联系的性质,这些行动应该贯穿项目始终。项目整合管理包括进行以下选择:资源分配、平衡竞争性需求、研究各种备选方法、为实现项目目标而裁剪过程、管理各个项目管理知识领域之间的依赖关系。

2.1.1 项目整合管理过程内容

(1)制订项目章程。编写一份正式批准项目并授权项目经理在项目活动中使用组织资源的文件的过程。

(2)制订项目管理计划。定义、准备和协调项目计划的所有组成部分,并把它们整合为

一份综合项目管理计划的过程。

（3）指导与管理项目工作。为实现项目目标而领导和执行项目管理计划中所确定的工作，并实施已批准变更的过程。

（4）管理项目知识。使用现有知识并生成新知识以实现项目目标，并且帮助组织学习的过程。

（5）监控项目工作。跟踪、审查和报告整体项目进展，以实现项目管理计划中确定的绩效目标的过程。

（6）实施整体变更控制。审查所有变更请求，批准变更，管理对可交付成果、组织过程资产、项目文件和项目管理计划的变更，并对变更处理结果进行沟通的过程。

（7）结束项目或阶段。终结项目、阶段或合同的所有活动的过程。

各项目整合管理过程以界限分明和相互独立的形式出现，但在实践中它们会以各种方式相互交叠和相互作用。项目整合管理的内容如图 2-1 所示。

图 2-1　项目整合管理的内容

2.1.2　项目整合管理过程核心概念

项目整合管理是项目经理的具体职责,不能委托或转移。项目经理要整合所有其他知识领域的成果,以提供与项目总体情况有关的信息。项目经理必须对整个项目承担最终责任。项目和项目管理具有整合性质,大多数任务不止涉及一个知识领域。项目管理过程组内部和项目管理过程组之间的过程存在迭代型关系。项目整合管理的工作目标包括:

(1) 确保项目可交付成果的最终交付日期、项目生命周期及效益实现计划保持一致;

(2) 提供可实现项目目标的项目管理计划;

(3) 确保创造合适的知识以运用到项目中,并从项目中汲取知识;

(4) 管理项目绩效和项目活动的变更;

(5) 做出针对影响项目的关键变更的综合决策;

(6) 衡量和监督进展,并采取适当的措施;

(7) 收集、分析项目信息,并将其传递给相关方;

(8) 完成全部项目工作,正式关闭各个阶段、合同以及整个项目;

(9) 管理可能需要的阶段过渡。

2.2　项目准备和启动过程

在软件企业项目管理过程中,一个完整的项目流程主要分为以下阶段:项目启动阶段、规划阶段、执行阶段、监控阶段以及收尾阶段。项目启动阶段软件时项目生命周期如图2-2所示。

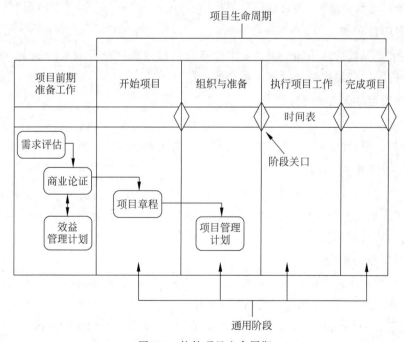

图 2-2　软件项目生命周期

项目启动阶段是所有项目的开始阶段，是新的项目识别和开始的过程。在这个阶段，最关键的是要确定项目的价值及可行性。通常情况下，在项目获得批准或拒绝之前，需要给利益相关方提供商业案例（证明项目的必要性，分析投资回报等）以及可行性研究（概述项目的目标和需求，预估项目完成所需的资源和项目的成本，以及项目是否具有财务和商业意义等）。

项目启动就是要在现有资源条件的限制下选择最佳的项目，认识项目的收益，准备项目许可所需的文件，委派项目经理；即有关方面正式认定一个项目应该开始，并向这个项目提供相关资源。

1. 任命项目经理、建立项目团队

项目启动后要任命项目经理，建立项目团队或管理班子，着手项目的具体准备。

（1）项目经理的选择：项目经理是委托人的代表，是项目班子的核心，是项目启动后项目全过程管理的中枢，是项目有关各方协调配合的桥梁和纽带。一定要慎重选择适合的人担任项目经理。项目经理应具备的技能：沟通技能，组织技能，应用知识和技术并创新技能，制订预算技能，解决问题和应变技能，谈判和影响技能，领导和人际交往技能，队伍建设和人力资源管理技能。

（2）项目团队：具体的技术性工作或管理职能均由参加项目的成员承担。

（3）管理班子：核心班子仅履行管理职能，具体的技术性工作由其他人或组织完成。

2. 配备资源和管理

根据项目组织结构，安排具有能力的人员；配备适用的工具、技术、方法和实践去监测和控制各个过程。

3. 确定项目目标

项目目标要指出需要完成什么或者产出什么；要明确达到项目目标的识别标志（达到这个目标，项目即算完成）。项目目标应当具体、可度量、准确、实际，并有时限性。

4. 规定项目要求

项目要求与项目目标不同。项目要求是指对目标或者可交付成果的规定，项目要求构成了对产出的项目产品或服务的规定或必要的前提条件。

5. 明确项目的可交付成果

项目的可交付成果是项目要求之一。项目的可交付成果与项目目标一样，必须是具体且可以检验的。项目的可交付成果要形成文件并通知到有关的负责部门和人员。

6. 与项目干系人沟通

与项目利益有关的人是项目干系人，在制订计划过程中得到认定。为了确定项目的具体目标，需要会见每一个关键的项目干系人，了解他们对项目目标的想法，并记录到文档中。一个成功的项目需要满足或者超出项目干系人期望。

7. 识别项目的限制

项目的限制是指所有限制项目组织活动或者规定项目组活动的事物。如：

（1）时间：通常是一个固定的最后期限，项目最终的完成时间；

（2）预算：预算限制项目团队获取资源的能力，潜在限制着项目的范围；

（3）质量：通常由产品或服务规范来限定；

（4）设备、技术、管理层指令、合同的目标等也会成为限制。

8．管理限制

项目限制约束着项目组可以做出的选择，并且限制着他们的操作。各种限制，尤其是时间、预算、质量三大限制，可用来帮助获得项目的目标。对限制要进行管理，调节次要限制确保主要限制，并且要把限制记入文档。

9．找出项目假设

假设是指人们认为应该是真的或应该实现的条件。找出项目干系人对项目的假设，并将其记录到文档中。尽可能地找出自己将会面对的所有假设；对重要的假设，要有保证措施和一旦假设不能实现的应急方案。应尽可能地对自己的假设进行检验。

2.3 制订项目章程

项目章程是证明项目存在的正式书面说明和证明文件，由高级管理层签署，规定项目范围，如质量、时间、成本和可交付成果的约束条件，授权项目经理分派组织资源用于项目工作。项目章程通常是项目开始后的第一份正式文件。主要内容包括项目满足的商业需求和产品描述；通常也会包括对项目经理、项目工作人员、项目发起人和高层管理人员在项目中承担主要责任和任务的描述。项目经理应该参与项目章程的制订，以便对项目需求有基本的了解，从而在随后的项目管理活动中更有效地分配资源。项目章程多数是由项目出资人或项目发起人制订和发布的。图2-3描述了制订项目章程过程的输入、工具与技术和输出。

图 2-3 制订项目章程过程的输入、工具与技术和输出

2.3.1 项目章程的内容

从某种意义上说，项目章程实际上就是有关项目的要求和项目实施者的责、权、利的规定。因此，在项目章程中应该包括以下几个方面的基本内容。

（1）项目或项目利益相关者的要求和期望。

这是确定项目质量、计划与指标的根本依据，是对项目各种价值的要求和界定。

（2）项目产出物的要求说明和规定。

这是根据项目客观情况和项目相关利益主体要求，提出的项目最终成果的要求和规定。

（3）开展项目的目的或理由。

这是对于项目要求和项目产出物的进一步说明，是对于相关依据和目的的进一步解释。

（4）项目其他方面的规定和要求。

其他方面的规定和要求包括项目里程碑和进度的概述要求、大致的项目预算规定、相关利益主体的要求和影响、项目经理及其权限、项目实施组织、项目组织环境和外部条件的约束情况和假设情况，以及项目的投资分析结果说明等。

上述基本内容既可以直接列在项目章程中，也可以援引其他相关的项目文件。同时，随着项目工作的逐步展开，这些内容也会在必要时随之更新。

2.3.2　项目章程的作用

项目章程的作用包括：

（1）正式宣布项目的存在，对项目的开始实施赋予合法地位；

（2）记录业务需要、对客户需求的理解，以及需要交付的新产品、服务或成果，对项目目标、范围、主要可交付成果、主要制约因素和假设条件等进行总体描述；

（3）正式任命项目经理，授权其使用组织的资源开展项目活动；

（4）通过描述启动项目的理由，把项目与组织的战略及日常运营工作联系起来；

（5）良好的项目章程使项目团队对项目有一个整体的了解，并成为项目团队共同遵守的行为规则，有助于减少项目实施过程中出现的问题。

项目章程是由管理层签发的，项目经理是项目章程的执行者（项目经理应参与制订项目章程）。如果项目是由几个组织联合发起的，这些组织的管理层可联合签发项目章程。项目章程所规定的应该是一些比较大的、原则性的问题，通常不会因项目变更而需要对项目章程做出修改。如果要对项目章程进行修改（如项目目标的修改），只有管理层才有权力进行，即谁签发的项目章程，谁才有权修改项目章程。项目章程的修改不在项目经理的权责范围内。

2.3.3　制订项目章程过程的输入、输出及关键技术

1. 制订项目章程过程的输入

1）商业文件

商业文件包含商业论证和效益管理计划。

（1）商业论证。一般情况下，商业论证会包含商业需求（强调启动项目的原因）和成本效益分析（确定项目是否值得投资），以论证项目的合理性并确定项目边界（没有项目边界无法做出相对准确的投入和产出预算）。商业论证通常由商业分析师完成，由项目发起人提供给项目经理，项目经理可以对商业论证的内容提出建议。

（2）项目效益管理计划。对创造、提高和保持项目效益的过程进行定义的书面文件。该文件同样产生于项目启动之前，所以并不是由项目经理或项目团队编写，而是由发起人提供。因为有些项目的收益并不只是通过项目本身实现，而是通过相关运营或其他项目实现，所以可以简单理解为项目效益管理计划是由项目集经理或项目集团队编写发布。

2）协议

协议用于定义启动项目的初衷。协议有多种形式，包括合同、谅解备忘录、服务水平协议（SLA）、协议书、意向书、口头协议、电子邮件或其他书面协议。作为项目经理，如果接手项目时已经签署了合同，应尽快拿到合同进行阅读，因为合同是反映客户需求和意向的第一手资料，也是反映工作成果有效性的依据。若项目经理接手项目时还没有签署合同，应及时获取并分析现有的一些意向书、备忘录或会议记录及相关的资料。

3）项目工作说明书

项目工作说明书是对项目产出物和项目工作的说明，这是项目业主或用户给出的项目具体要求说明书，其主要内容有项目要求、项目产出物和工作的说明以及组织战略规划目标等。工作说明书包括经营需要、产品范围说明书和战略计划等，项目工作说明书理应属于顾客招标文件的一部分。

4）事业环境因素

事业环境因素是指围绕项目或能影响项目成败的任何内外部环境因素。这些因素来自所有项目参与单位。事业环境因素可能提高或限制项目管理的灵活性，并可能对项目结果产生积极或消极的影响。

5）组织过程资产

组织过程资产包括全部与过程相关的资产，可能来自任何一个或所有参与项目的组织，用于帮助项目成功。这些过程资产包括正式和非正式的计划、政策、程序和指南等；过程资产还包括组织的知识库，如经验教训和历史信息等。组织过程资产可能包括完整的进度计划、风险数据和挣值数据（已完成工作量的预算成本）。项目团队成员通常有责任在项目全过程中对组织过程资产进行必要的更新和补充。组织过程资产可以分成流程与程序、共享知识库两大类。

2. 制订项目章程的工具与技术

1）项目选择方法

项目选择方法是用来确定组织选择哪一个项目的方法。这些方法一般分为以下两大类：

（1）效益测定方法，如比较法、评分模型、对效益的贡献或经济学模型等；

（2）数学模型，如利用线性、非线性、动态、整数或多目标规划算法。

2）项目管理方法系

项目管理方法系确定了若干项目管理过程组及其有关的子过程和控制职能，所有这些共同结合成为一个有机统一整体。项目管理方法系可以是仔细加工过的项目管理标准，也可以是正式成熟的过程，还可以是帮助项目管理团队有效地制订项目章程的非正式技术。

3）项目管理信息系统

项目管理信息系统（PMIS）是一种基于计算机技术而进行的项目管理系统。它不仅能够帮助进行费用估算，并收集相关信息来计算挣得值和绘制S曲线，能够进行复杂的时间和资源调度，还能够帮助进行风险分析和形成适合的不可预见费用计划等。例如项目计划图表（PERT图和甘特图）的绘制，项目关键路径的计算、项目成本的核算、项目计划的调整、资源平衡计划的制订与调整以及动态控制等，都可以借助于项目管理信息系统。项目管理信息系统（PMIS）是在组织内部使用的一套系统集成的标准自动化工具，组织的规模越大越成熟,该工具在组织内部的计算机信息系统中实现自动化的可能性就越高。项目管理团队利用项目管理信息系统制订项目章程,在细化项目章程时促进反馈,控制项目章程的变更和发布批准的项目章程。

4）专家判断

专家判断经常用来评价制订项目章程所需要的依据。在这一过程中,专家将其知识应用于任何技术与管理细节。任何具有专门知识或训练的集体或个人可提供此类专家知识;知识来源包括实施组织内部的其他单位、咨询公司、包括客户或赞助人在内的项目干系人、专业和技术协会以及行业集团等。

3. 制订项目章程的输出

1）项目章程

项目章程是由项目启动者或发起人发布,正式批准项目成立,并授权项目经理使用组织资源开展项目活动的文件。它记录了关于项目和项目交付的产品、服务或成果的高层级信息,例如项目目的,可测量的项目目标和相关的成功标准,高层级需求,高层级项目描述、边界定义以及主要可交付成果,整体项目风险,总体里程碑进度计划,预先批准的财务资源,关键相关方名单,项目审批要求,项目退出标准,委派的项目经理及其职责和职权,发起人或其他批准项目章程的人员的姓名和职权。项目章程确保相关方在总体上就主要可交付成果、里程碑以及每个项目参与者的角色和职责达成共识。

2）假设日志

通常,在项目启动前编制商业论证时,需要识别高层级的战略和运营假设条件与制约因素。这些假设条件与制约因素会被纳入项目章程。较低层级的活动和任务假设条件在项目期间,随着诸如定义技术规范、估算、进度和风险等活动的开展而生成。假设日志用于记录整个项目生命周期中的所有假设条件和制约因素。

2.4 制订项目管理计划

制订项目管理计划过程将定义、准备和协调所有子计划,并把它们整合为一份综合项目管理计划;生成一份核心文件,用于确定所有项目工作的基础及其执行方式;确定项目执行、监控和收尾方式。此外,项目管理计划应足够强壮和敏捷以应对不断变化的项目环境。图 2-4 描述了制订项目管理计划的输入、工具与技术和输出。

2.4.1 项目管理计划的主要内容

广义的"项目计划"包括项目管理计划及从规划过程得到的各种项目文件和采购文件。狭义的"项目计划"则仅指项目管理计划,甚至仅指更为具体的分项管理计划,或者仅指某种或某几种项目文件。项目管理计划由以下内容组成,如图 2-4 所示。

1. 12 个管理计划

管理计划包括变更管理计划、配置管理计划、范围管理计划、需求管理计划、进度管理计划、成本管理计划、质量管理计划、资源管理计划、沟通管理计划、风险管理计划、采购管理计

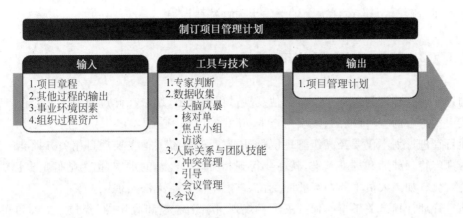

图 2-4　制订项目管理计划的输入、工具与技术和输出

划及相关方参与计划项目。

2．4 个基准

（1）范围基准：经过批准的范围说明书、工作分解结构（WBS）和相应的 WBS 词典，用作比较依据。

（2）进度基准：经过批准的进度模型，用作与实际结果进行比较的依据。

（3）成本基准：经过批准的、按时间段分配的项目预算，用作与实际结果进行比较的依据。

（4）绩效测量基准：经过整合的项目范围、进度和成本计划，用作项目执行的比较依据，以测量和管理项目绩效。

3．项目生命周期描述

描述项目从开始到结束所经历的一系列阶段。

4．开发方法

开发方法是指描述产品、服务或成果的开发方法，例如预测、迭代、敏捷或混合型模式等。

基准是经过批准的、高层次的项目计划，以便作为比较的基础，据此考核项目执行情况，确定实际绩效与计划要求之间的偏差是否在可接受的区间内；也可以说，基准是一种特殊版本的项目计划。其特殊性表现在以下几个方面：

（1）项目管理计划是项目经理据以考核项目执行情况的依据。并不是所有项目计划都有这个作用。大量的细节性计划是项目团队成员自行编制和使用的，项目经理不会依据这些计划来考核项目执行情况。

（2）项目管理计划一定是经过高级管理层和主要项目相关方批准的，而不是项目团队自编自用、无须特定批准的细节性计划。

（3）除非另行说明，项目管理计划都是指最新版本的项目计划，即当前基准，而不是过去曾经作为基准使用过的项目计划。如果要对基准进行变更，只有变更控制委员会才有权力批准，项目经理无权批准。

项目管理计划中与项目生命周期有关的主要内容包括：项目生命周期的类型和阶段划分、计划采用的产品开发方法以及管理层对项目进行审查的时点和内容安排。项目管理计划是综合性计划，任何单项计划都不等同于项目管理计划。

2.4.2 项目管理计划的作用

制订项目管理计划过程是收集其他规划过程的输出，结合在此过程中生成的新内容，再汇总成一份综合的、经批准的、现实可行的、正式的项目管理计划。

项目管理计划不仅要经高级管理层批准，有时还要经其他主要项目相关方批准。例如，其中的进度管理计划和进度基准，就需要得到相关职能经理的批准，因为他们负责提供项目所需的人员。如果人员不能在需要时到位，进度基准肯定无法实现。

项目管理计划是关于将如何开展项目规划、执行、监控和收尾的，经过正式批准的综合性计划。一旦有了项目管理计划，后续的一切规划、执行、监控和收尾工作都必须按照该计划开展。正是这个原因，导致《项目管理知识体系指南》中除制订项目章程和制订项目管理计划过程以外，其余全部47个项目管理过程都要用"项目管理计划"作为输入。例如，高级管理人员应该按照其中规定的检查时间、内容和方式，对项目进行检查。高级管理人员不能随意、无序地对项目进行检查。项目执行应该是被计划管着的，而不是被领导管着的；团队成员每天该做什么，应该看计划的安排，而不是听领导的指示。只有这样，才能在项目的各种工作之间形成较好的协调（因为大家都依据同一个计划开展工作），才能真正使成员做到领导在和不在一个样。

2.4.3 项目管理计划的编制

1. 项目管理计划的编制者

在项目管理中，通常不能由上级或某个部门"关起门来"编制出一份计划，然后布置给项目团队去执行。项目计划必须是自下而上编制出来的，项目团队成员要对与自己密切相关的部分（如自己最熟悉或将从事的工作）编制相应计划，并逐层向上报告和汇总。最后，由项目经理负责协调各种细节文件，并汇编出综合性的项目管理计划。即便有些成员不需要亲自编制项目计划的任何部分，至少也要对其他成员的计划编制工作提供协助（如提出自己的意见）。就像一群朋友外出吃饭，应该先由每个人点一个菜，再由某个人（相当于项目经理）对大家所点的菜进行综合平衡，确定最终的菜单。他在平衡的过程中必须与大家做必要的沟通，要更换某个菜，必须与原先点这个菜的人商量。

在编制项目计划的过程中，项目经理和团队成员也要充分听取其他主要相关方的意见，以便把相关方的需求尽可能地反映在项目计划中。这样一来，就可以避免以后出现这样的情况：项目完全按计划执行，但是某个重要相关方仍然对项目不满意。

一份没有充分反映相关方需求的计划不是一份好的计划，即便完全按该计划执行，也没有什么意义。项目团队成员编制项目计划，项目经理起总负责和整合的作用，其他重要相关方也要参与项目计划的编制工作。计划的执行者必须参与计划的编制工作；这不仅有利于提高计划的质量（更加现实可行），而且能够使他们对计划有强烈的主人翁感，从而会努力按计划去执行。

2．项目管理计划的编制周期

在项目执行开始之前,要编制出尽可能完整的项目计划,包括项目管理计划和项目文件。但是,项目计划也需要在项目生命周期的后续阶段不断被审查、细化、完善和更新。例如,随着各种情况的明朗,逐渐细化项目计划的内容;根据情况的变化,修改项目计划。正是由于这个原因,《PMBOK 指南》中的许多执行过程和监控过程都会导致项目管理计划更新或项目文件更新。

项目计划编制无法一蹴而就、一劳永逸,而是需要在相当长的时间内不断对计划进行审查、细化、完善和更新。项目管理强调项目的特性和计划都是渐进明细出来的,因为项目的各种情况是逐渐明朗的;往往不可能一开始就明晰项目的各种特性,编制出详细的项目计划。如果一开始就强行编制详细计划,那么计划很可能不切实际。

把后续的计划更新也考虑在内,项目计划的编制要经历以下步骤:

(1) 各具体知识领域编制各自的分项计划,包括分项管理计划、分项基准和其他文件。

(2) 整合管理知识领域收集各分项管理计划和分项基准,整合成项目管理计划。

(3) 用项目管理计划和各种分项计划去指导项目的执行和监控工作,并在执行和监控过程中提出必要的变更请求,报实施整体变更控制过程审批。

(4) 对项目管理计划的更新必须走变更流程,经高级管理层审批。

(5) 根据经批准的变更请求,更新项目管理计划和各种分项计划。通常采用滚动式规划方法编制项目计划,即对近期就要开展的工作,编制详细计划;而对远期的工作,只做粗略计划,以后再随时间推移而细化。

3．项目管理计划的编制流程

项目管理计划编制的流程如下:

(1) 明确目标;

(2) 成立初步的项目团队;

(3) 工作准备与信息收集;

(4) 依据标准、模板,编写初步的项目计划概要;

(5) 编写范围管理、质量管理、进度、预算等分计划;

(6) 把上述分计划纳入项目管理计划,然后对项目计划进行综合平衡、优化;

(7) 项目经理负责组织编写项目管理计划;

(8) 评审与批准项目管理计划;

(9) 获得批准后的项目管理计划即成为项目的基准计划。

2.4.4　制订项目管理计划过程的输入、输出及关键技术

1．制订项目管理计划过程的输入

制订项目管理计划过程的输入包括:

1) 项目章程

项目章程所包含的信息种类数量因项目的复杂程度和已知的信息数量而异。在项目章程中应该定义项目的高层级信息,以便将来在项目管理计划的各个组成部分中进一步细化。

2）其他过程的输出

创建项目管理计划需要整合诸多过程的输出。其他规划过程所输出的子计划和基准都是本过程的输入。此外，子计划和基准的变更可能导致对项目管理计划的相应更新。

3）事业环境因素

事业环境因素包括政府或行业标准（如产品标准、质量标准、安全标准和工艺标准等），法律法规要求和制约因素，垂直市场的项目管理知识体系，组织的结构、文化、管理实践和可持续性，组织治理框架，基础设施等。

4）组织过程资产

组织过程资产包括组织的标准政策、流程和程序，项目管理计划模板，变更控制程序，监督和报告方法，风险控制程序，沟通要求，类似项目的相关信息，历史信息和经验教训知识库等。

2．制订项目管理计划过程的工具与技术

1）专家判断

应该就以下主题，考虑具备相关专业知识或接受过相关培训的个人或小组的意见：根据项目需要裁剪项目管理过程，包括这些过程间的依赖关系和相互影响的具体因素，以及这些过程的主要输入和输出；根据需要制订项目管理计划的附加组成部分；确定这些过程所需的工具与技术；编制应包括在项目管理计划中的技术与管理细节；确定项目所需的资源与技能水平；定义项目的配置管理级别；确定受制于正式的变更控制过程的项目文件；确定项目工作的优先级，确保把项目资源在合适的时间分配给合适的工作内容。

2）数据收集

可用于本过程的数据收集技术包括头脑风暴、核对单、焦点小组、访谈等。

3）人际关系与团队技能

制订项目管理计划时需要的人际关系与团队技能包括：冲突管理、引导、会议管理等。

4）会议

在本过程中，可以通过会议讨论项目方法，确定为达成项目目标而采用的工作执行方式，同时制订项目监控方式。项目开工会议通常意味着规划阶段的结束和执行阶段的开始，旨在传达项目目标，阐明每个相关方的角色和职责，并获得团队对项目的承诺。开工会议可能在不同时间点举行，具体取决于项目的以下特征：

（1）对于小型项目，通常由同一个团队开展项目规划和执行。这种情况下，项目在启动之后很快就会开工（规划过程组），因为执行团队参与了规划。

（2）对于大型项目，通常由项目管理团队开展大部分规划工作。在初始规划工作完成、开发（执行）阶段开始时，项目团队其他成员才参与进来。这种情况下，将随同执行过程组的相关过程召开开工会议。

（3）对于多阶段项目，通常在每个阶段开始时都要举行一次开工会议。

3．制订项目管理计划过程的输出

制订项目管理计划过程的输出是项目管理计划，包括子管理计划、范围管理计划、需求管理计划、进度管理计划、成本管理计划、质量管理计划、资源管理计划、沟通管理计划、风险管理计划、采购管理计划、相关方参与计划以及基准（范围基准、进度基准、成本基准）。虽然在本过程生成的组件会因项目而异，但是通常包括变更管理计划、配置管理计划、绩效测量基准、项目生命周期、开发方法以及管理审查等。

2.5 软件项目的可行性分析

客户的需求和问题就是选择项目的依据,是项目投资机会。通常投资者是从以下几个方面发现项目投资机会:

1. 市场需求

进行市场分析,客观地分析市场现状,如市场容量的大小、供求情况等,预测未来市场的发展趋势是高速成长、平稳发展还是逐渐衰退,了解主要竞争对手的产品、市场份额和发展战略。

2. 国家政策和产业导向

国家、行业和地方的科技发展和经济社会发展的长期规划与阶段性规划,这些规划一般由国务院、各部委、地方政府和主管厅局发布。国内企业应重视这些政策规划。

3. 客户发布的项目招标

及时得到行业中客户单位的招标信息,进行可行性分析并投标。

识别出的项目机会只能作为候选项目,还必须对其进行可行性分析,利用分析结果确定能否将其作为一个项目来实施。技术可行性分析的目的是确定能否利用现有的或可能拥有的技术能力来实现项目目标。

2.5.1 技术可行性分析

1. 项目总体技术方案分析

分析项目所采用的技术方案是否合理,包括项目所依据的技术原理,主要技术、方法和过程,项目拟采用的质量标准等。

2. 软件组织水平与能力分析

包括研发能力(技术水平,研发成果)、生产和市场营销能力、资金管理能力(资金回收和支付,银行贷款)以及其他能力(已获得的各种认证和资质)。

3. 项目技术来源分析

包括自主研发(拥有完全的自主知识产权和决策权)、合作开发(要明确技术成果的所有权和使用权)、使用其他组织或个人的技术(包括开源软件)以及专利分析(如使用专利需进行此项分析)。

4. 项目负责人及技术骨干的资质分析

全方面地了解和分析项目负责人和技术骨干的学历、专业、职称、行业资质、项目研发经历、近期主要研发成果、获得的主要奖励等。例如,系统集成商必须具有一定的人员资质,如系统集成商三级要求:

（1）企业从事软件开发、系统集成等业务的工程技术人员不少于 100 人，且本科学历人员所占比例不少于 80%。

（2）企业总经理或负责系统集成工作的副总经理必须具有 4 年以上从事信息技术领域企业管理工作经历；企业必须具有已获得信息技术相关专业高级职称，且从事计算机信息系统集成工作不少于 4 年的技术负责人。

2.5.2　市场可行性分析

市场可行性研究应探讨一个项目的建设是否符合社会或市场的需要，是投资决策成功的关键。为此，在进行投资项目可行性研究时，首先要进行市场可行性研究。市场可行性研究的内容是多方面的，一般包括以下几方面：

（1）市场对产品或服务的近、远期需求量；

（2）消费对象及其支付能力；

（3）竞争产品与竞争企业状况；

（4）同类产品的价格变动趋势；

（5）产品销售量、盈利水平及市场占有率；

（6）产品生命周期等。

只有经过市场可行性研究证明，项目提供的产品适销对路、价廉物美、竞争力强、能适应社会需要时，才认为它具备市场条件，是可行的。市场可行性研究结论是决定是否投资以及投资规模、产品方案和生产销售大纲的主要依据。

2.5.3　经济可行性分析

1. 软件项目成本

成本分析有利于帮助我们正确认识、掌握和运用成本变动的规律，实现降低成本的目标；有助于进行成本控制，正确评价成本计划完成情况，还可为制订成本计划、经营决策提供重要依据。

软件项目通常是技术密集型项目，其成本构成与一般的建设项目有很大区别，其中最主要的成本是在项目开发过程中所花费的工作量及相应的代价，它不包括原材料及能源的消耗，主要是人的劳动消耗。一般来讲，软件项目的成本构成主要包括以下几种：

（1）软硬件购置成本。这部分费用虽然可以作为企业的固定资产，但因设备和技术折旧太快，需要在项目开发中分摊一部分费用。

（2）人工成本（软件开发、系统集成费用）。主要是指开发人员、操作人员、管理人员的工资福利费等。在软件项目中人工费用总是占有相当大的份额，有的可以占到项目总成本的 80% 以上。

（3）维护成本。维护成本是在项目交付使用之后，承诺给客户的后续服务所必需的开支。可以说，软件业属于服务行业，其项目的后期服务是项目必不可少的重要实施内容。所以，维护成本在项目生命周期成本中，占有相当大的比例。

（4）培训费。培训费是项目完毕后对使用方进行具体操作的培训所花的费用。

（5）业务费、差旅费。软件项目常以招投标的方式进行,并且会经过多次的谈判协商才能最终达成协议,在进行业务洽谈过程中所发生的各项费用比如业务宣传费、会议费、招待费、招投标费等必须以合理的方式计入项目的总成本费用中去。此外,对异地客户的服务需要一定的差旅费用。

（6）管理及服务费。这部分费用是指项目应分摊的公司管理层、财务及办公等服务人员的费用。

（7）其他费用。包括基本建设费用,如新建、扩建机房、购置计算机机台和机柜等的费用;材料费,如打印纸、磁盘等购置费;水、电、气费;资料、固定资产折旧费及咨询费等。

从财务角度看,可将项目成本构成按性质划分为以下两种:

（1）直接成本。与具体项目的开发直接相关的成本,如人员的工资、外包外购成本等,又可细分为开发成本、管理成本、质量成本等。

（2）间接成本。不归属于一个具体的项目,是企业的运营成本,分摊到各个项目中,如房租、水电、保安、税收、福利、培训等。

2. 现金流预测

现金流预测是对未来几个月或未来几个季度内企业资金的流出与流入进行预测。其目的是合理规划企业现金收支,协调现金收支与经营、投资、融资活动的关系,保持现金收支平衡和偿债能力,同时也为现金控制提供依据。现金流量预测的方法,主要有现金收支法和净收益调整法。

3. 净现值、回收期、回报率等财务指标

启动项目通常要考虑投资回收期、投资回报率、净现值等财务指标。

（1）现值:指资金折算至基准年的数值,也称折现值或在用价值,是指对未来现金流量以恰当的折现率进行折现后的价值。

（2）净现值:指一个项目预期实现的现金流入的现值与实施该项计划的现金支出的差额。净现值为正值的项目可以为股东创造价值,净现值为负值的项目会损害股东价值。

（3）价值分析:用于现有的产品,通常产品投放市场之后才开始,是一种事后行为,是不断改进产品的一种途径,而不断改进的质量和服务才是留住客户、占领市场的唯一方法。

（4）运营利润:运营利润＝收入－（直接成本＋间接成本）。

（5）运营资本:运营资本＝当前的资产－当前的债务。

（6）收益成本比率:收益成本比率＝期望收入/期望成本。测量相对于成本的收益（回报）,不仅仅是利润。该比率越高越好（如果比率超过1,收益大于成本）。

（7）内部收益率:是一项投资渴望达到的报酬率,是能使投资项目净现值等于零时的折现率。它是一项投资渴望达到的报酬率,该指标越大越好。一般情况下,内部收益率大于等于基准收益率时,该项目是可行的。

（8）投资回收期:是指用多长时间能把项目投资收回来,通常是项目建设期加上项目投产后累计运营利润达到投资金额所需的时间。

（9）投资回报率:是指项目投产后的年均运营利润与项目投资额之比（运营期年均净收益/投资总额）,投资回报率越高越好。

2.5.4 社会可行性分析

1. 使用可行性

分析项目产品的运行操作方式与用户组织的规章制度、习惯、企业文化等是否相容以及在用户环境下是否可行。

2. 法律可行性

分析产品开发过程中是否会涉及有关合同、侵权、责任以及各种与法律抵触的问题。

3. 政策可行性

分析项目产品是否有政府政策的支持或限制。

2.5.5 开源软件的使用分析

经过三十多年的发展，开源软件已经异常丰富。使用开源软件的好处在于：

（1）节省成本，提高开发效率。

（2）开放和自由。开源软件通常符合开放标准，使用户不会被个别商业公司的专有标准束缚。例如，OpenOffice符合开放文档格式（Open Document Format，ODF），使用户对自己的文档有完全意义上的所有权。微软被迫公开了OOXML格式并力推其成为开放标准。

（3）灵活可定制。拥有源代码，可以进行定制、修改和扩展。

（4）公开透明。适用于涉及国家或商业安全的领域。

（5）良好的学习平台。通过阅读源代码、文档、社区网站上的讨论等，可以理解开源软件的架构、设计，观察技术决定的决策过程等，对于开发人员技术水平的提高有很大促进作用。

1. 自由软件与开源软件

1985年，Richard Stallman成立自由软件基金会（Free Software Foundation，FSF），该组织对自由软件做了如下定义：自由软件赋予使用者四种自由，即使用该软件的自由、研究和改写该软件来符合使用者自身的需求的自由、复制和散布该软件的自由以及改写并发布改写后软件的自由。

1989年，FSF发布了通用公共许可证（General Public License，GPL），对自由软件的使用和分享方式进行了规范的定义，保证了自由软件的永续自由，即所谓"Copyleft"。并促进了开源运动。GPL具有"传染性"，即一个软件一旦使用了遵守GPL的自由软件的代码，那么这个软件也必须遵守GPL，因此许多商业公司出于保护自身知识产权的目的，不敢使用和参与开发自由软件。

开源软件在自由软件的开放、共享与商业组织利益之间寻求一种平衡。一些开源软件许可证允许商业组织在使用开源软件的过程中，不泄露其技术机密，这使开源软件有了更大的发展。1998年，开源软件促进会（Open Source Initiative，OSI）成立，成为促进开源软件运动的权威组织。该组织对开源软件有明确定义，并负责对开源软件许可证进行认证。

2. 使用开源软件的质量风险

绝大多数开源软件许可证都有免责条款,这意味着如果软件出现质量问题,没有人为用户负责。因此要把住质量关,使用优秀的、成熟度高的开源软件。除利用常规的评价方式(如测试)外,还可利用开源项目特有的一些信息来评价其成熟度,例如项目领导者、开发者社区的规模和活跃程度、用户的规模、是否有安全补丁机制、文档是否丰富等。有一些开源软件成熟度评价模型(如 OpenBRR)采用定量的方法(数学模型)进行评价。

3. 使用开源软件的服务风险

开源软件不提供技术支持和服务承诺。可利用开源项目社区解决一些技术问题,但很有限。可购买相关软件进行服务支持(也称为"订阅"),例如 Linux 操作系统有 Redhat 公司提供发行版并出售订阅服务,MySQL 数据库有 Oracle 公司出售订阅服务。一些公司(如 OpenLogic)提供了广泛的开源软件服务,包括管理咨询、法律保障、技术支持、培训等。

4. 使用开源软件的法律风险

如果用户只是自己使用开源软件,无论是只运行开源软件的二进制形式还是修改源代码后供自己使用,在一般情况下不会具有风险。如果用户要传播开源软件,例如把开源软件(无论是原封不动的还是修改过的)包含在自己的产品中进行再发布,则可能有一定的风险。这些风险来自 3 方面:软件著作权、软件专利、许可证。

1) 开源软件的著作权

除了很少一部分属于公共领域(Public Domain)的开源软件不受著作权保护外,绝大部分开源软件都是有著作权的。开源软件的著作权所有者一般通过软件许可证把权利授权给用户,同时也要求用户遵守特定的约束。开源软件的开发者众多且分散,因此其著作权来源复杂,容易产生侵权现象。

2) 开源软件的专利

开源软件可能包含软件专利。专利持有者通常通过许可证把专利使用权授予用户,但有些许可证并没有对专利授权做出明示。由于开源软件代码来源复杂,可能带有未经授权的专利。

防止侵犯著作权和专利的方法:

(1) 通过各种渠道调查清楚开源软件是否涉及著作权和专利方面的问题和纠纷。

(2) 利用第三方资源来规避风险,例如"开放发明网络"公司可以向受到有关 Linux 的专利诉讼的公司提供援助,Redhat 公司可以为购买了支持服务的用户提供开源担保,代替用户处理侵犯著作权和专利的法律问题。

3) 开源软件许可证

开源软件许可证把各种权利赋予用户,同时对开源软件的传播进行了不同程度的约束。OSI 认证的开源许可证有几十种,同时推荐了 9 种最常用的,分别是 GNU 通用公共许可证(简称 GPL)、GNU 宽通用公共许可证(简称 LGPL)、Mozilla 公共许可证(简称 MPL)、通用开发和发布许可证(简称 CDDL)、Eclipse 公共许可证(简称 EPL)、3 条 BSD 许可证、2 条 BSD 许可证、MIT 许可证以及 Apache 许可证。要详细解读所使用的开源软件的许可证,并遵守其约束。GPL 是目前应用最为广泛的许可证,据统计,有 60% 以上的开源软件采用了它。如果作品 A 使用了 GPL 许可证,只要作品 B 包含了作品 A 的全部、一部分或其派生作品,那么作品 B 就是基于作品 A 的作品。作品 B 如果要发行,也必须使用 GPL 许可证。GPL 对最终用户非常友好，但专有软件厂商或对代码有保密要求的用户不适合使用GPL许可的开源软件。

2.6　指导与管理项目工作

指导与管理项目工作，是为实现项目目标而在领导和执行项目管理计划中所确定的工作，并实施已批准变更的过程。本过程的主要作用是对项目工作和可交付成果开展综合管理，以提高项目成功的可能性。本过程需要在整个项目期间开展。指导与管理项目工作过程的输入、工具与技术和输出如图2-5所示。

指导与管理项目工作包括执行计划的项目活动，以完成项目可交付成果并达成既定目标。本过程需要分配可用资源并管理其有效使用，也需要执行因分析工作绩效数据和信息而提出的项目计划变更。指导与管理项目工作过程会受项目所在应用领域的直接影响，按项目管理计划中的规定，开展相关过程，完成项目工作，并产出可交付成果。项目经理与项目管理团队一起指导实施已计划好的项目活动，并管理项目内的各种技术接口和组织接口。指导与管理项目工作还应要求回顾所有项目变更的影响，并实施已批准的变更，包括纠正措施、预防措施或缺陷补救。

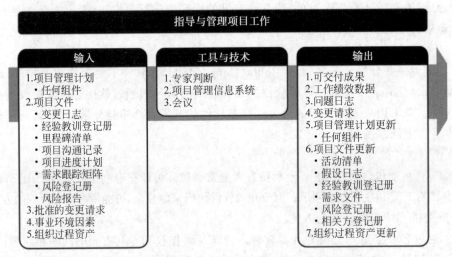

图2-5　指导与管理项目工作：输入、工具与技术和输出

在项目执行过程中，收集工作绩效数据并传达给合适的控制过程做进一步分析。通过分析工作绩效数据，得到关于可交付成果的完成情况以及与项目绩效相关的其他细节，工作绩效数据也用作监控过程组的输入，并可作为反馈输入到经验教训库，以改善未来工作的绩效。

2.7　管理项目知识

管理项目知识，是使用现有知识并利用其生成新知识，从而实现项目目标，并且帮助组织学习的过程。本过程的主要作用是利用已有的组织知识来创造或改进项目成果，并且使当前项目创造的知识可用于支持组织运营和未来的项目或阶段。本过程需要在整个项目期间开展，本过程的输入、工具与技术和输出如图2-6所示。

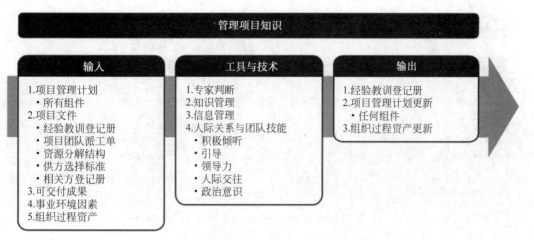

图 2-6　管理项目知识：输入、工具与技术和输出

知识通常分为"显性知识"（易使用文字、图片和数字进行编撰的知识）和"隐性知识"（个体知识以及难以明确表达的知识，如信念、洞察力、经验和"诀窍"）两种。知识管理指管理显性和隐性知识，旨在重复使用现有知识并生成新知识。有助于达成这两个目的的关键活动是知识分享和知识集成（不同领域的知识、情境知识和项目管理知识）。

一个常见误解是，知识管理只是将知识记录下来用于分享；另一种常见误解是，知识管理只是在项目结束时总结经验教训，以供未来项目使用。这样的话，只有经编撰的显性知识可以得到分享。因为显性知识缺乏情境，可作不同解读，所以，其虽易分享，但无法确保正确理解或应用。隐性知识虽蕴含情境，却很难编撰。它存在于专家个人的思想中，或者存在于社会团体和情境中，通常经由人际交流和互动来分享。

从组织的角度来看，知识管理指的是确保项目团队和其他相关方的技能、经验和专业知识在项目开始之前、开展期间和结束之后得到运用。因为知识存在于人们的思想中，且无法强迫人们分享自己的知识或关注他人的知识，所以，知识管理最重要的环节就是营造一种相互信任的氛围，激励人们分享知识或关注他人的知识。如果不激励人们分享知识或关注他人的知识，即便最好的知识管理工具和技术也无法发挥作用。在实践中，联合使用知识管理工具和技术（用于人际互动）以及信息管理工具和技术（用于编撰显性知识）来分享知识。

2.8　监控项目工作

监控项目工作是跟踪、审查和报告整体项目进展，以实现项目管理计划中确定的绩效目标的过程。本过程的主要作用是，让相关方了解项目的当前状态并认可为处理绩效问题而采取的行动，以及通过成本和进度预测，让相关方了解未来项目状态。本过程需要在整个项目期间开展。本过程的输入、工具与技术和输出如图 2-7 所示。

监督是贯穿于整个项目的项目管理活动之一，包括收集、测量和分析测量结果，以及预测趋势从而推动过程改进。持续的监督使项目管理团队能及时洞察项目的健康状况，并识别须特别关注的任何方面。控制包括制订纠正或预防措施或重新规划，并跟踪行动计划的实施过程，以确保它们能有效解决问题。监控项目工作过程关注：

（1）将项目的实际绩效与项目管理计划进行比较；

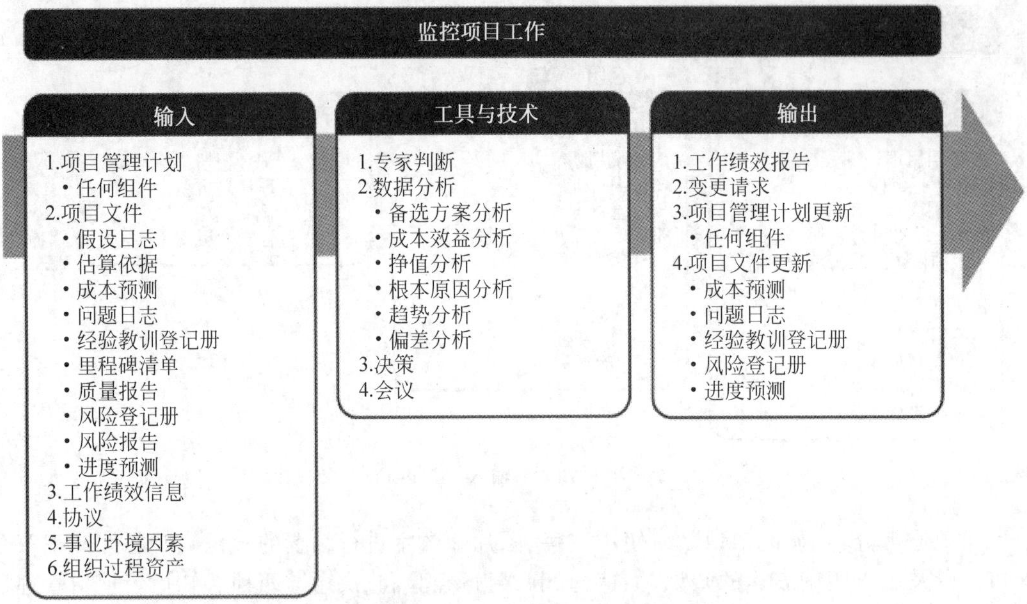

图 2-7　监控项目工作：输入、工具与技术和输出

（2）定期评估项目绩效，决定是否需要采取纠正或预防措施，并推荐必要的措施；

（3）检查单个项目风险的状态；

（4）在整个项目期间，维护一个准确且及时更新的信息库，以反映项目产品及相关文件的情况；

（5）为状态报告、进展测量和预测提供信息；

（6）做出预测，以更新当前的成本与进度信息；

（7）监督已批准变更的实施情况；

（8）如果项目是项目集的一部分，还应向项目集管理层报告项目进展和状态；

（9）确保项目与商业需求保持一致。

2.9　实施整体变更控制

2.9.1　实施整体变更控制过程概述

实施整体变更控制是审查所有变更请求、批准变更，管理对可交付成果、项目文件和项目管理计划的变更，并对变更处理结果进行沟通的过程。本过程审查对项目文件、可交付成果或项目管理计划的所有变更请求，并决定对变更请求的处置方案。本过程的主要作用是确保对项目中已记录在案的变更做综合评审。如果不考虑变更对整体项目目标或计划的影响就开展变更，往往会加剧整体项目风险。

实施整体变更控制过程贯穿项目始终，项目经理对此承担最终责任。变更请求可能影响项目范围、产品范围以及任一项目管理计划组件或任一项目文件。在整个项目生命周期的任何时间，参与项目的任何相关方均可提出变更请求。变更控制的实施程度，取决于项目所在应用领域、项目复杂程度、合同要求，以及项目所处的背景与环境等因素。

在基准确定之前,变更无须正式受控于实施整体变更控制过程。一旦确定了项目基准,就必须通过本过程来处理变更请求。依照常规,每个项目的配置管理计划应规定哪些项目工件受控于配置控制程序。对配置要素的任何变更都应该提出变更请求,并经过正式控制。

尽管可以口头提出,但所有变更请求都必须以书面形式记录,并纳入变更管理和(或)配置管理系统中。在批准变更之前,可能需要了解变更对进度的影响和对成本的影响。在变更请求可能影响任一项目基准的情况下,都需要开展正式的整体变更控制过程。每项记录在案的变更请求都必须由一位责任人批准、推迟或否决,这个责任人通常是项目发起人或项目经理。在项目管理计划或组织程序中须指定责任人,必要时,应该由变更控制委员会(Configuration Control Board,CCB)来开展实施整体变更控制过程。CCB 是一个正式组成的团体,负责审查、评价、批准、推迟或否决项目变更,以及记录和传达变更处理决定。

变更请求得到批准后,可能需要新编(或修订)成本估算、活动排序、进度日期、资源需求和(或)风险应对方案分析,这些变更可能要求调整项目管理计划和其他项目文件。某些特定的变更请求,在 CCB 批准之后,可能还需要得到客户或发起人的批准,除非他们本身就是 CCB 的成员。

2.9.2 实施整体变更控制过程的输入、输出及关键技术

实施整体变更控制过程需要在整个项目期间开展,本过程的输入、工具与技术和输出如图 2-8 所示。

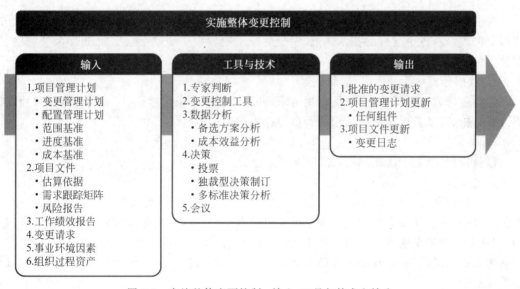

图 2-8 实施整体变更控制:输入、工具与技术和输出

1. 实施整体变更控制过程的输入

1) 项目管理计划

项目管理计划包括变更管理计划(为管理变更控制过程提供指导,并记录变更控制委员会的角色和职责);配置管理计划(描述项目的配置项、识别应记录和更新的配置项,以便保持项目产品的一致性和有效性);范围基准(提供项目和产品定义);进度基准(用于评估变更对项目进度的影响);成本基准(用于评估变更对项目成本的影响)。

2）项目文件

项目文件包括估算依据（指出持续时间、成本和资源估算的得出方式，结果可用于计算变更对时间、预算和资源的影响）、需求跟踪矩阵（有助于评估变更对项目范围的影响）、风险报告（提供了与变更请求有关的整体和单个项目风险的来源的信息）。

3）工作绩效报告

工作绩效报告包括资源可用情况、进度和成本数据、挣值报告、燃烧图或燃尽图。

4）变更请求

变更请求可能包含纠正措施、预防措施、缺陷补救，以及对正式受控的项目文件或可交付成果的更新，从而反映修改或增加的意见或内容。

5）事业环境因素

事业环境因素包括法律限制、政府或行业标准、法律法规要求或制约因素、组织治理框架、合同和采购制约因素。

6）组织过程资产

组织过程资产包括变更控制程序、批准与签发变更的程序、配置管理知识库。

2. 实施整体变更控制过程的工具与技术

1）专家判断

应该就以下主题，考虑征求具备相关培训的个人或小组的意见：关于项目所在的行业以及项目关注的领域的技术知识、法律法规、法规与采购、配置管理、风险管理等。

2）变更控制工具

为了便于开展配置和变更管理，可以使用一些手动或自动化的工具。配置控制重点关注可交付成果及各个过程的技术规范，而变更控制则着眼于识别、记录、批准或否决对项目文件、可交付成果或基准的变更。

3）数据分析

包括备选方案分析（用于评估变更请求，并决定哪些请求可接受、应否决或需修改）和成本效益分析（有助于确定变更请求是否值得投入相关成本）。

4）决策

包括投票、独裁型决策制订；多标准决策分析。

5）会议

与变更控制委员会（CCB）一起召开变更控制会。变更控制委员会负责审查变更请求，并做出批准、否决或推迟的决定。大部分变更会对时间、成本、资源或风险产生一定的影响，因此，评估变更的影响也是会议的基本工作。此外，会议上可能还要讨论并提议所请求变更的备选方案。最后，将会议决定传达给提出变更请求的责任人或小组。CCB也可以审查配置管理活动。

3. 实施整体变更控制过程的输出

1）批准的变更请求

由项目经理、CCB或指定的团队成员，根据变更管理计划处理变更请求，做出批准、推迟或否决的决定。批准的变更请求应通过指导与管理项目工作过程加以实施。

2）项目管理计划更新

项目管理计划的任一正式受控的组成部分，都可通过本过程进行变更。对基准的变更，只能基于最新版本的基准且针对将来的情况进行变更，而不能变更以往的绩效。这有助于保护基准和历史绩效数据的严肃性和完整性。

3）项目文件更新

正式受控的任一项目文件都可在本过程变更，通常将本过程更新的一种项目文件作为变更日志。变更日志用于记录项目期间发生的变更。

2.9.3　软件配置管理

软件配置管理（Software Configuration Management，SCM）应用于整个软件生存期，是在软件产品生命周期中，通过对软件配置项进行标识、控制、报告和审计等方式管理软件的开发维护过程，实现软件产品的正确性、完整性的一种软件工程方法。

软件配置管理是贯穿于整个软件过程中的保护性活动，在整个软件的开发活动中占有很重要的位置，它对每个项目的变更进行管控（版本控制），并维护不同项目之间的版本关联，从而使得软件在开发过程中任一时间的内容都可以被追溯。它被设计用于：标识变化、控制变化、保证变化被适当发现以及向其他可能有兴趣的人员报告变化。所以必须为软件配置管理活动设计一个能够融合于现有的软件开发流程的管理过程，甚至直接以这个软件配置管理过程为框架，来再造组织的软件开发流程。软件配置管理内容间的逻辑关系如图 2-9 所示，软件配置管理流程图如图 2-10 所示。

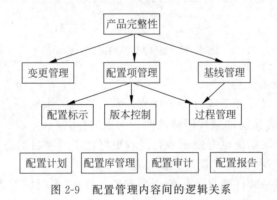

图 2-9　配置管理内容间的逻辑关系

软件配置管理的基本目标。

（1）软件配置管理的各项工作是有计划进行的；

（2）被选择的项目产品得到识别，控制并且可以被相关人员获取；

（3）已识别出的项目产品的更改得到控制；

（4）使相关组别和个人及时了解软件基准的状态和内容。

缺失软件配置管理可能存在的问题。

（1）开发人员未经授权修改代码或文档；

（2）人员流动造成企业的软件核心技术泄密；

（3）找不到某个文件的早期版本；

（4）无法重现早期版本；

（5）无法重新编译各个时间段的早期版本，直接影响维护工作。

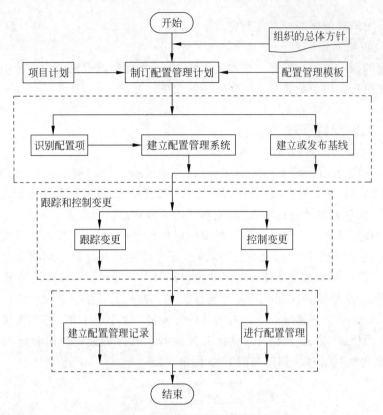

图 2-10   软件配置管理流程图

使用软件配置管理的优势。

（1）完善的软件配置管理系统有助于规范开发人员的工作流程，明确角色分工，清楚记录代码的任何修改，同时又能加强代码修改时的沟通协作；

（2）完善的配置关联系统也有助于项目经理更好地了解项目的进度、开发人员的负荷、工作效率与产品质量状况、交付日期等关键信息；

（3）软件配置管理是软件项目运作的一个支撑平台，它将项目干系人的工作协同起来，实现高效的团队沟通，使工作成果及时共享。

1. 软件配置管理中的角色

对于任何一个管理流程来说，保证该流程正常运转的前提条件就是要有明确的角色、职责和权限的定义。特别是在引入了软件配置管理的工具之后，比较理想的状态就是：组织内的所有人员按照不同的角色的要求，根据系统赋予的权限来执行相应的动作。在软件配置管理过程中主要涉及的角色和分工如下：

1）项目经理（Project Manager，PM）

项目经理是整个软件研发活动的负责人，他根据软件配置控制委员会的建议批准配置管理的各项活动，并控制它们的进程。其具体职责为以下几项：制订和修改项目的组织结构和配置管理策略；批准、发布配置管理计划；决定项目起始基线和开发里程碑；接受并审阅配置控制委员会的报告。

2）配置控制委员会（Configuration Control Board，CCB）

配置控制委员会负责指导和控制配置管理的各项具体活动的进行，为项目经理的决策提供建议。其具体职责为以下几项：定制开发子系统；定制访问控制；制订常用策略；建立、更改基线的设置，审核变更申请；根据配置管理员的报告决定相应的对策。

3）配置管理员（Configuration Management Officer，CMO）

配置管理员根据配置管理计划执行各项管理任务，定期向 CCB 提交报告，并列席 CCB 的例会。其具体职责为以下几项：软件配置管理工具的日常管理与维护；提交配置管理计划；各配置项的管理与维护；执行版本控制和变更控制方案；完成配置审计并提交报告；对开发人员进行相关的培训；识别软件开发过程中存在的问题并拟就解决方案。

4）系统集成员（System Integration Officer，SIO）

系统集成员负责生成和管理项目的内部和外部发布版本，其具体职责为以下几项：集成修改；构建系统；完成对版本的日常维护；建立外部发布版本。

5）开发人员（Developer，DEV）

开发人员的职责就是根据组织内确定的软件配置管理计划和相关规定，按照软件配置管理工具的使用模型来完成开发任务。

2. 软件配置管理中的阶段划分

1）项目计划阶段

一个项目设立之初 PM 首先需要制订整个项目的计划，它是项目研发工作的基础。在有了总体研发计划之后，软件配置管理的活动就可以展开了，因为如果不在项目开始之初制订软件配置管理计划，那么软件配置管理的许多关键活动就无法及时有效地进行，而它的直接后果就是造成项目开发状况的混乱并注定软件配置管理活动成为一种"救火"的行为。所以及时制订一份软件配置管理计划在一定程度上是项目成功的重要保证。

在软件配置管理计划的制订过程中，主要流程如下：

（1）CCB 根据项目的开发计划确定各个里程碑和开发策略；

（2）CMO 根据 CCB 的规划，制订详细的配置管理计划，交与 CCB 审核；

（3）CCB 通过配置管理计划后交项目经理批准，发布实施。

2）项目开发维护阶段

这一阶段是项目研发的主要阶段。在这一阶段中，软件配置管理活动主要分为三个层面：主要由 CMO 完成的管理和维护工作；由 SIO 和 DEV 具体执行软件配置管理策略；变更流程。这三个层面彼此之间是既独立又互相联系的有机的整体。

在软件配置管理过程中，其核心流程如下：

（1）CCB 设定研发活动的初始基线；

（2）CMO 根据软件配置管理规划设立配置库和工作空间，为执行软件配置管理做好准备；

（3）开发人员按照统一的软件配置管理策略，根据获得授权的资源进行项目的研发工作；

（4）SIO 按照项目的进度集成组内开发人员的工作成果，并构建系统，推进版本的演进；

（5）CCB 根据项目的进展情况，审核各种变更请求，并适时地划定新的基线，保证开发和维护工作有序地进行。

上述流程循环往复，直到项目结束。当然，在上述的核心过程之外，还涉及其他一些相关的活动和操作流程，下面按不同的角色分工予以列出：

（1）各开发人员按照项目经理发布的开发策略或模型进行工作；

（2）SIO 负责将各分项目的工作成果归并至集成分支，供测试或发布；

（3）SIO 可向 CCB 提出设立基线的要求，经批准后由 CMO 执行；

（4）CMO 定期向项目经理和 CCB 提交审计报告，并在 CCB 例会中报告项目在软件过程中可能存在的问题和改进方案；

（5）在基线生效后，一切对基线和基线之前的开发成果的变更必须经 CCB 的批准；

（6）CCB 定期举行例会，根据成员所掌握的情况、CMO 的报告和开发人员的请求，对配置管理计划进行修改，并向项目经理负责。

3. 软件配置管理中的关键活动

1）配置项识别

软件生存周期各个阶段活动的产物经审批后即可称之为软件配置项（Software Configuration Item，SCI）。软件配置项包括与合同、过程、计划和产品有关的文档和资料、源代码、目标代码和可执行代码，相关产品（包括软件工具、库内的可重用软件、外购软件及顾客提供的软件等）。

软件配置项是作为配置项识别活动的产出物，CMMI（软件能力成熟度模型集成）中要求有文档化的配置项识别准则，根据准则来进行配置项识别，列出配置项列表，给予配置项唯一的编号、名称等，并标明配置项的一些重要属性，如它的存储位置、它的负责人、对应源码语言、受控级别等。由此可见，配置项的识别是配置管理活动的基础，也是制订配置管理计划的重要内容。

为了在不严重阻碍合理变化的情况下来控制变化，软件配置管理引入了"基线（Base Line）"这一概念。IEEE（电气和电子工程师协会）对基线的定义是这样的："已经正式通过复审核批准的某规约或产品，它因此可作为进一步开发的基础，并且只能通过正式的变化控制过程改变。"所以，根据这个定义，我们在软件的开发流程中把所有需加以控制的配置项分为基线配置项和非基线配置项两类。

2）配置项的标识和控制

所有配置项都都应按照相关规定统一编号，按照相应的模板生成，并在文档中的规定章节（部分）记录对象的标识信息。在引入软件配置管理工具进行管理后，这些配置项都应以一定的目录结构保存在配置库中。配置项标识过程的关键，是如何给每个配置项赋予一个唯一而又有意义的标识。在普通的文件系统中，文件名及其目录路径可以作为一个文件的唯一标识，但在配置管理系统中同一个文件（配置项）有许多版本，必须把每个版本均标识出来。给版本赋予标识首先要确定版本的命名规则，版本命名规则一经确定则应在整个配置管理系统或过程中保持不变。

所有配置项的操作权限应由 CMO 严格管理，基本原则是：基线配置项向软件开发人员开放读取的权限；非基线配置项向 PM、CCB 及相关人员开放。

3）工作空间管理

在引入了软件配置管理工具之后，所有开发人员都会被要求把工作成果存放到由软件配置管理工具所管理的配置库中去，或是直接工作在软件配置管理工具提供的环境之下。所以为了让每个开发人员和各个开发团队既能更好地分工合作，同时又互不干扰，对工作空间的管理和维护也成为了软件配置管理的一个重要的活动。

一般来说,比较理想的情况是把整个配置库视为一个统一的工作空间,然后再根据需要把它划分为个人(私有)、团队(集成)和全组(公共)这三类工作空间(分支),从而更好地支持将来可能出现的并行开发的需求。

每个开发人员按照任务的要求,在不同的开发阶段,工作在不同的工作空间上。当然,由于选用的软件配置管理工具的不同,在对于工作空间的配置和维护的实现上有比较大的差异,但对于 CMO 来说,这些工作是他的重要职责,他必须根据各开发阶段的实际情况来配置工作空间并定制相应的版本选取规则,来保证开发活动的正常运作。在变更发生时,应及时做好基线的推进。

4）版本控制

版本控制是软件配置管理的核心功能。所有置于配置库中的元素都应自动予以版本的标识,并保证版本命名的唯一性。版本在生成过程中,自动依照设定的使用模型自动分支、演进。对于配置库中的各个基线控制项,应该根据其基线的位置和状态来设置相应的访问权限。一般来说,对于基线版本之前的各个版本都应处于被锁定的状态,如需要对它们进行变更,则应按照变更控制的流程来进行操作。

（1）版本。是软件配置项在演化过程中的每一个实例。软件产品由许多文件(即配置项)组成,其中的每一个文件在软件的开发、演化过程中都会不断地被修改,每次修改都形成不同的文件内容。

（2）版本树。如果我们把一个文件的所有版本按衍生顺序描绘出来,通常会形成一种树形图,称为该文件的版本树。注意:版本树中分叉处的版本大多是重要修改的开始(如新功能的开发、产品新发布的开始或是新开发小组的介入),文件版本管理是软件配置管理的基础。只有对每个文件的每个版本均实现了严格有序的管理,保证每个文件的版本树能自由而又稳健地成长,能随时方便地提取版本树中任意一个版本信息,这才能构建更复杂的软件配置管理功能。

（3）软件配置库。又称软件受控库,是指用来存放软件配置项的存储池,保存软件产品配置项的所有版本与每个版本相关的控制信息。

（4）版本管理过程。是实现完整的配置管理功能的基础。版本管理的主要内容是管理产品配置项的每一个版本的生成和使用,主要方法包括版本访问与修改控制、版本分支和合并、版本历史记录以及历史版本检索。

软件开发人员不能直接访问软件配置库对源文件(配置项)进行修改,所有修改必须在开发人员各自的工作空间中进行。一般来说,工作空间是开发人员本地文件系统中的一个文件夹,具有文件系统提供的访问控制机制。加载到工作空间中的文件版本,一般只有只读属性或本地可读写属性,只有在经过检出操作后才能够修改入库。检出、检入机制限制了对同一版本的并发修改,但是,实际开发过程中往往需要对代码进行并发修改。

5）变更控制

基线是和变更控制紧密相连的。也就是说在对各个 SCI 做出了识别,并且利用工具对它们进行了版本管理之后,如何保证它们在复杂多变的开发过程中真正处于受控的状态,并在任何情况下都能迅速地恢复到任一历史状态就成了软件配置管理的另一重要任务。因此,变更控制就是通过结合人的规程和自动化的工具,来提供一个变化控制的机制。

变更管理的一般流程是：（获得）提出变更请求；由 CCB 审核并决定是否批准；提取 SCI,进行修改；复审变化；提交修改后的 SCI；建立测试基线并测试；重建软件的适当版本；复审（审计）所有 SCI 的变化；发布新版本。在这样的流程中,CMO 通过软件配置管理工具来进行访问控制和同步控制,而这两种控制则是建立在前文所描述的版本控制和分支策略的基础上的。

6）状态报告

配置状态报告就是根据配置项操作数据库中的记录来向管理者报告软件开发活动的进展情况。这样的报告应该是定期进行,并尽量通过 CASE 工具自动生成,用数据库中的客观数据来真实地反映各配置项的情况。

配置状态报告应根据报告着重反映当前基线配置项的状态,以作为对开发进度报告的参照。同时也能从中根据开发人员对配置项的操作记录来对开发团队的工作关系进行一定的分析。配置状态报告应该包括下列主要内容：配置库结构和相关说明、开发起始基线的构成、当前基线位置及状态、各基线配置项集成分支的情况、各私有开发分支类型的分布情况、关键元素的版本演进记录、其他应予报告的事项。

软件配置状态报告,通常用来回答如下问题：配置项当前有何属性,处于什么状态？配置项的每一版本是如何生成的？配置项的新旧版本有何区别？变更请求何时被谁批准,如何实现？近期有哪些配置项发生了改变？近期批准了多少变更请求,完成了多少？哪些开发人员最近对配置项进行了修改？

7）配置审计

配置审计的主要作用是作为变更控制的补充手段,来确保某一变更需求已被切实实现。在某些情况下,它被作为正式的技术复审的一部分,但当软件配置管理是一个正式的活动时,该活动由 SQA 人员单独执行。配置审计的主要活动,是评审与测试。前者确保软件配置变更和软件开发流程的正确执行,后者确保软件产品功能的正确性。配置审计过程通过审查软件配置项的状况和修改历史寻求以下两个问题的答案：软件的演化过程是否符合既定的流程？软件实现的功能是否与需求保持一致？

总之,软件配置管理的对象是软件研发活动中的全部开发资产。所有这一切都应作为配置项纳入管理计划统一进行管理,从而能够保证及时地对所有软件开发资源进行维护和集成。因此,软件配置管理的主要任务也就归结为以下几条：制订项目的配置计划、对配置项进行标识、对配置项进行版本控制、对配置项进行变更控制、定期进行配置审计、向相关人员报告配置的状态等。

4. 软件配置管理工具

配置管理工具是指支持完成配置项标识、版本控制、变化控制、审计和状态统计等任务的工具。配置管理工具可以分为 3 个级别：

（1）版本控制工具,是入门级的工具,如 CVS、VSS；

（2）项目级配置管理工具,适合管理中小型的项目,在版本管理的基础上增加变更控制、状态统计的功能,如 ClearCase、PVCS；

（3）企业级配置管理工具,在实现传统意义的配置管理的基础上同时具有比较强的过程管理功能,如 ALLFUSIONHarvest。在建立自己的配置管理实施方案时,一定要根据自己的管理需要,选择适合自己的工具,从而搭建一个最适合自己的管理平台。如果管理目标是建立组织级配置管理架构,并且要实现配置管理的所有功能,从而为以后的过程管理行为提供基础数据,那么建议选择专用的配置管理工具。

1) 支持的操作系统

这几款工具都支持各种主流的操作系统,如 Windows、Linux、UNIX 都支持分布式开发。CVS、Harvest、VSS、ClearCase 的 Server 都可以安装在 Windows、Linux、UNIX、AIX 等操作系统上。

2) 版本管理功能

CVS 与 Harvest、VSS、ClearCase 都可以进行版本管理,都支持并行开发。在与开发工具的集成方面,CVS 可以与各种 Java 开发工具集成,而 Harvest 支持 SCC 接口,可与 VB、VC 等集成,此外支持与 IBM 的 WSAD 集成。

3) 变更控制功能

Harvest、ClearCase 支持并提供了邮件通知、表单(类似任务说明书或变更通知)等手段来加强团队的信息沟通,而且提供审批、晋升等手段来方便管理项目。Harvest 是基于过程的变更,可有效地进行变更控制,它在进行配置管理时更注重软件开发的过程与生命周期的概念;ClearCase 相比 Harvest 则更强调赋予开发人员更大的发挥空间,通过集成 ClearQuest 可以有效地进行变更的跟踪与监控。CVS 是基于文件的变更处理,不能跟踪、监控项目的变更,但是结合开放源码的 BugTrackI 具也能进行变更管理。

4) 状态统计功能

CVS、Harvest、ClearCase 均提供了强大的统计信息功能。

5) 数据的安全性

Harvest 提供了全面的权限控制,所有的软件资产存放在 Oracle 数据库中,利用 Oracle 的特性来保障数据的完整性与安全,并可以定时备份,在权限控制和安全性方面具有显著优势;CVS、ClearCase 主要依赖操作系统的权限设置;但 ClearCase 采用自己的文件系统,在安全性方面也有严格的控制,而 CVS 的安全性与备份功能需要通过设置操作系统权限来实现。在配置管理的基本功能的实现上,CVS 提供了版本管理和部分变更管理的功能,Harvest、ClearCase 完成配置管理的功能的同时还可以帮助软件开发组织积累项目中的数据提升软件开发过程能力。

2.10 结束项目或阶段

结束项目或阶段是终结项目、阶段或合同的所有活动的过程。本过程的主要作用是,存档项目或阶段信息,完成计划的工作,释放组织团队资源以展开新的工作。它仅开展一次或仅在项目的预定义点开展。结束项目或阶段过程的输入、工具与技术和输出如图 2-11 所示。

在结束项目时,项目经理需要回顾项目管理计划,确保所有项目工作都已完成以及项目目标均已实现。项目或阶段行政收尾所需的必要活动有以下几个:

(1) 为达到阶段或项目的完工或退出标准所必须开展的行动和活动。例如,确保所有文件和可交付成果都已是最新版本,且所有问题都已得到解决;确认可交付成果已交付给客户并已获得客户的正式验收;确保所有成本都已记入项目成本账;关闭项目账户;重新

结束项目或阶段		
输入	工具与技术	输出
1.项目章程 2.项目管理计划 　•所有组件 3.项目文件 　•假设日志 　•估算依据 　•变更日志 　•问题日志 　•经验教训登记册 　•里程碑清单 　•项目沟通记录 　•质量控制测量结果 　•质量报告 　•质量文件 　•需求文件 　•风险登记册 　•风险报告 4.验收的可交付成果 5.商业文件 　•商业论证 　•效益管理计划 6.协议 7.采购文档 8.组织过程资产	1.专家判断 2.数据分析 　•文件分析 　•回归分析 　•趋势分析 　•偏差分析 3.会议	1.项目文件更新 　•经验教训登记册 2.最终产品、服务或成果移交 3.最终报告 4.组织过程资产更新

图 2-11　结束项目或阶段：输入、工具与技术和输出

分配人员；处理多余的项目材料；重新分配项目设施、设备和其他资源；根据组织政策编制详尽的最终项目报告。

（2）为关闭项目合同协议或项目阶段合同协议所必须开展的活动，例如：确认卖方的工作已通过正式验收；最终处置未决索赔；更新记录以反映最后的结果；存档相关信息供未来使用。

（3）为完成下列工作所必须开展的活动：收集项目或阶段记录；审计项目成败；管理知识分享和传递；总结经验教训；存档项目信息以供组织未来使用。

（4）为向下一个阶段，或者向生产和（或）运营部门移交项目的产品、服务或成果所必须开展的行动和活动。

（5）收集关于改进或更新组织政策和程序的建议，并将它们发送给相应的组织部门。

（6）调研相关方的满意程度。

（7）如果项目在完工前就提前终止，结束项目或阶段过程还需要制订程序，来调查和记录提前终止的原因。为了实现上述目的，项目经理应该引导所有合适的相关方参与本过程。

2.11　案例分析

1. 案例 1

【案例场景】　使用开源软件的典型案例。

（1）张三下载了开源软件 A 的可执行形式并将它安装在自己的电脑中使用，并且下载学习其源代码。

（2）甲公司开发的某软件产品需要动态链接开源函数库 B 但并不包含 B。该软件使用非开源的商业许可证以二进制形式发行。

（3）乙公司在其专有产品中包含了一个未作任何修改的开源函数库 C，该产品调用 C 的公开的 API 完成特定的操作。该产品使用非开源的商业许可证以二进制形式发行。

（4）丙公司将开源软件 D 的一段代码复制到其专有软件产品的一个源代码文件中并做了一些修改。该软件使用非开源的商业许可证以二进制形式发行。

（5）丁公司将开源软件 E 的代码稍作改进后使用非开源的商业许可证以二进制形式发行。

【案例分析】　开源软件许可证对案例 1 中（1）～（5）是否允许的分析如图 2-12 所示。

	(1)	(2)	(3)	(4)	(5)
GPL	允许	不允许	不允许	不允许	不允许
LGPL	允许	允许	有条件允许	不允许	不允许
MPL	允许	允许	允许	有条件允许	不允许
2条/3条BSD	允许	允许	允许	允许	允许
MIT	允许	允许	允许	允许	允许
Apache	允许	允许	允许	允许	允许

图 2-12　开源软件许可证对案例 1 中（1）～（5）产品是否允许的分析

2. 案例 2

【案例场景】　某市电子政务信息系统工程，总投资额约 500 万元，工程内容主要包括网络平台建设和业务办公应用系统开发。通过公开招标，确定工程的承建单位是 A 公司，按照《合同法》的要求与 A 公司签订了工程建设合同，并在合同中规定 A 公司可以将机房工程等非主体、非关键性子工程分包给具备相关资质的专业公司 B，B 公司将子工程转手给了 C 公司。

在随后的应用系统建设过程中，监理工程师发现 A 公司提交的需求规格说明书质量较差，要求 A 公司进行整改。此外，机房工程装修不符合要求，要求 A 公司进行整改。

项目经理小丁在接到监理工程师的通知后，拒绝了监理工程师对于第二个问题的要求，理由是机房工程由 B 公司承建，且 B 公司经过了建设方的认可，要求追究 B 公司的责任，而不是自己公司的责任。对于第一个问题，小丁把任务分派给程序员老张进行修改，此时，系统设计工作已经在进行中，程序员老张独自修改了已进入基线的程序，小丁默许了他的操作。老张在修改了需求规格说明书以后采用邮件形式通知了系统设计人员。

合同生效后，小丁开始进行项目计划的编制，开始启动项目。由于工期紧张，甲方要求提前完工，总经理比较关心该项目，询问项目的一些进展情况，在项目汇报会议上，小丁给总经理递交了进度计划，公司总经理在阅读进度计划以后，对项目经理小丁指出任务之间的关联不是很清晰，要求小丁重新处理一下。

新的计划出来了，在计划实施过程中，由于甲方的特殊要求，项目需要提前 2 周完工，小丁更改了项目进度计划，项目最终按时完工。

【问题 1】　请用 400 字以内的文字，描述小丁在合同生效后应进行的项目计划编制的工作。

【问题 2】 请用 400 字左右的文字,描述小丁处理监理工程师提出的问题是否正确?如果你作为项目经理,该如何处理?

【问题 3】 在项目执行过程中,由于程序员老张独自修改了已进入基线的程序,小丁默许了他的操作。请用 300 字以内文字评论,叙述小丁的处理方式是否正确,如果你是项目经理,你将如何处理上述的事情?

【问题 4】 假设你被任命为本项目的项目经理,请问你对本项目的管理有何想法,本项目有哪些地方需要改进?

【问题 1 分析】 小丁在接到任务后应开始项目计划的编制工作,编制的计划应包括:项目总计划(包括范围计划、工作范围定义、活动定义、资源需求、资源计划、活动排序、费用估算、进度计划以及费用计划);项目辅助计划(质量计划、沟通计划、人力资源计划、风险计划、采购计划等)。

项目计划是项目管理的基础,项目管理中最重要的就是项目计划的工作,项目计划是一个综合概念,凡是为实现项目目标而进行的活动都应该纳入到计划之中。项目计划的制订是贯穿这个项目生命周期的持续不断的工作,是利用其他计划编制过程的结果,生成一份连贯性、一致性的文档,以指导项目实施和项目控制。项目计划过程是一个反复的过程。一个详细的项目计划过程包括:

(1) 项目计划的定义,确定项目的工作范围。

(2) 确定为执行项目而需要的工作范围内的特定活动,明确每项活动的职责。

(3) 确定这些活动的逻辑关系和完成顺序。

(4) 估算每项活动的历时时间和资源。

(5) 制订项目计划及其辅助计划。

【问题 2 分析】 根据《中华人民共和国招投标法》第 48 条:中标人应当按照合同约定履行义务,完成中标项目。中标人不得向他人转让中标项目,也不得将中标项目肢解后分别向他人转让。中标人按照合同约定或者经招标人同意,可以将中标项目的部分非主体、非关键性工作分包给他人完成。接受分包的人应当具备相应的资格条件,并不得再次分包。中标人应当就分包项目向招标人负责,接受分包的人就分包项目承担连带责任。

本案例中,A 公司将子项工程分包给 B,B 又将其分包给 C,显然违背了招投标法的这一条款。根据条款中的内容"中标人应当就分包项目向招标人负责,接受分包的人就分包项目承担连带责任",A 公司显然要承担责任,同时 B 公司也承担连带责任。

作为项目经理,不仅要做好项目的进度、质量、成本的控制管理,而且要注意避免陷入法律陷阱中,因此,对《合同法》《招投标法》都要有一定的了解。

【问题 3 分析】 本题中,在项目执行过程中,项目发生了变更,程序员老张擅自修改了已进入基线的程序,作为项目经理的小丁不应该默许他的操作,且修改后的东西没有经过评审。项目中缺乏变更控制的体系,需要建立变更控制流程,确保项目中所做的变更保持一致,并将产品的状态、对其所做的变更,以及这些变更对成本和时间表的影响通知给有关的项目干系人,以便于资源的协调。同时,项目团队所有成员要清楚变更程序的步骤和要求。改进建议如下:①建立配置管理体系;②建立变更请求流程;③组建变更控制委员会。

【问题 4 分析】 作为项目经理,可以考虑首先从项目管理的十大知识点出发简单阐述对本项目的一般性理解。此外,从本案例中,可以发现项目中的合同与招投标管理、配置与变更管理方面均发生了问题。因此,可从本项目管理较弱的部分进行重点的阐述,如对法律法规的理解(招投标管理)、项目进度管理、项目变更的控制。配置管理以及进度计划的变更将导致质量和成本的变化,此外,还可从进度、质量、成本三要素之间关系进行阐述。因为基线的变更往往会带来成本、进度方面的变更。

3. 案例3

【案例场景】 一个房屋装修项目,我已经确定了图纸和材料。我确定了我的窗户都是推开的窗。所以,窗户的大小、材料和推开方式就是某个识别配置项的内容(识别产品和组成部分功能和属性)。如果我现在要把窗户改成百叶窗,就改变了这个配置项的功能和属性,就需要提交这个变更请求,变更请求通过后,施工人员就可以看到这个配置管理项,这是我为了防蚊提出的申请,目前已经通过了变更审核,将替换原来的窗户项目。

再如,我帮你买一台电脑,你需确定电脑规格(台式还是笔记本电脑,是 13.1 英寸还是 12 英寸,CPU 是 Intel i7 还是 i6,内存条规格是 DDR3 还是 DDR2),这一过程就是做配置识别。买的过程中,可能你需要的某个配置与原定计划不符,或有更好的选择,这时我需要报告给你,告知你需改变你的配置,你要进行配置状态记录。买回交给你时,你会对照原配置清单一一确认,看买回的电脑与原有要求是否相符,这就是配置核实与审计。

【问题1】 请通过分析以上场景,总结出软件配置管理的内容与基本流程。

【问题1分析】 软件配置管理即在软件产品生命周期中,通过对软件配置项进行标识、控制、报告和审计等方式管理软件的开发维护过程,实现软件产品的正确性、完整性的一种软件工程方法。其过程包括:识别并记录产品、成果、服务或部件的功能特征和物理特征;控制对上述特征的任何变更;记录并报告每一项变更及其实施情况;支持对产品、成果或部件的审查,以确保其符合要求。

4. 案例4

【案例场景】 老高承接了一个信息系统开发项目的项目管理工作。在进行了需求分析和设计后,项目人员分头进行开发工作,其间客户提出的一些变更要求也由各部分人员分别解决。各部分人员在进行自测的时候均报告正常,因此老高决定直接在客户现场进行集成。各部分人员分别提交了各自工作的最终版本进行集成,但是发现问题很多,针对系统各部分所表现出来的问题,开发人员又分别进行了修改,但是问题并未有明显减少,而且项目工作和产品版本越来越混乱。请从项目整合管理和配置管理的角度,回答问题1至问题3。

【问题1】 请用 200 字以内的文字,分析出现这种情况的原因。

【问题2】 请用 300 字以内的文字,说明配置管理的主要工作并作简要解释。

【问题3】 请用 300 字以内的文字,说明针对目前情况可采取哪些补救措施。

【案例分析】 题目主体的考查方向为项目整合管理和配置管理,并给出了一个虚拟场景。题目所提的三个问题是递进的,问题1是分析题目场景中出现问题的可能原因;问题2关注如何进行配置管理;问题3针对现有情况分析解决和补救措施。结合题目的主体方向,回顾虚拟场景,其中表现出来的主要问题有两个:①在系统集成之后,"发现问题很多";②进行修改之后,"问题并未有明显减少,而且项目工作和产品版本越来越混乱"。针对这两个问题,在题目中寻找与之对应的原因,值得注意的描述有如下几点:①变更要求也由各部分人员分别解决;②直接在客户现场进行集成;③分别提交了各自工作的最终版本进行集成；④开发人员又分别进行了修改。

【问题1分析】　在题目场景中存在以下方面的问题：①缺乏项目整体管理（尤其是整体问题分析）；②缺乏整体变更控制规程；③缺乏项目干系人之间的沟通；④缺乏配置管理；⑤缺乏整体版本管理；⑥缺乏质量控制和范围核实，比如单元接口测试和集成测试。

【问题2分析】　应按照配置管理过程的框架，对配置管理过程及其所涉及的主要活动进行总结：

（1）制订配置管理计划。确定方针，分配资源，明确职责，计划培训，确定干系人，制订配置识别准则，制订基线计划，制订配置库备份计划，制订变更控制规程，制订审批计划。

（2）配置项识别。识别配置项，分配唯一标识，确定配置项特征，记录配置项进入时间，确定配置项拥有者职责，进行配置项登记管理。

（3）建立配置管理系统。建立分级配置管理机制，存储和检索配置项，共享和转换配置项，进行归档、记录、保护和权限设置。

（4）基线化。获得授权，建立或发布基线，形成文件，使基线可用。

（5）建立配置库。建立动态库、受控库和静态库。

（6）变更控制。包括变更的记录、分析、批准、实施、验证、沟通和存档。

（7）配置状态统计。统计配置项的各种状态。

（8）配置审计。包括功能配置审计和物理配置审计。

【问题3分析】　此问题主要针对项目整合管理和配置管理的具体运用。针对案例场景，应从怎样保护已有工作成果、理清问题缘由、推动项目继续良好进展的角度来回答此问题。例如：针对目前系统建立或调整基线；梳理变更脉络，确定统一的最终需求和设计；梳理配置项及其历史版本；对照最终需求和设计逐项分析现有配置项及历史版本的符合情况；根据分析结果由相关干系人确定整体变更计划并实施；加强阶段验收，做好内部的质量控制，比如单元接口测试与系统的集成测试或联调；加强整体版本管理。

5. 案例5

【案例场景】　正在实施的系统集成项目出现如下情况：一个系统用户向认识的开发人员抱怨一项功能问题，并表示希望修改。于是，开发人员直接修改软件，解决了该功能问题。

【问题1】　存在哪些问题？

【问题2】　导致什么样的后果？

【问题3】　简要说明配置管理中完整的变更处理过程。

【问题1分析】　存在以下问题：未提出书面变更申请，无记录；未经过CCB分析与评估；无版本管理；修改后未验证；未与其他项目干系人沟通。

【问题2分析】　无记录的变更请求，无法追溯，对整体情况变化失去把握和控制；变更未进行分析和评估，导致后期工作不一致等问题的产生，可能会引起进度、成本、质量等问题；无版本管理，问题无法复原；变更未验证，无法确认是否正确实现，可能会对其他部分造成连带影响；未沟通，造成项目干系人工作之间不一致，影响整体质量。

【问题3分析】　变更申请；变更评估；变更决策；变更实施；变更验证；沟通存档。

2.12　单元测试题

1. 选择题

（1）项目管理计划应该基准化,这是指(　　　)。

　　A. 项目管理计划一经批准,就不能修改

　　B. 一次性编制出项目管理计划,并保持不变

　　C. 项目管理计划应该由高级管理层制订并下达

　　D. 项目管理计划一经批准,就只能通过实施整体变更控制过程加以修改

（2）项目计划应该由谁编制?(　　　)

　　A. 高级管理层　　　B. 项目经理　　　　C. 职能经理　　　　D. 项目团队成员

（3）一个项目已经结束,新系统已正式上线并完成了所有的验收程序。客户要求项目经理调查系统用户流失率高的原因并及时解决。项目经理发现是运营团队不熟悉新系统而导致服务用户的响应慢造成的,项目经理应执行下列哪一项内容?(　　　)

　　A. 要求项目团队评估根本原因,纠正问题并记录经验教训

　　B. 审查收尾文件,确认已按合同要求完成了知识转移工作,将结果报告给客户

　　C. 将客户的投诉上报给项目发起人,分配资源解决该问题

　　D. 审查风险管理计划,确定是否提前识别和规划该问题

（4）客户提出的一项变更需求已经实现,并得到了客户的认可。但项目经理发现为了满足客户的这个需求,团队不得不加班才不会影响项目的进度基准。项目经理把这个经历整理成文字并记在了经验教训登记册中,项目经理更新的是(　　　)。

　　A. 组织过程资产　　B. 事业环境因素　　C. 项目管理计划　　D. 项目文件

（5）下面哪一项不是制订项目章程需要依据的?(　　　)

　　A. 事业环境因素　　B. 效益管理计划　　C. 项目进度计划　　D. 组织过程资产

（6）记录经验教训发生在什么时间?(　　　)

　　A. 项目结束时　　　B. 项目阶段结束时　C. 变更发生时　　　D. 项目全过程

（7）关于项目管理计划,下面哪个表述是不正确的?(　　　)

　　A. 项目管理计划应该由项目经理带领项目团队共同开发

　　B. 制订项目管理计划需要基于项目章程

　　C. 项目管理计划通常不包含项目执行数据

　　D. 项目管理计划一经批准就不应该修改

（8）项目章程刚刚发布,项目经理发现开展项目所需要的一项关键授权未体现在章程中,项目经理应该怎么办?(　　　)

　　A. 根据章程中已授权的内容编制项目计划

　　B. 更新章程,将这一必要的授权补充进去

　　C. 将缺乏授权的信息记录到风险登记册中

　　D. 与项目发起人沟通,发起章程变更申请

（9）关于变更,项目经理最好关注(　　　)。

　　A. 提出变更　　　　　　　　　　　　B. 在变更发生时,跟踪并记录变更

C. 就变更事项,通知管理层　　　　D. 避免不必要的变更

（10）在准备项目的经验教训时,团队认为如果当初设立变更控制委员会,项目会完成得更好一些。变更控制委员会帮助（　　　）。

A. 编制变更申请　　　　　　　　　　B. 批准或拒绝变更

C. 制订程序　　　　　　　　　　　　D. 制订变更

（11）确定项目章程的变更由下述哪一岗位主要负责?（　　　）

A. 项目经理　　　B. 项目团队　　　C. 项目发起人　　　D. 干系人

（12）在制订项目计划之前,应该确定下述哪项内容?（　　　）

A. 项目计划更新　　　　　　　　　　B. 干系人技能和知识

C. 工作授权系统　　　　　　　　　　D. 约束条件和假设条件

（13）下述关于项目基线的说法中,哪一项是错误的?（　　　）

A. 是最初批准的计划　　　　　　　　B. 包含批准的范围变更

C. 有益于发现项目偏差　　　　　　　D. 有助于编制工作分解结构

（14）何时应该改变项目基准?（　　　）

A. 在发生重要延迟时　　　　　　　　B. 在做出正式变更时

C. 在发生成本增加时　　　　　　　　D. 任何时候都不应该改变基线

（15）一名项目经理被分配负责一个已经执行了两个月的项目。一名团队成员要求更多的时间来完成手头正在做的工作。所需要的额外时间将不会对项目造成延迟,客户已经强调了按照进度计划完成项目的重要性。谁负责批准该要求?（　　　）

A. 高层管理层　　　　　　　　　　　B. 职能部门经理

C. 项目经理　　　　　　　　　　　　D. 客户

（16）你被任命为项目经理,负责将一家主要金融机构的多个电子邮件系统转化为一个平台。你们公司的方法并不是客户的第一选择。你们公司通过挪用用于其他用途的资金而提供最低的报价。在项目执行之后,客户规定了以前从没有使用过的新方法。在项目接近最初确定的竣工日期时,已经明显看出需要对技术方法进行重大修改。虽然通过定期状态报告已经给客户提供了整个项目期间的发展情况,并且也遵守了项目计划,但是,客户要求继续执行项目,而不能增加成本,直至客户的所有要求都得以满足。你们公司认为别无选择,只能听从客户的要求,虽然这会造成惨重的损失。为避免这种情况,应做的最重要的一件事情是什么?（　　　）

A. 更好地识别风险并制订风险缓解策略

B. 更加清晰的范围说明书

C. 改善的沟通计划

D. 客户对项目计划的正式认可和接受

（17）下述哪项不属于有效变更控制系统的组成部分?（　　　）

A. 程序　　　　　B. 报告标准　　　　C. 会议　　　　D. 经验教训

（18）项目基线应该在何时进行修改?（　　　）

A. 不应该修改

B. 仅就变更控制委员会批准的变更进行修改

C. 在每次项目团队会议上修改

D．就所有已经实施的变更进行修改

（19）下述哪项最能概括历史纪录的最佳用途？（　　）

　　A．估算和确定生命周期成本　　　　　B．风险管理、估算和确定经验教训

　　C．项目计划、估算和制订状态报告　　D．估算、风险管理和项目计划

（20）项目计划文件有助于界定（　　）。

　　A．项目章程　　　　B．绩效测量框架　　C．项目预算　　　　D．人员薪金水平

2. 简答题

（1）简述软件项目整合管理过程的内容及任务。

（2）简述项目准备与启动阶段的任务。

（3）简述项目管理计划的主要内容。

（4）简述软件项目可行性分析的主要内容。

（5）简述变更管理的一般流程。

第3章

软件项目范围管理

视频讲解

【学习目标】

◆ 了解软件项目规划范围管理的相关概念

◆ 了解规划范围管理过程的内容

◆ 掌握需求获取、需求分析、需求规格说明、需求验证、需求跟踪、需求变更管理及需求收集过程的相关内容

◆ 掌握创建工作分解结构(Work Breakdown Structure,WBS)的方法

◆ 掌握定义范围过程的输出内容

◆ 了解确认范围过程的内容

◆ 了解控制范围过程的内容

◆ 通过案例分析和测试题练习,进行知识归纳与拓展

3.1 软件项目范围管理概述

软件项目范围管理包括确保项目能做且只能做所需的全部工作,从而成功完成项目的各个过程。管理项目范围主要在于定义和控制哪些工作应该包括在项目内,哪些不应该包括在项目内。

3.1.1 项目范围管理过程内容

1. 规划范围管理

为记录如何定义、确认和控制项目范围及产品范围,而创建范围管理计划的过程。

2. 收集需求

为实现项目目标而确定、记录并管理相关方的需要和需求的过程。

3. 定义范围

制订项目和产品详细描述的过程。

4. 创建 WBS

将项目可交付成果和项目工作分解为较小的、更易于管理的组件的过程。

5. 确认范围

正式验收已完成的项目可交付成果的过程。

6. 控制范围

监督项目和产品的范围状态,管理范围基准变更的过程。

图 3-1 概括了项目范围管理的各个过程。虽然各种项目范围管理过程以界限分明、相互独立的形式出现,但在实践中它们可能会以各种方式相互交叠、相互作用。

图 3-1　项目范围管理概述

3.1.2 项目范围管理核心概念

项目范围管理的核心概念包括：

（1）项目生命周期的连续区间涵盖预测型、适应型或敏捷型。在预测型生命周期中，项目开始时就对项目可交付成果进行定义，对任何范围变化都要进行渐进管理；而在适应型或敏捷型生命周期中，可交付成果经过多次迭代，详细范围得到了定义，并且在每次迭代开始时完成审批。

（2）在项目环境中关于"范围"这一术语有两种含义。

① 产品范围。某项产品、服务或成果所具有的特征和功能。

② 项目范围。为交付具有规定特性与功能的产品、服务或成果而必须完成的工作。项目范围有时也包括产品范围。

项目范围的完成情况是根据项目管理计划来进行衡量的，而产品范围的完成情况是根据产品需求来衡量的。在这里，"需求"是指根据特定协议或其他强制性规范，产品、服务或成果必须具备的条件或能力。

3.2 规划范围管理

3.2.1 规划范围管理过程概述

规划范围管理是为记录如何定义、确认和控制项目范围及产品范围，而创建范围管理计划的过程。本过程的主要作用是，在整个项目期间对如何管理范围提供指南和方向。本过程仅开展一次或仅在项目的预定义点开展，图 3-2 描述本过程的输入、工具与技术和输出。

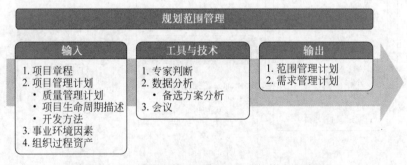

图 3-2　规划范围管理：输入、工具与技术和输出

范围管理计划是项目或项目集管理计划的组成部分，描述如何定义、制订、监督、控制和确认项目范围。制订范围管理计划和细化项目范围始于对下列信息的分析：项目章程、项目管理计划中已批准的子计划、组织过程资产中的历史信息和相关事业环境因素。

3.2.2 规划范围管理过程的输入、输出及关键技术

1. 规划范围管理过程的输入

1）项目章程

项目章程记录项目目的、项目概述、假设条件、制约因素，以及项目意图实现的高层级需求。

2）项目管理计划

项目管理计划包括质量管理计划、项目生命周期描述、开发方法。

3）事业环境因素

事业环境因素包括组织文化、基础设施、人事管理制度、市场条件。

4）组织过程资产

组织过程资产包括政策和程序、历史信息和经验教训知识库。

2. 规划范围管理过程的工具与技术

1）专家判断

应征求具备相关专业知识或接受过相关培训的个人或小组的意见；以往类似项目；特定行业、学科和应用领域的信息。

2）数据分析

数据分析包括备选方案分析，用于评估收集需求、详述项目和产品范围、创造产品、确认范围和控制范围的各种方法。

3）会议

项目团队可以通过参加项目会议来制订范围管理计划。参会者可能包括项目经理、项目发起人、选定的项目团队成员、选定的相关方、范围管理各过程的负责人，以及其他必要人员。

3. 规划范围管理过程的输出

1）范围管理计划

范围管理计划是项目管理计划的组成部分，描述将如何定义、制订、监督、控制和确认项目范围。范围管理计划要对将用于下列工作的管理过程做出规定：制订项目范围说明书；根据详细项目范围说明书创建 WBS；确定如何审批和维护范围基准；正式验收已完成的项目可交付成果。根据项目需要，范围管理计划可以是正式或非正式的，非常详细或高度概括的。

2）需求管理计划

需求管理计划是项目管理计划的组成部分，描述将如何分析、记录和管理项目和产品需求。需求管理计划的主要内容包括：如何规划、跟踪和报告各种需求活动；配置管理活动，例如，如何启动变更，如何分析其影响，如何进行追溯、跟踪和报告，以及变更审批权限等；需求优先级排序过程；测量指标及使用这些指标的理由；反映哪些需求属性将被列入跟踪矩阵的跟踪结构。

3.3　需求开发和管理过程概述

需求工程是整个软件开发活动过程中的重要环节,由于需求的不确定性和需求获取及分析理论技术的缺乏,导致软件开发进度受阻和项目周期延期的情况比比皆是。人们逐渐认识到需求分析活动不再仅限于软件开发的最初阶段,它贯穿于系统开发的整个生命周期。

需求工程是指应用已证实有效的技术、方法进行需求分析,确定客户需求,帮助分析人员理解问题并定义目标系统的所有外部特征的一门学科。它通过合适的工具和记号系统地描述待开发系统及其行为特征和相关约束,形成需求文档,并对用户不断变化的需求演进给予支持。需求工程的活动划分为以下五个独立的阶段:

(1) 需求获取。通过与用户的交流,对现有系统的观察及对任务进行分析,从而开发、捕获和修订用户的需求。

(2) 需求分析。需求分析也称为软件需求分析、系统需求分析或需求分析工程等,是开发人员经过深入细致的调研和分析,准确理解用户和项目的功能、性能、可靠性等具体要求,将用户非形式的需求表述转化为完整的需求定义,从而确定系统必须做什么的过程。

(3) 形成需求规格。生成需求模型构件的精确的形式化的描述,作为用户和开发者之间的一个协约。

(4) 需求验证。以需求规格说明为输入,通过符号执行、模拟或快速原型等途径,分析需求规格的正确性和可行性,包含有效性检查、一致性检查、可行性检查和确认可验证性。

(5) 需求管理。支持系统的需求演进,如需求变化和可跟踪性问题。

软件需求开发过程一般流程如下:

(1) 首先获取业务需求。业务需求是高层次需求,是宏观需求。业务需求来源于《项目章程》、项目建设方案、项目标的等前期文件。

(2) 根据"规划范围管理"子过程中输出的《需求开发计划》获取用户需求,获取结束后整理编写《用户需求说明书》。用户需求是最终用户的具体目标,指的是需要系统必须完成的任务,是具体需求。《用户需求说明书》初稿经过多次需求评审后,形成《用户需求说明书》正式稿;然后提交客户进行需求确认,客户签字或盖章后生效。

(3) 系统需求。是将《用户需求说明书》通过需求分析后,编辑《软件需求规格说明书》(Software Requirements Specification,SRS);同样《软件需求规格说明书》也要进行评审。通过需求评审和需求测试工作来对需求进行验证。

(4) 需求跟踪。需求更变、控制需求,验收可交付成果等。

(5) 需求变更。对一个软件项目来说,无论最初的需求分析有多么明确,开发过程中的需求变化也还是不可避免的。需求变更一般流程:干系人提出变更→项目经理组织变更评估→终止变更/变更申请→变更评审→不进行变更/实施变更→变更验证。

需求管理应当是已知系统需求的完整体现,每部分解决方案都是对总体需求一定比例的满足(甚至是充分满足),仅仅解决部分需求是没有意义的。对关键需求的疏忽所造成的后果很可能是灾难性的,试想一架飞机的安全设计不过关将会带来什么样的后果? 不同的需求组合起来,构成了一套完整的需求模型。用户需求决定了系统设计所要解决的问题及所要带来的结果。可以说,需求管理指明了系统开发所要做和必须做的每一件事,指明了所有设计应该提供的功能和必然受到的制约。需求管理的过程，从需求获取开始贯穿于整个项目生命周期，力求实现最终产品同需求的最佳结合。

需求开发与需求管理过程全景图如图 3-3 所示。

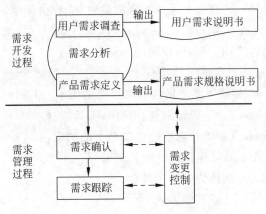

图 3-3　需求开发与管理过程全景图

3.3.1　需求定义

开发软件系统最为困难的部分就是准确说明开发什么。最为困难的概念性工作便是编写出详细技术需求，内容包括所有面向用户、面向机器和其他软件系统的接口。如果前期需求分析不透彻，一旦做错，最终会给系统带来极大损害，并且以后再对损害部分进行修改也极为困难，容易导致项目失败。软件需求定义如下：

（1）用户解决问题或达到目标所需条件或权能（Capability）。

（2）系统或系统部件要满足合同、标准、规范或其他正式规定文档所需具有的条件或权能。

（3）一种反映上面（1）或（2）所述条件或权能的文档说明。它包括功能性需求及非功能性需求，非功能性需求对设计和实现提出了限制，比如性能要求、质量标准或者设计限制。关于功能需求（Functional Requirement）与非功能需求（Non-functional Requirement）的解释：比如我想在网上买一双鞋子，球鞋、高跟鞋、过膝靴、红色、黑色等是明显可知的（功能需求），但鞋跟牢不牢固、鞋底会不会脱胶等（非功能需求）是未知的。

3.3.2　需求类型

在统一过程（Unified Process，UP）中，需求按照"FURPS＋"模型进行分类，FURPS 是功能（Function）、易用性（Usability）、可靠度（Reliability）、性能（Performance）及可支持性（Supportability）五个词英文前缀的缩写，是一种识别软件质量属性的模型。其中功能部分对应功能需求，而其他需求可以统称为质量属性（Quality Attribute）、质量需求（Quality Requirement）或系统的"某属性"，FURPS 可分为以下五项：

（1）功能（Functional）：特性、功能、安全性。例如，客户登录、邮箱网站的收发邮件、论坛网站的发帖留言等。

（2）易用性（Usability）：人性化因素、帮助、文档。

（3）可靠度（Reliability）：故障频率、可恢复性、可预测性。例如，系统能 7×24 小时连续运行，要求能快速地部署，特别是在系统出现故障时，能够快速地切换到备用机。

（4）性能（Performance）：响应时间、吞吐量、准确性、有效性、资源利用率。例如，要求系统能满足 100 个人同时使用，页面反应时间不能超过 6 秒。

（5）可支持性（Supportability）：适应性、可维护性、国际化、可配置性。

"FURPS＋"中的"＋"是指一些辅助性的和次要的因素，如下：

（1）实现（Implementation）：资源限制、语言和工具、硬件等。

（2）接口（Interface）：强加于外部系统接口之上的约束。

（3）操作（Operation）：对其操作设置的系统管理。

（4）包装（Packaging）：例如物理的包装盒。

（5）授权（Legal）：许可证或其他方式。

使用"FURPS＋"分类方案（或其他分类方案）作为需求范围的检查列表是有效的，可以避免遗漏系统某些重要方面。

3.3.3　需求获取

1. 需求获取的概念

需求获取是开发者、用户之间为了定义新系统而进行的交流。需求获取是需求分析的前提，需求获取的目的是获得系统必要的特征，或者是获得用户能接受的、系统必须满足的约束。由于用户是其各自领域的专家，对开发的系统应该如何做，已经有了总体考虑，但这些用户通常不具备软件开发方面的技术和经验。而与此相对，开发者在软件开发方面具有丰富的经验，但了解用户和用户的领域相关知识较少。如果双方所理解的领域内容在系统分析、设计过程出现问题，通常在开发过程的后期才会被发现，将会使整个系统交付延迟，或上线的系统无法或难以使用，最终所开发的系统以失败告终，导致出现严重的软件危机。例如，遗漏的需求（丢失了系统必须支持的功能）或错误的需求（不正确的功能描述或不可用的用户界面）。需求获取的目标，就是为了提高开发者与用户之间沟通的能力，进而构造应用系统的领域模型。

2. 需求获取的步骤

对于不同规模及不同类型的项目，需求获取的过程不会完全一样。下面给出需求获取过程的参考步骤：

1）开发高层的业务模型

所谓应用领域，即目标系统的应用环境，如银行、电信公司等。如果系统分析员对该领域有了充分了解，就可以建立一个业务模型，描述用户的业务过程，确定用户的初始需求。然后通过迭代，更深入地了解应用领域，之后再对业模型进行改进。

2）定义项目范围和高层需求

在项目开始之前，应当在所有利益相关方面建立一个共同的愿景，即定义项目范围和高层需求。项目范围是对项目所期望的最终产品和可交付成果,以及为实现该产品和可交付成果所需各项具体工作的简明描述。项目范围的确定为成功实现项目目标定义了恰当的范畴,即规定或控制了具体的项目。高层需求不涉及过多的细节,主要表示系统需求的概貌。

3) 识别用户类和用户代表

需求获取的主要目标是理解用户需求,因而客户的参与是生产出优质软件的关键因素。因此,首先确定目标系统的不同用户类型;然后挑选出每一类用户和其他利益相关方的代表,并与他们一起工作;最后确定谁是项目需求的决策者。用户类可以是人,也可以是与系统打交道的其他应用程序或硬件部件。如果是其他应用程序或硬件部件,则需要以熟悉这些系统或硬件的人员作为用户代表。

4) 获取具体的需求

确定了项目范围和高层需求,并确定了用户类及用户代表后,就需要获取更具体、完整和详细的需求。

5) 确定目标系统的业务工作流

具体到当前待开发的应用系统,确定系统的业务工作流和主要的业务规则。采取需求调研的方法获取所需的信息。例如,针对信息系统的需求调研方法如下:

(1) 调研用户的组织结构、岗位设置、职责定义,从功能上区分有多少个子系统,划分系统的大致范围,明确系统的目标。

(2) 调研每个子系统的工作流程、功能与处理规则,收集原始信息资料。用数据流表示物流、资金流、信息流三者的关系。

(3) 对调研内容事先准备,针对不同管理层次的用户询问不同的问题,列出问题清单。将操作层、管理层、决策层的需求既联系又区分开来,形成一个需求的层次。

6) 需求整理与总结

必须对上面步骤取得的需求资料进行整理和总结,确定对软件系统的综合要求,即软件的需求。并提出这些需求实现条件,以及需求应达到的标准。这些需求包括功能需求、性能需求、环境需求、可靠性需求、安全保密需求、用户界面需求、资源使用需求、软件成本消耗与开发进度需求等。

3. 需求获取的关键技术

现行的需求获取方法一般存在基于调查和讨论的需求获取方法、基于用例的需求获取方法、原型法等几种方法,各种需求获取方法各有利弊。

1) 用户面谈

这是一种理解商业功能和商业规则的最有效方法。访谈的目标和话题要根据用户的不同而有所侧重,如图 3-4 所示。

面谈过程需要认真计划和准备。其基本要点如下:

(1) 面谈之前:确立面谈目的;确定要包括的相关用户;确定参加会议的项目小组成员;建立要讨论的问题和要点列表;复查有关文档和资料;确立时间和地点;通知所有参加者会议的目的、时间和地点等。

(2) 进行面谈时:衣着得体;准时到达、寻找异常和错误情况;深入调查细节;详细记录;指出和记录未回答条目和未解决问题等。

(3) 面谈之后:复查笔记的准确性、完整性和可理解性;把所收集的信息转化为适当的

被访谈者	阶段	主要话题	目标
高层管理者	需求定义	问题/机会	探讨系统的目标和范围
中层管理人员	需求获取阶段A	主要业务事件	厘清需求的框架性信息
操作层人员	需求获取阶段B	细节业务事件和活动	理解需求的各种细节
技术团队	需求获取阶段C	解决方案	论证解决方案的可行性

图 3-4 访谈的目标和话题的不同侧重

模型和文档；确定需要进一步澄清的问题域；选取合适的时机向参加会议的每一个人发一封感谢信等。

2）需求专题讨论会

需求专题讨论会也许是需求获取的一种最有力的技术。项目主要风险承担人在短暂而紧凑的时间段内集中在一起，一般为一或两天，与会者可以在应用需求上达成共识，对操作过程尽快取得统一意见。参加会议的人员包括主持人、用户、技术人员、项目组人员。

专题讨论会具有以下优点：协助建立一支高效的团队，围绕项目成功的目标；所有的风险承担人都畅所欲言；促进风险承担人和开发团队之间达成共识；发现和解决那些妨碍项目成功的行政问题；能够很快地产生初步的系统定义等。

3）问卷调查

可用于确认假设和收集统计倾向数据，问卷需要快速回答，允许匿名方式，在完成最初的面谈和分析后，问卷调查可作为一项协作技术收到良好的效果。问卷调查存在问题的是：相关的问题不能事先决定；问题背后的假设对答案造成影响，如"这符合你的期望吗？"；难以探索一些新领域；难以继续用户的模糊响应。

4）现场观察

掌握用户如何实际使用一个系统以及到底用户需要哪些信息，最好的办法是亲自观察用户是如何完成实际工作的。一般方法如下：

（1）对办公室进行快速浏览，了解布局、设备要求和使用、工作流总体情况。

（2）利用几个小时观察用户是如何实际完成他们的工作的，理解用户实际使用计算机系统和处理事务的细节。

（3）像用户一样接受训练和进行实际工作的开展，发现关键问题和瓶颈。

5）原型化方法

一个软件原型是所提出的新产品的部分实现，帮助开发人员、用户以及客户更好地理解系统的需求，它比开发人员常用的技术术语更易于理解。建立原型可以解决在产品开发的早期阶段需求不确定的问题，用户、经理和其他非技术项目风险承担者发现在确定和开发产品时，原型可以使他们的想象更具体化，如建立基于 Web 的应用系统原理，使用 HTML 进行界面设计。按照开发方式分类，原型的类别如图 3-5 所示。

6）基于用例的方法

随着面向对象技术的发展，基于用例的方法在需求获取和建模方面应用越来越广泛。

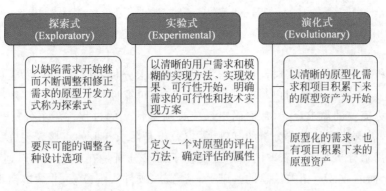

图 3-5 按照开发方式分类的原型类别

用例建模是以任务和用户为中心的,开发和描述用户需要系统做什么。另外,用例帮助开发人员理解用户的业务和应用领域,并可以运用面向对象分析和设计方法将用例转化为对象模型。基于用例的方法如图 3-6 所示。

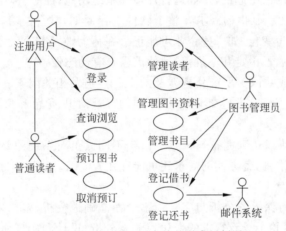

图 3-6 某 MINI 图书馆的需求用例图

用例建模的基本步骤如下:

(1)确定系统的参与者:参与者是与系统交互的外部实体,它既可以是人员也可以是外部系统或硬件设备。

(2)确定场景:场景是对人们利用计算机系统过程做了什么和体验了什么的叙述性描述,它从单个参与者的角度观察系统特性的具体化和非正式的描述。

(3)确定系统用例:用例描述了一个完整的系统事件流程,其重点在于参与者与系统之间的交互而不是内在的系统活动,并对参与者产生存价值的可观测结果。

(4)确定用例之间的关系:在确定出每一个参与者的用例之后,需要将参与者和特定的用例联系起来,最终绘制出系统的用例图。

(5)编写用例描述文档:单纯使用用例图并不能提供用例所具有的全部信息,因此需要使用文字描述那些不能反映在网络上的信息。用例描述是关于角色与系统如何交互的规格说明,要求清晰明确,没有二义性。在描述用例时,应该只注重外部能力,不涉及内部细节。

3.3.4　需求分析

需求分析包含软件需求分析、系统需求分析或需求分析工程等，是开发人员经过深入细致的调研和分析，准确理解用户和项目的功能、性能、可靠性等具体要求，将用户非形式的需求表述转化为完整的需求定义，从而确定系统必须做什么的过程。需求分析与需求获取是密切相关的，需求获取是需求分析的基础，需求分析是需求获取的直接表现，两者相互促进，相互制约。需求分析与需求获取的不同主要在于需求分析是在已经了解承建方的实际的、客观的、较全面的业务及相关信息的基础上，结合软、硬件实现方案，并做出初步的系统原型给承建方进行演示。承建方则通过原型演示来体验业务流程的合理化、准确性、易用性。同时，用户还要通过原型演示及时地发现并提出其中存在的问题和改进意见和方法。

需求分析的特点及难点，主要体现在以下几个方面：

（1）确定问题难。主要原因：一是应用领域的复杂性及业务变化，难以具体确定；二是用户需求所涉及的多因素引起的，比如运行环境和系统功能、性能、可靠性和接口等。

（2）需求时常变化。软件的需求在整个软件生存周期，常会随着时间和业务而有所变化。用户需求经常发生变化，如一些企业可能正处在体制改革与企业重组的变动期和成长期，其企业需求不成熟、不稳定和不规范，致使需求具有动态性。

（3）交流难以达成共识。需求分析涉及的人、事、物及相关因素多，与用户、业务专家、需求工程师和项目管理员等进行交流时，因不同的背景知识、角色和角度等因素而导致难以达成交流共识。

（4）获取的需求难以达到完备与一致。由于不同人员对系统的要求认识不尽相同，所以对问题的表述不够准确，各方面的需求还可能存在着矛盾。难以消除矛盾，因此难以形成完备和一致的定义。

（5）需求难以进行深入的分析与完善。不全面准确地分析，客户环境和业务流程的改变，市场趋势的变化等均会导致需求的变化。随着分析、设计和实现而不断深入完善，可能在最后重新修订软件需求。分析人员应认识到需求变化的必然性，并采取措施减少需求变更对软件的影响，对必要的变更需求要经过认真评审、跟踪和比较分析后才能实施。

1. 需求分析的目标与原则

需求分析是软件计划阶段的重要活动，也是软件生存周期中的一个重要环节，该阶段是分析系统在功能上需要"实现什么"，而不是考虑如何去"实现"。需求分析的目标是把用户对待开发软件提出的"要求"或"需要"进行分析与整理，确认后形成描述完整、清晰与规范的文档，确定软件需要实现哪些功能，完成哪些工作。此外，软件的一些非功能性需求（如软件性能、可靠性、响应时间、可扩展性等），软件设计的约束条件，运行时与其他软件的关系等也是软件需求分析的目标。

在实际需求分析工作中，每一种需求分析方法都有独特的思路和表示法，基本都适用下面的需求分析基本原则：

（1）侧重表达理解问题的数据域和功能域。对新系统程序处理的数据，其数据域包括数据流、数据内容和数据结构。而功能域则反映它们关系的控制处理信息。

（2）需求问题应分解细化，建立问题层次结构。可将复杂问题按具体功能、性能等分解并逐层细化、逐一分析。

（3）建立分析模型。模型包括各种图表，是对研究对象特征的一种重要表达形式。通过逻辑视图可给出目标功能和信息处理间关系，而非实现细节。由系统运行及处理环境确定物理视图，通过它确定处理功能和数据结构的实际表现形式。

2. 需求分析的内容

需求分析的内容是针对待开发软件提供完整、清晰、具体的要求，确定软件必须实现哪些任务。具体分为功能性需求、非功能性需求与设计约束三个方面。

1）功能性需求

功能性需求即软件必须完成哪些事，必须实现哪些功能，以及为了向其用户提供有用的功能所需执行的动作。功能性需求是软件需求的主体。开发人员需要亲自与用户进行交流，核实用户需求，从软件帮助用户完成事务的角度上充分描述外部行为，形成软件需求规格说明书。

2）非功能性需求

作为对功能性需求的补充，软件需求分析的内容中还应该包括一些非功能需求。主要包括软件使用时对性能方面的要求、运行环境要求，软件设计必须遵循的相关标准、规范、用户界面设计的具体细节、未来可能的扩充方案等。

3）设计约束

一般也称作设计限制条件，通常是对一些设计或实现方案的约束说明。例如，要求待开发软件必须使用 Oracle 数据库系统完成数据管理功能，运行时必须基于 Linux 环境等。

3. 需求分析的过程

需求分析阶段的工作，可以分为四个方面：问题识别、分析与综合、制订规格说明书、评审。

1）问题识别

问题识别是从系统角度来理解软件，确定对所开发系统的综合要求，并提出这些需求的实现条件，以及需求应该达到的标准。这些需求包括：功能需求（做什么）、性能需求（要达到什么指标）、环境需求（如机型、操作系统等）、可靠性需求（不发生故障的概率）、安全保密需求、用户界面需求、资源使用需求（软件运行时所需的内存、CPU 等）、软件成本消耗与开发进度需求、预先估计以后系统可能达到的目标。

2）分析与综合

逐步细化所有的软件功能，找出系统各元素间的联系，接口特性和设计上的限制，分析它们是否满足需求，剔除不合理部分，增加需要部分。最后综合成系统的解决方案，给出要开发的系统的详细逻辑模型（做什么的模型）。

3）制订规格说明书

即编制文档，描述需求的文档称为软件需求规格说明书。请注意，需求分析阶段的成果是需求规格说明书，向下一阶段提交。

4）评审

对功能的正确性、完整性和清晰性，以及其他需求给予评价。评审通过才可进行下一阶段的工作，否则重新进行需求分析。

4. 需求分析的关键技术

目前,软件需求的分析与设计方法较多。从开发过程及特点出发,软件开发一般采用软件生存周期的开发方法,有时采用开发原型以帮助了解用户需求。从系统分析出发,可将需求分析方法大致分为功能分解方法、结构化分析方法、信息建模法和面向对象的分析方法。

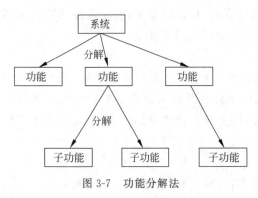

图 3-7　功能分解法

1) 功能分解方法

将新系统作为多功能模块的组合。各功能可分解为若干子功能及接口,子功能再继续分解。便可得到系统的雏形,如图 3-7 所示。

2) 结构化分析方法

结构化分析方法是一种从问题空间到某种表示的映射方法,是结构化方法中重要且被普遍接受的表示系统,由数据流图和数据词典构成并表示,此分析法又称为数据流法。其基本策略是跟踪数据流,即研究问题域中数据流动方式及在各个环节上所进行的处理,从而发现数据流和加工。结构化分析可定义为数据流、数据处理或加工、数据存储、端点、处理说明和数据字典。图 3-8 给出了结构化分析方法的一种数据流图。

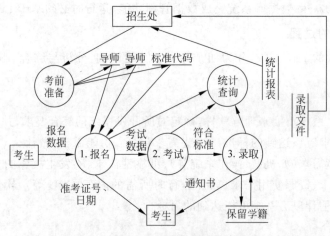

图 3-8　结构化分析方法的数据流图

3) 信息建模方法

它从数据角度对现实世界建立模型。大型软件较复杂,很难直接对其分析和设计,常借助模型。模型是开发中常用工具,系统包括数据处理、事务管理和决策支持。实质上,也可看成由一系列有序模型构成,其有序模型通常为功能模型、信息模型、数据模型、控制模型和决策模型。

信息建模可定义为实体或对象、属性、关系、父类型/子类型和关联对象,此方法的核心概念是实体和关系,基本工具是 E-R 图,其基本要素由实体、属性和联系构成。该方法的基本策略是从现实中找出实体,然后再用属性进行描述。E-R 图示例如图 3-9 所示。

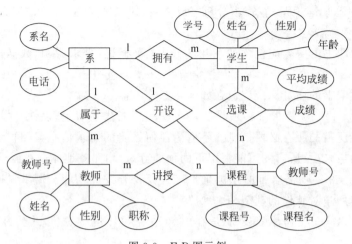

图 3-9　E-R 图示例

4）面向对象的分析方法

面向对象的分析方法的关键是识别问题域内的对象，分析它们之间的关系，并建立三类模型，即对象模型、动态模型和功能模型。面向对象主要考虑类或对象、结构与连接、继承和封装、消息通信，只表示面向对象的分析中几项最重要特征。类的对象是对问题域中事物的完整映射，包括事物的数据特征（即属性）和行为特征（即服务）。

3.3.5　需求规格说明

软件需求说明书（SRS），又称为软件规格说明书，是分析员在需求分析阶段需要完成的文档，是软件需求分析的最终结果。它的作用主要是：作为软件人员与用户之间事实上的技术合同说明；作为软件人员下一步进行设计和编码的基础；作为测试和验收的依据。SRS 必须用统一格式的文档进行描述，为了使需求分析描述具有统一的风格，可以采用已有的且能满足项目需要的模板，也可以根据项目特点和软件开发小组的特点对标准进行适当的改动，形成自己的模板。软件需求说明主要包括引言、任务概述、需求规定、运行环境规定和附录等内容。

软件需求说明书应该完整、一致、精确、无二义性，同时又要简明、易懂、易修改。由于软件需求说明书最终要得到开发者和用户双方的认可，所以用户要能看得懂，并且还能发现和指出其中的错误，这对于保证软件系统的质量有很大的作用。这就要求需求说明书尽可能少用或不用计算机领域的概念和术语。

需求说明书是由开发人员经需求分析后形成的软件文档，是对需求分析工作的全面总结，其作用包括以下几点：

（1）便于用户、分析人员和软件设计人员进行理解和交流用户通过需求规格说明书在分析阶段即可初步判定目标软件能否满足其原来的期望，设计人员则将需求规格说明书作为软件设计的基本出发点。

（2）支持目标软件系统的确认。在软件的测试阶段，根据需求说明书中确定的可测试标准设计测试用例，确认软件是否满足需求说明书中规定的功能和性能等。

（3）控制系统进化过程。在需求分析完成之后，如果用户追加需求，那么需求说明书将用于确定是否为新需求。

软件需求说明书的内容应包含如下几部分内容：概述、需求说明、数据描述、运行环境规定、限制。

软件需求说明书的衡量标准应包含如下几部分内容：

（1）完整性。每一项需求都必须将所要实现的功能描述清楚，以使开发人员获得设计和实现这些功能所需的所有必要信息。不遗漏任何必要的需求信息，即目标软件的所有功能、性能、设计约束，以及所有的可能情况下的预期行为，均完整地体现在需求说明书中。

（2）正确性。每一项需求都必须准确地陈述其要开发的功能。需求说明书中的功能、性能等描述应与用户对软件的期望相一致。

（3）可行性。每一项需求都必须是在已知系统和环境的权能和限制范围内可以实施的。

（4）无二义性。对所有需求说明的读者都只能有一个明确统一的解释，由于自然语言极易导致二义性，所以尽量把每项需求用简洁明了的用户性语言表达出来。另外，需求说明书的各部分之间不能相互矛盾。

（5）可验证性。需求说明书中的任意一项需求，都存在技术和经济上可行的手段进行验证和确认。

（6）可修改性。需求说明书的格式和组织方式应该保证能够比较容易地进行增、删和修改，并使修改后的需求说明书能够较好地保持其他各项属性。

（7）可跟踪性。应能在每项软件需求与它的根源和设计元素、源代码、测试用例之间建立连接，使每项需求与用户的原始需求连起来，并为后续开发和其他文档引用这些需求项提供便利。这种可跟踪性要求每项需求以一种结构化的、粒度好的方式编写并单独标明，而不是大段大段的叙述。

3.3.6　需求验证

需求验证的目标在于检验软件需求规格说明（SRS），以减少因需求错误而带来的工作量问题。需求验证要通过需求评审（Review）来实现，这是一个迭代过程，需要多次重复去发现错误，图3-10给出了一个需求评审的示例。需求验证的含义包括确保以正确的形式建立的需求可在技术上实现、确保得到语义正确的需求以符合用户原意。

一般说来，验证需求的正确性应该从以下3方面进行：

1）一致性

所有需求必须是一致的，任何一条需求不能和其他需求互相矛盾。当需求分析的结果是用自然语言书写的时候，除了靠人工技术审查验证软件系统规格说明书的正确性之外，目前还没有其他更好的"测试"方法。但是，这种非形式化的规格说明书是难于验证的，特别在目标系统规模度大、规格说明书篇幅很长的时候，人工审查的效果是没有保证的，冗余、遗漏和不一致等问题可能没被发现而继续保留下来，以致软件开发工作不能在正确的基础上顺利进行。为了克服上述困难，人们提出了形式化的描述软件需求的方法。当软件需求规格说明书是用形式化的需求陈述语言书写的时候，可以用软件工具验证需求的一致性，以有效

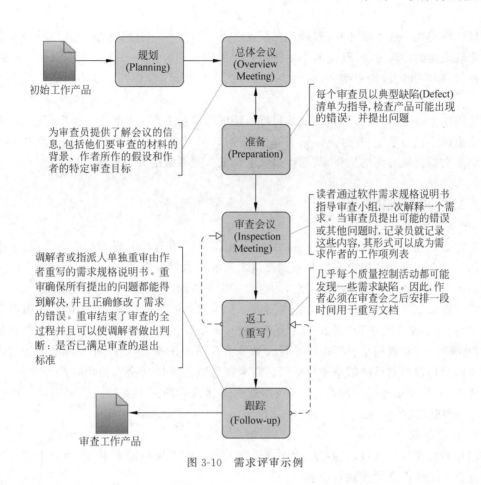

图 3-10 需求评审示例

地保证软件需求的一致性。

2）现实性

指定的需求应该是用现有的硬件技术和软件技术基本上可以实现的。对硬件技术的进步可以做些预测，对软件技术的进步则很难做出预测，只能从现有技术水平出发判断需求的现实性。为了验证需求的现实性，分析员应该参照以往开发类似系统的经验，分析用现有的软、硬件技术实现目标系统的可能性。必要的时候应该采用仿真或性能模拟技术，辅助分析需求规格说明书的现实性。

3）完整性和有效性

需求必须是完整的，规格说明书应包括用户需要的每一个功能或性能。需求必须是正确有效的，要确实能解决用户面对的问题。只有目标系统的用户才真正知道软件需求规格说明书是否完整、准确地描述了他们的需求。因此，检验需求的完整性，特别是证明系统确实满足用户的实际需要（即需求的有效性），只有在用户的密切合作下才能完成。然而许多用户并不能清楚地认识到他们的需要（特别在要开发的系统是全新的，以前没有使用类似系统的经验时，情况更是如此），不能有效地比较陈述需求的语句和实际需要的功能。只有当他们有某种工作着的软件系统可以实际使用和评价时，才能完整确切地提出他们的需要。

理想的做法是先根据需求分析的结果开发出一个软件系统，请用户试用一段时间以使其能认识到他们的实际需要是什么，在此基础上再写出正式的"正确的"规格说明书。但是，这种做法将使软件成本增加一倍，因此实际上几乎不可能采用这种方法。使用原型系统是一个比较现实的替代方法，开发原型系统所需要的成本和时间可以大大少于开发实际系统所需要的，用户通过试用原型系统，也能获得许多宝贵的经验，从而可以提出更符合实际的要求。

使用原型系统的目的，通常是显示目标系统的主要功能而不是性能，为了达到这个目的可以快速建立原型系统，并且可以适当降低对接口、可靠性和程序质量的要求，此外还可以省掉许多文档资料方面的工作，从而可以大大降低原型系统的开发成本。

3.3.7　需求跟踪

为什么要进行需求跟踪(Requirement Track，RT)？在整个开发过程中，进行需求跟踪的目的是建立和维护从用户需求开始到测试之间的一致性与完整性，确保所有的实现是以用户需求为基础并可覆盖全部的需求，同时确保所有的输出与用户需求的符合性。

需求跟踪是指通过比较需求文档与后续工作成果之间的对应关系，确保产品依据需求文档进行开发，建立与维护"需求—设计—编程—测试"之间的一致性，确保所有工作成果符合用户需求。需求跟踪是一项需要进行大量手工劳动的任务，在系统开发和维护的过程中一定要随时对跟踪联系链信息进行更新。需求跟踪能力的好坏会直接影响产品质量，降低维护成本，方便实现复用。同时，需求跟踪还需要建设方的大力支持。需求跟踪有两种方式：正向跟踪与逆向跟踪。

1) 正向跟踪

以用户需求为切入点，检查《用户需求说明书》或《需求规格说明书》中的每个需求是否都能在后继工作产品中找到对应点。

2) 逆向跟踪

检查设计文档、代码、测试用例等工作产品都能在《需求规格说明书》中找到出处。

正向跟踪和逆向跟踪合称为"双向跟踪"。不论采用何种跟踪方式，都要建立与维护《需求跟踪矩阵》。《需求跟踪矩阵》保存了需求与后续开发过程输出的对应关系。矩阵单元之间可能存在"一对一""一对多"或"多对多"的关系。

使用《需求跟踪矩阵》的优点是很容易判断需求与后续工作产品之间是否一致，有助于开发人员及时纠正偏差，避免做无用功。图 3-11 给出了一个项目的用户需求正向跟踪矩阵实例，需求逆向跟踪矩阵示例如图 3-12 所示。

3.3.8　需求变更管理

在软件项目的开发过程中，需求变更贯穿了软件项目的整个生命周期，需求变更在软件项目开发中是不可避免的。无休止的需求变更只会造成各种资源无休止的浪费，但是其中也不乏有许多是必要的、合理的需求变更。对于需求变更，首先要尽量及早发现，以避免大的损失。其次要采取相应的、合理的变更管理制度和流程，这样同样可以降低需求变更带来的风险。

需求变更是必然的、可控的、有益的，需求变更控制的目的不是控制变更的发生，而是对

用户需求项标号	用户需求标题	用户需求变更标识	软件需求功能标号	软件需求功能标题	软件需求变更标识	需求状态	变更序号	优先级	优先级说明	当前状态	概要设计
1	管理员										
1.1.1	添加用户	原始	1.1	添加用户，包括批量添加和单个添加，并且设置用户使用期限	原始	已批准		高	是教师和学生用户功能执行必须的		
1.1.3	删除用户	原始	1.2	删除用户，删除选中的一个或多个用户	原始	已批准		高	关键功能，必须实现		
1.1.4	修改用户使用期限	原始	1.4	修改用户使用期限	原始	已批准		中	可用默认值，但最终必须实现		
	（以下略）										
1.2	修改自己密码	原始	1.7	修改自己密码	原始	已批准		高	关键功能，必须实现		
1.3	登录系统	原始	1.8	登录系统	原始	已批准		高	关键功能，必须实现		
1.4	退出系统	原始	1.9	退出系统	原始	已批准		高	关键功能，必须实现		
2	匿名用户										
2.1	查看课程建设资源	原始	2.1	查看课程建设资源	原始	已批准		高	关键功能，必须实现		
2.2	查看课内学习资源	原始	2.2	查看课内学习资源	原始	已批准		高	关键功能，必须实现		
	（以下略）										

图 3-11　用户需求正向跟踪矩阵实例

需求代号	需求规格说明书V1.0	设计文档V1.2	代码1.0	测试用例	测试记录
R001	标题或标识符	标题或标识符	代码文件名称		测试用例标识或名称
R002	…	…	…		…
…	…	…	…		

图 3-12　需求逆向跟踪矩阵示例

变更进行科学的管理，要确保变更有序地进行，最大限度地控制需求变更给软件质量造成的负面影响。需求分析人员和客户的关系不应该仅仅是记录人员和需求提供者，他们的关系应该更多的是战略合作伙伴关系。

需求变更的出现主要是因为在项目的需求确定阶段，用户往往不能确切地定义自己需要什么。用户常常以为自己清楚，但实际上他们提出的需求只是依据当前的工作所需，而采用的新设备、新技术通常会改变他们的工作方式，或者要开发的系统对用户来说也是个未知数，他们以前没有过相关的使用经验。

随着开发工作的不断进展，系统开始展现功能的雏形，用户对系统的了解也逐步深入。于是，他们可能会想到各种新的功能和特色，或对以前提出的要求进行改动。他们了解得越多，新的要求也就越多，需求变更因此不可避免地重复出现。

项目前期尽量清晰地确定需求范围和需求基线并与客户共同确认。设计灵活的软件架构，以便能对变化的需求进行快速响应。对变更的需求进行优先排序，分批实现。对于零星变更，集中研究、批量处理。妥善保存变更产生的相关文档。制订简单、有效的变更控制流程。

需求变更的流程如图 3-13 所示，具体步骤如下：

1）接收需求变更申请

如果用户需要变更需求，则填写《需求变更申请》，经客户方和服务方共同确认后，发送

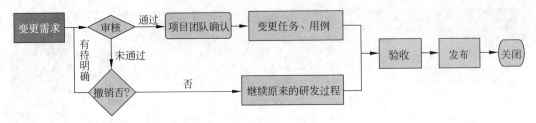

图 3-13   需求变更的流程

内容给项目组需求负责人。项目过程中，当有人提出需求变更时，可要求对方正式提出书面申请，详细记录申请人、具体变更内容、申请时间等信息，可使用线上的电子流程，也可以在线下填写纸质申请并签字。接收该申请后，初步评估是否符合需求变更申请的基本要求，如是否属于变更、是否属于项目范围等。

2）组织变更请求评审

需求变更的评审通常由变更委员会完成，变更委员会是专门为评审变更请求而设立的团体，可以由客户负责人、开发负责人、项目经理等干系人构成。

变更评审的目的是评估变更对项目带来的影响，确保每一个变更是必要的。评审可以由委员会商讨得到结论，如评审通过则执行变更，如不通过则拒绝变更。

3）按评审结果执行

当变更请求评审不通过时，需通知变更提出人，并记录结果；如变更请求通过，则需按变更内容执行，将变更内容列入相关的计划，修改相关的文档，确保变更的内容被安排在未来的工作中。审核通过的《需求变更申请》，用以确定开发时间和纳入的版本、制订开发计划。

4）跟踪变更执行

当变更执行时，需定期了解进度，关注变更的完成情况，及早发现潜在的问题并解决，以避免变更对项目原有的进度和质量等造成影响。

5）变更验收

当变更完成后，需按照原计划验证变更的结果是否与预期一样，如发现与原来的计划有偏差，需及时采取措施，减少损失；如结果与原计划保持一致，则变更完成，知照相关人员。对于需求变更而进行的版本更新，需交付相应的《版本更新说明》。

注意事项如下：

（1）需求的变更要经过出资者的认可。这样才会对需求的变更有成本的概念，能够慎重地对待需求的变更。小的需求变更也要经过正规的需求管理流程，否则会积少成多。精确的需求与范围定义并不会阻止需求的变更。并非对需求定义得越细，就越能避免需求的渐变，这是两个层面的问题。太细的需求定义对需求渐变没有任何效果。因为需求的变化是永恒的。

（2）注意沟通的技巧。实际情况是用户、开发者都认识到了上面的几点问题，但是由于需求的变更可能来自客户方，也可能来自开发方，因此，作为需求管理者，项目经理需要采用各种沟通技巧来使项目的各方各得其所。

（3）需求一定要与投入有联系。如果需求变更的成本由开发方来承担，则项目需求的变更就成为必然了。所以，在项目的开始，无论是开发方还是出资方都要明确这一条：需求变更,软件开发的投入也要变更。

3.4 收集需求

3.4.1 收集需求过程概述

收集需求是为实现目标而确定、记录并管理相关方的需要和需求的过程。本过程的主要作用是,为定义产品范围和项目范围奠定基础,且仅开展一次或仅在项目的预定义点开展。图 3-14 描述本过程的输入、工具与技术和输出。

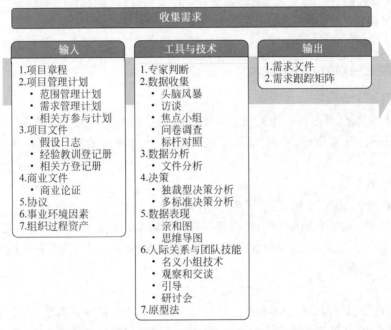

图 3-14 收集需求:输入、工具与技术和输出

3.4.2 收集需求过程的输入、输出及关键技术

1. 收集需求过程的输入

1) 项目章程

项目章程记录了项目概述以及将用于制订详细需求的高层级需求。

2) 项目管理计划

项目管理计划包括范围管理计划(包含如何定义和制订项目范围的信息)、需求管理计划(包含如何收集、分析和记录项目需求的信息)、相关方参与计划(从相关方参与计划中了解相关方的沟通需求和参与程度,以便评估并适应相关方对需求活动的参与程度)。

3) 项目文件

项目文件包括假设日志(识别了有关产品、项目、环境、相关方以及会影响需求的其他因素的假设条件）、经验教训登记册（提供了有效的需求收集技术，尤其针对使用迭代型或适应型产品开发方法的项目）、相关方登记册（用于了解哪些相关方能够提供需求方面的信息，及记录相关方对项目的需求和期望）。

4）商业文件

商业文件影响收集需求过程的商业文件是商业论证，它描述了为满足业务需要而应该达到的必要、期望及可选标准。

5）协议

协议会包含项目和产品需求。

6）事业环境因素

事业环境因素包括组织文化、基础设施、人事管理制度、市场条件。

7）组织过程资产

组织过程资产包括政策和程序，包含以往项目信息的历史信息和经验教训知识库。

2. 收集需求过程的工具与技术

1）专家判断

应该就以下主题，考虑具备相关专业知识或接受过相关培训的个人或小组的意见：商业分析、需求获取、需求分析、需求文件、以往类似项目的项目需求、图解技术、引导、冲突管理。

2）数据收集

头脑风暴、访谈、焦点小组、问卷调查、标杆对照。

标杆对照将实际或计划的产品、过程和实践，与其他可比组织的实践进行比较，以便识别最佳实践，形成改进意见，并为绩效考核提供依据。标杆对照所采用的可比组织可以是内部的，也可以是外部的。

3）数据分析

可用于本过程的数据分析技术包括文件分析。文件分析包括审核和评估任何相关的文件信息。在此过程中，文件分析用于通过分析现有文件，识别与需求相关的信息来获取需求。

4）决策

决策投票是一种为达成某种期望结果而对多个未来行动方案进行评估的集体决策技术和过程。本技术用于生成、归类和排序产品需求。

（1）独裁型决策制订。采用这种方法，将由一个人负责为整个集体制订决策。

（2）多标准决策分析。该技术借助决策矩阵，用系统分析方法建立诸如风险水平、不确定性和价值收益等多种标准，以对众多创意进行评估和排序。

5）数据表现

（1）亲和图。亲和图也叫KJ法，就是把收集到的大量各种数据、资料，甚至工作中的事实、意见、构思等信息，按其之间的相互亲和性（相近性）归纳整理，使问题明朗化，并使大家取得统一的认识，有利于问题解决的一种方法，可用来对大量创意进行分组，以便进一步审查和分析，如图3-15所示。

（2）思维导图。把从头脑风暴中获得的创意整合成一张图，用以反映创意之间的共性与差异，激发新创意。

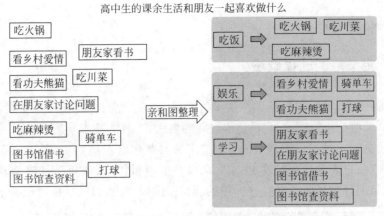

图 3-15　亲和图示例

6）人际关系与团队技能

（1）名义小组技术。名义小组技术是用于促进头脑风暴的一种技术，通过投票排列最有用的创意，以便进一步开展头脑风暴或优先排序。

（2）观察和交谈。观察和交谈是指直接察看个人在各自的环境中如何执行工作（或任务）和实施流程。当产品使用者难以或不愿清晰说明他们的需求时，就特别需要通过观察来了解他们的工作细节。

（3）引导。引导与主题研讨会结合使用，把主要相关方召集在一起定义产品需求。

（4）研讨会。可用于快速定义跨职能需求并协调相关方的需求差异。

7）原型法

原型法是指在实际制造预期产品之前，先造出该产品的模型，并据此征求对需求的早期反馈。故事板是一种原型技术，通过一系列的图像或图示来展示顺序或导航路径。故事板用于各种行业的各种项目中，在软件开发中，故事板使用实体模型来展示网页、屏幕或其他用户界面的导航路径。

3. 收集需求过程的输出

1）需求文件

需求文件描述各种单一需求将如何满足与项目相关的业务需求。一开始可能只有高层级的需求，然后随着有关需求信息的增加而逐步细化。只有明确的（可测量和可测试的）、可跟踪的、完整的、相互协调的，且主要相关方愿意认可的需求才能作为基准。需求文件的格式多种多样，既可以是一份按相关方和优先级分类列出全部需求的简单文件，也可以是一份包括内容提要、细节描述和附件等的详细文件。

2）需求跟踪矩阵

需求跟踪矩阵是把产品需求从其来源连接到能满足需求的可交付成果的一种表格。使用需求跟踪矩阵，把每个需求与业务目标或项目目标联系起来，有助于确保每个需求都具有商业价值。需求跟踪矩阵提供了在整个项目生命周期中跟踪需求的一种方法，有助于确保需求文件中被批准的每项需求在项目结束时都能交付。最后，需求跟踪矩阵还为管理产品范围变更提供了框架。

3.5 定义范围

3.5.1 定义范围过程概述

定义范围是制订项目和产品详细描述的过程。本过程的主要作用是描述产品、服务或成果的边界和验收标准。图 3-16 描述本过程的输入、工具与技术和输出。

由于在收集需求过程中识别出的所有需求未必都包含在项目中，所以定义范围过程就要从需求文件（收集需求过程的输出）中选取最终的项目需求，然后制订出关于项目及其产品、服务或成果的详细描述。准备好详细的项目范围说明书，对项目成功至关重要。

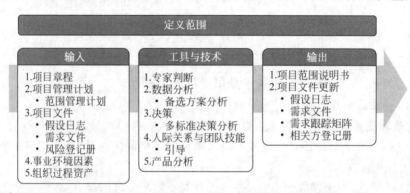

图 3-16　定义范围：输入、工具与技术和输出

应根据项目启动过程中记载的主要可交付成果、假设条件和制约因素来编制详细的项目范围说明书。在项目规划过程中，随着对项目信息的更多了解，应该更加详细具体地定义和描述项目范围。

此外，还需要分析现有风险、假设条件和制约因素的完整性，并做必要的增补或更新。需要多次反复开展定义范围过程：在迭代型生命周期的项目中，先为整个项目确定一个高层级的愿景，再针对一个迭代期明确详细范围。通常，随着当前迭代期的项目范围和可交付成果的进展，而详细规划下一个迭代期的工作。

3.5.2 定义范围过程的输入、输出及关键技术

1. 定义范围过程的输入

1）项目章程

项目章程中包含对项目的高层级描述、产品特征和审批要求。

2）项目管理计划

项目管理计划组件包括范围管理计划，其中记录了如何定义、确认和控制项目范围。

3）项目文件

项目文件可作为本过程输入的项目文件，包括假设日志（识别了有关产品、项目、环境、相关方以及会影响项目和产品范围的假设条件和制约因素）、需求文件（识别了应纳入范围

的需求)、风险登记册(包含了可能影响项目范围的应对策略,例如缩小或改变项目和产品范围,以规避或缓解风险)。

4) 事业环境因素

影响定义范围过程的事业环境因素包括组织文化、基础设施、人事管理制度、市场条件。

5) 组织过程资产

能够影响定义范围过程的组织过程资产包括用于制订项目范围说明书的政策、程序和模板,以往项目的项目档案,以往阶段或项目的经验教训。

2. 定义范围过程的工具与技术

1) 专家判断

应征求具备类似项目的知识或经验的个人或小组的意见。

2) 数据分析

可用于本过程的数据分析技术包括备选方案分析。备选方案分析可用于评估实现项目章程中所述的需求和目标的各种方法。

3) 决策

可用于本过程的决策技术包括多标准决策分析。多标准决策分析是一种借助决策矩阵来使用系统分析方法的技术,目的是建立诸如需求、进度、预算和资源等多种标准来完善项目和产品范围。

4) 人际关系与团队技能

人际关系与团队技能的一个示例是引导。在研讨会和座谈会中使用引导技能来协调具有不同期望或不同专业知识的关键相关方,使他们就项目可交付成果以及项目和产品边界达成跨职能的共识。

5) 产品分析

产品分析可用于定义产品和服务,包括针对产品或服务提问并回答,以描述要交付的产品的用途、特征及其他方面。每个应用领域都有一种或几种普遍公认的方法,用以把高层级的产品或服务描述转变为有意义的可交付成果。首先获取高层级的需求,然后将其细化到最终产品设计所需的详细程度。产品分析技术包括:产品分解、需求分析、系统分析、系统工程、价值分析、价值工程。

3. 定义范围过程的输出

1) 项目范围说明书

项目范围说明书是对项目范围、主要可交付成果、假设条件和制约因素的描述。它记录了整个范围,包括项目和产品范围,详细描述了项目的可交付成果,还代表项目相关方之间就项目范围所达成的共识。为便于管理相关方的期望,项目范围说明书可明确指出哪些工作不属于本项目范围。

项目范围说明书使项目团队能进行更详细的规划,在执行过程中指导项目团队的工作,并为评价变更请求或额外工作是否超过项目边界提供基准。项目范围说明书描述要做和不要做的工作的详细程度,决定着项目管理团队控制整个项目范围的有效程度。详细的项目范围说明书包括以下内容:

(1) 产品范围描述。逐步细化在项目章程和需求文件中所述的产品、服务或成果的特征。

（2）可交付成果。为完成某一过程、阶段或项目而必须产出的任何独特并可核实的产品、成果或服务能力,可交付成果也包括各种辅助成果,如项目管理报告和文件等。对可交付成果的描述可略可详。

（3）验收标准。可交付成果通过验收前必须满足的一系列条件。

（4）项目的除外责任。识别排除在项目之外的内容。明确说明哪些内容不属于项目范围,有助于管理相关方的期望及减少范围蔓延。

虽然项目章程和项目范围说明书的内容存在一定程度的重叠,但它们的详细程度完全不同。项目章程包含高层级的信息,而项目范围说明书则是对范围组成部分的详细描述,这些组成部分需要在项目过程中渐进明细。图 3-17 显示了这两个文件的一些关键内容。

项目章程	项目范围说明书
项目目的	项目范围描述(渐近明细)
可测量的项目目标和相关的成功标准	项目可交付成果
高层级需求	验收标准
高层级项目描述、边界定义以及主要可交付成果	项目排除项
整体项目风险	
总体里程碑进度计划	
预先批准的财务资源	
主要相关方名单	
项目审批要求(例如,用什么标准评价成功,由谁对项目成功下结论,由谁来签署项目结束)	
项目退出标准(比如,结束或取消项目或阶段前应满足的条件)	
委派的项目经理及其职责和职权	
发起人或其他批准项目章程的人员的姓名和职权	

图 3-17　项目章程与项目范围说明书的内容

2）项目文件更新

可在本过程更新的项目文件包括假设日志、需求文件、需求跟踪矩阵、相关方登记册。

3.6　创建 WBS

3.6.1　WBS 概述

创建工作分解结构(Work Breakdown Structure,WBS)是把项目工作按阶段可交付成果分解成较小的更易于管理的组成部分的过程。WBS 的基本定义是以可交付成果为导向对项目要素进行的分组,它归纳和定义了项目的整个工作范围每下降一层代表对项目工作的更详细定义。无论在项目管理实践中,还是在 PMP 考试中,WBS 都是重要的内容之一。WBS 总是处于计划过程的中心,也是制订进度计划、资源需求、成本预算、风险管理计划和采购计划等的重要基础。WBS 同时也是控制项目变更的重要基础。项目范围是由 WBS 定义的,所以 WBS 也是一个项目的综合工具。图 3-18 描述 WBS 过程的输入、工具与技术和输出。

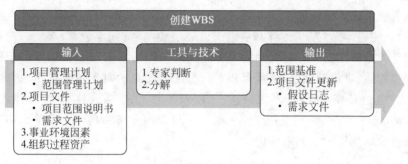

图 3-18 创建 WBS:输入、工具与技术和输出

工作(Work):可以产生有形结果的工作任务;

分解(Breakdown):是一种逐步细分和分类的层级结构;

结构(Structure):按照一定的模式组织各部分。

根据这些概念,WBS 相应的构成因子说明如下:

1. 结构化编码

编码是最显著和最关键的 WBS 构成因子,首先编码用于将 WBS 彻底结构化。通过编码体系,我们可以很容易识别 WBS 元素的层级关系、分组类别和特性。并且由于近代计算机技术的发展,编码实际上使 WBS 信息与组织结构信息、成本数据、进度数据、合同信息、产品数据、报告信息等紧密地联系起来。

2. 工作包

工作包(Work Package)是 WBS 的最底层元素,一般的工作包是最小的"可交付成果",很容易识别出这些可交付成果的活动、成本和组织以及资源信息。例如,管道安装工作包可能含有管道支架制作和安装、管道连接与安装、严密性检验等几项活动;包含运输/焊接/管道制作人工费用、管道/金属附件材料费等成本;过程中产生的报告/检验结果等文档;以及被分配的工班组等责任包干信息等。正是上述这些组织、成本、进度、绩效信息使工作包乃至 WBS 成为了项目管理的基础。基于上述观点,一个用于项目管理的 WBS 必须被分解到工作包层次才能够使其成为一个有效的管理工具。

3. WBS 元素

WBS 元素实际上就是 WBS 结构上的一个个"节点",通俗的理解就是"组织机构图"上的一个个"方框",这些方框代表了独立的、具有隶属关系/汇总关系的"可交付成果"。经过数十年的总结大多数组织都倾向于 WBS 结构必须与项目目标有关,必须面向最终产品或可交付成果的,因此 WBS 元素更适于描述输出产品的名词组成。其中的道理很明显,不同组织、文化等为完成同一工作所使用的方法、程序和资源不同,但是他们的结果必须相同,必须满足规定的要求。只有抓住最核心的可交付结果才能最有效地控制和管理项目;另一方面,只有识别出可交付结果才能识别内部/外部组织完成此工作所使用的方法、程序和资源等。

4. WBS 字典

管理的规范化、标准化一直是众多公司追求的目标，WBS字典就是这样一种工具。它用于描述和定义 WBS 元素中的工作的文档。字典相当于对某一 WBS 元素的规范，即 WBS 元素必须完成的工作以及对工作的详细描述，工作成果的描述和相应规范标准，元素上下级关系以及元素成果输入输出关系等。同时 WBS 字典对于清晰的定义项目范围也有着巨大的规范作用，它使得 WBS 易于理解和被组织以外的参与者（如承包商）接受。在建筑业，工程量清单规范就是典型的工作包级别的 WBS 字典。WBS 字典用来描述各个工作部分，通常包括工作包描述、进度日期、成本预算和人员分配等信息。对于每个工作包，应尽可能地包括有关工作包的必要的、尽量多的信息。当 WBS 与 OBS 综合使用时，要建立账目编码（Code of Account）。账目编码是用于唯一确定项目工作分解结构每一个单元的编码系统。成本和资源被分配到这一编码结构中。

3.6.2　WBS 的主要用途

WBS 是一个描述思路的规划和设计工具，它帮助项目经理和项目团队确定和有效地管理项目的工作，其主要用途如下：

（1）WBS 是一个清晰地表示各项目工作之间的相互联系的结构设计工具。

（2）WBS 是一个展现项目全貌，详细说明为完成项目所必须完成的各项工作的计划工具。

（3）WBS 定义了里程碑事件，可以向高级管理层和客户报告项目完成情况，作为项目状况的报告工具。

（4）WBS 防止遗漏项目的可交付成果。

（5）WBS 帮助项目经理关注项目目标和澄清职责。

（6）WBS 建立可视化的项目可交付成果，以便估算工作量和分配工作。

（7）WBS 帮助改进时间、成本和资源估计的准确度。

（8）WBS 帮助项目团队的建立和获得项目人员的承诺。

（9）WBS 为绩效测量和项目控制定义一个基准。

（10）WBS 辅助沟通清晰的工作责任。

（11）WBS 为其他项目计划的制订建立框架。

（12）WBS 帮助分析项目的最初风险。

3.6.3　WBS 的创建方法

创建 WBS 是指将复杂的项目分解为一系列明确定义的项目工作并作为随后计划活动的指导文档。

WBS 的创建方法主要有以下两种：

（1）类比方法。参考类似项目的 WBS 创建新项目的 WBS。

（2）自上而下的方法。从项目的目标开始，逐级分解项目工作，直到参与者满意地认为项目工作已经充分地得到定义。该方法由于可以将项目工作定义在适当的细节水平,对于项目工期、成本和资源需求的估计相比更加准确。

创建 WBS 时需要满足以下几点基本要求:

(1) 某项任务应该在 WBS 中的一个地方且只应该在 WBS 中的一个地方出现。

(2) WBS 中某项任务的内容是其下所有 WBS 项的总和。

(3) 一个 WBS 项只能由一个人负责,即使可能有许多人在其上进行工作,也只能由一个人负责,其他人只能是参与者。

(4) WBS 必须与实际工作中的执行方式一致。

(5) 应让项目团队成员积极参与创建 WBS,以确保 WBS 的一致性。

(6) 每个 WBS 项都必须文档化,以确保准确理解已包括和未包括的工作范围。

(7) WBS 必须在根据范围说明书正常地维护项目工作内容的同时,也能适应无法避免的变更。

(8) WBS 的工作包的定义不超过 40 小时,建议在 4~8 小时。

(9) WBS 的层次不超过 10 层,建议在 4~6 层。

3.6.4　WBS 的创建过程

项目组内创建 WBS 的过程非常重要,因为在项目分解过程中,项目经理、项目成员和所有参与项目的部门主任都必须考虑该项目的所有方面。

项目组内创建 WBS 的过程如下:

(1) 得到范围说明书(Scope Statement)或工作说明书(Statement of Work)。

(2) 召集有关人员,集体讨论所有主要项目工作,确定项目工作分解的方式。

(3) 分解项目工作。如果有现成的模板,应该尽量利用。

(4) 画出 WBS 的层次结构图。WBS 较高层次上的一些工作可以定义为子项目或子生命周期阶段。

(5) 将主要项目可交付成果细分为更小的、易于管理的组分或工作包。工作包必须详细到可以对该工作包进行估算(成本和历时)、安排进度、做出预算、分配负责人员或组织单位。

(6) 验证上述分解的正确性。如果发现出现非必要的较低层次的项,则修改组成成分。

(7) 建立一个编号系统。

(8) 随着其他计划活动的进行,不断地对 WBS 更新或修正,直到覆盖所有工作。

3.6.5　创建 WBS 过程的输入、输出及关键技术

1. 创建 WBS 过程的输入

1) 项目管理计划

项目管理计划组件包括范围管理计划。范围管理计划定义了如何根据项目范围说明书

创建 WBS。

2）项目文件

项目文件包括项目范围说明书（描述了需要实施的工作及不包含在项目中的工作）和需求文件（详细描述了各种单一需求如何满足项目的业务需要）。

3）事业环境因素

事业环境因素包括项目所在行业的 WBS 标准，这些标准可以作为创建 WBS 的外部参考资料。

4）组织过程资产

组织过程资产包括用于创建 WBS 的政策、程序和模板，以往项目的项目档案，以往项目的经验教训。

2. 创建 WBS 过程的工具与技术

1）专家判断

应征求具备类似项目知识或经验的个人或小组的意见。

2）分解

分解是一种把项目范围和项目可交付成果逐步划分为更小、更便于管理的组成部分的技术。工作包是 WBS 最底层的工作，可对其成本和持续时间进行估算和管理。分解的程度取决于所需的控制程度，以实现对项目的高效管理；工作包的详细程度则因项目规模和复杂程度而异。要把整个项目工作分解为工作包，通常需要开展以下活动：识别和分析可交付成果及相关工作，确定 WBS 的结构和编排方法，自上而下逐层细化分解，为 WBS 组成部分制订和分配标识编码，核实可交付成果分解的程度是否恰当。

3. 创建 WBS 过程的输出

1）范围基准

范围基准是经过批准的范围说明书、WBS 和相应的 WBS 词典，只有通过正式的变更控制程序才能进行变更，它被用作比较的基础。范围基准是项目管理计划的组成部分，包括项目范围说明书、WBS、工作包、规划包、WBS 词典。其中，WBS 词典中的内容可能包括账户编码标识、工作描述、假设条件和制约因素、负责的组织、进度里程碑、相关的进度活动、所需资源、成本估算、质量要求、验收标准、技术参考文献、协议信息。

2）项目文件更新

可在本过程更新的项目文件包括假设日志（随同本过程识别出更多的假设条件或制约因素而更新假设日志）、需求文件（可以更新需求文件，以反映在本过程提出并已被批准的变更）。

3.7　确认范围

3.7.1　确认范围过程概述

确认范围是正式验收已完成的项目可交付成果的过程。本过程的主要作用是使验收过程具有客观性；同时通过确认每个可交付成果，来提高最终产品、服务或成果获得验收的可能性。本过程应根据需要在整个项目期间定期开展。图 3-19 描述确认范围过程的输入、工具与技术和输出。

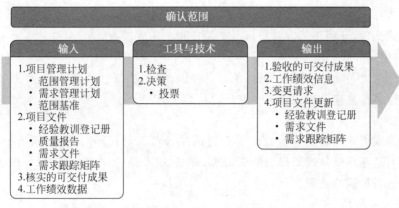

图 3-19　确认范围：输入、工具与技术和输出

由客户或发起人审查从控制质量过程输出的核实的可交付成果,确认这些可交付成果已经圆满完成并通过正式验收。本过程对可交付成果的确认和最终验收,需要依据从项目范围管理知识领域的各规划过程获得的输出(如需求文件或范围基准),以及从其他知识领域的各执行过程获得的工作绩效数据。

确认范围过程与控制质量过程的不同之处在于,前者关注可交付成果的验收,而后者关注可交付成果的正确性及是否满足质量要求。控制质量过程通常先于确认范围过程,但二者也可同时进行。

3.7.2　确认范围过程的输入、输出及关键技术

1. 确认范围过程的输入

1）项目管理计划

项目管理计划包括范围管理计划、需求管理计划、范围基准。

2）项目文件

项目文件包括经验教训登记册、质量报告、需求文件、需求跟踪矩阵。

3）核实的可交付成果

核实的可交付成果指已经完成,并被控制质量过程检查为正确的可交付成果。

4）工作绩效数据

工作绩效数据包括符合需求的程度、不一致的数量、不一致的严重性或在某时间段内开展确认的次数。

2. 确认范围过程的工具与技术

1）检查

检查指开展测量、审查与确认等活动,来判断工作和可交付成果是否符合需求和产品验收标准。检查有时也被称为审查、产品审查和巡检等。

2）决策

决策包括投票等形式。当由项目团队和其他相关方进行验收时,使用投票来形成结论。

3. 确认范围过程的输出

1）验收的可交付成果

符合验收标准的可交付成果应该由客户或发起人正式签字批准。应该从客户或发起人那里获得正式文件，证明相关方对项目可交付成果的正式验收。

2）工作绩效信息

工作绩效信息包括项目进展信息，例如，哪些可交付成果已经被验收，哪些未通过验收以及原因。这些信息应该被记录下来并传递给相关方。

3）变更请求

对已经完成但未通过正式验收的可交付成果及其未通过验收的原因，应该记录在案。可能需要针对这些可交付成果提出变更请求，开展缺陷补救。变更请求应该由实施整体变更控制过程进行审查与处理。

4）项目文件更新

项目文件更新包括经验教训登记册、需求文件、需求跟踪矩阵等。

3.8　控制范围

3.8.1　控制范围过程概述

控制范围是监督项目和产品的范围状态，管理范围基准变更的过程。本过程的主要作用是，在整个项目期间保持对范围基准的维护，且需要在整个项目期间开展。图 3-20 描述控制范围过程的输入、工具与技术和输出。

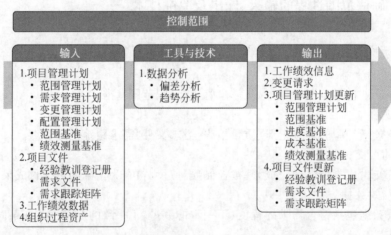

图 3-20　控制范围：输入、工具与技术和输出

控制项目范围确保所有变更请求、推荐的纠正措施或预防措施都通过实施整体变更控制过程进行处理。在变更实际发生时，也要采用控制范围过程来管理这些变更。控制范围过程应该与其他控制过程协调开展。未经控制的产品或项目范围的扩大（未对时间、成本和资源做相应调整）被称为范围蔓延。变更不可避免，因此在每个项目上，都必须强制实施某种形式的变更控制。

3.8.2 控制范围过程的输入、输出及关键技术

1. 控制范围过程的输入

（1）项目管理计划。包括范围管理计划、需求管理计划、变更管理计划、配置管理计划、范围基准、绩效测量基准。

（2）项目文件。包括经验教训登记册、需求文件、需求跟踪矩阵。

（3）工作绩效数据。包括收到的变更请求的数量、接受的变更请求的数量、或者核实、确认和完成的可交付成果的数量。

（4）组织过程资产。包括现有的、正式和非正式的，与范围控制相关的政策、程序和指南；可用的监督和报告的方法与模板。

2. 控制范围过程的工具与技术

控制范围过程的工具与技术包括数据分析，可用于控制范围过程的数据分析技术包括偏差分析和趋势分析。偏差分析用于将基准与实际结果进行比较，以确定偏差是否处于临界值区间内或是否有必要采取纠正或预防措施；趋势分析旨在审查项目绩效随时间的变化情况，以判断绩效是正在改善还是正在恶化。确定偏离范围基准的原因和程度，并决定是否需要采取纠正或预防措施，是项目范围控制的重要工作。

3. 控制范围过程的输出

（1）工作绩效信息。本过程产生的工作绩效信息是有关项目和产品范围实施情况（对照范围基准）的、相互关联且与各种背景相结合的信息，包括收到的变更的分类、识别的范围偏差和原因、偏差对进度和成本的影响，以及对将来范围绩效的预测。

（2）变更请求。分析项目绩效后，可能会就范围基准和进度基准，或项目管理计划的其他组成部分提出变更请求。变更请求需要经过实施整体变更控制过程的审查和处理。

（3）项目管理计划更新。项目管理计划的任何变更都以变更请求的形式提出，且通过组织的变更控制过程进行处理。包括范围管理计划、范围基准、进度基准、成本基准、绩效测量基准。

（4）项目文件更新。包括经验教训登记册、需求文件、需求跟踪矩阵。

3.9 案例分析

1. 案例 1

【案例场景 1】 某天你和客户谈项目，客户："我们想做一个办公管理系统"。项目经理："这个系统想实现什么功能？""想用什么样的数据库？""有多少人用？""想用什么 IT 架构？"。客户有点懵："我只要用它来解决问题就行了，你问我这么多我怎么知道？"

项目经理一般都有很好的技术背景，但项目经理不是总工，不是架构师，不是程序员，而应该是一个"业务层面的管理者"。项目需求的切入点必须在业务层面。

【问题 1】 若您是该项目经理，请问，当前遇到的主要业务问题是什么？

【问题 1 分析】 当前主要的业务问题是需求获取，应使用方便用户理解的描述，与用户

进行交流,从而捕获、开发和修订用户的需求。作为项目经理,应该明白客户的业务目标比技术实现重要得多,首先要弄明白的是为什么做,而不是怎么做。

【案例场景2】 你和客户的一位副总谈了很久,确定了项目的详细需求,并形成了文档。但是,当文档上报给客户总经理的时候,被全部推翻了,一切从头再来……

【问题2】 上报给高层领导时,有调整还可以理解,但全部推翻了是怎么回事?

【问题2分析】 这说明你谈项目需求的时候找错了人。比如客户要做一个研发类项目,你不能去找客户的技术经理谈。多数情况下,需求并不来自技术部门,而是来自业务部门。作为项目经理,一定要能够把自己提升到业务的高度,有能力和业务层面的人员直接进行沟通对话。而业务层面的需求往往是模糊的、不确定的,甚至有些人自己也不知道想要的是什么。业务层面的需求还会牵扯到各方的利益,纷繁复杂,需要项目经理一一去梳理、沟通、协调、妥协,最终达成"相对的共识"。所以项目经理谈需求时,一定要找对人。即使不容易见面,也要通过电话、微信等方式取得联系。

【案例场景3】 经过沟通,你完成了项目的需求文档,把它交给老板。项目经理:"老板,这是项目的需求文档,包括交付时间、验收标准,您看一下,没问题就签个字吧。"这个时候,领导会乖乖签字吗?一般情况下是不会的,因为连他自己也没有想好到底签不签。"先做一部分看看吧""你是项目经理你定吧"。

【问题3】 若你是该项目经理,应该如何应对以上场景?

【问题3分析】 需求是需要确认的。你是项目经理,但你不是客户,更不是老板,你决定不了项目需求。其实让老板签字并不是非签不可,而是让他对项目认真思考清楚,很多时候老板是不会替你考虑问题的,最后出了问题还是要项目经理背锅。不管是签字,还是软磨硬泡,或是动之以情晓之以理,总之要让重要相关方认真考虑你的项目,让他们对项目目标、需求达成一致。不管他们是否强势,项目经理都不能退缩。

【案例场景4】 你谈下了一个项目,在选择技术方案时,双方出现了分歧。项目经理:"这种方案简单,成本还低,可以满足您的要求"。客户:"成本高没关系,关键是要稳定、可靠,我建议选择更复杂点的方案"。项目经理:"这种技术也很可靠的,我们做了好几个这种项目了,没出现问题,你放心"。客户:"我还是选择复杂方案……"。

你内心澎湃:"这人咋这么说不通呢?钱多花不完啊,放着简单省钱的不用非得用那费劲的!"。而后来你了解到,他们公司以前的系统都是用的这种方案,他只是不想做第一个吃螃蟹的人,他考虑的首先是安全,其次才是项目。

【问题4】 若你是该项目经理,面对以上场景,应该如何与客户沟通?

【问题4分析】 要分清浅层需求与深层需求。在需求沟通过程中,项目经理需要的是耐心、技巧和深层次的沟通,了解客户内心的真实需求,而不是从技术层面去说服对方。在很多情况下,问题都不是技术层面的。

在沟通需求时,要站在业务的角度,要和真正的业务负责人沟通,还要和老板沟通,逼迫他去考虑你的项目,最后,还要像读心一样读取客户的内心真实需求。

2. 案例2

【案例场景】 小王是某IT公司的高级项目经理,一个重要客户要求开发一个在线游戏装备交易平台,公司总经理指定小王为项目负责人。小王在组建项目团队后,带领需求分析人员到客户那里了解需求,客户是这样告诉小王的:"参照着淘宝网给我做一个类似的,我只需要做游戏装备的交易就可,其他的商品功能我不需要。你们先做着,如果有什么要求,我再告诉你们"。小王回去整理成需求分析文档,由于涉及内容太多,小王建议客户去掉一些功能,但客户不能确定哪些功能是可以去掉的,希望能先使用然后再确定哪些功能不需要。

【问题1】 请问此案例在沟通上出现了什么问题?小王接下来应该怎么做?

【问题1分析】

(1)需求调研前期,与客户高层领导确定项目目标,组建需求调研团队(需求人员与客户主要业务人员),明确其职责;最好能召开一次需求调研启动会,传达项目目标、明确职责。

(2)需求人员整理客户需求,可根据客户需求制作一个DEMO版本给客户演示,演示过程中明确客户需求,完成需求文档,加入合同签订。

(3)需求获取可能是软件开发中最困难、最关键、最易出错及最需要沟通交流的活动。对需求的获取往往有错误的认识:用户知道需求是什么,我们所要做的就是和他们交谈,从他们那里得到需求并获取用户系统的目标特征,从客户那里知道什么是要完成的、什么样的系统能适合商业需要就可以了。但是实际上需求获取并不是想象的这样简单,这条沟通之路布满了荆棘。首先需求获取要定义问题范围,系统的边界往往是很难明确的,用户不了解技术实现的细节,这样会造成系统目标的混淆。

3. 案例3

【案例场景】 我所在的公司是个50多人的小软件公司。现在我被分到一个五人的项目开发组,这个项目已经开始两个月了,目前的进展是只有两人(包括我)在写文档,我负责写需求文档,其他人都有各自在忙的事,项目暂由公司的上一层领导负责。我刚毕业,专业和软件毫无关系,但没办法,没其他人,我必须得上;我没学过软件工程,也不知道一个项目下来具体应该怎么操作。我觉得我现在这样工作有很大问题。

首先,功能性需求都确定不下来,我想先把自己的想法写下来,然后项目组成员一起讨论确定。事实上其他项目成员也没人关注这个项目,就一直没有进行。我不能只等着,于是就往下写。

现在麻烦的是,那个间接领导有时间会来检查一下我的文档,他会突然有个想法,要加上某某功能,又要去掉某某功能,然后我又按他的要求进行修改;下次他检查时,结果又是这样,搞得面目全非,我也形成不了自己的思想体系,只有揣摩他的意思。两个多月过去了,我还在考虑功能的问题,真是失败啊。难道这就是RUP开发的迭代过程?还是我们管理有问题?抑或是我的想法有问题?

【问题1】 请对以上案例场景进行分析。

【问题1分析】

(1)这个案例表面上看是作者无法确定项目的需求,但深层的问题是项目没有明确的"客户"(因为案例的信息不全,这点仅仅是推测)。之所以如此推断,是案例中始终没有明确提及有"谁"在"提出"需求,或者项目是给"谁"开发的。

如果客户是"谁"是明确的,作者"写需求文档"的过程,就应该是分析和整理"客户"需求的过程,而不是按自己的"思想体系"创造需求的过程。

到底该由"谁"提需求呢?一般而言,应用软件由最终用户提出业务需求,软件产品由产品经理进行产品定义。不管怎样,由项目组"自己"为"客户"定义需求都是不太妥当的,这有点像裁缝按自己的尺寸给客户做衣服。

（2）特殊情况下,可把领导的需求当作客户的需求,应知道是否公司其他项目的需求也是由领导来定的。如果是,则该公司一定有办法把自己的需求推销给客户,那么你可以把领导的需求当作客户的需求。但是沟通要更加充分一些,不要今天一句、明天一句,那样永不成型。

（3）做需求的时候就是这样,很多的想法一时不能描述清楚,时间久了,反而清晰起来,不断地进行添加,但是这里有一个风险,就是思路不清。最后功能全部写出来了,逻辑上却变得格外复杂,或不可实现。

（4）在这个项目里,老板实际上变成了客户,很可能最终满足了这个客户,项目的结果却是失败。看起来,似乎没有谁对这个项目负责。

4. 案例 4

【案例场景】　在朋友聚会项目的工作分解结构中,我们对"酒水"这个工作包编制出如表 3-1 所示的说明。

【问题 1】　请以工作分解结构的相关知识对表 3-1 的内容进行分析。

表 3-1　"朋友聚会项目"的 WBS 词典

工作包	1.2.3 酒水	上层要素	1.2.0 物品
负责人	李明明	协助人	王自力
工作内容	酒水的选择,包括一瓶饮料、一瓶红酒、一瓶白酒; 酒水的采购,包括购买、运输和摆放到餐桌上		
质量要求	正规厂家生产、正规商店销售的、符合国家相关标准的、并在当地受普遍欢迎的酒水		
时间要求	聚会当天中午 12 时完成采购(第一个里程碑); 下午 4 时摆放到餐桌上(第二个里程碑)		
成本要求	250～300 元		
项目经理(签字)		负责人(签字)	

【问题 1 分析】　WBS 词典是工作分解结构的支持性文件,对工作分解结构中的各要素进行详细说明。工作分解结构相当于按一定逻辑关系的名词汇编,工作分解结构词典就相当于详细的名词解释。当然,详细到什么程度,没有统一的标准,视具体项目的需要而定。工作分解结构词典,至少要对每个工作包作详细说明,如质量要求、时间要求、成本限制、负责人及协助人、与其他工作包或要素的关系等。如果说项目范围说明书旨在确定项目的边界,那么 WBS 旨在明确边界内有什么具体内容,而 WBS 词典就是在对 WBS 的每个要素进行详细说明。

5. 案例 5

【案例场景】　图 3-21 给出了一个家庭装修项目的 WBS 分解结构图。

【问题 1】　请以工作分解结构的视角,对图 3-21 进行分析。

【问题 1 分析】　创建 WBS 是以可交付成果为对象,自上而下进行分解,越往下越详细。不同的可交付成果可以分解到不同的层次。比如说安装工程、土木工程,它们是不同的可交付成果,分解的层次也不一样。

工作包是 WBS 最底层的工作,可对其进行成本和持续时间估算、管理。安装洁具、安装灯具、安装房门、包窗套、制作房门等,就是最底层的工作包,能够可靠地计算它们的时间和成本。

项目管理、外包都要包含进 WBS 中。项目管理产生的可交付成果要包含到 WBS 当中,并且有些可交付成果没办法自行开发,需要找供应商外包,这些外包的也必须包含进来,而不能剔除。

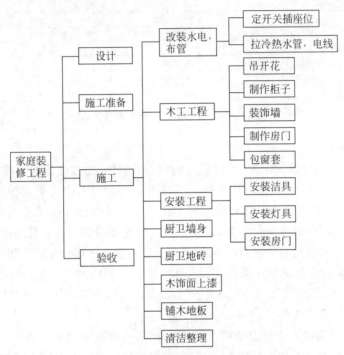

图 3-21 家庭装修项目地 WBS 分解结构图

WBS 中的两个层级可交付成果:控制账户和规划包。

控制账户:是范围、时间、成本的综合管控点。每一个控制账户都可以包括一个或者多个工作包,但是每一个工作包只能属于一个控制账户。控制账户可以包括一个或者多个规划包,比如说把"安装工程"当作一个控制账户,PM 就可以针对某个时间点监控它的进度、成本以及范围的完成情况。

规划包:层级在控制账户之下,工作内容已知,但详细的进度活动未知。规划包是指模糊的、不具体的等。

WBS 是个视图,光看图万一没看懂怎么办? 这就要准备一个词典,对图来进行补充和解释。比如一个 WBS 组件"制作房门"要做到什么程度? 做多宽? 多长? 用什么材料? 进展到哪一步了,这些就要在 WBS 词典里做解释。所以,范围基准里的范围说明书、WBS、WBS 词典,三者缺一不可。

6. 案例 6

【案例场景】 某信息系统项目较为复杂,有许多需要进行的工作,老刘是这个项目的经理,为了更好地制订项目计划,更有效地对项目实施过程进行管理与控制,老刘需要对项目开发过程可能涉及的工作进行分解。老刘的助手对开发过程进行了分解,认为可以划分为5大块:确定需求、设计、研发、测试和安装,如图 3-22 所示。老刘认为,制订 WBS 是项目范围管理中的重要过程,一个详细的工作分解结构对项目的管理工作很有好处,但助手的工作分解结构并不完整。

【问题 1】 请分析助手的工作分解结构存在什么问题?并给出完整的本项目树形结构的 WBS。

确定需求	模块定义	安装
初步需求	接口定义	软件安装
详细需求	程序编码	系统调测
设计	测试	培训
功能设计	内部测试	
系统设计	集成测试	
研发	报告制订	

图 3-22 某信息集成项目工作分解表

【问题 1 分析】

(1) WBS 将项目分解为小的、可以管理的片段。WBS 的最底层为工作包,最终的工作包都必须有明确可验证的交付成果,逻辑上不可再分,在 WBS 中需要对各层各个分解进行编码。一个详细的 WBS 可以防止遗漏的可交付成果;帮助项目经理关注项目目标和澄清职责;建立可视化的项目可交付成果,以便估算工作量和分配工作;帮助改进时间、成本和资源估计和准确度;帮助建立项目团队和获得项目成员的承诺;为绩效测量和项目控制定义一个基准;辅助沟通清晰的工作责任;为其他项目计划的制订建立框架;帮助分析项目的最初风险。“项目管理”工作是 WBS 中所必需的,显然,老刘助手的 WBS 不完整,遗漏了“项目管理”这项重要的工作。

(2) WBS 可以由树形的层次结构图或者行首缩进的表格表示。树形的层次结构图要求给出这一层工作的编码和工作名称,对应于案例场景中给出的这层工作的下一级工作,可以将缺少的工作填补上,并按给定的 3 位编码格式进行编码。最后还要检验 WBS 是否定义完整,项目的所有任务是否都被完全分解。在实际应用中,表格形式的 WBS 应用比较普遍,特别是在项目管理软件中,一般都使用表格形式。

(3) 创建 WBS 是指将复杂的项目分解为一系列明确定义的项目工作,并作为随后计划活动的指导文档。创建 WBS 时需要满足以下几点基本要求:

① 某项任务应该在 WBS 中的一个地方且只应该在 WBS 中的一个地方出现。

② WBS 中某项任务的内容是其下所有 WBS 项的总和。

③ 一个 WBS 项只能有一个责任人,即使许多人都可能在其上工作,也只能由一个人负责,其他人只能是参与者。

④ WBS 必须与实际工作中的执行方式一致。

⑤ 应让项目团队成员积极参与创建 WBS,以确保 WBS 的一致性。

⑥ 每个 WBS 项都必须文档化,以确保准确理解已包括的和未包括的工作范围。

⑦ WBS 必须在根据范围说明书正常地维护项目工作内容的同时,也能适当无法避免地变更。

另外,在实际工作中,对于一些较小的项目一般分解到4～6层就足够了。WBS中的支路也没有必要全部分到同一层次,即不必把结构强制做成对称的。在任意一条支路,当达到一个层次时,如果符合所要求的准确估算,就可以停止了。

创建WBS的主要作用如下:

① 防止应该做的工作被遗漏掉。

② 方便于项目团队沟通,项目成员很容易找到自己负责部分在整个项目中的位置。

③ 防止不必要的变更。

④ 提供一个基本的资源(人员和成本)估算依据。

⑤ 获取团队认同和创建团队。

老刘助手的WBS不完整,遗漏了"项目管理"这项工作。本项目完整树形结构的WBS如图3-23所示。

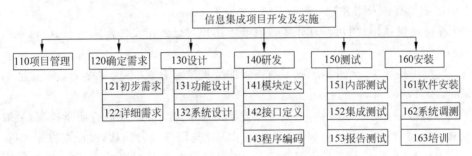

图 3-23　某信息集成项目工作树形结构的WBS

创建树形结构的WBS需要注意以下几点:

① 在各层次上保持项目的完整性,避免遗漏必要的组成部分。

② 一个工作单元只能从属于某个上层单元,避免交叉从属。

③ 相同层次的工作单元应有相同性质。

④ 工作单元应能分开不同责任者和不同工作内容。

⑤ 便于满足项目管理计划、控制的管理需要。

⑥ 最底层工作应该具有可比性,是可管理的,可定量检查的。

⑦ 应包括项目管理工作(因为是项目具体工作的一部分),包括分包出去的工作。

7. 案例7

【**案例场景**】　某信息技术有限公司刚刚和M公司签订了一份新的合同,合同的主要内容是处理公司以前为M公司开发的信息系统的升级工作。升级后的系统可以满足M公司新的业务流程和范围。由于是一个现有系统的升级,项目经理张工特意请来了原系统的需求调研人员李工担任该项目的需求调研负责人。在李工的帮助下,很快地完成了需求开发的工作并进入设计与编码。由于M公司的业务非常繁忙,M公司的业务代表没有足够的时间投入到项目中,确认需求的工作一拖再拖。张工认为,双方已经建立了密切的合作关系,李工也参加了原系统的需求开发,对业务的系统比较熟悉,因此定义的需求是清晰的。故张工并没有催促M公司业务代表在需求说明书中签字。

进入编码阶段后,李工因故移民加拿大,需要离开项目组。张工考虑到系统需求已经定义,项目已经进入编码期,李工的离职虽然会对项目造成一定的影响,但影响较小,因此很快办理好了李工的离职手续。

在系统交付的时候,M公司的业务代表认为已经提出的需求很多没有实现,实现的需求也有很多不能满足业务的要求,必须全部实现这些需求后才能验收。此时李工已经不在项目组,没有人能够清晰地解释需求说明书。最终系统需求发生重大变更,项目延期超过50%,M公司的业务代表也因为系统的延期表示了强烈的不满。

【问题1】 请运用软件项目管理的知识对以上场景进行分析。

【问题1分析】

该项目实施过程中的主要问题如下:

(1)项目经理张工为了更明确地把握系统需求,聘请了原系统的需求调研人员李工,提高了需求定义的效率和质量。

(2)在范围定义中,项目经理张工没有对李工开发的系统需求进行评审和复查,从而使得需求的缺陷没有被及时发现。

(3)在范围确认中,项目经理张工没有要求用户对已经定义的需求进行确认,从而导致需求理解的偏差。

(4)在范围控制中,项目经理张工对需求的变更缺乏有效控制,最终造成了重大的需求变更,导致项目延期50%。

正确的做法是:对于本案例,项目经理需要对需求定义的结果进行质量控制,采取评审等方式减少需求中的问题。对已经定义的需求需要与用户进行确认,保证双方理解得一致。在发生需求变更时,也应该采取灵活的手段,在满足用户需求的前提下,尽量减少需求变更的范围。

这是一个失败的软件项目,与很多失败的软件项目一样,在系统需求上栽了跟头。开发与定义软件系统的需求在整个软件开发过程中是最重要的一环,这是每个从事信息系统建设的项目经理都清楚的事情,但往往又因为一时的疏忽而造成需求的重大缺陷,最终导致项目的失败。案例中的项目经理张工就是既重视需求又没有控制好需求的一个例子。

从项目管理的角度来说,项目范围直接决定了工作量和工作目标,所以项目经理必须管理项目的范围。在范围管理中,范围定义、范围确认和范围控制又是最核心的三项活动,缺一不可。范围定义是基础的活动,不进行范围定义就不能进行范围确认和范围控制。范围确认则是基线化已定义的范围,是范围控制的依据。范围控制的作用在于减少变更,保持项目范围的稳定性。在案例中,由于张工没有进行范围确认,最后的范围控制也就变成了无本之木,控制过程肯定变成了讨价还价,从而失去了本身的意义。

在软件系统的开发中,系统需求就是项目的范围。从软件诞生至今的几十年中,人们探索出了很多获取系统需求的方法,但是熟悉软件开发的人都知道,无论哪种方法都不可能定义出完美无误的需求,需求中的缺陷必然存在,无法完全避免。因此需求确认或者说是范围确认就显得更为重要。

有人可能会说,很难说服客户在需求上签字,很难让客户为需求的缺陷负责。以现在软件行业的情况,这种说法是不无道理的。让客户在需求上签字很困难,但并不等于就不需要进行范围确认,而且范围确认的方法也不仅仅只有需求签字这一种方法。召集客户的业务代表对需求进行评审、详细记录最原始的调研材料,让客户确认调研报告、采用迭代开发逐步确认系统需求,都是可以采用的方法。这些方法虽然没有直接确认需求分析报告,但至少可以让现有需求在项目组和客户之间达成一致,提供范围控制的基准,一样可以达到范围确认的目的。

再回到这个案例,项目经理张工乐观认为李工开发的需求没有什么问题,也误认为双方已经有良好的合作,再紧盯着客户代表签字显得不近人情,于是就抱着侥幸心理进入了开发阶段。然而最终的结果是项目严重延期,业务代表反而更不满意,张工也要承担项目延期造成的成本增加的责任。

3.10 单元测试题

1. 选择题

(1) 在你以前的项目实施期间,即使你交付了客户指定的内容,你也很难得到范围定义的签字认可。为了未来项目更好实施,你会更注意哪个过程?( )

    A. 绩效报告   B. 范围确认   C. 范围定义   D. 管理收尾

(2) 下列规则除( )以外对于工作分解结构最低层次的工作包都是正确的。

    A. 可以在一个位置不发生中断地完成

    B. 可以做出可信的估算

    C. 必须且只能分配给一个人

    D. 必须在 80 小时内完成

(3) 下列哪项最不真实?( )

    A. WBS 的最低层次也可以叫作工作包

    B. WBS 词典可以用于保存各种工作要素的说明

    C. 承包商的 WBS 和合同工作分解结构(CWBS)基本上是相同的

    D. WBS 中的工作包还可以进一步细化

(4) 客户通知你对原始范围做一项小的变更。与整个项目相比,这是一项很小的投入,并且你需要这个大项目的亲善关系。你将( )。

    A. 拒绝做这个工作

    B. 同意免费做这个工作

    C. 做这个工作,然后给客户开账单

    D. 评估这个工作对成本和进度产生的影响,然后告诉他们你将在晚些时候决定这件事

(5) 一个项目的启动阶段输出不包括下列哪项?( )

    A. 项目章程   B. 约束条件   C. 产品描述   D. 项目经理选择

(6) 你的公司刚刚收到对收购一个为你公司提供补充服务的公司的批准。你被指派为这次收购的项目经理。首席财务执行官给了你一份项目章程,她介绍了这次收购将如何改进你公司产品的市场渗透和打开一条新的销售渠道。她还授权你在项目活动中使用组织的资源。在回办公室的路上,你既担忧又兴奋,你要回去组织你的思路并开始计划编制过程。使用这份项目章程,你定义了可交付成果和主要项目目标,包括成本、进度和质量测量指标。你开始准备的是什么文件?( )

　　　　A. 范围管理计划　　　B. 项目计划　　　　C. 范围说明　　　　D. 工作分解结构

（7）范围确认的主要内容是什么？（　　　）

　　　　A. 确保项目可交付成果按时完成

　　　　B. 通过确保客户对可交付成果的接受，保证项目不偏离轨道

　　　　C. 显示可交付成果符合技术规范

　　　　D. 提供一个发现不同意见的机会

（8）一个新项目经理正在计划一个复杂的硬件安装项目。项目团队由15个人组成，他们都是各自领域的专家。这个项目经理不想在详细层次上对项目进行管理。他应该把项目工作分解到何种程度？（　　　）

　　　　A. 尽可能小，因为工作复杂

　　　　B. 尽可能大，因为与他打交道的都是专家

　　　　C. 分解成每项任务1 000小时，因为与他打交道的都是专家

　　　　D. 分解成大约每项任务80小时，因为它适合检查期

（9）项目的工作分解结构是项目经理和她的团队一起开发的。但现在项目团队成员好像正在做工作分解结构以外的工作。工作分解结构的目的是（　　　）。

　　　　A. 指导项目的成本估算，而不是工作怎么做

　　　　B. 给高级管理层提供高层次项目范围概观

　　　　C. 把制造项目产品所需的工作包括进去

　　　　D. 把整体项目范围或完成项目所必须做的全部工作包括进去

（10）参与准备范围基准计划的是（　　　）。

　　　　A. 职能经理　　　　B. 项目团队　　　　C. 所有干系人　　　　D. 项目发起人

（11）一个新软件产品的构建阶段即将完工。下一个阶段是测试和执行。这个项目比进度计划提前了两周。在进入最后阶段之前，项目经理最应该关注什么？（　　　）

　　　　A. 范围确认　　　　B. 质量控制　　　　C. 绩效报告　　　　D. 成本控制

（12）一个客户要求你给项目增加工作范围。现在项目低于预算并比进度计划提前一些。你应该怎么做？（　　　）

　　　　A. 批准该项变更　　　　　　　　　　B. 让客户了解该项变更对项目的影响

　　　　C. 请发起人批准该项变更　　　　　　D. 从配置变更委员会获得批准

（13）为了有效地管理一个项目，应该把工作分解成若干小块。下列哪项不是描述工作分解程度的？（　　　）

　　　　A. 直到得到有意义的结论　　　　　　B. 直到在逻辑上不能再进一步分解

　　　　C. 直到可以由一个人来完成　　　　　D. 直到可以进行现实的估算

（14）下列哪项是范围确认的一项重要输入？（　　　）

　　　　A. 工作结果　　　　B. 历史信息　　　　C. 正式接受　　　　D. 变更申请

（15）下列哪项不是范围确认的输入？（　　　）

　　　　A. 工作分解结构　　B. 项目计划　　　　C. 工作结果　　　　D. 变更申请

（16）在项目的实施阶段期间，你发现分包商在按照不完整并且不同的范围说明进行工作。作为项目经理，你应该首先做什么？（　　　）

　　　　A. 检查按照正确的范围说明完成的工作

B. 与项目干系人一起审核工作范围

C. 用文件记录与管理不一致之处,计算不一致性的成本

D. 在工作范围完整之前停止工作

(17) 工作分解结构可以用于下列哪项?(　　)

A. 与客户沟通　　　　　　　　　　B. 显示每项任务的日历日期

C. 对每个团队成员显示职能经理　　D. 显示对项目的商业需求

(18) 在编制 WBS 时不需要下列哪项?(　　)

A. 历史信息　　　　B. 项目章程　　　　C. 假设条件　　　　D. 范围说明

(19) 关于项目可交付成果,下列哪句是正确的?(　　)

A. 项目可交付成果是在完全定义了工作之后确定的

B. 在项目计划编制期间对项目可交付成果进行描述,然后随着时间的推移对它们进行细化

C. 在项目开始时用项目干系人的输入对可交付成果进行定义

D. 项目可交付成果由项目发起人来确定

(20) 你正在管理一个为期 6 个月的项目并且每两周与你的项目发起人开一次会。在工作了五个半月后,这个项目既符合进度又在预算内,但是项目发起人对可交付成果不满意。这一情况会把项目完工延误一个月。可以防止这种情况的最重要的过程是(　　)。

A. 风险监控　　　　B. 进度控制　　　　C. 范围计划编制　　D. 范围变更控制

2. 简答题

(1) 简述项目范围管理过程的内容。

(2) 简述什么是规划范围管理?

(3) 简述需求工程的活动划分各个阶段的内容。

(4) 简述需求验证的概念与内容。

(5) 简述 WBS 的概念及主要用途。

第4章

软件项目进度管理

视频讲解

【学习目标】

◆ 掌握项目进度管理的过程与特征

◆ 了解规划进度管理的基本内容

◆ 了解定义活动的方法

◆ 掌握排列活动顺序的关键技术

◆ 掌握估算活动持续时间的内容

◆ 掌握制订进度计划的关键技术

◆ 了解控制进度的内容

◆ 通过案例分析和测试题练习,进行知识归纳与拓展

4.1 项目进度管理概述

项目进度管理,是指采用科学的方法确定进度目标,编制进度计划和资源供应计划,进行进度控制,在与质量、费用目标协调的基础上实现工期目标。项目进度管理的主要目标是要在规定的时间内制订出合理、经济的进度计划,然后在该计划的执行过程中检查实际进度是否与计划进度相一致,保证项目按时完成,如图 4-1 所示。

4.1.1 项目进度管理过程内容

项目进度管理过程内容如下:

(1)规划进度管理。为规划、编制、管理、执行和控制项目进度而制订政策、程序和文档的过程。

(2)定义活动。识别和记录为完成项目可交付成果而需采取的具体行动的过程。

(3)排列活动顺序。识别和记录项目活动之间的关系的过程。

项目进度管理概述

规划进度管理

1 输入
  1 项目章程
  2 项目管理计划
  3 事业环境因素
  4 组织过程资产
2 工具与技术
  1 专家判断
  2 数据分析
  3 会议
3 输出
  1 进度管理计划

估算活动持续时间

1 输入
  1 项目管理计划
  2 项目文件
  3 事业环境因素
  4 组织过程资产
2 工具与技术
  1 专家判断
  2 类比估算
  3 参数估算
  4 三点估算
  5 自下而上估算
  6 数据分析
  7 决策
  8 会议
3 输出
  1 持续时间估算
  2 估算依据
  3 项目文件更新

定义活动

1 输入
  1 项目管理计划
  2 事业环境因素
  3 组织过程资产
2 工具与技术
  1 专家判断
  2 分解
  3 滚动式规划
  4 会议
3 输出
  1 活动清单
  2 活动属性
  3 里程碑清单
  4 变更请求
  5 项目管理计划更新

制订进度计划

1 输入
  1 项目管理计划
  2 项目文件
  3 协议
  4 事业环境因素
  5 组织过程资产
2 工具与技术
  1 进度网络分析
  2 关键路径法
  3 资源优化
  4 数据分析
  5 提前量和滞后量
  6 进度压缩
  7 项目管理信息系统
  8 敏捷发布规划
3 输出
  1 进度基准
  2 项目进度计划
  3 进度数据
  4 项目日历
  5 变更请求
  6 项目管理计划更新
  7 项目文件更新

排列活动顺序

1 输入
  1 项目管理计划
  2 项目文件
  3 事业环境因素
  4 组织过程资产
2 工具与技术
  1 紧前关系绘图法
  2 确定和整合依赖关系
  3 提前量和滞后量
  4 项目管理信息系统
3 输出
  1 项目进度网络图
  2 项目文件更新

控制进度

1 输入
  1 项目管理计划
  2 项目文件
  3 工作绩效数据
  4 组织过程资产
2 工具与技术
  1 数据分析
  2 关键路径法
  3 项目管理信息系统
  4 资源优化
  5 提前量和滞后量
  6 进度压缩
3 输出
  1 工作绩效信息
  2 进度预测
  3 变更请求
  4 项目管理计划更新
  5 项目文件更新

图 4-1　项目进度管理概述

（4）估算活动持续时间。根据资源估算的结果，估算完成单项活动所需工作时段数的过程。

（5）制订进度计划。分析活动顺序、持续时间、资源需求和进度制约因素，创建项目进度模型，从而落实项目执行和监控的过程。

（6）控制进度。监督项目状态，以更新项目进度和管理进度基准变更的过程。

项目管理团队选择进度计划方法，例如关键路径法或敏捷方法。之后，项目管理团队将项目特定数据，如活动、计划日期、持续时间、资源、依赖关系和制约因素等输入进度计划编制工具，以创建项目进度模型。这项工作的成果就是项目进度计划。图 4-2 是进度计划工作的概述，展示如何结合进度计划编制方法、编制工具及项目进度管理各过程的输出来创建进度模型。

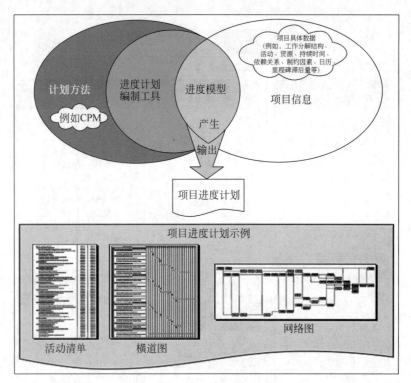

图 4-2 进度规划工作概述

4.1.2 项目进度管理过程核心概念

项目进度管理的核心概念包括：

（1）项目进度规划提供项目以何种方式及何时在规定的项目范围内交付产品、服务和成果的详细计划。

（2）项目进度计划是沟通和管理相关方期望的工具，以及制作绩效报告的基础。

（3）在可能的情况下，应在整个项目期间保持项目进度计划的灵活性，以根据获得的知识、对风险的深入理解和增值活动调整计划。

在小型项目中，定义活动、排列活动顺序、估算活动持续时间及制订进度模型等过程之间的联系非常密切，以至于可视为一个过程，能够由一个人在较短时间内完成。但本章仍然把这些过程分开介绍，因为每个过程所用的工具和技术各不相同。在可能的情况下，应在整个项目期间保持项目详细进度计划的灵活性，使其可以随着知识的获得、对风险理解的加深，以及增值活动的设计而调整。

4.2 规划进度管理

4.2.1 规划进度管理过程概述

规划进度管理是为规划、编制、管理、执行和控制项目进度而制订政策、程序和文档的过程。规划进度管理的主要作用是为如何在整个项目期间管理项目进度提供指南和方向。本过程仅开展一次或仅在项目的预定义点开展。图 4-3 描述规划进度管理过程的输入、工具与技术和输出。

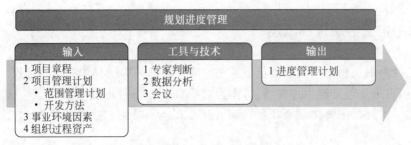

图 4-3 规划进度管理：输入、工具与技术和输出

4.2.2 规划进度管理过程的输入、输出及关键技术

1. 规划进度管理过程的输入

1）项目章程

规定的总体里程碑进度计划会影响项目的进度管理。注：项目章程中规定的里程碑和完工时间是务必要实现的，所以会影响到进度管理计划的制订。

2）项目管理计划

范围管理计划：描述如何定义和制订范围，并提供有关如何制订进度计划的信息。

2. 规划进度管理过程的工具与技术

1）专家判断

应征求具备专业知识或在以往类似项目中接受过相关培训的个人或小组的意见：进度计划的编制、管理和控制，进度计划方法（如预测型或适应型生命周期），进度计划软件，项目所在的特定行业。

2）数据分析

备选方案分析可包括确定采用哪些进度计划方法，以及如何将不同方法整合到项目中；此外，它还可以包括确定进度计划的详细程度、滚动式规划的持续时间，以及审查和更新频率。注意：也可以简单理解为通过备选方案分析制订出最合适的进度管理计划。

3）会议

项目团队可能举行规划会议来制订进度管理计划。参会人员可能包括项目经理、项目发起人、选定的项目团队成员、选定的相关方、进度计划或执行负责人，以及其他必要人员。

3. 规划进度管理过程的输出

本过程输出进度管理计划。进度管理计划是项目管理计划的组成部分，为编制、监督和控制项目进度建立准则和明确活动。根据项目需要，进度管理计划可以是正式或非正式的，非常详细或高度概括的，其中应包括合适的控制临界值。进度管理计划会规定：项目进度模型制订、进度计划的发布和迭代长度、准确度、计量单位、组织程序链接、项目进度模型维护、控制临界值、绩效测量规则、报告格式。

4.3　定义活动

4.3.1　定义活动过程概述

定义活动是识别和记录为完成项目可交付成果而须采取的具体行动的过程。本过程的主要作用是，将工作包分解为进度活动，作为对项目工作进行进度估算、规划、执行、监督和控制的基础。本过程需要在整个项目期间开展。图 4-4 描述本过程的输入、工具与技术和输出。

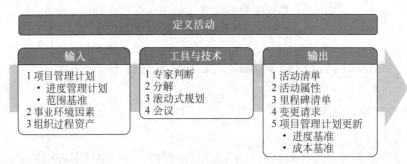

图 4-4　定义活动：输入、工具与技术和输出

4.3.2　定义活动过程的输入、输出及关键技术

1. 定义活动过程的输入

1）项目管理计划

项目管理计划包括进度管理计划（定义进度计划方法、滚动式规划的持续时间以及管理工作所需的详细程度，进度管理计划中包括如何去定义活动以及需要使用的方法论）和范围基准（在定义活动时，需明确考虑范围基准中的项目 WBS、可交付成果、制约因素和假设条件）。

2）事业环境因素

影响定义活动过程的事业环境因素包括组织文化和结构、商业数据库中发布的商业信息以及项目管理信息系统（Project Management Information System，PMIS）。

3）组织过程资产

能够影响定义活动过程的组织过程资产包括经验教训知识库，其中包含以往类似项目的活动清单等历史信息，标准化的流程，以往项目中包含标准活动清单或部分活动清单的模板，现有与活动规划相关的正式和非正式的政策、程序和指南，如进度规划方法论等，在编制活动定义时应考虑这些因素。

2. 定义活动过程的工具与技术

1）专家判断

应征求了解以往类似项目和当前项目的个人或小组的专业意见。

2）分解

WBS、WBS 词典和活动清单可依次或同时编制，其中 WBS 和 WBS 词典是制订最终活动清单的基础。WBS 中的每个工作包都需分解成活动，以便通过这些活动来完成相应的可交付成果。让团队成员参与分解过程，有助于得到更好、更准确的结果。注：分解的工作最好由负责完成工作包的团队成员来完成，因为他们最了解这些工作包。

3）滚动式规划

滚动式规划是一种项目管理方法，是一种迭代式的规划技术，也是一种渐进明细的规划方式，即对近期要完成的工作进行详细规划，而对远期工作则暂时只在 WBS 的较高层次上进行粗略规划。因此，在项目生命周期的不同阶段，工作分解的详细程度会有所不同。例如，在早期的战略规划阶段，信息尚不够明确，工作包也许只能分解到里程碑的水平；而后，随着了解到更多的信息，近期即将实施的工作包就可以分解成具体的活动。

4）会议

会议可以是面对面或虚拟会议，正式或非正式会议。参会者可以是团队成员或主题专家，目的是定义完成工作所需的活动。

3．定义活动过程的输出

1）活动清单

活动清单包含项目所需的进度活动。活动清单包括每个活动的标识及工作范围详述，使项目团队成员知道需要完成什么工作。注：作用等同于 WBS。

2）活动属性

活动属性是指每项活动所具有的多重属性，用来扩充对活动的描述，活动属性随时间演进。活动属性可能包括活动描述、紧前活动、紧后活动、逻辑关系、提前量和滞后量、资源需求、强制日期、制约因素和假设条件。注：活动属性并非一次性完成，需要后续过程完成后对此文件进行更新。

3）里程碑清单

里程碑清单列出了所有项目里程碑，并指明每个里程碑是强制性的（如合同要求的）还是选择性的（如根据历史信息确定的）。

4）变更请求

一旦定义项目的基准后，在将可交付成果渐进明细为活动的过程中，可能会发现原本不属于项目基准的工作，这样就会提出变更请求。注：可以理解为虽然在创建 WBS 过程分解的时候已经考虑并做了 100% 原则的评审，但是仍然有可能存在不属于项目范围内的工作，在进一步详细分解到活动时发现后，需要提出变更请求删掉这些不属于项目范围内的工作。

5）项目管理计划更新

项目管理计划的任何变更都以变更请求的形式提出，且通过组织的变更控制过程进行处理。

4.4　排列活动顺序

4.4.1　排列活动顺序过程概述

排列活动顺序是识别和记录项目活动之间的关系的过程，本过程的主要作用是定义工作之间的逻辑顺序，以便在既定的所有项目制约因素下获得最高的效率。本过程需要在整个项目期间开展。图 4-5 描述本过程的输入、工具与技术和输出。

除了首尾两项，每项活动都至少有一项紧前活动和一项紧后活动，并且逻辑关系适当。通过设计逻辑关系来创建一个切实的项目进度计划，可能有必要在活动之间使用提前量或滞后量，使项目进度计划更为切实可行；可以使用项目管理软件、手动技术或自动技术，来排列活动顺序。排列活动顺序过程旨在将项目活动列表转化为图表，作为发布进度基准的第一步。排列活动顺序是识别和记录项目活动之间的关系的过程，本过程的主要作用是定义工作之间的逻辑顺序，以便在既定的所有项目制约因素下获得最高的效率。

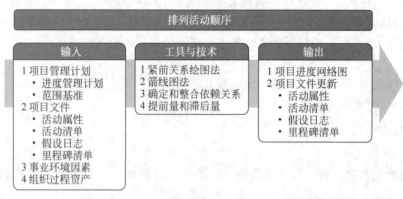

图 4-5　排列活动顺序：输入、工具与技术和输出

4.4.2　排列活动顺序过程的输入、输出及关键技术

1. 排列活动顺序过程的输入

1）项目管理计划

（1）进度管理计划：规定了排列活动顺序的方法和准确度，以及所需的其他标准。注：进度管理计划规定如何去排列顺序以及需要使用的方法论。

（2）范围基准：在排列活动顺序时，需明确考虑范围基准中的项目 WBS、可交付成果、制约因素和假设条件。注：项目范围说明书中的产品本身固有特性可能会影响到活动的顺序。假设条件和制约因素应在项目文件中的假设日志中予以考虑。

2）项目文件

（1）活动属性：活动属性中可能描述了事件之间的必然顺序或确定的紧前/紧后关系，以及定义的提前量与滞后量，和活动之间的逻辑关系。

（2）活动清单：列出了项目所需的、待排序的全部进度活动，这些活动的依赖关系和其他制约因素会对活动排序产生影响。

（3）假设日志：记录的假设条件和制约因素可能影响活动排序的方式、活动之间的关系，以及对提前量和滞后量的需求，并且有可能生成一个会影响项目进度的风险。

（4）里程碑清单：可能已经列出特定里程碑的实现日期，这可能影响活动排序的方式。

2. 排列活动顺序过程的工具与技术

1）紧前关系绘图法

紧前关系绘图法（Precedence Diagramming Method，PDM）也叫单节点网络图法（Activity on Node，AON），它用单个节点（方框）表示一项活动，用节点之间的箭线表示项目活动之间的相互依赖关系，构成项目进度网络图的绘制法。PDM 可以使用四种逻辑关系，所以更常用一些。PDM 包括四种依赖关系或逻辑关系：

（1）(FS)完成到开始。一个活动的开始依赖于另一活动的完成，例如，只有完成装配PC 硬件（紧前活动），才能开始在 PC 上安装操作系统（紧后活动）。

（2）(FF)完成到完成。一个活动的完成依赖于另一活动的完成。例如，只有完成文件的编写（紧前活动），才能完成文件的编辑（紧后活动）。

（3）(SS)开始到开始。一个活动的开始依赖于另一活动的开始。例如，开始地基浇灌（紧后活动）之后，才能开始混凝土的找平（紧前活动）。

（4）(SF)开始到完成。一个活动的完成依赖于另一活动的开始。例如，只有启动新的应付账款系统（紧前活动），才能关闭旧的应付账款系统（紧后活动）。

以上逻辑关系是绘制进度网络图的前提。仔细去看定义以及例子了解并掌握四种逻辑关系，其中(FS)完成到开始最常见，而(SF)开始到完成在实际工作中比较少见。紧前关系绘图法(PDM)的活动关系类型如图 4-6 所示。

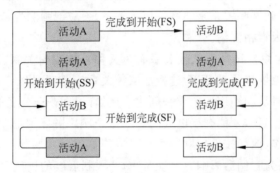

图 4-6 紧前关系绘图法（PDM）的活动关系类型

2）箭线图法

箭线图法，又称矢线图法或双代号网络图法，用箭线表示活动，活动之间用节点（称作"事件"）连接，只能表示结束—开始关系，每个活动必须用唯一的紧前事件和唯一的紧后事件描述；紧前事件编号要小于紧后事件编号；每一个事件必须有唯一的事件号。箭线图法的基本要素包括：

（1）" ➜ "，工序，是一项工作的过程，有人力、物力参加，经过一段时间才能完成。箭头下的数字便是完成该项工作所需的时间。此外，还有一些工序既不占用时间，也不耗费资源，是虚设的，叫虚工序，在途中用虚箭头表示。网络图中应用虚工序的目的也是避免工序之间的含混不清，以正确表明工序之间的先后衔接的逻辑关系。

（2）"○"，事项，是两个工序之间的连接点。事项既不消耗资源，也不占用时间，只表示前道工序结束、后道工序开始的瞬间。一个网络图中只有一个始点事项，一个终点事项。

（3）路线。网络图中由始点事项出发，沿箭头方向前进，连续不断地到达终点事项为止的一条通道。一个网络图中往往存在多条路线。

例如，某项目的网络图如图 4-7 所示，该图使用的是箭线图法或双代号网络图法。注意这张网络图的主要组成要素。字母 A、B、C、D、E、F、G、H、I、J 代表项目中需要进行的活动。箭线则表示活动排序或任务之间的关系。例如，活动 A 必须在活动 D 之前完成；活动 D 必须在活动 H 之前完成等。该项目网络图的格式采用箭线图法或双代号网络图法——用箭线表示活动，用一种被称为节点的连接点反映活动顺序的网络制图技术。

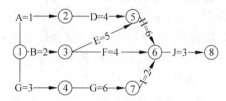

图 4-7　箭线图法或双代号网络图法示例

3）确定和整合依赖关系

（1）强制性依赖关系。强制性依赖关系是法律或合同要求的或工作的内在性质决定的依赖关系，强制性依赖关系往往与客观限制有关。例如，在建筑项目中，只有在地基建成后，才能建立地面结构；在电子项目中，必须先把原型制造出来，然后才能对其进行测试。强制性依赖关系又称硬逻辑关系或硬依赖关系，技术依赖关系可能不是强制性的。在活动排序过程中，项目团队应明确哪些关系是强制性依赖关系，不应把强制性依赖关系和进度计划编制工具中的进度制约因素相混淆。

（2）选择性依赖关系。选择性依赖关系有时又称首选逻辑关系、优先逻辑关系或软逻辑关系。即便还有其他依赖关系可用，选择性依赖关系应基于具体应用领域的最佳实践或项目的某些特殊性质对活动顺序的要求来创建。例如，根据普遍公认的最佳实践，在建造期间，应先完成卫生管道工程，才能开始电气工程。这个顺序并不是强制性要求，两个工程可以同时（并行）开展工作，但如按先后顺序进行可以降低整体项目风险。应该对选择性依赖关系进行全面记录，因为它们会影响总浮动时间，并限制后续的进度安排。如果打算进行快速跟进，则应当审查相应的选择性依赖关系，并考虑是否需要调整或去除。在排列活动顺序过程中，项目团队应明确哪些依赖关系属于选择性依赖关系。

（3）外部依赖关系。外部依赖关系是项目活动与非项目活动之间的依赖关系，这些依赖关系往往不在项目团队的控制范围内。例如，软件项目的测试活动取决于外部硬件的到货；建筑项目的现场准备，可能要在政府的环境听证会之后才能开始。在排列活动顺序过程中，项目管理团队应明确哪些依赖关系属于外部依赖关系。

（4）内部依赖关系。内部依赖关系是项目活动之间的紧前关系，通常在项目团队的控制之中。例如，只有机器组装完毕，团队才能对其测试，这是一个内部的强制性依赖关系。在排列活动顺序过程中，项目管理团队应明确哪些依赖关系属于内部依赖关系。

4）提前量和滞后量

提前量是相对于紧前活动、紧后活动可以提前的时间量。例如，在新办公大楼建设项目中，绿化施工可以在尾工清单编制完成前 2 周开始，这就是带 2 周提前量地完成到开始的关系，如图 4-8 所示。

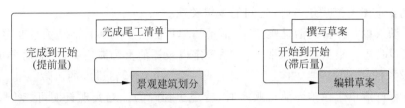

图 4-8 提前量和滞后量示例

在进度计划软件中,提前量往往表示为负滞后量。滞后量是相对于紧前活动、紧后活动需要推迟的时间量。例如,对于一个大型技术文档,编写小组可以在编写工作开始后 15 天,开始编辑文档草案,这就是带 15 天滞后量的开始到开始关系,如图 4-9 所示。在图 4-9 的项目进度网络图中,活动 H 和活动 I 之间就有滞后量,表示为 SS+10(带 10 天滞后量的开始到开始关系),虽然图中并没有用精确的时间刻度来表示滞后的量值。

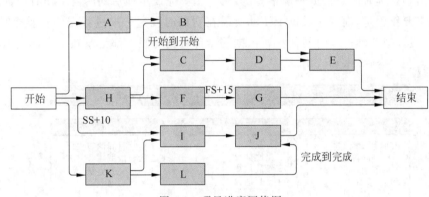

图 4-9 项目进度网络图

项目管理团队应该明确哪些依赖关系中需要加入提前量或滞后量,以便准确地表示活动之间的逻辑关系。提前量和滞后量的使用不能替代进度逻辑关系,而且持续时间估算中不包括任何提前量或滞后量,同时还应该记录各种活动及与之相关的假设条件。

3. 排列活动顺序过程的输出

1)项目进度网络图

项目进度网络图是表示项目进度活动之间的逻辑关系(也叫依赖关系)的图形。图 4-9 是项目进度网络图的一个示例。项目进度网络图可手工或借助项目管理软件来绘制,可包括项目的全部细节,也可只列出一项或多项概括性活动。项目进度网络图应附有简要文字描述,说明活动排序所使用的基本方法。在文字描述中,还应该对任何异常的活动序列做详细说明。

带有多个紧前活动的活动代表路径汇聚,而带有多个紧后活动的活动则代表路径分支。带汇聚和分支的活动受到多个活动的影响或能够影响多个活动,因此存在更大的风险。例如,I 活动被称为"路径汇聚",因为它拥有多个紧前活动,而 K 活动被称为"路径分支",因为它拥有多个紧后活动。

2)项目文件更新

(1)活动属性。活动属性中可能描述了事件之间的必然顺序或确定的紧前/紧后关系,以及定义的提前量与滞后量,活动之间的逻辑关系。

（2）活动清单。在排列活动顺序时,活动清单可能会受到项目活动关系变更的影响。

（3）假设日志。根据活动的排序、关系确定以及提前量和滞后量,可能需要更新假设日志中的假设条件和制约因素,并且有可能生成一个会影响项目进度的风险。

（4）里程碑清单。在排列活动顺序时,特定里程碑的计划实现日期可能会受到项目活动关系变更的影响。

4.5 估算活动持续时间

4.5.1 估算活动持续时间过程概述

估算活动持续时间是根据资源估算的结果,估算完成单项活动所需工作时段数的过程。本过程的主要作用是,确定完成每个活动所需花费的时间量。本过程需要在整个项目进行期间开展,应该把活动持续时间估算所依据的全部数据与假设都记录在案。图 4-10 描述本过程的输入、工具与技术和输出。

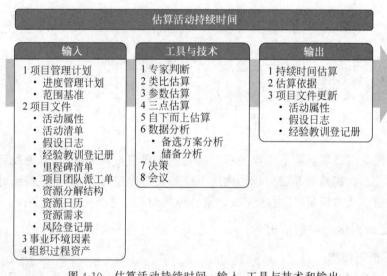

图 4-10 估算活动持续时间：输入、工具与技术和输出

估算活动持续时间依据的信息包括工作范围、所需资源类型与技能水平、估算的资源数量和资源日历,而可能影响持续时间估算的其他因素包括对持续时间受到的约束、相关人力投入、资源类型(如固定持续时间、固定人力投入或工作、固定资源数量)以及所采用的进度网络分析技术。

应该由项目团队中最熟悉具体活动的个人或小组提供持续时间估算所需的各种输入,对持续时间的估算也应该渐进明细,取决于输入数据的数量和质量。例如,在工程与设计项目中,随着数据越来越详细,越来越准确,持续时间估算的准确性和质量也会越来越高。

在本过程中,应该首先估算出完成活动所需的工作量和计划投入该活动的资源数量,然后结合项目日历和资源日历,据此估算出完成活动所需的工作时段数(活动持续时间)。在许多情况下,预计可用的资源数量以及这些资源的技能熟练程度可能会决定活动的持续时间,更改分配到活动的主导性资源通常会影响持续时间,但这不是简单的"直线"或线性关系。有时候,因为工作的特性(受到持续时间的约束、相关人力投入或资源数量),无论资源分配如何(如 24 小时应力测试),都需要花预定的时间才能完成工作。估算持续时间时需要考虑以下其他因素:

(1) 收益递减规律。在技术不变条件下连续把同一单位的可变投入量增加到一定数量后所引起的产量增量递减趋势。因为新增加的同一数量的可变投入物只能和越来越少的不变投入物发生作用。例如,连续地追加资本投入到固定的劳动量中,将引起总产量的增加,但增加的幅度越来越少。

(2) 资源数量。增加资源数量,使其达到初始数量的两倍不一定能缩短一半的时间,因为这样做可能会因风险而造成持续时间增加;在某些情况下,如果增加太多活动资源,可能会因知识传递、学习曲线、额外合作等其他相关因素而造成持续时间延长。

(3) 技术进步。在确定持续时间估算时,这个因素也可能发挥重要作用。例如,通过采购最新技术,制造工厂可以提高产量,而这可能会影响持续时间和资源需求。

(4) 员工激励。项目经理还需要了解"学生综合征"(拖延症)和帕金森定律,前者指出,人们只有在最后一刻,即快到期限时才会全力以赴;后者指出,只要还有时间,工作就会不断扩展,直到用完所有的时间。

4.5.2　估算活动持续时间过程的输入、输出及关键技术

1. 估算活动持续时间过程的输入

1) 项目管理计划

(1) 进度管理计划。进度管理计划规定了用于估算活动持续时间的方法和准确度,以及所需的其他标准。

(2) 范围基准。范围基准包含 WBS 词典,后者包括可能影响人力投入和持续时间估算的技术细节。

2) 项目文件

(1) 活动属性。活动属性可能描述了确定的紧前或紧后关系、定义的提前量与滞后量以及可能影响持续时间估算的活动之间的逻辑关系。

(2) 活动清单。活动清单列出了项目所需的、待估算的全部进度活动,这些活动的依赖关系和其他制约因素会对持续时间估算产生影响。

(3) 假设日志。假设日志所记录的假设条件和制约因素有可能生成一个会影响项目进度的风险。

(4) 经验教训登记册。与人力投入和持续时间估算有关的经验教训登记册可以运用到项目后续阶段,以提高人力投入和持续时间估算的准确性。

(5) 里程碑清单。里程碑清单中可能已经列出特定里程碑的计划实现日期,这可能影响持续时间估算。

(6) 项目团队派工单。将合适的人员分派到团队,为项目配备人员。

(7) 资源分解结构。资源分解结构按照资源类别和资源类型,提供了已识别资源的层级结构。

（8）资源日历。资源日历中的资源可用性、资源类型和资源性质，都会影响进度活动的持续时间。资源日历规定了在项目期间特定的项目资源何时可用及可用多久。

（9）资源需求。估算的活动资源需求会对活动持续时间产生影响。对于大多数活动来说，所分配的资源能否达到要求，将对其持续时间有显著影响。例如，向某个活动新增资源或分配低技能资源，就需要增加沟通、培训和协调工作，从而可能导致活动效率或生产率下降，由此需要估算更长的持续时间。

（10）风险登记册。单个项目风险可能影响资源的选择和可用性。风险登记册的更新包括在项目文件更新中。

3）事业环境因素

能够影响估算活动持续时间过程的事业环境因素包括：持续时间估算数据库和其他参考数据、生产率测量指标、发布的商业信息、团队成员的所在地。

4）组织过程资产

能够影响估算活动持续时间过程的组织过程资产包括：关于持续时间的历史信息、项目日历、估算政策、进度规划方法论、经验教训知识库。

2. 估算活动持续时间过程的工具与技术

1）专家判断

应征求具备以下专业知识或接受过相关培训的个人或小组的意见：进度计划的编制、管理和控制，有关估算的专业知识，学科或应用知识。

2）类比估算

类比估算是一种使用相似活动或项目的历史数据，来估算当前活动或项目的持续时间或成本的技术。类比估算以过去类似项目的参数值（如持续时间、预算、规模、重量和复杂性等）为基础，来估算未来项目的同类参数或指标。在估算持续时间时，类比估算技术以过去类似项目的实际持续时间为依据，来估算当前项目的持续时间。这是一种粗略的估算方法，有时需要根据项目复杂性方面的已知差异进行调整，在项目详细信息不足时，就经常使用类比估算来估算项目持续时间。

相对于其他估算技术，类比估算通常成本较低、耗时较少，但准确性也较低。类比估算可以针对整个项目或项目中的某个部分进行，或可以与其他估算方法联合使用。如果以往活动是本质上而不是表面上类似，并且从事估算的项目团队成员具备必要的专业知识，那么类比估算就最为可靠。

3）参数估算

参数估算是一种基于历史数据和项目参数，使用某种算法来计算成本或持续时间的估算技术。它是指利用历史数据之间的统计关系和其他变量（如建筑施工中的平方英尺），来估算诸如成本、预算和持续时间等活动参数。把需要实施的工作量乘以完成单位工作量所需的工时，即可计算出持续时间。例如，对于设计项目，将图纸的张数乘以每张图纸所需的工时。

参数估算的准确性取决于参数模型的成熟度和基础数据的可靠性。且参数进度估算可以针对整个项目或项目中的某个部分，并可以与其他估算方法联合使用。

4）三点估算

也称"PERT"法，在计算每项活动的工期时都要考虑三种可能性（最悲观的工期、最可能的工期、最乐观的工期),然后再计算出该活动的期望工期。通过考虑估算中的不确定性与风险,使用三种估算值来界定活动成本的近似区间,可以提高单点成本估算的准确性。三点估算法把非肯定型问题转化为肯定型问题来计算,用概率论的观点分析,其偏差仍不可避免,但趋向总是有明显的参考价值,当然,这并不排斥每个估算都尽可能做到可能精确的程度。

公式:Te=(To+4Tm+Tp)/6,其中,

(1) To:最乐观时间,为基于活动的最好情况,所得到的活动持续时间;

(2) Tm:最有可能时间,为基于活动最有可能活动持续时间;

(3) Tp:最悲观时间,为基于活动的最差情况所得到的活动持续时间;

(4) Te:预期活动持续时间。活动持续时间(工期 Te)=(乐观 To+最可能时间 Tm×4+悲观 Tp)/6;

(5) 标准差=(悲观 Tp-乐观 To)/6;

(6) 方差=标准差的平方。

例如,A 公司的某项目即将开始,项目经理估计该项目 10 天即可完成,如果出现问题耽搁了也不会超过 20 天完成,最快 6 天即可完成。根据项目历时估计中的三点估算法,该项目的历时为(6+4×10+20)/6=11 天,该项目历时的估算标准差为(20-6)/6=2.3 天。

用三点估算法计算出来的是完成某活动的平均工期,即有 50% 的可能性在该工期内完成。若使用正态统计分布图,工期落在平均工期 1 个标准差范围之内的概率是 68.27%,2 个标准差之内的概率是 95.45%,3 个标准差的概率是 99.74%,这三个概率必须要记住。

对于正态分布(正态统计分布图如图 4-11 所示):

(1) 期望值两边 1 个标准差的范围内,曲线下面积约占总面积的 68.27%;

(2) 2 个标准差范围内,曲线下面积约占总面积的 95.45%;

(3) 3 个标准差范围内,曲线下面积约占总面积的 99.74%。

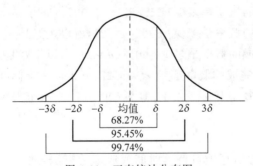

图 4-11 正态统计分布图

因此可知:

(1) 项目在期望工期完成的概率是 50%;

(2) 在(可能值+1 个标准差)时间内完成的概率是 50%+(68.27%/2)=84.14%;

(3) 在(可能值+2 个标准差)时间内完成的概率是 50%+(95.45%/2)=97.73%;

(4) 在(可能值+3 个标准差)时间内完成的概率是 50%+(99.74%/2)=99.87%。

【案例场景 1】

活动 A 乐观估计值为 3 天,最可能估计值为 4 天,悲观估计值为 7 天,请问 A 活动的均值是多少? 标准差是多少? 如果保证率要达到 97.72% 需要工期为多少天?

【案例分析1】 按三点估算法计算如下：

均值 e(t)＝(7＋4×4＋3)/ 6 ＝4.33；

标准差 SD＝(悲观值－乐观值)/ 6 ＝0.67；

如果要达到97.5%的可能性,加上两个方差的时间为 4.33＋0.67×2＝5.67 天。

【案例场景2】

完成活动 A 悲观估计 36 天,最可能估计 21 天,乐观估计 6 天,请问：

(1) 在 16 天内完成的概率是多少？

(2) 在 21 天内完成的概率是多少？

(3) 在 21 天之后完成的概率是多少？

(4) 在 21 天到 26 天之间完成的概率是多少？

(5) 在 26 天内完成的概率是多少？

【案例分析2】

最终估算结果＝(悲观工期＋乐观工期＋4×最可能工期)/6；

标准差＝(悲观－乐观)/6；

代入公式计算 PERT 估算结果为(36＋21×4＋6)/6＝21；

代入公式计算标准差为(36－6)/6＝5；

所以根据正态分布：16(21－5)～26(21＋5)(1 个标准差)的概率都是 68.27%。注意：在正负一个标准差的概率有 68.27%,算出了 16～26 这个区间的概率,根据完全在这个区间的概率为 68.27%,即得到了不在这个区间的概率(100%－68.27%＝31.73%),算出 31.73%之后,再用该概率除以 2 即得小于 16 天和大于 26 天所对应的概率(31.73%/2＝15.865%)。

所以：

(1) 在 16 天内完成的概率是多少？15.865%((100%－68.27)/2＝15.865%)；

(2) 在 21 天内完成的概率是多少？50%(μ＝21,所以正好是 50%)；

(3) 在 21 天之后完成的概率是多少？50%(μ＝21,所以正好是 50%)；

(4) 在 21 天～26 天完成的概率是多少？68.27%(正负一个标准差的概率有 68.27%)；

(5) 在 26 天完成的概率是多少？84.13%(100%－15.865%＝84.135%或者 50%＋68.27%/2＝84.135%)。

5) 自下而上估算

自下而上估算是一种估算项目持续时间或成本的方法,通过从下到上逐层汇总 WBS 组成部分的估算而得到项目估算。如果无法以合理的可信度对活动持续时间进行估算,则应将活动中的工作进一步细化,然后估算具体的持续时间,接着再汇总这些资源需求估算,得到每个活动的持续时间。活动之间可能存在或不存在会影响资源利用的依赖关系；如果存在,就应该对相应的资源使用方式加以说明,并记录在活动资源需求中。

6) 数据分析

(1) 备选方案分析。备选方案分析用于比较不同的资源能力或技能水平、进度压缩技术、不同工具(手动和自动),以及关于资源的创建、租赁和购买决策。这有助于团队权衡资源、成本和持续时间变量,以确定完成项目工作的最佳方式。

(2) 储备分析。储备分析用于确定项目所需的应急储备量和管理储备。在进行持续时间估算时,需考虑应急储备(有时称为"进度储备"),以应对进度方面的不确定性。应急储备是包含在进度基准中的一段持续时间,用来应对已经接受的已识别风险。管理储备是为管理控制的目的而特别留出的项目预算,用来应对项目范围中难以预测的工作。

7）决策与会议

（1）决策。适用于本过程的决策技术包括投票。举手表决是从投票方法衍生出来的一种形式,经常用于敏捷项目中。

（2）会议。项目团队可能会召开会议来估算活动持续时间。

3. 估算活动持续时间过程的输出

1）持续时间估算

持续时间估算是对完成某项活动、阶段或项目所需的工作时段数的定量评估,其中并不包括任何滞后量,但可指出一定的变动区间。例如：2 周±2 天,表明活动至少需要 8 天,最多不超过 12 天(假定每周工作 5 天)；超过 3 周的概率为 15％,表明该活动将在 3 周内(含 3 周)完工的概率为 85％。

2）估算依据

持续时间估算所需的支持信息的数量和种类,因应用领域而异。不论其详细程度如何,支持性文件都应该清晰、完整地说明持续时间估算是如何得出的。持续时间估算的支持信息包括：关于估算依据的文件(如估算是如何编制的)；关于全部假设条件的文件、关于各种已知制约因素的文件、对估算区间的说明、对最终估算的置信水平的说明、有关影响估算的单个项目风险的文件。

3）项目文件更新

（1）活动属性。本过程输出的活动持续时间估算将记录在活动属性中。

（2）假设日志。这包括为估算持续时间而制订的假设条件,如资源的技能水平、可用性,以及估算依据,此外还记录了进度计划方法论和进度计划编制工具所带来的制约因素。

（3）经验教训登记册。在更新经验教训登记册时,可以增加能够有效和高效地估算人力投入和持续时间的技术。

4.6　制订进度计划

4.6.1　制订进度计划过程概述

制订进度计划是分析活动顺序、持续时间、资源需求和进度制约因素,创建进度模型,从而落实项目执行和监控的过程。本过程的主要作用是,为完成项目活动而制订具有计划日期的进度模型。本过程需要在整个项目期间开展。图 4-12 描述本过程的输入、工具与技术和输出。

制订可行的项目进度计划是一个反复进行的过程。基于获取的最佳信息,使用进度模型来确定各项目活动和里程碑的计划开始日期和计划完成日期。编制进度计划时,需要审查和修正持续时间估算、资源估算和进度储备,以制订项目进度计划,并在经批准后作为基准用于跟踪项目进度。关键步骤包括定义项目里程碑、识别活动并排列活动顺序,以及估算持续时间。一旦活动的开始和完成日期得到确定,通常就需要由分配至各个活动的项目人

制订进度计划		
输入	工具与技术	输出
1 项目管理计划 　• 进度管理计划 　• 范围基准 2 项目文件 　• 活动属性 　• 活动清单 　• 假设日志 　• 估算依据 　• 持续时间估算 　• 经验教训登记册 　• 里程碑清单 　• 项目进度网络图 　• 项目团队派工单 　• 资源日历 　• 资源需求 　• 风险登记册 3 协议 4 事业环境因素 5 组织过程资产	1 进度网络分析 2 关键路径法 3 资源优化 4 数据分析 　• 假设情景分析 　• 模拟 5 提前量和滞后量 6 进度压缩 7 项目管理信息系统 8 敏捷发布规划	1 进度基准 2 项目进度计划 3 进度数据 4 项目日历 5 变更请求 6 项目管理计划更新 　• 进度管理计划 　• 成本基准 7 项目文件更新 　• 活动属性 　• 假设日志 　• 持续时间估算 　• 经验教训登记册 　• 资源需求 　• 风险登记册

图 4-12　制订进度计划：输入、工具与技术和输出

员审查其被分配的活动。之后，项目人员确认开始和完成日期与资源日历没有冲突，也与其他项目或任务没有冲突，从而确认计划日期的有效性。最后分析进度计划，确定是否存在逻辑关系冲突，以及在批准进度计划并将其作为基准之前是否需要资源平衡。同时，需要修订和维护项目进度模型，确保进度计划在整个项目期间一直切实可行。

4.6.2　制订进度计划过程的输入、输出及关键技术

1. 制订进度计划过程的输入

1）项目管理计划过程

项目管理计划过程的输入包括进度管理计划、范围基准。

2）项目文件

（1）活动属性。提供了创建进度模型所需的细节信息。

（2）活动清单。明确了需要在进度模型中包含的活动。

（3）假设日志。所记录的假设条件和制约因素可能造成影响项目进度的单个项目风险。

（4）估算依据。所需的支持信息的数量和种类，因应用领域而异。不论其详细程度如何，支持性文件都应该清晰、完整地说明持续时间估算是如何得出的。

（5）持续时间估算。包括对完成某项活动所需的工作时段数的定量评估，用于进度计划的推算。

（6）经验教训登记册。与创建进度模型有关的经验教训登记册可以运用到项目后期阶段，以提高进度模型的有效性。

（7）里程碑清单。列出特定里程碑的实现日期。

（8）项目进度网络图。包括用于推算进度计划的紧前和紧后活动的逻辑关系。

（9）项目团队派工单。明确了分配到每个活动的资源。

（10）资源日历。规定了在项目期间的资源可用性。

（11）资源需求。明确了每个活动所需的资源类型和数量，用于创建进度模型。

（12）风险登记册。风险登记册中所有已识别的会影响进度模型的风险的详细信息及特征。进度储备则通过预期或平均风险影响程度，反映了与进度有关的风险信息。

3）协议

在制订如何执行项目工作以履行合同承诺的详细信息时，供应商为项目进度提供了输入。

4）事业环境因素

能够影响制订进度计划过程的事业环境因素包括：政府或行业标准、沟通渠道。

5）组织过程资产

能够影响制订进度计划过程的组织过程资产包括：进度计划方法论（其中包括制订和维护进度模型时应遵循的政策）、项目日历。

2. 制订进度计划过程的工具与技术

1）进度网络分析

进度网络分析是创建项目进度模型的一种综合技术，是一个反复进行的过程，一直持续到创建出可行的进度模型。它采用了其他几种技术，例如关键路径法、资源优化技术和建模技术。其他分析如下：

（1）当多个路径在同一时间点汇聚或分叉时，评估汇总进度储备的必要性，以减少出现进度落后的可能性。

（2）审查网络，看看关键路径是否存在高风险活动或具有较多提前量的活动，是否需要使用进度储备或执行风险应对计划来降低关键路径的风险。

2）关键路径法

为了解决在庞大、复杂的项目中如何合理而有效地组织人力、物力和财力，使之在有限资源下以最短的时间和最低的成本费用完成整个项目等问题，产生了关键路径法。关键路径法（Critical Path Method，CPM）用于在进度模型中估算项目最短工期，确定逻辑网络路径的进度灵活性大小。这种进度网络分析技术在不考虑任何资源限制的情况下，沿进度网络路径使用顺推与逆推法，计算出所有活动的最早开始、最早结束、最晚开始和最晚完成日期，如图 4-13 所示。

关键路径法用来计算进度模型中的关键路径、总浮动时间和自由浮动时间，或逻辑网络路径的进度灵活性大小。

（1）关键路径是项目中时间最长的活动顺序，决定着可能的项目最短工期。在这个例子中，按持续时间计算，最长的路径包括活动 A-C-D，因此，活动序列 A-C-D 就是关键路径。最长路径的总浮动时间最少，通常为零。由此得到最早和最晚的开始与结束日期并不一定就是项目进度计划，而只是把既定的参数（活动持续时间、逻辑关系、提前量、滞后量和其他已知的制约因素）输入进度模型后所得到的一种结果，表明活动可以在该时段内实施。

（2）总浮动时间是指在不延误项目完成日期或违反进度制约因素的前提下，某进度活动可以推迟的总时间量（从其最早开始日期起算）。总浮动时间＝最晚开始时间－最早开始

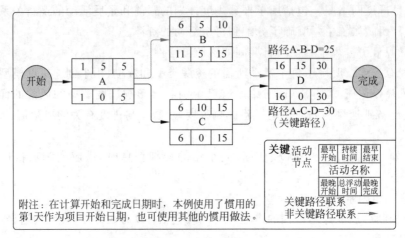

图 4-13　关键路径法示例

时间＝最晚完成时间－最早完成时间。总浮动是在整个路径上有效，总浮动不会影响到整个项目的结束时间。

（3）自由浮动时间就是指在不延误任何紧后活动最早开始日期或不违反进度制约因素的前提下，某进度活动可以推迟的时间量。例如，图 4-13 中，活动 B 的自由浮动时间是 5天。自由浮动时间＝（后续活动的最早开始时间）－（本活动的最早完成时间）。自由浮动是不影响到紧后活动最早开始时间能够有的浮动。

在任一网络路径上，进度活动可以从最早开始日期推迟或拖延的时间，而不至于延误项目完成日期或违反进度制约因素，就是总浮动时间或进度灵活性。正常情况下，关键路径的总浮动时间为零。在进行紧前关系绘图法排序的过程中，取决于所用的制约因素，关键路径的总浮动时间可能是正值、零或负值。总浮动时间为正值，是由于逆推计算所使用的进度制约因素要晚于顺推计算所得出的最早完成日期；总浮动时间为负值，说明当前活动结束时间晚于该活动强制工作时间，是由于持续时间和逻辑关系违反了对最晚日期的制约因素。负值浮动时间分析是一种有助于找到推动延迟的进度回到正轨的方法的技术。进度网络图可能有多条次关键路径。许多软件允许用户自行定义用于确定关键路径的参数。为了使网络路径的总浮动时间为零或正值，可能需要调整活动持续时间（可增加资源或缩减范围时）、逻辑关系（针对选择性依赖关系时）、提前量和滞后量，或其他进度制约因素。

（4）关键路径法中的活动节点图。

通过分析项目过程中哪个活动序列进度安排的总时差最少，来预测项目工期的网络分析。关键路径是相对的，也可以是变化的。关键路径可以有多条，关键路径上的活动时差为0。活动节点图如图 4-14 所示，其中关键词解释如下：

最早开始(ES)	持续时间(DU)	最早结束(EF)
	活动名称	
最晚开始(LS)	总浮动时间(TF)	最晚结束(LF)

图 4-14　关键路径法中标注活动的节点图

ES：最早开始时间(Earliest Start)，是指某项活动能够开始的最早时间，只取决于项目计划，只要条件满足了计划就可以开始的时间。

EF：最早结束时间(Earliest Finish)，是指某项活动能够完成的最早时间。其中 EF＝ES＋DU，DU 为活动持续时间，顺推法先知道开始时间。

LF：最晚结束时间(Latest Finish)，是指为了使项目在要求完工时间内完成，某项活动必须完成的最晚时间。往往取决于相关方(客户或管理层)的限制。

LS：最晚开始时间(Latest Start)，是指为了使项目在要求完工时间内完成，某项活动必须开始的最晚时间。逆推法先知道结束时间。

总浮动时间：TF＝LF(最晚结束时间)－EF(最早结束时间)或者 LS(最晚开始时间)－ES(最早开始时间)，活动在 TF 之间推迟不影响总工期(注意如果超出该 TF，则关键路径将发生变化)，TF 为 0 的路径为 CP(关键路径)，自由时差 FF＝紧后 ES－EF，活动在 FF内推迟不影响紧后活动。

DU：活动持续时间。

(5) 关键路径法中时间计算的方法。

① 顺推法：自左向右计算最早时间称为顺推。即从网络图左侧开始，为每项活动设定最早开始和最早结束时间，进行到网络图的最右边。

- 任一活动的最早开始时间，等于所有前置活动的最早结束时间的最大者。
- 任一活动的最早结束时间，等于该活动的最早开始时间＋该活动工期。
- 没有前置活动的，ES 等于项目的开始时间。
- EF(最早结束时间)＝ES(最早开始时间)＋DU(持续时间)

② 逆推法：自右向左计算最晚时间称为逆推。即从网络图右侧开始，为每项活动制定最晚开始和最晚结束时间，进行到网络图的最左边。

- 任一活动的最晚结束时间，等于所有后续活动的最迟开始时间的最小者。
- 任一活动的最晚开始时间，等于该活动的最迟结束时间－该活动工期。
- 没有后续活动的，LF 等于项目的结束时间或者规定的时间。
- LS(最晚开始时间)＝LF(最晚结束时间)－DU(持续时间)。

(6) 需要注意的问题。

采用顺推法和逆推法进行进度网络路径计算时，需要关注活动是从第 0 天开始还是从第 1 天开始，不同的假设计算的结果是不一样的。首先需要明确以下几个概念：

① 活动的持续时间 DU 是指活动的工作时间段，例如一个活动持续时间是 24 小时，是指 3 个工作日(每天 8 小时)。

② 活动的开始时间是指活动开工日的上班开始时间；活动结束是指开工日的下班时间。也就是说假设一个活动的持续时间是 2 天，是指从第 1 天上班时间，到第 2 天下班时间的所有工作时间段。

所谓活动从第 0 天还是第 1 天开始，意思是说要不要把活动开始的那一天计算在工作时间段内。因为现实中第 0 天是不存在的，所以活动开始的那一天就不需要计算在内；而活动从第 1 天开始，由于第 1 天是存在的，就需要计算在工作时间段内。这两种情况导致当前活动的 EF 或者 LS，紧后活动的 ES 和 LF 在计算时要考虑是否减去或加上这 1 天的问题。

无论是从第 0 天开始，还是第 1 天开始，都不会影响关键路径的和浮动时间的计算方法，如果弄错了则会影响计算结果，有时为了简化计算通常采用第 0 天开始，现实中为了与实际相符合通常采用第 1 天开始。下面就这两种方式举例说明。

第一种情况：活动从第 0 天开始，如图 4-15 所示。

对于当前活动：

$$顺推时 EF＝ES＋DU；逆推时 LS＝LF－DU$$

对于紧后活动：

顺推时 $ES_i＝EF_i-1$；逆推时 $LF_i-1＝LS_i$（例如逆推时活动 C 相当于活动 D 的紧后活动）其中，自左向右，"i"代表当前活动，则"i−1"代表"i"的紧前活动。

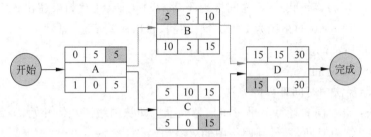

图 4-15　关键路径图(活动从第 0 天开始)

例如：对于活动 A、B 的最早时间：

$$EF_A＝ES_A＋DU＝0＋5＝5$$

$$ES_B＝EF_A＝5$$

对于活动 D 和 C 的最晚时间：

$$LS_D＝LF_D－DU＝30－15＝15$$

$$LF_C＝LS_D＝15$$

第二种情况：活动从第 1 天开始。如图 4-16 所示。

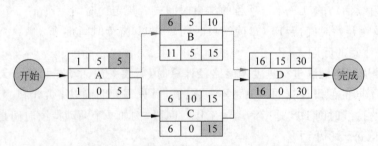

图 4-16　关键路径图(活动从第 1 天开始)

对于当前活动：

$$顺推时 EF＝(ES＋DU)－1；逆推时 LS＝(LF－DU)＋1$$

对于紧后活动：

$$顺推时 ES_i＝EF_i-1＋1；逆推时 LF_i-1＝LS_i－1$$

其中，自左向右，"i"代表当前活动，则"i−1"代表"i"的紧前活动。

例如，对于活动 A、B 的最早时间：

$$EFA = ESA + DU - 1 = 1 + 5 - 1 = 5$$
$$ESB = EFA + 1 = 5 + 1 = 6$$

对于活动 D 和 C 的最晚时间：

$$LSD = LFD - DU + 1 = 30 - 15 + 1 = 16$$
$$LFC = LSD - 1 = 15$$

提示：从上两种计算方法来看，活动从第 0 天开始显然对人工计算来说更加直观简便，这种方法的缺点是与日历日期的对应关系不一致。活动从第 1 天开始计算的结果与日历日期是一致的，但是计算过程是不直观的，所以推荐使用活动从第 0 天开始的计算方法。

3）资源优化

资源优化用于调整活动的开始和完成日期，以调整计划使用的资源，使其等于或少于可用的资源。资源优化技术是根据资源供需情况，来调整进度模型的技术，包括：

（1）资源平衡。为了在资源需求与资源供给之间取得平衡，根据资源制约因素对开始日期和完成日期进行调整的一种技术。如果共享资源或关键资源只在特定时间可用、数量有限，或被过度分配，如一个资源在同一时段内被分配至两个或多个活动时，如图 4-17 所示，就需要进行资源平衡。也可以为保持资源使用量处于均衡水平而进行资源平衡。资源平衡往往导致关键路径改变。而可以用浮动时间平衡资源。因此，在项目进度计划期间，关键路径可能发生变化。

（2）资源平滑。对进度模型中的活动进行调整，从而使项目资源需求不超过预定的资源限制的一种技术。相对于资源平衡而言，资源平滑不会改变项目关键路径，完工日期也不会延迟。也就是说，活动只在其自由和总浮动时间内延迟，但资源平滑技术可能无法实现所有资源的优化。

3. 制订进度计划过程的输出

1）进度基准

进度基准是经过批准的进度模型，只有通过正式的变更控制程序才能进行变更，用作与实际结果进行比较的依据。经相关方接受和批准，进度基准包含基准开始日期和基准结束日期。在监控过程中，将用实际开始和完成日期与批准的基准日期进行比较，以确定是否存在偏差。进度基准是项目管理计划的组成部分。

2）项目进度计划

项目进度计划是进度模型的输出，为各个相互关联的活动标注了计划日期、持续时间、里程碑和所需资源等内容。项目进度计划中至少要包括每个活动的计划开始日期与计划完成日期。即使在早期阶段就进行了资源规划，但在未确认资源分配和计划开始与完成日期之前，项目进度计划都只是初步的。一般要在项目管理计划编制完成之前进行这些确认。还可以编制一份目标项目进度模型，规定每个活动的目标开始日期与目标完成日期。项目进度计划可以是概括（有时称为主进度计划或里程碑进度计划）或详细的。虽然项目进度计划可用列表形式，但图形方式更常见。可以采用以下一种或多种图形来呈现：

（1）里程碑图。与横道图类似，但仅标示出主要可交付成果和关键外部接口的计划开始或完成日期，如图 4-18 的"里程碑进度计划"部分。

（2）横道图。横道图也称为"甘特图"，是展示进度信息的一种图表方式。在横道图中，纵向列示活动，横向列示日期，用横条表示活动自开始日期至完成日期的持续时间。横道图

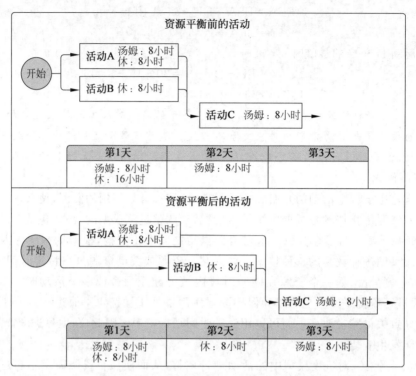

图 4-17　资源平衡

相对易读，比较常用。它可能会包括浮动时间，也可能不包括，具体取决于受众。为了便于控制，以及与管理层进行沟通，可在里程碑或横跨多个相关联的工作包之间，列出内容更广、更综合的概括性活动，并在横道图报告中显示。如图 4-18 中的"概括性进度计划"部分，它按 WBS 的结构罗列相关活动。甘特图包含以下三个含义：以图形或表格的形式显示活动；通用的显示进度的方法；构造时含日历和持续时间，不将周末节假日算在进度内。

（3）项目进度网络图。这些图形通常用活动节点法绘制，没有时间刻度，纯粹显示活动及其相互关系，有时称为"纯逻辑图"，如图 4-9 所示。项目进度网络图也可以是包含时间刻度的进度网络图，有时称为"逻辑横道图"，如图 4-18 中的详细进度计划所示。这些图形中有活动日期，通常会同时展示项目网络逻辑和项目关键路径活动等信息。图 4-18 也显示了如何通过一系列相关活动来对每个工作包进行规划。项目进度网络图的另一种呈现形式是"时标逻辑图"，其中包含时间刻度和表示活动持续时间的横条，以及活动之间的逻辑关系。它们用于优化展现活动之间的关系，许多活动都可以按顺序出现在图的同一行中。

图 4-18 是一个正在执行的示例项目的进度计划，工作进展是通过截止日期或状态日期表示的。针对一个简单的项目，图 4-18 给出了进度计划的三种形式：①里程碑进度计划，也叫里程碑图；②概括性进度计划，也叫横道图；③详细进度计划，也叫项目进度关联横道图。图 4-18 还直观地显示出项目进度计划不同详细程度的关系。

3）进度数据

项目进度模型中的进度数据是用以描述和控制进度计划的信息集合。进度数据至少包括进度里程碑、进度活动、活动属性，以及已知的全部假设条件与制约因素，而所需的其他数据因应用领域而异。进度数据还可包括资源直方图、现金流预测，以及订购与交付进度安排

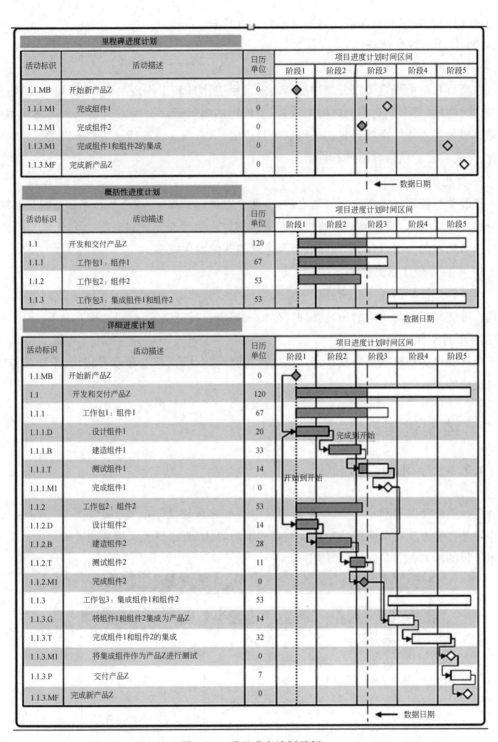

图 4-18 项目进度计划示例

等其他相关信息。经常可用作支持细节的信息包括：

(1) 按时段计划的资源需求，往往以资源直方图表示；

(2) 备选的进度计划，如最好情况或最坏情况下的进度计划、经资源平衡或未经资源平衡的进度计划、有强制日期或无强制日期的进度计划；

（3）使用的进度储备。

4）项目日历

在项目日历中规定可以开展进度活动的可用工作日和工作班次，它把可用于开展进度活动的时间段（按天或更小的时间单位）与不可用的时间段区分开来。在一个进度模型中，可能需要采用不止一个项目日历来编制项目进度计划，因为有些活动需要不同的工作时段。因此，可能需要对项目日历进行更新。

5）变更请求

修改项目范围或项目进度计划之后，可能会对范围基准和/或项目管理计划的其他组成部分提出变更请求，应该通过实施整体变更控制过程对变更请求进行审查和处理。预防措施可包括推荐的变更，以消除或降低不利进度偏差的发生概率。

6）项目管理计划更新

项目管理计划的任何变更都以变更请求的形式提出，且通过组织的变更控制过程进行处理。可能需要变更请求的项目管理计划组成部分包括进度管理计划、成本基准。

7）项目文件更新

项目文件更新包括活动属性、假设日志、持续时间估算、经验教训登记册、资源需求、风险登记册等。

4.7   控制进度

4.7.1   控制进度过程概述

控制进度是监督项目状态，以更新项目进度和管理进度基准变更的过程。本过程的主要作用是在整个项目期间保持对进度基准的维护，且需要在整个项目期间开展。图 4-19 描述本过程的输入、工具与技术和输出。

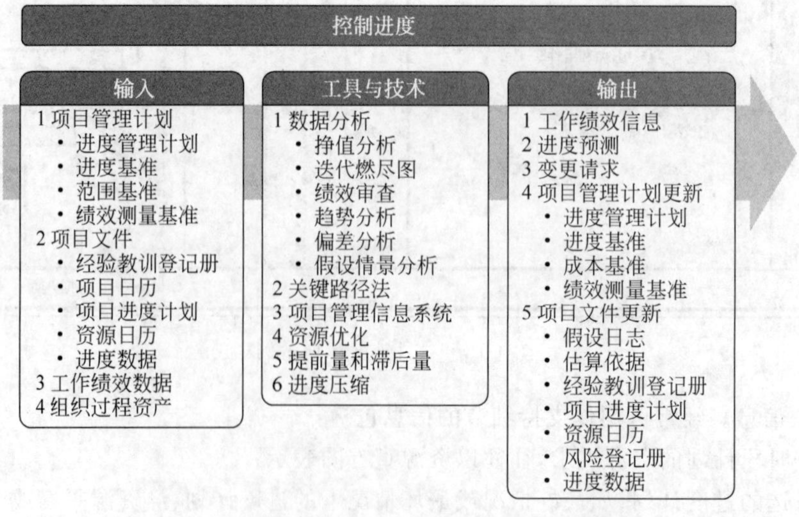

图 4-19   控制进度：输入、工具与技术和输出

要更新进度模型,就需要了解迄今为止的实际绩效。进度基准的任何变更都必须经过实施整体变更控制过程的审批。控制进度作为实施整体变更控制过程的一部分,关注如下内容:

(1) 判断项目进度的当前状态。

(2) 对引起进度变更的因素施加影响。

(3) 重新考虑必要的进度储备。

(4) 判断项目进度是否已经发生变更。

(5) 在变更实际发生时对其进行管理。

将工作外包时,定期向承包商和供应商了解里程碑的状态更新是确保工作按商定进度进行的一种途径,有助于确保进度受控。同时,应执行进度状态评审和巡检,确保承包商报告准确且完整。

4.7.2　控制进度过程的输入、输出及关键技术

1. 控制进度过程的输入

1) 项目管理计划

包括进度管理计划、进度基准、范围基准以及绩效测量基准。

2) 项目文件

包括经验教训登记册、项目日历、项目进度计划、资源日历以及进度数据。

3) 工作绩效数据

包含关于项目状态的数据,例如哪些活动已经开始,它们的进展如何(如实际持续时间、剩余持续时间和实际完成百分比),哪些活动已经完成。

4) 组织过程资产

包括现有与进度控制有关的正式和非正式的政策、程序和指南,进度控制工具,可用的监督和报告方法。

2. 控制进度过程的工具与技术

1) 数据分析技术

数据分析技术包括挣值分析(进度绩效测量指标,如进度偏差和进度绩效指数(Schedule Performance Index,SPI)用于评价偏离初始进度基准的程度)、迭代燃尽图(这类图用于追踪迭代未完项中尚待完成的工作)。

2) 关键路径法

关键路径的进展情况有助于确定项目进度状态。关键路径上的偏差将对项目的结束日期产生直接影响。评估此关键路径上的活动的进展情况,有助于识别进度风险。

3) 项目管理信息系统

包括进度计划软件,用这种软件对照计划日期跟踪实际日期,对照进度基准报告偏差和进展,以及预测项目进度模型变更的影响。

4) 资源优化

资源优化是在同时考虑资源可用性和项目时间的情况下,对活动和活动所需资源进行的进度规划。

5）提前量与滞后量

在网络分析中调整提前量与滞后量,设法使进度滞后的项目活动赶上计划。例如,在新办公大楼建设项目中,通过增加活动之间的提前量,把绿化施工调整到大楼外墙装饰完工之前开始;或者,在大型技术文件编写项目中,通过消除或减少滞后量,把草稿编辑工作调整到草稿编写完成之后立即开始。

6）进度压缩

使进度落后的项目活动赶上计划,可以对剩余工作使用快速跟进的方法。

3. 控制进度过程的输出

1）工作绩效信息

包括与进度基准相比较的项目工作执行情况,可以在工作包层级和控制账户层级,计算开始和完成日期的偏差以及持续时间的偏差。

2）进度预测

即进度更新,指根据已有的信息和知识,对项目未来的情况和事件进行的估算或预计。随着项目执行,应该基于工作绩效信息,更新和重新发布预测。

3）变更请求

通过分析进度偏差,审查进展报告、绩效测量结果和项目范围或进度调整情况,可能会对进度基准、范围基准和/或项目管理计划的其他组成部分提出变更请求。

4）项目管理计划更新

项目管理计划的任何变更都以变更请求的形式提出,且通过组织的变更控制过程进行处理。

5）项目文件更新

可在本过程更新的项目文件包括假设日志、估算依据、经验教训登记册、项目进度计划、资源日历、风险登记册以及进度数据。

4.8 案例分析

1. 案例1

【案例场景】 图4-20列出了活动的关键路径。

活动	历时	前导活动
A准备	2	—
B刷门框	2	A
C刷屋顶	3	A
D刷墙	4	A
E第二遍墙	2	D

图4-20 活动的关键路径

【问题1】 请计算图4-20所列活动的关键路径,完成顺推计算最早时间和逆推计算最晚时间,计算所有活动的总浮动时间TF和"活动C"的自由浮动时间FF。

【问题1分析】 第一步:画出网络图。如图4-21所示。

第二步:计算关键路径。列出所有可能的路径,比较其长度:

路径 A－B－F 长度为 2＋2＋2＝6；路径 A－C－F 长度为 2＋3＋2＝7；路径 A－D－E－F 长度为 2＋4＋2＋2＝10。故关键路径为 A－D－E－F，长度为 10。

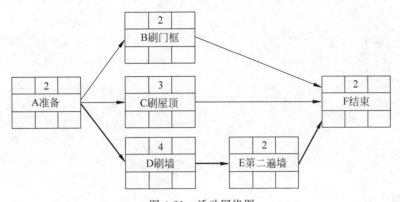

图 4-21　活动网络图

第三步：顺推。计算最早时间，按照从第 0 天开始，如图 4-22 所示。

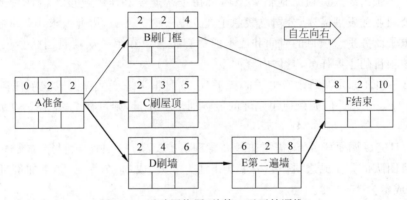

图 4-22　活动网络图(从第 0 天开始顺推)

第四步：逆推。计算最晚时间，如图 4-23 所示。

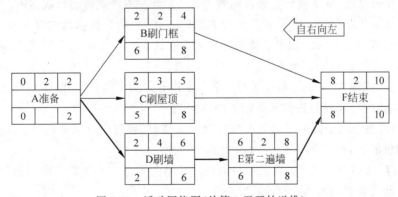

图 4-23　活动网络图(从第 0 天开始逆推)

第五步，计算所有活动的总浮动时间 TF，如图 4-24 所示。TF＝LF(最晚结束时间)－EF(最早结束时间)或者 TF＝LS(最晚开始时间)－ES(最早开始时间)，例如活动 C 的 TF 为 $TF_c = LF_c - EF_c = 8 - 5 = 3$。

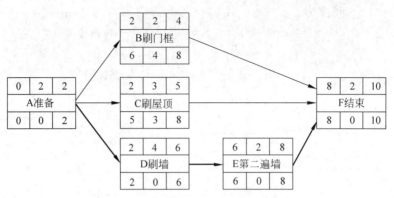

图 4-24　计算所有活动的总浮动时间 TF

2. 案例 2

【案例场景】　小张是某公司的技术总监,最近接到公司总裁的指令,负责开发一个电子商务平台。小张组织人员粗略地估算该项目在正常速度和压缩进度下需花费的时间和成本。由于公司业务发展需要,公司总裁急于建立电子商务平台,因此要求小张准备一份关于尽快启动电子商务平台项目的时间和成本的估算报告。在第一次项目团队会议上,项目团队确定了该项目的主要任务,具体内容如下:

(1) 第一项任务是调研现有电子商务平台,按照正常进度估算完成这项任务需要花 10天,成本为 15 000 元。但如果使用允许的最多加班工作量,则可在 7 天、18 750 元的条件下完成。

(2) 一旦完成调研任务,就需要向最高管理层提交项目计划和项目定义文件,以便获得批准。项目团队估算完成这项任务按正常速度为 5 天,成本 3750 元,如果加班赶工,可在 3天内完成,成本为 4500 元。

(3) 当项目团队获得管理层批准后,各项工作就可展开。项目团队估计需求分析和设计需要 15 天,成本为 45 000 元,如果加班则为 10 天,成本 58 500 元。

(4) 设计完成后,有三项任务必须同时进行:①开发电子商务平台数据库;②开发和编写网页代码;③开发和编写电子商务平台表格码。其中,估计数据库的开发在不加班的情况下需 10 天,成本 9000 元,如果加班则可在 7 天和成本为 11 250 元的情况下完成。同样,项目团队估算在不加班的情况下,开发和编写网页代码需要 10 天和 17 500 元,如果加班则可以减少 2 天,成本为 19 500 元。开发表格码工作分包给别的公司,需要 7 天,成本为 8400元,承包该工作的公司没有提供加班赶工的方案。

(5) 最后,整个电子商务平台需要进行测试和修改,项目团队估算需要 3 天,成本 4500元。如果加班的话,则可减少 1 天,成本为 6750 元。

【问题 1】　如果不加班,完成此项目的成本和时间是多少? 如果考虑加班,项目可以完成的最短时间及花费的成本是多少?

【问题 2】　假定公司总裁想在 35 天内完成项目,小张将采取什么有效措施来达到期限要求并使所花费的成本尽量少?

【问题 1 分析】　首先要对该项目的活动进行编号和排序。根据案例描述,该项目共有7 项主要活动,如图 4-25 所示。根据案例描述,绘制出该项目的网络图,如图 4-26 所示。

活动编号	活动内容
A	调研现有电子商务平台
B	向高层提交项目计划和项目定义文件
C	电子商务平台需求分析和设计
D	开发电子商务平台数据库
E	开发和编写网页代码
F	开发和编写电子商务平台表格码
G	测试和修改程序

图 4-25 活动一览表

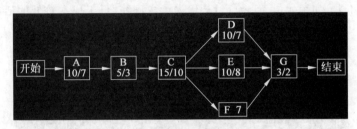

图 4-26 项目网络图

对项目的分析如图 4-27 所示。

活动编号	作业时间		直接费用		进度压缩单位成本（元/天）
	正常	赶工	正常	赶工	
A	10	7	15 000	18 750	3750/3=1250
B	5	3	3750	4500	750/2=375
C	15	10	45 000	58 500	13500/5=2700
D	10	7	9000	11 250	2250/3=750
E	10	8	17 500	19 500	2000/2=1000
F	7		8400		
G	3	2	4500	6750	2250/1=2250

图 4-27 项目活动成本与时间分析

正常进度：关键路径为 A→B→C→D(或 E)→G，总历时为 43 天，总经费为 103 150 元。如图 4-28 所示。

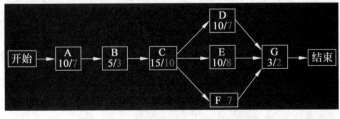

图 4-28 确定正常进度下的关键路径

加班：关键路径为 A→B→C→E→G，总历时为 30 天，总经费为 126 900 元。如图 4-29 所示。

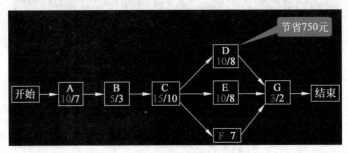

图 4-29　加班情况下的关键路径

【问题 2 分析】　如图 4-30 所示。注：优先考虑压缩"赶工成本较低的活动"。

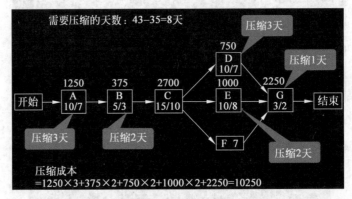

图 4-30　采取措施以达到期限要求

3．案例 3

【案例场景】　一个项目经理在开发一个为期 10 个月的项目，但是在项目启动三个星期后得到客户通知，在不增加成本不影响范围和质量的情况下，客户要求项目在 8 个月内完成。

【问题 1】　遇到这种情况，这个项目经理应该怎么做？

【问题 1 分析】　了解客户缩短工期的原因；对进度计划进行评估，看看影不影响工期；对缩短工期造成成本和质量的影响进行评估，根据评估结果与甲方进行沟通。具体步骤如下：

（1）整体分析项目，利用甘特图或者网络图进行分析在保证项目原有成果的前提下，看是否有可能增加并行阶段、缩短衔接时间，整合项目整体资源合理安排，跟各部分负责人确定各节点的进度及时间。在成本不变的前提下，使效率最大化，重新梳理工期时间进度，看工期压缩后的时间是否可以匹配客户要求，同时跟客户沟通，看是否有通融之处，并且背书。

（2）与客户沟通，明确关键性需求，需求分析绝对不能压缩，否则后期返工很多，重新制订项目计划。

（3）与公司相关领导沟通，要求增加人手。

（4）召开项目组成员会，稳住人心，鼓舞士气。

4. 案例 4

【案例场景】　A 公司承担一项信息网络工程项目的实施,公司员工小丁担任该项目的项目经理,在接到任务后,小丁分析了项目的任务开始进行活动手工排序。其中完成活动 A 所需要时间为 5 天,完成活动 B 所需时间为 6 天,完成活动 C 所需时间为 5 天,完成活动 D 所需时间为 4 天,活动 C、D 必须在活动 A 完成后才能开工,完成活动 E 所需时间为 5 天,在活动 B、C 完成后开工,活动 F 在活动 E 之后才能开始,所需时间为 8 天,当活动 B、C、D 完成后,才能开始活动 G、H,所需时间分别为 12 天、6 天。活动 F、H 完成后才能开始活动 I、K,所需完成时间分别为 2 天、5 天。活动 J 所需时间为 4 天,只有当活动 G 和 I 完成后才能进行。项目经理据此画出了如图 4-31 所示的工程施工进度网络图。

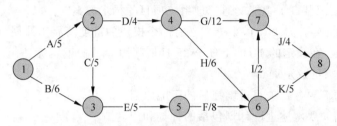

图 4-31　工程施工进度网络图

【问题1】　该项目经理在制订进度计划中有哪些错误? 同时,请计算相关活动时间的 6 个基本参数?

【问题2】　项目经理于第 12 天检查时,活动 D 完成一半的工作,E 完成 2 天的工作,以最早时间参数为准判断 D、E 的进度是否正常?

【问题3】　由于 D、E、I 使用同一台设备施工,以最早时间参数为准,计算设备在现场的闲置时间。

【问题4】　H 工作由于工程师的变更指令,持续时间延长为 14 天,计算工期延迟天数。

【问题1 分析】　正确的工程施工进度网络图如图 4-32 所示。

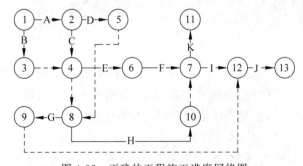

图 4-32　正确的工程施工进度网络图

【问题2 分析】　D:计算进度第 9 天完成,实际第(12+4÷2)=14 天完成,延期 5 天。
E:计算进度第 15 天完成,实际第(12+3)=15 天完成,说明进度正常。

【问题3 分析】　D 工作最早完成时间为第 9 天,E 工作最早开始时间为第 10 天,设备闲置 1 天;E 工作为第 15 天,I 工作为第 23 天开始,设备闲置 8 天;故设备总共闲置 8+1=9 天。

【问题4分析】 原计划工期 TC＝29，事件发生后 TC＝30。因此，影响1天。

5. 案例5

【案例场景】 B市是北方的一个超大型城市，最近市政府有关部门提出需要加强对全市交通的管理与控制。2008年9月19日，B市政府决定实施智能交通管理系统项目，对路面人流和车流实现实时的、量化的监控和管理。项目要求于2009年2月1日完成。

该项目由C公司承建，小李作为C公司项目经理，在2008年10月20日接到项目任务后，立即以曾经管理过的道路监控项目为参考，估算出项目历时大致为100天，并把该项目分成五大模块分别分配给各项目小组，同时要求：项目小组在2009年1月20日前完成任务，1月21日至28日各模块联调，1月29日至31日机动。小李随后在原道路监控项目解决方案的基础上组织制订了智能交通管理系统项目的技术方案。

可是到了2009年1月20日，小李发现有两个模块的进度落后于计划，而且即使这五个模块全部按时完成，在预定的1月21日至28日期间因春节假期也无法组织人员安排模块联调，项目进度拖后已成定局。

【问题1】 请简要分析项目进度拖后的可能原因。

【问题2】 请简要叙述进度计划包括的种类和用途。

【问题1分析】 仅依靠一个道路监控项目来估算项目历时，根据不充分；制订进度计划时，不仅考虑到活动的历时还要考虑到节假日；没有对项目的技术方案、管理计划进行详细的评审；监控粒度过粗（或监控周期过长）；对项目进度风险控制考虑不周。

【问题2分析】 里程碑计划，由项目的各个里程碑组成。里程碑是项目生命周期中的一个时刻，在这一时刻，通常有重大交付物完成。此计划用于甲乙丙等相关各方高层对项目的监控；阶段计划（或叫概括性进度表），该计划标明了各阶段的起止日期和交付物，用于相关部门的协调（或协同）；详细甘特图计划（或称详细横道图计划，或称时标进度网络图），该计划标明了每个活动的起止日期，用于项目组成员的日常工作安排和项目经理的跟踪。

4.9 单元测试题

1. 选择题

（1）一个单节点项目图表明下述两个关键路径上的活动：D-E-J-L 和 D-E-G-I-L。每项活动的历时至少都是3天时间，活动L除外，活动L的历时是一天时间。如果你接到指令，要求将项目压缩一天时间，下述哪项活动最可能发生变化？（　　）

    A. L　　　　　　　　B. E 或 J　　　　　　　C. G 或 I　　　　　　　D. D 或 E

（2）在活动定义期间，一名团队成员确定了一项需要完成的任务。但是，另外一名团队成员认为按照项目章程理解，该活动不是项目的组成部分。项目经理应该如何做？（　　）

    A. 试图在团队成员之间达成共识　　　　　B. 自己决定该项活动是否包括在内

    C. 与最终客户进行商谈　　　　　　　　　D. 与项目发起人商谈

（3）在进度计划制订过程中，下述哪项将为最可能的活动历时估算提供最好的依据和基础？（　　）

    A. 专业组织发布的劳动力生产率信息

  B. 顾问估算的总体人时数

  C. 制订项目预算时,使用的最初估算

  D. 两年前在同一设施完成的类似项目的进度计划

(4) 何时应该设立进度计划基线?( )

  A. 在项目开始时,并且用于比较状态报告内的进度绩效情况

  B. 在项目结束时,因为管理层不介意,所以不用过多地关注进度计划基线

  C. 在项目结束时,并且需要归档

  D. 在项目开始时,并且在项目期间使用,用于衡量绩效情况

(5) 一项任务需要更多的时间完成,项目经理确定有充足的储备,可以满足时间变更。谁需要对此变更进行批准?( )

  A. 管理层   B. 项目经理   C. 团队成员   D. 职能经理

(6) 公司 A 正在开发的项目与 12 个月之前交付的一个项目类似。在界定项目活动时,最可能使用下述哪种方法?( )

  A. 审核前一个项目实际需要执行的活动包括什么内容

  B. 对项目团队增加类似的技能组合

  C. 召集团队会议,进行头脑风暴

  D. 聘用第三方专家,避免前一个项目上遇到的问题和错误

(7) 下面的图题 1(7) 中,关键路径是哪条?( )

  A. 开始-A-B-C-D-结束   B. 开始-C-D-结束

  C. 开始-A-B-E-结束   D. 确定关键路径的信息不充分

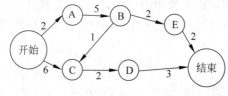

图题 1(7)

(8) 下列哪个风险事件最可能妨碍项目进度目标的实现?( )

  A. 在获得所需批准时的延误   B. 购买材料的成本大幅增加

  C. 产生增加付款要求的合同争议   D. 计划的项目执行后审核会议的拖期

(9) 使用图题 1(9),增加一项历时 5 天的新任务 R。新任务 R 的紧前任务是任务 A,紧后任务是任务 B。项目的工期是多长时间?( )

  A. 49   B. 48   C. 38   D. 52

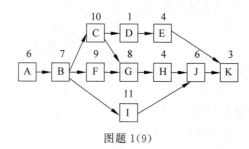

图题 1(9)

(10) 在双节点图中,方框代表(　　)。

  A. 活动   B. 任务   C. 任务依赖关系 D. 箭线

(11) 一般相对于网络图而言,下述哪项可以使用横道图更好地表达?(　　)

  A. 逻辑关系   B. 关键路径

  C. 资源平衡   D. 进展情况或状态

(12) 如果最乐观的估算是1,最悲观的估算是9,最可能的估算是8,则PERT估算是多少?(　　)

  A. 9   B. 7   C. 8   D. 3

(13) 项目经理负责的项目已经滞后3个月时间,但是,奇怪的是,项目成本比预算成本低很多。项目经理决定挽救工期,而又想避免返工。项目经理应该做什么?(　　)

  A. 赶工 B. 快速跟进 C. 重新界定范围 D. 资源水平

(14) 项目经理接到高层管理层的指令,要求无论采取什么措施,必须提前两周完成项目。项目经理决定最节省成本的方法是对关键路径任务增加资源,缩短这些任务的时间。在这种情况下,项目经理(　　)。

  A. 对项目进度计划的关键路径部分进行了快速跟进

  B. 分解了关键路径工作分解结构(WBS)

  C. 进行了资源平衡

  D. 对关键路径进行了赶工

(15) 下述哪项可以最好地概括实际日期与计划日期之间的比较?(　　)

  A. 进度计划定义 B. 资源平衡   C. 偏差分析   D. PERT

(16) 依据图题1(9),你完成了最初的进度计划,并发现任务G的竣工日期滞后于规定的交付日期。为了对项目历时进行压缩并实现里程碑,你应该如何做?(　　)

  A. 减少任务E的工作

  B. 对任务B增加资源

  C. 对任务进行外包

  D. 将任务C分为两部分,并使新设立的任务CA与任务A同期进行

(17) 管理层想了解一个项目的进展情况。为了做出有效的判断,管理层应该将本项目与下述哪项进行比较?(　　)

  A. 参照基准 B. 流程图   C. 甘特图   D. PERT图

(18) 在项目计划制订过程中,新任项目经理接管了项目。如果该新项目经理希望了解上任项目经理有关进度变更管理的计划,新项目经理应该阅读(　　)。

  A. 沟通计划 B. 项目计划   C. 时间管理计划 D. 进度管理计划

(19) 制订项目进度计划需要下述哪些内容?(　　)

  A. 经验教训   B. 网络图

  C. 范围核实   D. 项目进度变更控制

(20) 在制订活动最终列表时,一名项目团队成员告诉你工作分解结构内遗漏了一项任务,项目经理应该如何做?(　　)

  A. 等待实施变更令程序

  B. 将之包括在工作分解结构内

C. 仅把它包括在网络图内

    D. 把它包括在估算内,而不包括在活动列表内

2. 简答题

(1) 简述项目进度管理过程。

(2) 简述紧前关系绘图法的概念。

(3) 简述箭线图法的概念。

(4) 简述横道图的概念。

(5) 简述资源优化的两种常用方法。

第5章

软件项目成本管理

视频讲解

【学习目标】
◆ 掌握软件项目成本管理的整体流程
◆ 了解规划成本管理过程的基础内容
◆ 掌握估算成本的关键技术与方法
◆ 了解制订预算过程的基础内容
◆ 掌握控制成本的关键技术与方法
◆ 通过案例分析和测试题练习,进行知识归纳与拓展

5.1 项目成本管理概述

项目成本管理包括为使项目在批准的预算内完成而对成本进行规划、估算、预算、融资、筹资、管理和控制的各个过程,从而确保项目在批准的预算内完工。

5.1.1 项目成本管理过程内容

(1)规划成本管理。确定如何估算、预算、管理、监督和控制项目成本的过程。

(2)估算成本。对完成项目活动所需货币资源进行近似估算的过程。

(3)制订预算。汇总所有单个活动或工作包的估算成本,建立一个经批准的成本基准的过程。

(4)控制成本。监督项目状态,以更新项目成本和管理成本基准变更的过程。

图 5-1 概括了项目成本管理的各个过程。各项目成本管理过程以各种方式相互交叠和相互作用,而且还与其他知识领域中的过程相互作用。

在某些项目,特别是范围较小的项目中,成本估算和成本预算之间的联系非常紧密,以至于可视为一个过程,由一个人在较短时间内完成。但本章仍然把这两个过程分开介绍,因

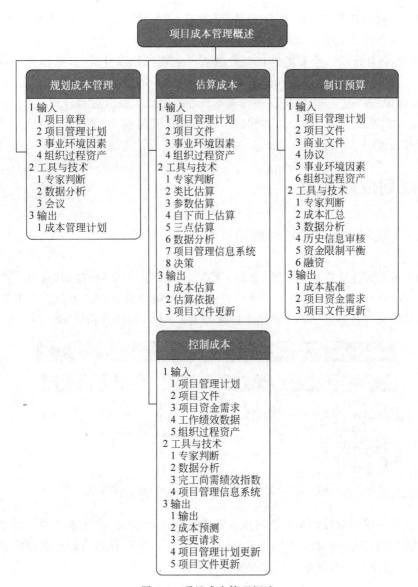

图 5-1 项目成本管理概述

为它们所用的工具和技术各不相同。成本的影响力在项目早期最大,因此尽早定义范围至关重要。

5.1.2 项目成本管理过程的核心概念

项目成本管理的核心概念如下:

(1)项目成本管理主要关注完成项目活动所需的资源成本,但它也要考虑到项目决策对后续多次使用、维护和支持项目可交付成果所需成本的影响。例如,限制设计审查的次数可降低项目成本,但可能增加由此带来的产品运营成本。

(2)不同的相关方会在不同的时间、用不同的方法测算项目成本,因此应明确考虑管理成本的相关方需求。例如,对于某采购品,可在在采购决策、下达订单、实际交货、实际成本发生或进行项目会计记账时,测算其成本。

（3）预测和分析项目产品的潜在财务绩效可能在项目以外进行,或作为项目成本管理的一部分。在很多组织中,预测和分析项目产品的财务效益是在项目之外进行的,但对于有些项目,如固定资产投资项目,可在项目成本管理中进行这项预测和分析工作。在这种情况下,项目成本管理还需使用其他过程和许多通用财务管理技术,如投资回报率分析、现金流贴现分析和投资回收期分析等。

5.2 规划成本管理

5.2.1 规划成本管理过程概述

规划成本管理是确定如何估算、预算、管理、监督和控制项目成本的过程。本过程的主要作用是,在整个项目期间为如何管理项目成本提供指南和方向。本过程仅开展一次或仅在项目的预定义点开展。图 5-2 描述本过程的输入、工具与技术和输出。

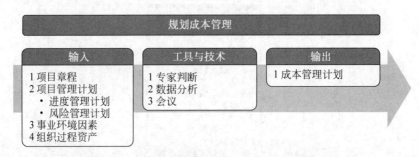

图 5-2　规划成本管理：输入、工具与技术和输出

应该在项目规划阶段的早期就对成本管理工作进行规划,建立各成本管理过程的基本框架,以确保各过程的有效性及各过程之间的协调性。成本管理计划是项目管理计划的组成部分,其过程及工具与技术应记录在成本管理计划中。

5.2.2 规划成本管理过程的输入、输出及关键技术

1. 规划成本管理过程的输入

1）项目管理计划

项目管理计划中用以制订成本管理计划的信息包括：范围基准（包括项目范围说明书和 WBS 详细信息,可用于成本估算和管理）、进度基准（定义了项目成本将在何时发生）、其他信息（项目管理计划中与成本相关的进度、风险和沟通决策等信息）。

2）项目章程

项目章程规定了项目总体预算,可据此确定详细的项目成本。项目章程所规定的项目审批要求,也对项目成本管理有影响。

3）事业环境因素

会影响规划成本管理过程的事业环境因素包括：能影响成本管理的组织文化和组织结构、市场条件（决定着在当地及全球市场上可获取哪些产品、服务和成果）、货币汇率（用于换算发生在多个国家的项目成本）、发布的商业信息（经常可以从商业数据库中获取资源成本费率及相关信息）、项目管理信息系统（可为管理成本提供多种方案）。

4）组织过程资产

会影响规划成本管理的组织过程资产包括：财务控制程序（如定期报告、费用与支付审查、会计编码及标准合同条款等），历史信息和经验教训知识库，财务数据库，现有的、正式的和非正式的、与成本估算和预算有关的政策、程序和指南。

2. 规划成本管理过程的工具与技术

1）专家判断

应征求具备以下专业知识或接受过相关培训的个人或小组的意见：以往类似项目，来自行业、学科和应用领域的信息，成本估算和预算，挣值管理。

2）数据分析

适用于本过程的数据分析技术包括备选方案分析。备选方案分析可包括审查筹资的战略方法，如自筹资金、股权投资、借贷投资等，还可以包括对筹集项目资源的方法（如自制、采购、租用或租赁）的考量。

3）会议

项目团队可能举行规划会议来制订成本管理计划。参会者可能包括项目经理、项目发起人、选定的项目团队成员、选定的相关方、项目成本负责人，以及其他必要人员。

3. 规划成本管理过程的输出

成本管理计划是项目管理计划的组成部分，描述将如何规划、安排和控制项目成本。成本管理过程及其工具与技术应记录在成本管理计划中。例如，在成本管理计划中规定：

（1）计量单位。需要规定每种资源的计量单位，例如用于测量时间的人时数、人天数或周数，用于计量数量的米、升、吨、千米或立方米，或者用货币表示的总价。

（2）精确度。根据活动范围和项目规模，设定成本估算向上或向下取整的程度（例如995.59美元取整为1000美元）。

（3）准确度。为活动成本估算规定一个可接受的区间（如±10%），其中可能包括一定数量的应急储备。

（4）组织程序链接。工作分解结构为成本管理计划提供了框架，以便据此规范地开展成本估算、预算和控制。在项目成本核算中使用的WBS组成部分，称为控制账户（Control Account，CA），每个控制账户都有唯一的编码或账号，直接与执行组织的会计制度相联系。

（5）控制临界值。可能需要规定偏差临界值，用于监督成本绩效。它是在需要采取某种措施前，允许出现的最大差异，通常用偏离基准计划的百分数来表示。

（6）绩效测量规则。需要规定用于绩效测量的挣值管理（Earned Value Management，EVM）规则。例如，成本管理计划应该：定义WBS中用于绩效测量的控制账户；确定拟用的EVM技术（如加权里程碑法、固定公式法、完成百分比法等）；规定跟踪方法以及用于计算项目完工估算（Estimate At Completion，EAC）的EVM公式，该公式计算出的结果可用于验证通过自下而上方法得出的完工估算。

（7）报告格式。需要规定各种成本报告的格式和编制频率。

（8）其他细节。关于成本管理活动的其他细节包括对战略筹资方案的说明、处理汇率波动的程序、记录项目成本的程序。

5.3 估算成本

5.3.1 软件项目成本估算概述

估算成本是对完成项目工作所需资源成本进行近似估算的过程。本过程的主要作用是确定项目所需的资金。本过程应根据需要在整个项目期间定期开展。图 5-3 描述本过程的输入、工具与技术和输出。

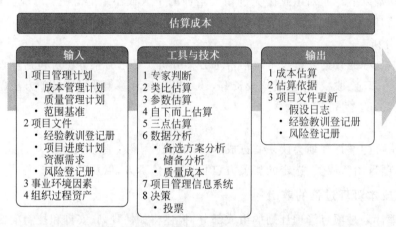

图 5-3 估算成本：输入、工具与技术和输出

成本估算是对完成活动所需资源的可能成本的量化评估，是在某特定时点，根据已知信息所做出的成本预测。在估算成本时，需要识别和分析可用于启动与完成项目的备选成本方案；需要权衡备选成本方案并考虑风险，如比较自制成本与外购成本、购买成本与租赁成本及多种资源共享方案，以优化项目成本。通常用某种货币单位（如美元、欧元、日元等）进行成本估算，但有时也可采用其他计量单位，如人时数或人天数，以消除通货膨胀的影响，便于成本比较。

进行成本估算，应该考虑将对项目收费的全部资源，包括人工、材料、设备、服务、设施，以及一些特殊的成本种类，如通货膨胀补贴、融资成本或应急成本。成本估算可在活动层级呈现，也可以汇总形式呈现。

5.3.2 软件项目成本估算的方法与度量模型

1. 成本估算的常用方法

由于软件项目的复杂性及其独特性，项目成本的估算不是一件容易的事情，它需要进行一系列的估算处理，因此，主要依靠分析和类比推理的手段进行，最基本的估算方法有以下几种：

1）成本类比估算法

也叫自上而下估算法，是利用过去类似项目的实际成本作为当前项目成本估算的基础。当对项目的详细情况了解甚少时（如在项目的初期阶段），往往采用这种方法估算项目的成本，类比估算是一种专家判断。类比估算的成本通常低于其他方法，而且其精确度通常也较差。此种方法在以下情况中最为可靠：与以往项目的实质相似，而不只是在表面上相似，并且进行估算的个人或集体具有所需的专业知识。

软件项目管理中使用类比法，往往还要解决可重用代码的估算问题。估计可重用代码量的最好办法就是由程序员或系统分析员详细地考查已存在的代码，估算出新项目可重用的代码中需重新设计的代码百分比、需重新编码或修改的代码百分比以及需重新测试的代码百分比。根据这三个百分比，可用下面的计算公式计算等价新代码行：等价代码行＝[（重新设计％＋重新编码％＋重新测试％）/3]×已有代码行。

比如：有 10 000 行代码，假定 30％需要重新设计，50％需要重新编码，70％需要重新测试，那么其等价的代码行可以计算为[（30％＋50％＋70％）/3]×10 000＝5000 等价代码行，这意味着重用这 10 000 代码相当于编写 5000 代码行的工作量。

2）自下而上估算法

是估计各个工作项或活动，并将单个工作项汇总成整体项目估算的一种方法。自下而上估算方法的成本，其准确性取决于单个活动或工作包的规模和复杂程度。一般地说，越是所需投入量较小的活动，其活动成本估算的准确性会越高。

3）专家判定技术

也称为 Delphi 法，聘请一个或多个领域专家和软件开发技术人员，由他们分别对项目成本进行估计，并最后达成一致而获得最终的成本。德尔菲法本质上是一种反馈匿名函询法。其大致流程是：在对所要预测的问题征得专家的意见之后，进行整理、归纳、统计，再匿名反馈给各专家，再次征求意见，再集中，再反馈，直至得到一致的意见。

4）参数估算法

是一种运用历史数据和其他变量（如软件编程中的编码行数、要求的人工小时数、软件项目估算中的功能点方法等）之间的统计关系，来计算活动资源成本的估算技术。这种技术估算的准确度取决于模型的复杂性及其涉及的资源数量和成本数据。与成本估算相关的例子是：将工作的计划数量与单位数量的历史成本相乘得到估算成本。

5）Parkson 法则

Parkson 法则表示工作能够由需要的时间来反映。在软件成本估计中，这意味着成本是由可获得的资源而不是由目标评价决定的。如果一个软件需要在 12 个月内由 5 个人来完成，那么工作量就是 12×5＝60 人/月（PM）。

6）赢利定价法

软件的成本通过估计用户愿意在该项目上的投资来计算，成本的预算依靠客户的预算而不是软件的功能。

以上这些估算法都有各自的优势和不足，不能简单评价某种方法的好与坏。在一个大型的软件项目中，通常要同时采用几种估算方法并且比较它们估算的结果，如果采用不同方法估算的结果大相径庭，就说明没有收集到足够的成本信息，应该继续设法获取更多的成本信息，重新进行成本估算，直到几种方法估算的结果基本一致为止。

2. 成本估算的度量模型

目前最常用的成本度量模型主要有 3 种：面向规模（Line Of Code，LOC）度量模型、面向功能点（Function Point，FP）度量模型以及 COCOMO 经验估算模型。

1）面向规模（LOC）的度量

面向规模的软件度量通过规范化质量和生产率测量的方法得到，这种测量是基于所生产软件的规模（Size）确定的。为了与其他项目中的同类度量相比较，选择代码行作为规范化单位，这样，就可以为每个项目产生一组简单的并且面向规模的度量标准：每千行代码（KLOC）的错误数、每千行代码（KLOC）的缺陷数、每千行代码（KLOC）的成本、每千行代码（KLOC）的文档页数、每人月错误数、每页文档的成本。

LOC 是指所有的可执行的源代码行数，包括可交付的工作控制语言语句、数据定义、数据类型声明、等价声明、输入/输出格式声明等。一代码行（1LOC）的价值和人/月均代码行数可以体现一个软件生产组织的生产能力。组织可以根据对历史项目的审计来核算组织的单行代码价值。

例如，某软件公司统计发现该公司每一万行 C 语言源代码形成的源文件（.c 和 .h 文件）约为 250KB。某项目的源文件大小为 3.75MB，则可估计该项目源代码大约为 15 万行，该项目累计投入工作量为 240 人/月，每人月费用为 10 000 元（包括人均工资、福利、办公费用公摊等），则该项目中 1LOC 的价值为（240×10 000）/150 000＝16 元/LOC。该项目的人月均代码行数为 150 000/240＝625LOC/（人/月）。

2）面向功能点（FP）的度量

功能点（Function Point，FP）技术是 Albrecht 在 1979 年首先提出来的一种比较流行的估算方法，它将估算的关注点集中于程序的"功能性"和"实用性"上，而不是 LOC 的计数上。可以说，功能点估算法是指一种基于软件功能的度量方法。与代码行估算法不同的是，功能点估算法是对软件和软件开发过程的间接度量。功能点是基于软件信息领域的可（直接）计算的测量及对其复杂性的评估而导出的。功能点计算的示例如图 5-4 所示。

测量参数	数量	加权因子			FP计数 （=数量×加权因子）
		简单	平均	复杂	
外部输入和输出数		3	4	6	
外部接口数		7	7	10	
用户交互数		3	4	6	
系统要用的文件数		7	10	15	
总计数值					

图 5-4　功能点计算示例

每个功能都具有外部输入输出数、文件数、用户查询数和外部接口数等四个信息域特征。功能点法是通过建立一个标准来确定某个特定的测量参数（简单、平均或复杂）的功能点数，但权重的确定多少带有一定的主观性。

一般可以采用下面的方法计算功能点：

$$FP＝总计数值×[0.65＋0.01×SUM(F_i)]$$

其中，总计数值是四个信息域特征中所得到的所有条目的总和。$F_i(i＝1,2,3,\cdots,14)$是对以下 14 个问题回答的结果而得出的权重调整值(0~5)。等式中的常数和参数的加权因子是根据经验确定的。Fi 针对的问题包括：系统是否需要可靠的备份和恢复；是否需要数据通信；是否有分布处理功能；系统是否很关键；系统是否在一个已有的、很实用的操作环境中运行；系统是否需要联机处理；联机数据项是否需要在多屏幕或多操作之间切换以完成操作；是否需要联机更新主文件；输入、输出及文件查询是否很复杂；内部处理是否复杂；代码是否需要设计成可复用的；设计中是否需要包括转换及安装；系统的设计是否支持不同组织的多次安装；应用的设计是否方便用户修改及使用。问题的答案及相应权重为：没有影响(0)；偶有影响(1)；轻微影响(2)；平均影响(3)；较大影响(4)；严重影响(5)。

一旦计算出功能点，就可以采用类似面向规模的方法来使用，以便规范软件生产率、质量及其他属性的测量：每个功能点(FP)的错误数、每个功能点(FP)的缺陷数、每个功能点(FP)的成本、每个功能点(FP)的文档页数、每人月完成的功能点(FP)数。

面向功能点(FP)和面向规模两种度量方法之间的关系为 LOC＝AVC×功能点的数量，其中 AVC 是指该语言在实现一个功能点时所要用的平均代码行数。

3) COCOMO 经验估算模型

COCOMO 经验估算模型(Constructive Cost Model)，用于对软件开发项目的规模、成本、进度等方面进行估算。COCOMO 模型是一个综合经验模型，模型中的参数取值来自于经验值并且综合了诸多的因素。在 COCOMO 模型中，根据开发环境及项目规模等因素，可把项目分为以下 3 种：

(1) 组织模式：相对较小、较简单的软件项目。开发人员对开发目标理解比较充分，与软件系统相关的工作经验丰富，对软件的使用环境很熟悉，受硬件的约束较小，程序的规模不是很大(＜50 000 行)。

(2) 嵌入模式。通常与某种复杂的硬件设备紧密结合在一起，对接口、数据结构、算法的要求高，软件规模任意。

(3) 半独立型。介于上述两种模式之间，规模和复杂度都属于中等或更高。最大可达30 万行。

COCOMO 模型的层次也包括 3 种基本形式，即基本 COCOMO 模型、中间 COCOMO模型和详细 COCOMO 模型。

(1) 基本 COCOMO 模型。系统开发的初期，估算整个系统的工作量(包括维护)以及软件开发和维护所需的时间。计算工作量(人/月)E 的公式为 $E＝a×(KLOC)^b$，其中 a 和b 是经验常数；计算开发时间(月)D 的公式为 $D＝c×E^d$，其中 c 和 d 是经验常数。参数 a、b、c、d 的取值如图 5-5 所示。

软件类型	a	b	c	d	适用范围
组织型	2.4	1.05	2.5	0.38	各类应用程序
半独立型	3.0	1.12	2.5	0.35	各类编译程序等
嵌入型	3.6	1.20	2.5	0.32	实时软件、OS等

图 5-5　COCOMO 经验估算模型(基本模型)参数取值

(2) 中间 COCOMO 模型。估算各个子系统的工作量和开发时间。计算工作量(人月)E 的公式为 $E＝a×(KLOC)^b×EAF$。其中，EAF 表示工作量调节因子，调节因子及其取值由统计结果和经验决定,不同的软件开发组织在不同的时期可能会有不同的取值,其计算公式为 $EAF=Fi(i=1,2,\cdots,15)$,a,b 为经验常数,其取值如图 5-6 所示。

软件类型	a	b
组织型	3.2	1.05
半独立型	3.0	1.12
嵌入型	2.8	1.20

图 5-6 COCOMO 经验估算模型(中间 COCOMO 模型)参数取值

【案例场景】 开发某商业软件的参数及经验值如下：目标代码行 33.2KLOC,属于中等规模,半独立型,因而 a=3.0,b=1.12,c=2.5,d=0.35。要求用基本 COCOMO 模型估算项目的工作量、开发时间和参加项目开发的人数。

【案例分析】

工作量(人/月)：$E=3.0\times33.2^{1.12}=152(PM)$

开发时间(月)：$D=2.5\times152^{0.35}=14.5（月）$

参加项目人数：$N=E/D=152/14.5=11(人)$

5.3.3 估算成本过程的输入、输出及工具与技术

1. 估算成本过程的输入

1) 成本管理计划

规定了如何管理和控制项目成本,包括估算活动成本的方法和需要达到的准确度。

2) 人力资源管理计划

提供了项目人员配备情况、人工费率和相关奖励/认可方案,是制订项目成本估算时必须考虑的因素。

3) 范围基准

范围基准包括范围说明书、工作分解结构、WBS 词典。范围基准中可能还包括与合同和法律有关的信息,如健康、安全、安保、绩效、环境、保险、知识产权、执照和许可证等。所有这些信息都应该在进行成本估算时加以考虑。

4) 项目进度计划

项目工作所需的资源种类、数量和使用时间,都会对项目成本产生很大影响。进度活动所需的资源及其使用时间,是本过程的重要输入。

5) 风险登记册

通过审查风险登记册,考虑应对风险所需的成本。一般而言,在项目遇到负面风险事件后,项目的近期成本将会增加,有时还会造成项目进度延误。同样,项目团队应该对可能给业务带来好处(如直接降低活动成本或加快项目进度)的潜在机会保持敏感。

6) 事业环境因素

会影响估算成本过程的事业环境因素包括市场条件以及发布的商业信息。

7) 组织过程资产

会影响估算成本过程的组织过程资产包括成本估算政策、成本估算模板、历史信息、经

验教训。

2. 估算成本过程的工具与技术

1) 专家判断

应征求具备以下专业知识或接受过相关培训的个人或小组的意见：以往类似项目，来自行业、学科和应用领域的信息，成本估算方法。

2) 类比估算

成本类比估算使用以往类似项目的参数值或属性来估算。项目的参数值和属性包括（但不限于）范围、成本、预算、持续时间和规模指标（如尺寸、重量），类比估算以这些项目参数值或属性为基础来估算当前项目的同类参数或指标。

3) 参数估算法

参数估算法是一种运用历史数据和其他变量（如软件编程中的编码行数，要求的人工小时数，软件项目估算中的功能点方法等）之间的统计关系，来计算活动资源成本的估算技术。这种技术估算的准确度取决于模型的复杂性及其涉及的资源数量和成本数据。与成本估算相关的例子是：将工作的计划数量与单位数量的历史成本相乘得到估算成本。

4) 自下而上估算

自下而上估算是对工作组成部分进行估算的一种方法。首先对单个工作包或活动的成本进行最具体、细致的估算，然后把这些细节性成本向上汇总或"滚动"到更高层次，用于后续报告和跟踪。自下而上估算的准确性及其本身所需的成本，通常取决于单个活动或工作包的规模或其他属性。

5) 三点估算

三点估算也称"PERT"法，在计算每项活动的工期时都要考虑三种可能性（最悲观的工期、最可能的工期、最乐观的工期），然后再计算出该活动的期望工期。通过考虑估算中的不确定性与风险，使用三种估算值来界定活动成本的近似区间，可以提高单点成本估算的准确性。三点估算法把非肯定型问题转化为肯定型问题来计算，用概率论的观点分析，其偏差仍不可避免，但趋向总是有明显的参考价值，当然，这并不排斥每个估计都尽可能做到可能精确的程度。

3. 估算成本过程的输出

1) 成本估算

包括对完成项目工作可能需要的成本、应对已识别风险的应急储备，以及应对计划外工作的管理储备的量化估算。

2) 估算依据

成本估算所需的支持信息的数量和种类，因应用领域而异，不论其详细程度如何，支持性文件都应该清晰、完整地说明成本估算是如何得出的。成本估算的支持信息可包括：关于估算依据的文件（如估算是如何编制的），关于全部假设条件的文件，关于各种已知制约因素的文件，有关已识别的、在估算成本时应考虑的风险的文件，对估算区间的说明（如"10000美元 ±10%"就说明了预期成本的所在区间），对最终估算的置信水平的说明。

3) 项目文件更新

可在本过程更新的项目文件包括假设日志、经验教训登记册以及风险登记册。

5.4 制订预算

5.4.1 制订预算过程概述

制订预算是汇总所有单个活动或工作包的估算成本，建立一个经批准的成本基准的过程。本过程的主要作用是，确定可据以监督和控制项目绩效的成本基准。本过程仅开展一次或仅在项目的预定义点开展。图 5-7 描述本过程的输入、工具与技术和输出。项目预算包括经批准用于执行项目的全部资金，而成本基准是经过批准且按时间段分配的项目预算，包括应急储备，但不包括管理储备。

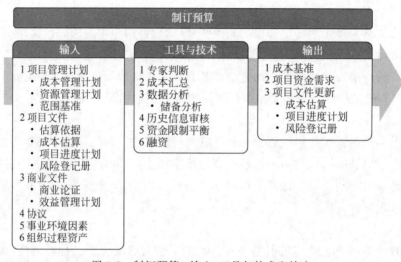

图 5-7　制订预算：输入、工具与技术和输出

5.4.2 制订预算过程的输入、输出及关键技术

1. 制订预算过程的输入

1）项目管理计划

（1）成本管理计划。描述如何将项目成本纳入项目预算中。

（2）资源管理计划。提供有关（人力和其他资源的）费率、差旅成本估算，和其他可预见成本的信息，这些信息是估算整个项目预算时必须考虑的因素。

（3）范围基准。包括项目范围说明书、WBS 和 WBS 词典的详细信息，可用于成本估算和管理。

2）项目文件

项目文件包括估算依据、成本估算、项目进度计划、风险登记册。

3）商业文件

商业文件包括商业论证及效益管理计划。

4）协议

在制订预算时，需要考虑将要或已经采购的产品、服务或成果的成本，以及适用的协议信息。

5）事业环境因素

事业环境因素包括汇率。对于持续多年、涉及多种货币的大规模项目，需要了解汇率波动并将其纳入制订预算过程。

6）组织过程资产

组织过程资产包括现有的正式和非正式的与成本预算有关的政策、程序和指南，历史信息和经验教训知识库，成本预算工具，报告方法。

2. 制订预算过程的工具与技术

1）专家判断

应征求具备以下专业知识或接受过相关培训的个人或小组的意见：以往类似项目，来自行业、学科和应用领域的信息，财务原则，资金需求和来源。

2）成本汇总

先把成本估算汇总到 WBS 中的工作包，再由工作包汇总至 WBS 的更高层次（如控制账户），最终得出整个项目的总成本。

3）数据分析

可用于制订预算过程的数据分析技术包括可以建立项目管理储备的储备分析。管理储备是为了管理控制的目的而特别留出的项目预算，用来应对项目范围中不可预见的工作。

4）历史信息审核

审核历史信息有助于进行参数估算或类比估算。历史信息可包括各种项目特征（参数），它们用于建立数学模型预测项目总成本。这些数学模型可以是简单的（例如，建造住房的总成本取决于单位面积建造成本），也可以是复杂的（例如，软件开发项目的成本模型中有多个变量，且每个变量又受许多因素的影响）。类比和参数模型的成本及准确性可能差别很大。在以下情况中，它们将最为可靠：用来建立模型的历史信息准确；模型中的参数易于量化；模型可以调整，以便对大项目、小项目和各项目阶段都适用。

5）资金限制平衡

应该根据对项目资金的任何限制，来平衡资金支出。如果发现资金限制与计划支出之间的差异，则可能需要调整工作的进度计划，以平衡资金支出水平。这可以通过在项目进度计划中添加强制日期来实现。

6）融资

融资是指为项目获取资金。长期的基础设施、工业和公共服务项目通常会寻求外部融资。如果项目使用外部资金，出资实体可能会提出一些必须满足的要求。

3. 制订预算过程的输出

1）成本基准

成本基准是经过批准的、按时间段分配的项目预算，不包括任何管理储备，只有通过正式的变更控制程序才能变更，用作与实际结果进行比较的依据。成本基准是不同进度活动经批准的预算的总和。

项目预算和成本基准的各个组成部分，如图 5-8 所示。先汇总各项目活动的成本估算及其应急储备，得到相关工作包的成本；然后汇总各工作包的成本估算及其应急储备，得到控制账户的成本；接着再汇总各控制账户的成本，得到成本基准。由于成本基准中的成本估算与进度活动直接关联，因此就可按时间段分配成本基准，得到一条 S 形曲线，如图 5-9 所示。对于使用挣值管理的项目，成本基准指的是绩效测量基准。

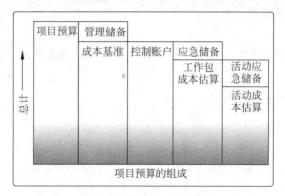

图 5-8　项目预算的组成

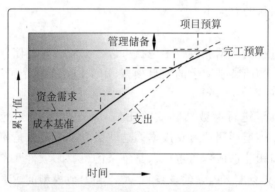

图 5-9　成本基准、支出与资金需求

最后，在成本基准之上增加管理储备，得到项目预算。当出现有必要动用管理储备的变更时，则应该在获得变更控制过程的批准之后，把适量的管理储备移入成本基准中。

2）项目资金需求

根据成本基准，确定总资金需求和阶段性（如季度或年度）资金需求。成本基准中既包括预计支出及预计债务。项目资金通常以增量的方式投入，并且可能是非均衡的。如果有管理储备，则总资金需求等于成本基准加管理储备。在资金需求文件中，也可说明资金来源。

3）项目文件更新

可在本过程更新的项目文件包括成本估算、项目进度计划、风险登记册。

5.5　控制成本

5.5.1　控制成本过程概述

控制成本是监督项目状态，以更新项目成本和管理成本基准变更的过程。本过程的主要作用是，在整个项目期间保持对成本基准的维护。本过程需要在整个项目期间开展。

图 5-10 描述本过程的输入、工具与技术和输出。

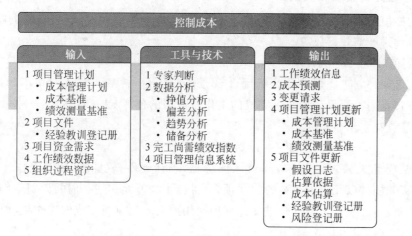

图 5-10　控制成本：输入、工具与技术和输出

要更新预算，就需要了解截至目前的实际成本。只有经过实施整体变更控制过程的批准，才可以增加预算。只监督资金的支出，而不考虑由这些支出所完成的工作的价值，对项目没有什么意义，最多只能跟踪资金流。所以在成本控制中，应重点分析项目资金支出与相应完成的工作之间的关系。有效成本控制的关键在于管理经批准的成本基准。

项目成本控制包括：

（1）对造成成本基准变更的因素施加影响；

（2）确保所有变更请求都得到及时处理；

（3）当变更实际发生时，管理这些变更；

（4）确保成本支出不超过批准的资金限额，既不超出按时段、按 WBS 组件、按活动分配的限额，也不超出项目总限额；

（5）监督成本绩效，找出并分析与成本基准间的偏差；

（6）对照资金支出，监督工作绩效；

（7）防止在成本或资源使用报告中出现未经批准的变更；

（8）向相关方报告所有经批准的变更及其相关成本；

（9）设法把预期的成本超支控制在可接受的范围内。

5.5.2　挣值管理（EVM）

项目的挣值管理（Earned Value Management，EVM），指进度计划、成本预算和实际成本三个相联系的独立的变量，进行项目绩效测量的一种方法。它比较计划工作量、WBS 的实际完成量（挣得）与实际成本花费，以决定成本和进度绩效是否符合原定计划。所以，相对其他方法，它是更适合项目成本管理的测量与评价方法。挣值管理可以在项目某一特定时间点上，从达到范围、时间、成本三项目标上评价项目所处的状态。挣值管理是以项目计划作为一个基准线来衡量：已经完成的工作、花费的时间（是超前还是滞后）、花费的成本（是超支还是节约）。

1. 与挣值分析密切相关的三个基本参数

项目的挣值管理有三个重要的参数，使用这三个参数能够算出成本偏差、进度偏差、成本绩效指数和进度绩效指数等。

1）计划值（Plan Value，PV）

计划值又叫计划工作量的预算费用（Budgeted Cost for Work Scheduled，BCWS）。是指项目实施过程中某阶段计划要求完成的工作量所需的预算工时（或费用）。也就是当前进度下的活，应该花多少钱。

$$PV=计划工作量 \times 预算定额$$

例如，某项目打算安装一台 Web 接入服务器，预计硬件、软件、安装等工作计划用一周的时间，购买软硬件以及请人安装的成本预算，批准了 3 万元。这一周的计划工作量预算费用 PV 就是 3 万元。PV 主要反映进度计划用费用值表示的应当完成的工作量，而不是反映消耗的成本（工时，费用）。

2）实际成本（Actual Cost，AC）

实际成本又叫已完成工作量的实际费用（Actual Cost for Work Performed，ACWP）。是指项目实施过程中某阶段实际完成的工作量所消耗的工时（或费用），即实际花了多少钱。

例如，上例中，最后实际用了两周时间，完成了服务器的购买和安装。在第一周花 2.5 万元购买了服务器，在第二周花 0.5 万元完成了安装工作，则第一周结束时的 AC 为 2.5 万元，第二周的 AC 为 0.5 万元。

3）挣值（Earned Value，EV）

挣值又叫已完成工作量的预算成本（Budgeted Cost for Work Performed，BCWP）。是指项目实施过程中某阶段实际完成工作量的按预算定额计算出来的工时（或费用）。也就是干完的活值多少钱。

EV 的计算公式为

$$EV=已完成工作量 \times 预算定额$$

公式中的已完成工作量是总计划工作量的一个完成百分比。

例如，上例中，第一周购买了服务器和软件，是完成总计划工作量的 70%，第一周的计划成本是 3 万元，那么第一周的挣值是：EV=70%×3 万元=2.1 万元，即在第一周时间点上挣值是 2.1 万元。

2. 挣值分析中的常用尺度

挣值管理主要用于项目成本和进度的监控。以下就是根据挣值管理的三个基本参数，计算出偏差和绩效指标值，以对项目活动进行"进度分析"和"费用分析"：

1）进度偏差（Schedule Variance，SV）

公式为

$$SV=EV-PV$$

（1）当 SV>0 时：进度超前状态。挣值大于计划值，也就是干完的活比计划的活多，表明进度超前。

（2）当 SV=0 时：挣值等于计划值。也就是干完的活跟计划的一样多，表明进度与计划相符。

（3）当 SV＜0 时：进度滞后状态。挣值小于计划值，也就是干完的活比计划的少，表明进度落后。

2）成本偏差（Cost Variance，CV）

公式为

$$CV = EV - AC$$

（1）当 CV＞0 时：成本节约状态。挣值大于实际花费，也就是花的钱少、干的活多，表明省钱了，成本有结余。

（2）当 CV＝0 时：说明挣值等于实际花费。也就是花的钱和干的活一样多，表明成本花费跟计划的一样。

（3）当 CV＜0 时：成本超支状态。挣值小于实际花费，也就是花的钱多、干的活少，表明成本超支。

3）费用绩效指标（Cost Performed Index，CPI）

公式为

$$CPI = EV/AC$$

（1）当 CPI＞1 时：成本节约。挣值大于实际花费，也就是花的钱少、干的活多，表明省钱了，成本有结余。

（2）当 CPI＝1 时：挣值等于实际花费。也就是花的钱和干的活一样多，表明成本花费跟计划的一样。

（3）当 CPI＜1 时：成本超支。挣值小于实际花费，也就是花的钱多，干的活少。说明成本超支。

4）进度绩效指标（Schedule Performed Index，SPI）

公式为

$$SPI = EV/PV$$

（1）当 SPI＞1 时：进度超前。挣值大于计划值，也就是干完的活比计划的活多，表明进度超前。

（2）当 SPI＝1 时：挣值等于计划值。也就是干完的活跟计划的一样多，表明进度与计划相符。

（3）当 SPI＜1 时：进度滞后。挣值小于计划值，也就是干完的活比计划的少，表明进度落后。

注意：偏差的值最好的情况是等于 0。说明计划准确，执行也准确。指标值最好的情况是等于 1。两种指标的第一个参数都是 EV，看进度就跟 PV 比，看成本就跟 AC 比。

【案例场景】

某项目计划工期为 4 年，预算总成本为 800 万元。在项目的实施过程中，通过对成本的核算和有关成本与进度或记录得知，在开工后第二年年末的实际情况是：开工后二年末实际成本发生额为 200 万元，所完成工作的计划预算成本额为 100 万元。与项目预算成本比较可知：当工期过半时，项目的计划成本发生额应该为 400 万元。试分析项目的成本执行情况和计划完工情况。

【案例分析】

由已知条件可知：

PV＝400 万元，AC＝200 万元，EV＝100 万元。

CV＝EV－AC＝100－200＝－100，成本超支 100 万元。

SV＝EV－PV＝100－400＝－300，进度落后 300 万元。

SPI＝EV/PV＝100/400＝25％，二年只完成了二年工期的 25％，相当于只完成了总任务在 1/4。

CPI＝EV/AC＝100/200＝50％，完成同样的工作量实际发生成本是预算成本的 2 倍。

3. 挣值分析的应用

1) 挣值分析的应用

（1）项目经理、高层经理或项目监理可根据项目数据，分析评价项目运行状态。针对系统中进度偏差率和成本偏差率的不同程度，将项目分成严重缺陷（高层介入，要求项目组进行限期整改，并扣除一定额度的阶段项目奖金）、一般缺陷（高层关注，并分析形成偏差的原因，尽快纠正偏差）和允许缺陷（关注偏差的发展趋势）。

（2）根据项目的绩效指标，项目经理可以对未来项目完成时的总成本情况 EAC（完工估算），进行预测，以确定是否需要对工程中的工作内容和范围、工作计划、工作方式进行调整。

2) 挣值分析可能出现的情况及其应对措施

（1）进度超前、进度较快：可降低费用，提高费用效率。

（2）费用效率较高：可以按情况，适当抽出一部分人员加速其他进度较低的项目进展。

（3）费用效率很低：全面强化费用绩效管理，调整项目进程计划。

（4）费用效率很高：可以根据需要加大费用投入，加速项目进度。

（5）费用效率较高：加大投入力度，采取激励措施，全面加速项目进展速度。

（6）费用效率较低：强化工作标准，加速项目进展，同时注意监控费用。

3) 挣值分析法的不足之处

挣值分析法历来是项目经理最不能充分掌握和使用的成本管理方法之一，可见该方法存在一些不足之处：

（1）WBS（工作分解结构）是使用挣值法的一个难题，因按照不同分解类型得出的 WBS 差别很大，所以需要找到一个能兼顾这些矛盾的层次结构。

（2）已完成作业量是挣值分析的基本参数之一，对其进行准确而有效的度量至关重要。但是在度量完成一个整体单元的工作量时，往往会因为很多不确定因素的存在而出现无法衡量的问题。

（3）在挣值分析中不区分关键路径和非关键路径，但项目管理中关键路径和非关键路径对项目的影响差别是很大的，在项目监控时需要区别对待。因此，采用挣值分析法对项目进行监控时，不能针对重点进行纠偏。

5.5.3 控制成本过程的输入、输出及关键技术

1. 控制成本过程的输入

1) 项目管理计划

项目管理计划组件包括成本管理计划、成本基准、绩效测量基准。

2）项目文件

项目文件可作为本过程输入的项目文件包括经验教训登记册。在项目早期获得的经验教训可以运用到后期阶段,以改进成本控制。

3）项目资金需求

项目资金需求包括预计支出及预计债务。

4）工作绩效数据

工作绩效数据包含关于项目状态的数据,例如哪些成本已批准、发生、支付和开具发票。

5）组织过程资产

会影响控制成本过程的组织过程资产包括:现有的正式和非正式的与成本控制相关的政策、程序和指南,成本控制工具,可用的监督和报告方法。

2. 控制成本过程的工具与技术

1）专家判断

成本过程中的专家判断包括偏差分析、挣值分析、预测、财务分析。

2）数据分析

(1) 挣值分析(EVA)。挣值分析将实际进度和成本绩效与绩效测量基准进行比较。EVM 把范围基准、成本基准和进度基准整合起来,形成绩效测量基准。它针对每个工作包和控制账户,计算并监测以下三个关键指标:计划价值(PV)、实际成本(AC)和挣值(EV)。

(2) 计划价值。计划价值(PV)是为计划工作分配的经批准的预算,它是为完成某活动或工作分解结构(WBS)组成部分而准备的一份经批准的预算,不包括管理储备。应该把该预算分配至项目生命周期的各个阶段;在某个给定的时间点,计划价值代表着应该已经完成的工作。PV 的总和有时被称为绩效测量基准(PMB),项目的总计划价值又被称为完工预算(BAC)。

(3) 挣值。挣值(EV)是对已完成工作的测量值,用该工作的批准预算来表示,是已完成工作的经批准的预算。EV 的计算应该与 PMB 相对应,且所得的 EV 值不得大于相应组件的 PV 总预算。

3）完工尚需绩效指数

完工尚需绩效指数(TCPI)是一种为了实现特定的管理目标,剩余资源的使用必须达到的成本绩效指标,是完成剩余工作所需的成本与剩余预算之比。TCPI 是指为了实现具体的管理目标(如 BAC 或 EAC),剩余工作的实施必须达到的成本绩效指标。

4）项目管理信息系统（PMIS）

项目管理信息系统常用于监测 PV、EV 和 AC 这三个 EVM 指标、绘制趋势图,并预测最终项目结果的可能区间。

3. 控制成本过程的输出

1）工作绩效信息

包括有关项目工作实施情况的信息(对照成本基准),可以在工作包层级和控制账户层级上评估已执行的工作和工作成本方面的偏差。对于使用挣值分析的项目,CV、CPI、EAC、VAC 和 TCPI 将记录在工作绩效报告中。

2）成本预测

无论是计算得出的 EAC 值,还是自下而上估算的 EAC 值,都需要记录下来,并传达给相关方。

3）变更请求

分析项目绩效后，可能会就成本基准和进度基准，或项目管理计划的其他组成部分提出变更请求。应该通过实施整体变更控制过程对变更请求进行审查和处理。

4）项目管理计划更新

项目管理计划的任何变更都以变更请求的形式提出，且通过组织的变更控制过程进行处理。可能需要变更请求的项目管理计划组成部分包括：成本管理计划、成本基准、绩效测量基准。

5）项目文件更新

可在本过程更新的项目文件包括假设日志、估算依据、成本估算、经验教训登记册、风险登记册。

5.6 案例分析

1. 案例1

【案例场景】 项目成功与盈利的关键因素——项目估算。

（1）准确的项目估算是项目管理的前提。

对于 IT 服务企业来说，项目估算是至关重要的基础数据。一方面，项目经理要根据估算做成本预算、资源需求、进度计划。如果估算错误，那么这些计划都是不符合实际的，项目经理、公司管理层都在一个错误的计划的基础上进行工作安排，其结果可想而知。另一方面，IT 服务企业的项目报价，也是基于项目估算。根据项目估算的工作量和成本，打上公司要求的合理毛利率，最终得到基础报价。如果估算错误，报价也是无稽之谈了。

神州数码在第一次进行定量化项目考核时，就遇到估算的难题。定量化考核的结果，是有很多项目的进度、成本偏差非常好，比如原先预算 200 万元的项目，实际只花费 100 万元就完成了。这似乎是出色项目管理的表现，其实不然，出现这种情况主要是因为项目经理在做预算时加入了太多的"余量"，或者说，项目经理严重高估了项目预算。

早期神州数码没有估算依据、没有标准估算过程，带来估算不准确的严重问题：

① 报价不准确，越大的项目报价越糊涂。很多大型软件服务项目（如千万元级的项目）最终亏损，估算是主要祸首。通常金额越大的项目越复杂，项目估算也越难。通常项目经理倾向于"乐观估计"，尤其忽视项目过程中的风险，导致估算出来的成本大大低于实际。神州数码过去很多项目在实施的时候才发现，实际成本比报价高了几乎一倍，这种项目只有亏损一条路了。

② 销售人员与项目经理之间的冲突。在成本估算上，销售人员与项目经理本质上是冲突的。销售人员希望成本越低越好，而项目经理则希望打一些余量。在没有估算依据和标准的时候，这是一笔糊涂账。神州数码于 2004 年启动严格的项目利润考核与项目成本控制考核，这种考核制度进一步加剧了销售人员（对利润负责）和项目经理（对成本控制考核）的冲突。定量化考核原先是试图找到一个比较公正的考评办法，最终结果却完全走样。

③ 评审人员难以确定预算合理性。作为审核预算的高级管理人员，同样面临困难。IT 服务项目大多比较复杂，售前过程很长。高级管理人员没有时间深入售前过程，因此很难判断项目经理的估算规模是否准确。即使"感觉"预算过高，也仅仅是"感觉"而已，无法拿出依据。

（2）软件估算是一个普遍的难题。

IT 服务行业的项目管理面临众多挑战，严格意义上说，IT 服务行业的项目管理环境比很多传统行业都要严酷。比如说房屋装修行业的项目管理，在方案提出、合同签署、工程实施开始、范围管理、变更管理诸多环节，其实是相当规范的，比很多 IT 服务项目管理还要规范。甚至在项目估算环节，无论是刷墙漆、铺地板、改电路，都有企业规定的估算标准，远比 IT 服务行业很多项目经理"拍脑袋"进行估算，要规范得多。

但是，软件服务的估算技术也是比较复杂的。在 PMI 的 PMBOK 中，关于估算提出了一些技术参考，业内也有一些方法，如 COCOMO、功能点估算等。但神州数码研究发现很难在实际中应用诸如 COCOMO 等模型。经过两年多探索，神州数码最终发展出一套比较实用的估算技术，并采用项目管理软件系统加以实现，取得了较好的效果。

（3）项目估算必须基于企业历史数据。

神州数码在走了很多弯路之后发现，最有效的估算依据是企业过去的历史数据。神州数码可能无法测算出标准功能点估算的数十个参数，但是历史数据是可以拿到的，而历史数据是真实能力的体现。最终神州数码采用了三种估算方法，分别适用于不同的项目类型，具体如下：

① 基于范围分解-历史经验数据的估算方法。

适用于解决方案实施型项目。对于"解决方案实施型"项目，项目的工作内容是有参照的。比如开发一个银行核心业务系统，银行核心业务系统的内容大致差不多：存款、贷款、结算等模块。或者一个 ERP 实施项目，ERP 实施的模块也是大致差不多的。这种项目可以采用基于范围分解－历史经验数据的估算方法。

估算模型如下：估算的核心，在于对项目范围进行分解，并分解到一个可度量、并且是能够提供历史数据的小模块。如银行系统的存款子系统，可以分解出开户交易。而开户交易可利用过去企业其他项目的工作量经验数据。项目经理可以将工作范围进行分解，直至分解出某些特定的功能——而这些功能是可以从"组织估算库"中导入的。

项目管理软件系统提供了估算、估算基线化、组织估算库管理、估算库基线化、按系统分解和建立估算库等功能。神州数码建立了针对不同解决方案（系统）的功能分解估算库数据。估算库数据的初始建立，可以选用一个大家公认的作为"标杆"的项目数据。虽然这个数据未必准确，但至少提供了一个进行估算的依据。企业可能通过逐步精化的方法，不断逼近准确的估算数据基础。

② 基于过程分解-历史经验数据的估算方法，适用于推广型项目。

过程分解模式也是一种估算方法。过程分解的理论依据是，采用偏过程的 WBS 分解方式。项目经理首先选取与当前项目类型类似的历史项目数据（记录在项目生命周期模板中），取得按项目实施阶段分布的工作量经验值，并结合项目实际情况进行调整。这种估算方法比较适合推广型项目。比如完成了北京某局的工作，然后再做上海某局的项目。

③ 基于工作产品分解-生产率模型的估算方法，适用于纯粹软件开发项目。

纯粹软件开发项目，特别是内部研发型项目，受到客户干扰比较小，神州数码可以非常好地进行管理控制。神州数码研发部门通过了 CMMI 四级认证。CMMI 提供了一套适合于软件开发，尤其是大规模软件开发的估算方法，其特点是首先估算软件产品的规模，然后根据一些策略估算工作量。软件的生产率是其中的一个核心参数。

【问题 1】　神州数码是如何解决项目估算失准问题的？

【问题 1 分析】

软件服务项目的估算技术是业内的难点，也是软件服务项目管理必须解决的问题。由于软件服务项目环境的不同，并不能简单地应用一些国际流行的估算技术（如 COCOMO）解决问题。

神州数码认识到"解决估算问题"是一个必须完成的任务，在走了一些弯路之后，最终摸索出三种估算方法，适用于不同的项目类型，取得了很好的成效。

2. 案例 2

【案例场景】　A 银行在南方的某个城市开了 3 家分行。银行总裁最近任命 B（银行信息技术副总裁）负责开发一个网站，来提高银行的服务水平，目的是提高客户获取账户信息的便利性，使个人可以在线申请贷款和信用卡。

B 决定将这一项目分配给 C（两个信息技术主任中的一个）。因为 A 银行目前没有网站，B 和 C 一致认为项目应该从比较现有的网站开始，获得对这一领域里最新技术的更好了解。

在他们第一次会议结束时，B 要求 C 粗略地估算项目在正常速度下需花费多长时间及多少成本能够完成该项目，由于总裁非常急于启动该网站，B 还要求 C 准备一份尽快启动网站的时间和成本估算报告。

在第一次项目团队会议上，项目团队确定出了与项目相关的 7 项主要任务。第一项任务是与现有的网站进行比较，按正常速度估算完成这项任务需要花 10 天，成本为 15 000 美元。但是，如果使用允许的最多加班量，则可以在 7 天、成本 18 750 美元的条件下完成。

一旦完成比较任务，就需要向最高管理层提交项目计划和项目定义文件，以便获得批准。项目团队估算完成这项任务按正常速度为 5 天，成本为 3750 美元或赶工为 3 天，成本为 4500 美元。当项目团队从最高层获得批准后，网络设计就可以开始了。项目团队估计网站设计需求 15 天、45 000 美元，如加班则为 10 天、58 500 美元。

网站设计完成后，有 3 项任务必须同时进行：

（1）开发网站数据库。

（2）开发和编写代码。

（3）开发和编写网站表格码。

估计数据库的开发在不加班时为 10 天和 9000 美元，加班时可以在 7 天和 11 250 美元的情况下完成。同样，项目团队估算在不加班的情况下，开发和编写网页码需 10 天和 1500 美元，加班可以减少 2 天，成本为 19 500 美元。开发表格工作分包给别的公司，需要 7 天、8400 美元。开发表格的公司没有提供赶工多收费的方案。最后，一旦数据库开发出来，网页和表格编码完毕，整个网站需进行测试、修改。项目团队估算需要 3 天，成本为 4500 美元。如果加班，则可以减少 1 天，成本为 6750 美元。

【问题 1】　①如果不加班，完成此项目的成本是多少？完成这一项目要花多长时间？②项目可以完成的最短的时间量为多少？在最短时间内完成项目的成本是多少？③假定比较其他网站的任务执行需要 13 天而不是原来估算的 10 天。你将采取什么行动保持项目按常规进度进行？④假定总裁想在 35 天内启动网站，你将采取什么行动来达到这一期限？在 35 天完成项目将多花费多少？

【案例分析】

（1）首先要根据所给条件列表并计算出如下信息，如图 5-11 所示。

（2）从图 5-11 可以求出每个活动若都进行赶工，项目完成需要的时间为 30 天。

（3）从图 5-11 可以看出我们可以压缩活动 3、活动 4、活动 5、活动 6、活动 7，只要压缩的总时间为 3 周即可。

（4）我们优先考虑压缩"赶工成本较低的活动"，因此需要压缩活动 1、活动 2、活动 3、活动 7，项目时间压缩到 35 天，项目成本为 124 950 元。

序号	活动	活动历时/天	成本/元	赶工时间/天	赶工后成本/元
1	与现有网站进行比较	10	15000	7	18750
2	项目计划编制	5	3750	3	4500
3	网站设计	15	45000	10	58500
4	开发网站数据库	10	9000	7	11250
5	开发和编写代码	10	1500	8	19500
6	开发和编写网站表格码	7	8400	7	8400
7	网站测试、修改	3	4500	2	6750
	总计	43	87150	30	127650
备注：4，5，6三个活动是并行开始					

图 5-11 项目活动的时间与成本

【问题 1 分析】

（1）从上述数据可以看出，不加班的情况下该项目完成需要 43 天，项目的预算成本为 87 150 元。

（2）如果项目预计在最短的时间内完成，则每个活动都进行赶工，则项目完成需要 30 天，项目的预算成本为 127 650 元。

（3）如果比较其他网站的任务执行需要 13 天而不是原来估算的 10 天，那么需要将其他活动的历时时间进行压缩，总计需要压缩 3 天。

（4）如果要在 35 天内完成网站建设工作，则需要将项目时间从 43 天压缩到 35 天，预计压缩 12 天，35 天完成该项目将要花费 127 650 元。

3. 案例 3

【案例场景】 某信息技术有限公司凭借丰富的行业经验和精湛的技术优势，坚持沿着产品技术专业化道路，为银行、证券、保险等领域提供完整全面的解决方案。李工是证券事业部的高级项目经理，目前正负责国内 B 银行信贷业务系统的开发项目。作为项目经理，李工必须制订高质量的项目管理计划，以有效实现范围、进度、成本和质量等项目管理目标。

项目正式立项后，李工制订了一份初步的项目成本计划，估计出了每项工作的工期及所需要的工作量，如图 5-12 所示。此外，图 5-12 也给出了每项工作除人力资源费用外的其他固定费用（如硬件设备和网络设备等）。

【问题 1】 请计算图 5-12 中每项工作所需安排的人力资源数量（按每天 8 小时工作制计算）。

【问题 2】 假设每种人力资源的小时成本如下：测试员 30 元/时，程序员 40 元/时，软件设计师 60 元/时，系统分析师 100 元/时。请计算每项工作所需的总费用（每周按照 5 个工作日计算）。

【问题 3】 计算每项工作每周的平均费用（每周按照 5 个工作日计算）。

【问题 4】 假设该项目计划的甘特图如图 5-13 所示，请绘制该项目的费用预算曲线图

编码	任务名称	资源名称	工期（日）	工作量（工时）	人力资源数（人）	固定费用（元）	总费用（元）	平均每周费用（元）
1000	软件开发项目							
1100	方案设计	系统分析师	10	160		3400		
1200	用户需求访谈							
1210	高层用户访谈	系统分析师	10	80		5400		
1220	销售人员调研	系统分析师	10	160		2800		
1300	软件开发							
1310	功能框架设计							
1311	概要设计	软件设计师	10	80		3200		
1312	详细设计	软件设计师	10	160		6400		
1320	程序代码编制							
1321	用户输入功能	程序员	50	1 200		6000		
1322	用户查询功能	程序员	50	1 200		6000		
1323	用户数据功能	程序员	75	3 000		30000		
1324	主界面	程序员	50	1 600		9000		
1325	安全登录界面	程序员	50	800		6000		
1326	界面美化	程序员	25	600		5000		
1400	测试	测试员	20	480		5000		
小计						88200		

图 5-12　项目工时及费用数据

（时间单位为周，每周按照 5 个工作日计算）。

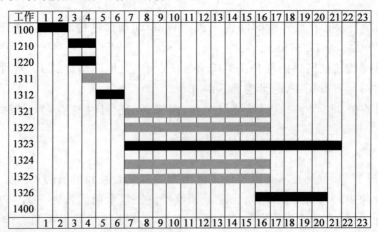

图 5-13　项目计划的甘特图

【案例分析】

甘特图基本上是一种线条图，横轴表示时间，纵轴表示要安排的活动，线条表示在整个期间计划的和实际的活动完成情况。甘特图直观地表明任务计划在什么时候进行，以及实际进展与计划要求的对比。一般的项目管理软件如 Microsoft 公司的 Project 等都提供甘特图自动生成工具。时间以月为单位表示在图的下方，主要活动从上到下列在图的左边。计划需要确定包括哪些活动，这些活动的顺序，以及每项活动持续的时间。时间框里的线条表示计划的活动顺序，空白的线框表示活动的实际进度。甘特图作为一种控制工具，帮助管理者发现实际进度偏离计划的情况。在费用预算方面，如按时间坐标来分析，有两种表现方式:一是费用预算曲线图,二是费用预算累计曲线图。

人力资源数＝工作量÷8÷工期,如方案设计阶段系统分析师人数＝160÷8÷10＝2,其他阶段计算类似;总费用＝固定费＋工作量×成本,如详细设计阶段总费用＝6400＋160×60＝16 000 元,其他阶段总费用计算类似。各阶段总费用累加得到项目总费用为 493 000 元。平均每周费用＝总费用÷(工期÷5),如主界面设计阶段平均每周费用＝73 000÷(50÷5)＝7300 元。

问题1、问题2、问题3参考答案见图 5-14。问题4参考答案如图 5-15 所示。

编码	任务名称	资源名称	工期(日)	工作量(工时)	人力资源数(人)	固定费用(元)	总费用(元)	平均每周费用(元)
1000	软件开发项目							
1100	方案设计	系统分析师	10	160	2	3400	19 400	9700
1200	用户需求访谈							
1210	高层用户访谈	系统分析师	10	80	1	5400	13 400	6700
1220	销售人员调研	系统分析师	10	160	2	2800	18 800	9400
1300	软件开发							
1310	功能框架设计							
1311	概要设计	软件设计师	10	80	1	3200	8000	4000
1312	详细设计	软件设计师	10	160	2	6400	16 000	8000
1320	程序代码编制							
1321	用户输入功能	程序员	50	1200	3	6000	54 000	5400
1322	用户查询功能	程序员	50	1200	3	6000	54 000	5400
1323	用户数操功能	程序员	75	3000	5	30 000	150 000	10 000
1324	主界面	程序员	50	1600	4	9000	73 000	7300
1325	安全登录界面	程序员	50	800	2	6000	38 000	3800
1326	界面美化	程序员	25	600	3	5000	29 000	5800
1400	测试	测试人员	20	480	3	5000	19 400	4850
小计						88 200	493 000	

图 5-14 项目工时及费用数据

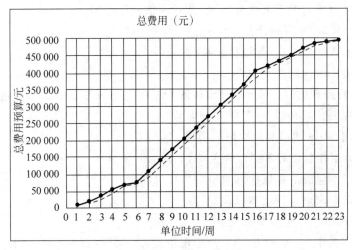

图 5-15 周费用曲线图

4. 案例4

【案例场景】 在项目实施的某次周例会上，项目经理小王用表 5-1 向大家通报了目前的进度。

【问题1】 请根据表 5-1，对目前项目的进度进行分析。

表 5-1 活动进度表

活 动	计划值(万元)	完成百分比	实际成本(万元)
基础设计	20	90%	10
详细设计	50	90%	60
测试	30	100%	40

【问题1分析】 依据表 5-1 得出当前时间点下的各项分析值：

实际成本 AC＝10＋60＋40＝110（万元）；

计划值 PV＝20＋50＋30＝100（万元）；

挣值 EV＝20×90%＋50×90%＋30×100%＝18＋45＋30＝93（万元）；

进度执行指标 SPI＝EV/PV＝93/100＝93%；

SPI＜1，进度延后，完成计划的 93%，落后于计划 100%－93%＝7%；

结论：目前进度落后于计划 7%。

5.7 单元测试题

1. 选择题

（1）一个组织正在考虑一个项目方案，这个项目将耗资 10 万美元，用 6 个月交付。他们预测项目将从第 7 个月开始盈利，而后每个月盈利 2 万美元。项目的回收期是多长时间？（　　）

  A. 答题依据不足　　B. 11 个月　　　　C. 5 个月　　　　D. 6 个月

（2）一项分析显示，你将在项目结束时成本超支。你应做下列哪项？（　　）

  A. 对项目进行赶工和快速跟进，然后评估选择方案

  B. 拜见管理层，寻找出路

  C. 与团队开会寻找可以消除的成本

  D. 给项目增加储备

（3）一个项目经理已经完成了 WBS 和每个工作包的成本估算。根据这些数据编制成本估算，项目经理要（　　）。

  A. 使用 WBS 的最高层次进行类比估算

  B. 计算工作包估算和风险储备估算的总和

  C. 把工作包的估算累计成为项目估算总和

  D. 获得专家对项目成本总计的意见

（4）团队培训属于什么类型的成本？（　　）

  A. 直接成本　　　　B. NPV(净现值)　　C. 间接成本　　　　D. 可变成本

（5）你在项目实施阶段的中期发现，由于未预料到的变更，你的钱要花光了。最佳的措施是什么？（　　）

    A．对项目进行赶工或快速跟进

    B．重新评估风险分析结果和应急资金

    C．要求对项目预算做变更

    D．使用不对项目收费的资源

（6）下列哪项不是成本估算的输出？（　　）

    A．已经估算了成本的工作范围说明

    B．防止成本基准计划出现不适当的变更

    C．项目可能成本范围的指标

    D．在成本估算时所设计的任何假设条件的文件

（7）一个项目严重拖期。挣值分析显示，项目需要比现在的进度快10%才能完成。为了使项目回归正轨，管理层要给现在分配给一个人做的一项任务增加10个人。项目经理对此有异议，指出这种人力的增加不会提高工作速度。这是（　　）的例子。

    A．收益递减法则　　　　　　　　　B．快速跟进

    C．挣值　　　　　　　　　　　　　D．生命周期成本计算

（8）下列哪项是要选择的最佳项目？（　　）

    A．将用6年完成，净现值NPV为4.5万美元的项目

    B．将用3年完成，净现值NPV为8.5万美元的项目

    C．将用8年完成，净现值NPV为3万美元的项目

    D．将用10年完成，净现值NPV为6万美元的项目

（9）下列哪项是估算的输入？（　　）

    A．来自管理层的估算、工作分解结构和项目计划

    B．来自管理层的估算、风险评估和团队

    C．团队、工作分解结构和历史记录

    D．团队、项目计划和风险评估

（10）前项目经理告诉管理层项目一切正常。然而，新项目经理发现项目的成本执行指数CPI为0.89。这意味着什么？（　　）

    A．此时，预计整个项目的用时将比计划的长89%

    B．当项目完成时，将比计划的多花费89%

    C．项目仅以计划速度的89%进展

    D．项目从每投资1美元中仅得到89美分

（11）项目发起人告诉项目经理，他想通过把资源加倍来把为期6个月的项目减为3个月。这个项目经理的丰富经验使他明白由于（　　），这是不可行的。

    A．沉没成本　　　B．资源折旧　　　C．损失机会成本　　　D．收益递减规则

（12）你有四个项目，从中选择一个。项目A为期6年，净现值为70 000美元。项目B为期3年，净现值为30 000美元。项目C为期5年，净现值为40 000美元。项目D为期1年，净现值为60 000美元。你选择哪个项目？（　　）

    A．项目A　　　　　B．项目B　　　　　C．项目C　　　　　D．项目D

（13）挣值分析是(　　)的例子。

    A. 绩效报告   B. 计划控制

    C. 因果图   D. 把项目元素整合成一个整体

（14）成本管理计划是哪个成本管理过程领域的输出？(　　)

    A. 资源计划编制   B. 成本估算   C. 成本预算   D. 成本控制

（15）你在估算项目成本中遇到困难。下列哪项能最恰当地描述你所遇到困难的最可能的原因？(　　)

    A. 范围定义不充分   B. 所需要的资源不具备

    C. 进度计划编制中的困难   D. 缺乏足够的预算

（16）你是一个小建筑项目的项目经理。你的项目预算为 7.2 万美元，为期 6 周。到今天为止，你花了 2.2 万美元完成了你预计要花 2.4 万美元的工作。根据你的进度计划，你应该在此时花掉 3 万美元。根据这些条件，你的项目可以最恰当地描述为(　　)

    A. 低于预算   B. 超出预算

    C. 符合预算   D. 提供的信息不足

（17）项目回收期是(　　)

    A. 公司挣到足够支付项目的钱所需要的时间

    B. 还清项目所有债务所需的时间

    C. 从项目开始到项目获得的利润等于项目成本所需要的时间

    D. 从项目结束后到项目获得的利润等于项目成本所需要的时间

（18）收益/成本比率 2.6 说明什么？(　　)

    A. 回收是项目成本的 2.6 倍   B. 收益是项目成本的 2.6 倍

    C. 成本是回收的 2.6 倍   D. 成本是收益的 2.6 倍

（19）下列哪项不是成本预算的工具？(　　)

    A. 参数估算   B. 自下而上估算   C. 挣值管理   D. 类比估算

（20）你的项目发生了一项培训教室租金的费用，它是用户准备的一部分。这是(　　)成本的例子。

    A. 固定   B. 间接   C. 可变   D. 沉没

2. 简答题

（1）简述项目成本管理过程的内容。

（2）简述成本估算的常用方法。

（3）简述成本估算的常用度量模型有哪几种。

（4）简述三点估算（也称"PERT"法）的计算公式。

（5）简述挣值管理的三个重要参数。

第6章

软件项目质量管理

视频讲解

【学习目标】
◆ 掌握规划质量管理的基础内容
◆ 掌握管理质量过程的工具和技术
◆ 掌握控制质量过程的工具和技术
◆ 通过案例分析和测试题练习,进行知识归纳与拓展

6.1 项目质量管理概述

项目质量管理包括把组织的质量政策应用于规划、管理、控制项目和产品质量要求,以满足相关方目标的各个过程。此外,项目质量管理以执行组织的名义支持过程的持续改进活动。

6.1.1 项目质量管理过程内容

(1)规划质量管理。识别项目及其可交付成果的质量要求和/或标准,并书面描述项目将如何证明符合质量要求和/或标准的过程。

(2)管理质量。管理质量是把组织的质量政策用于项目,并将质量管理计划转化为可执行的质量活动的过程。

(3)控制质量。为了评估绩效,确保项目输出完整、正确,并满足客户期望,而监督和记录质量管理活动执行结果的过程。

图 6-1 概述了项目质量管理的各个过程,在实践中它们会以各种方式相互交叠、相互作用。此外,不同行业和公司的质量过程各不相同。

图 6-2 概述了项目质量管理过程的主要输入和输出以及这些过程在项目质量管理知识领域中的相互关系。规划质量管理过程关注工作需要达到的质量,管理质量则关注管理整

图 6-1   项目质量管理概述

个项目期间的质量过程。在管理质量过程期间,在规划质量管理过程中识别的质量要求成为测试与评估工具,将用于控制质量过程,以确认项目是否达到这些质量要求。控制质量关注工作成果与质量要求的比较,确保结果可接受。项目质量管理知识领域有两个用于其他知识领域的特定输出,即核实的可交付成果和质量报告。

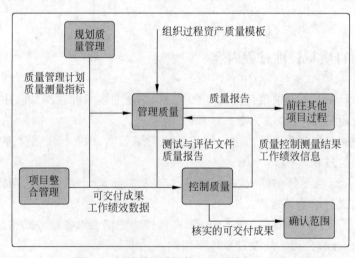

图 6-2   主要项目质量管理过程的相互关系

6.1.2　项目质量管理过程的核心概念

项目质量管理的核心概念包括：

(1) 质量管理需要兼顾项目管理与项目可交付成果两个方面，它适用于所有项目，无论项目的可交付成果具有何种特性。质量的测量方法和技术则需视专门针对项目所产生的可交付成果类型而定。例如，对于软件与核电站建设的可交付成果，项目质量管理需要采用不同的方法和措施。

(2) "质量"与"等级"不是相同的概念。"质量"是"一系列内在特性满足要求的程度"，而"等级"是对用途相同但技术特性不同的可交付成果的级别分类。项目经理及团队要负责权衡，以便同时达到所要求的质量与等级水平。

无论什么项目，只要未达到质量要求，就会给某个或全部项目相关方带来严重的负面后果，例如：

① 为满足客户要求而让项目团队超负荷工作，可能导致利润下降、整体项目风险增加，以及员工疲劳、出错或返工的风险。

② 为满足项目进度目标而仓促完成预定的质量检查，可能造成检验疏漏、利润下降，以及后续风险增加等问题。

质量水平未达到质量要求肯定是个问题，而低等级产品不一定是个问题。例如：

① 一个低等级(功能有限)产品具备高质量(无明显缺陷)，也许不是问题。该产品适合一般使用。

② 一个高等级(功能繁多)产品质量低(有许多缺陷)，也许是个问题。该产品的功能会因质量低劣而无效和/或低效。

(3) 预防胜于检查。最好是在设计时考虑可交付成果的质量，而不是在检查时发现质量问题。预防错误的成本通常远低于在检查或使用中发现并纠正错误的成本。

(4) 项目经理可能需要熟悉抽样。属性抽样的结果为合格或不合格，而变量抽样指的是在连续的量表上标明结果所处的位置，以表明合格的程度。

(5) 很多项目会为项目和产品衡量确立公差(结果的可接受范围)和控制界限(在统计意义上稳定的过程或过程绩效的普通差异的边界)。

(6) 质量成本(COQ)包括在产品生命周期中为预防不符合要求、为评价产品或服务是否符合要求，以及因未达到要求(返工)而发生的所有成本。质量成本包括在产品生命周期中为预防不符合要求、为评价产品或服务是否符合要求，以及因未达到要求(返工)而发生的所有成本。失败成本通常分为内部(项目团队发现的)和外部(客户发现的)两类。失败成本也称为劣质成本。

(7) 当质量整合到项目和产品规划和设计中，以及组织文化意识致力于提高质量时，就能达成最有效的质量管理。

(8) 根据不同的项目和行业领域，项目团队可能需要具备统计控制过程方面的实用知识，以便评估控制质量的输出中所包含的数据。项目管理团队应了解以下术语之间的差别：

① "预防"(保证过程中不出现错误)与"检查"(保证错误不落到客户手中)。

② "属性抽样"(结果为合格或不合格)与"变量抽样"(在连续的量表上标明结果所处的

位置,表明合格的程度)。

③ "公差"(结果的可接受范围)与"控制界限"(在统计意义上稳定的过程或过程绩效的普通偏差的边界)。

(9) 按有效性递增排列的五种质量管理水平如下:

① 代价最大的方法通常是让客户发现缺陷。这种方法可能会导致担保问题、召回、商誉受损和返工成本。

② 控制质量过程包括先检测和纠正缺陷,再将可交付成果发送给客户。该过程会带来相关成本,主要是评估成本和内部失败成本。

③ 通过质量保证检查并纠正过程本身,而不仅仅是特殊缺陷。

④ 将质量融入项目和产品的规划和设计中。

⑤ 在整个组织内创建一种关注并致力于实现过程和产品质量的文化。

6.2　规划质量管理

6.2.1　规划质量管理过程概述

规划质量管理是识别项目及其可交付成果的质量要求或标准,并书面描述项目将如何证明符合质量要求或标准的过程。本过程的主要作用是,为在整个项目期间如何管理和核实质量提供指南和方向。本过程仅开展一次或仅在项目的预定义点开展。图 6-3 描述了本过程的输入和输出。

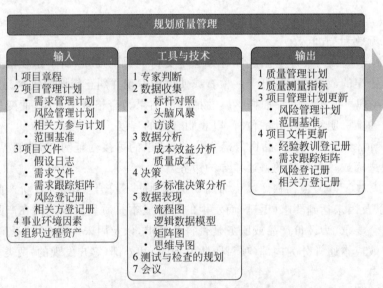

图 6-3　规划质量管理:输入、工具与技术和输出

质量规划应与其他规划过程并行开展。例如,为满足既定的质量标准而对可交付成果提出变更,可能需要调整成本或进度计划,并就该变更对相关计划的影响进行详细风险分析。本节讨论项目中最常用的质量规划技术,但在特定项目或应用领域中,还可采用许多其他质量规划技术。

6.2.2　规划质量管理过程的输入、输出及关键技术

1．规划质量管理过程的输入

1）项目章程

项目章程中包含对项目和产品特征的高层级描述，还包括可以影响项目质量管理的项目审批要求、可测量的项目目标和相关的成功标准。

2）项目管理计划

项目管理计划组件包括需求管理计划、风险管理计划、相关方参与计划、范围基准。

3）项目文件

可作为本过程输入的项目文件包括假设日志、需求文件、需求跟踪矩阵、风险登记册、相关方登记册。

4）事业环境因素

能够影响规划质量管理过程的事业环境因素包括政府法规，特定应用领域的相关规则、标准和指南，地理分布，组织结构，市场条件，项目或可交付成果的工作条件或运行条件，文化观念。

5）组织过程资产

能够影响规划质量管理过程的组织过程资产包括组织的质量管理体系（包括政策、程序及指南）；质量模板，例如核查表、跟踪矩阵及其他；历史数据库和经验教训知识库。

2．规划质量管理过程的工具与技术

1）专家判断

应征求具备以下专业知识或接受过相关培训的个人或小组的意见：质量保证、质量控制、质量测量结果、质量改进、质量体系。

2）数据收集

适用于本过程的数据收集技术包括标杆对照（标杆对照是将实际或计划的项目实践或项目的质量标准与可比项目的实践进行比较，以便识别最佳实践，形成改进意见，并为绩效考核提供依据）、头脑风暴、访谈。

3）数据分析

适用于本过程的数据分析技术如下：

（1）成本效益分析。成本效益分析是用来估算备选方案优势和劣势的财务分析工具，以确定可以创造最佳效益的备选方案。成本效益分析可帮助项目经理确定规划的质量活动是否有效利用了成本。例如，一家组织希望开展一个网络开发项目，在与相关方讨论之后，销售团队决定在不同渠道投资，将会产生更多收入，这个决定就是依据成本效益分析所做出的。高于项目级别的经理和高管们通常使用商业论证或类似文档作为决策的依据，商业论证包括商业需要分析与成本效益分析，可据此决定项目的预期结果是否值得投资。

（2）质量成本。与项目有关的质量成本包含以下一种或多种成本：预防成本（预防特定项目的产品、可交付成果或服务质量低劣所带来的相关成本）、评估成本（评估、测量、审计和测试特定项目的产品、可交付成果或服务所带来的相关成本）、失败成本（因产品、可交付

成果或服务与相关方需求或期望不一致而导致的相关成本）。最优 COQ 能够在预防成本和评估成本之间找到恰当的投资平衡点，以规避失败成本。有关模型表明，最优项目质量成本，指在投资额外的预防/评估成本时，既无益处又不具备成本效益。

4）决策

适用于本过程的决策技术包括多标准决策分析。多标准决策分析工具（如优先矩阵）可用于识别关键事项和合适的备选方案，并通过一系列决策排列出备选方案的优先顺序。先对标准排序和加权，再应用于所有备选方案，计算出各个备选方案的得分，然后根据得分对备选方案排序。在本过程中，它有助于排定质量测量指标的优先顺序。

5）数据表现

适用于本过程的数据表现技术如下：

（1）流程图。也称过程图，用来显示在一个或多个输入转化成一个或多个输出的过程中，所需要的步骤顺序和可能分支。它通过映射水平价值链的过程细节来显示活动、决策点、分支循环、并行路径及整体处理顺序。流程图可能有助于了解和估算一个过程的质量成本。通过工作流的逻辑分支及其相对频率来估算质量成本。这些逻辑分支细分为完成符合要求的输出而需要开展的一致性工作和非一致性工作。用于展示过程步骤时，流程图有时又被称为"过程流程图"或"过程流向图"，可帮助改进过程并识别可能出现质量缺陷或可以纳入质量检查的位置。

（2）逻辑数据模型。逻辑数据模型把组织数据可视化，以商业语言加以描述，不依赖任何特定技术。逻辑数据模型可用于识别会出现数据完整性或其他质量问题的地方。

（3）矩阵图。矩阵图在行列交叉的位置展示因素、原因和目标之间的关系强弱。根据可用来比较因素的数量，项目经理可使用不同形状的矩阵图，如 L 型、T 型、Y 型、X 型、C 型和屋顶型矩阵。在本过程中，它们有助于识别对项目成功至关重要的质量测量指标。

（4）思维导图。是一种用于可视化组织信息的绘图法。质量思维导图通常是基于单个质量概念创建的，是绘制在空白的页面中央的图像，之后再增加以图像、词汇或词条形式表现的想法。思维导图技术可以有助于快速收集项目质量要求、制约因素、依赖关系和联系。

6）测试与检查的规划

在规划阶段，项目经理和项目团队决定如何测试或检查产品、可交付成果或服务，以满足相关方的需求和期望，以及如何满足产品的绩效和可靠性目标。不同行业有不同的测试与检查，可能包括软件项目的 α 测试（就是把用户请到公司内部进行测试使用，也可以是公司内部的用户在模拟实际操作环境下进行的测试）和 β 测试（是一种验收测试，由软件的最终用户们在一个或多个场所进行）。

7）会议

项目团队可以召开规划会议来制订质量管理计划。参会者可能包括项目经理、项目发起人、选定的项目团队成员、选定的相关方、项目质量管理活动的负责人，以及其他必要人员。

3. 规划质量管理过程的输出

1）质量管理计划

质量管理计划是项目管理计划的组成部分，描述如何实施适用的政策、程序和指南以实现质量目标。它描述了项目管理团队为实现一系列项目质量目标所需的活动和资源。质量管理计划可以是正式或非正式的,非常详细或高度概括的,其风格与详细程度取决于项目的具体需要。应该在项目早期就对质量管理计划进行评审,以确保决策是基于准确信息的。质量管理计划包括以下组成部分:项目采用的质量标准、项目的质量目标、质量角色与职责、需要质量审查的项目可交付成果和过程、为项目规划的质量控制和质量管理活动、项目使用的质量工具、与项目有关的主要程序,例如处理不符合要求的情况、纠正措施程序,以及持续改进程序。

2）质量测量指标

质量测量指标专用于描述项目或产品属性,以及控制质量过程将如何验证符合程度。质量测量指标的例子包括按时完成的任务的百分比、以 CPI 测量的成本绩效、故障率、识别的日缺陷数量、每月总停机时间、每个代码行的错误、客户满意度分数,以及测试计划所涵盖的需求的百分比(测试覆盖度)。

3）项目管理计划更新

项目管理计划的任何变更都以变更请求的形式提出,且通过组织的变更控制过程进行处理。可能需要变更请求的项目管理计划组成部分包括风险管理计划、范围基准。

4）项目文件更新

可在本过程更新的项目文件包括经验教训登记册、需求跟踪矩阵、风险登记册、相关方登记册。

6.3　管理质量

6.3.1　管理质量过程概述

管理质量是把组织的质量政策用于项目,并将质量管理计划转化为可执行的质量活动的过程。本过程的主要作用是,提高实现质量目标的可能性,以及识别无效过程和导致质量低劣的原因。管理质量使用控制质量过程的数据和结果向相关方展示项目的总体质量状态。本过程需要在整个项目期间开展。图 6-4 描述本过程的输入、工具与技术和输出。

管理质量有时被称为"质量保证",但"管理质量"的定义比"质量保证"更广,因其可用于非项目工作。在项目管理中,质量保证着眼于项目使用的过程,旨在高效地执行项目过程,包括遵守和满足标准,向相关方保证最终产品可以满足他们的需求、期望和要求。管理质量包括所有质量保证活动,还与产品设计和过程改进有关。管理质量的工作属于质量成本框架中的一致性工作。管理质量过程执行在项目质量管理计划中所定义的一系列有计划、有系统的行动和过程,有助于如下过程:

(1)通过执行有关产品特定方面的设计准则,设计出最优的成熟产品。

(2)建立信心,相信通过质量保证工具和技术(如质量审计和故障分析)可以使未来输出在完工时满足特定的需求和期望。

(3)确保使用质量过程并确保其使用能够满足项目的质量目标。

(4)提高过程和活动的效率与效果,以获得更好的成果和绩效并提高相关方的满意程度。

(5)项目经理和项目团队可以通过组织的质量保证部门或其他组织职能执行某些管理

管理质量		
输入	**工具与技术**	**输出**
1 项目管理计划 　· 质量管理计划 2 项目文件 　· 经验教训登记册 　· 质量控制测量结果 　· 质量测量指标 　· 风险报告 3 组织过程资产	1 数据收集 　· 核对单 2 数据分析 　· 备选方案分析 　· 文件分析 　· 过程分析 　· 根本原因分析 3 决策 　· 多标准决策分析 4 数据表现 　· 亲和图 　· 因果图 　· 流程图 　· 直方图 　· 矩阵图 　· 散点图 5 审计 6 面向X的设计 7 问题解决 8 质量改进方法	1 质量报告 2 测试与评估文件 3 变更请求 4 项目管理计划更新 　· 质量管理计划 　· 范围基准 　· 进度基准 　· 成本基准 5 项目文件更新 　· 问题日志 　· 经验教训登记册 　· 风险登记册

图 6-4　管理质量：输入、工具与技术和输出

质量活动,例如故障分析、实验设计和质量改进。质量保证部门在质量工具和技术的使用方面通常拥有跨组织经验,是良好的项目资源。

　　管理质量被认为是所有人的共同职责,包括项目经理、项目团队、项目发起人、执行组织的管理层,甚至是客户。所有人在管理项目质量方面都扮演一定的角色,尽管这些角色的人数和工作量不同。参与质量管理工作的程度取决于所在行业和项目管理风格。在敏捷项目中,整个项目期间的质量管理由所有团队成员执行;但在传统项目中,质量管理通常是特定团队成员的职责。

6.3.2　管理质量过程的输入、输出及关键技术

1. 管理质量过程的输入

1) 项目管理计划

项目管理计划组件包括质量管理计划。质量管理计划定义了项目和产品质量的可接受水平,并描述了如何确保可交付成果和过程达到这一质量水平。质量管理计划还描述了不合格产品的处理方式以及需采取的纠正措施。

2) 项目文件

可作为本过程输入的项目文件包括经验教训登记册、质量控制测量结果、质量测量指标、风险报告。

3) 组织过程资产

能够影响管理质量过程的组织过程资产包括政策、程序及指南的组织质量管理体系;质量模板,例如核查表、跟踪矩阵、测试计划、测试文件及其他模板;以往审计的结果;包含类似项目信息的经验教训知识库。

2. 管理质量过程的工具与技术

1）数据收集

适用于本过程的数据收集技术包括核对单。核对单是一种结构化工具，通常列出特定组成部分，用来核实所要求的一系列步骤是否已得到执行或检查需求列表是否已得到满足。

2）数据分析

适用于本过程的数据分析技术如下：

（1）备选方案分析。该技术用于评估已识别的可选方案，以选择那些最合适的质量方案或方法。

（2）文件分析。分析项目控制过程所输出的不同文件，如质量报告、测试报告、绩效报告和偏差分析，可以重点指出可能超出控制范围之外并阻碍项目团队满足特定要求或相关方期望的过程。

（3）过程分析。过程分析可以识别过程改进机会，同时检查在过程期间遇到的问题、制约因素，以及非增值活动。

（4）根本原因分析（Root Cause Analysis，RCA）。指一项结构化的问题处理法，用以逐步找出问题的根本原因并加以解决，而不是仅仅关注问题的表征。根本原因分析是一个系统化的问题处理过程，包括确定和分析问题原因，找出问题解决办法，并制订问题预防措施。实现工具为因果图，也叫石川图、鱼骨图。

3）决策

适用于本过程的决策技术包括多标准决策分析。在讨论影响项目或产品质量的备选方案时，可以使用多标准决策评估多个标准。"项目"决策可以包括在不同执行情景或供应商中加以选择，"产品"决策可以包括评估生命周期成本、进度、相关方的满意程度，以及与解决产品缺陷有关的风险。

4）数据表现

适用于本过程的数据表现技术如下：

（1）亲和图。亲和图可以对潜在缺陷成因进行分类，展示最应关注的领域。亲和图法是将未知的问题、未曾接触过领域的问题的相关事实、意见或设想之类的语言文字资料收集起来，并利用其内在的相互关系设计归类合并图，以便从复杂的现象中整理出思路，抓住实质，找出解决问题的途径的一种方法。

（2）鱼骨图（又名因果图、石川图）。是由日本管理大师石川馨先生所发明，指的是一种发现问题"根本原因"的分析方法，将问题陈述的原因分解为离散的分支，有助于识别问题的主要原因或根本原因。鱼骨图常用于质量管理，其大致的绘图流程为：查找要解决的问题→把问题写在鱼骨的头上→召集同事共同讨论问题出现的可能原因，尽可能多地找出问题→把相同的问题分组，在鱼骨上标出→根据不同问题征求大家的意见，总结出根本的原因。图6-5为鱼骨图示例。

（3）流程图。流程图展示了引发缺陷的一系列步骤。

（4）直方图。直方图是一种展示数字数据的条形图，可以展示每个可交付成果的缺陷数量、缺陷成因的排列、各个过程的不合规次数，或项目或产品缺陷的其他表现形式。

（5）矩阵图。矩阵图在行列交叉的位置展示因素、原因和目标之间的关系强弱。

（6）散点图。散点图是一种展示两个变量之间的关系与规律的图形，它能够展示两支

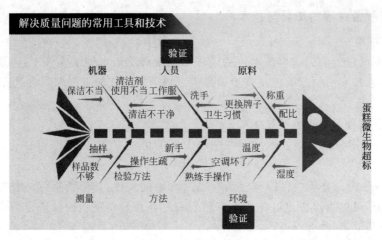

图 6-5　鱼骨图示例

轴的关系，一支轴表示过程、环境或活动的任何要素，另一支轴表示质量缺陷。用两组数据构成多个坐标点，考察坐标点的分布，判断两变量之间是否存在某种关联或总结坐标点的分布模式。散点图将序列显示为一组点。值由点在图表中的位置表示。类别由图表中的不同标记表示。散点图通常用于比较跨类别的聚合数据。质量团队可以研究并确定两个变量的变更之间可能存在的潜在关系。将独立变量和非独立变量以圆点绘制成图形，两个点越接近对角线，两者的关系就越紧密。图 6-6 为散点图示例。

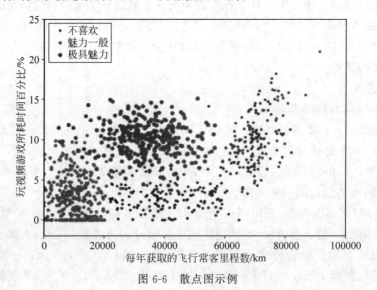

图 6-6　散点图示例

　　注意：因果图偏重从结果倒查原因，流程图偏重从原因推导结果，散点图是知道两个因素，判断其是否有内在因果关系。

　　5）审计

　　审计是用于确定项目活动是否遵循了组织和项目的政策、过程与程序的一种结构化且独立的过程。质量审计通常由项目外部的团队开展，如组织内部审计部门、项目管理办公室（PMO）或组织外部的审计师。

6）面向 X 的设计

面向 X 的设计（DfX）是产品设计期间可采用的一系列技术指南，旨在优化设计的特定方面，可以控制或提高产品最终特性。DfX 中的"X"可以是产品开发的不同方面，例如可靠性、调配、装配、制造、成本、服务、可用性、安全性和质量。使用 DfX 可以降低成本、改进质量、提高绩效和客户满意度。

7）问题解决

问题解决发现解决问题或应对挑战的解决方案。它包括收集其他信息、具有批判性思维的、创造性的、量化的和/或逻辑性的解决方法。问题解决方法通常包括以下要素：定义问题、识别根本原因、生成可能的解决方案、选择最佳解决方案、执行解决方案、验证解决方案的有效性。

8）质量改进方法

质量改进的开展，可基于质量控制过程的发现和建议、质量审计的发现，或管理质量过程的问题解决。计划-实施-检查-行动和六西格玛（6σ 管理法是一种统计评估法，核心是追求零缺陷生产，防范产品责任风险，降低成本，提高生产率和市场占有率，提高顾客满意度和忠诚度）是最常用于分析和评估改进机会的两种质量改进工具。

3. 管理质量过程的输出

1）质量报告

质量报告可能是图形、数据或定性文件，其中包含的信息可帮助其他过程和部门采取纠正措施，以实现项目质量期望。

2）测试与评估文件

可基于行业需求和组织模板创建测试与评估文件。它们是控制质量过程的输入，用于评估质量目标的实现情况。

3）变更请求

如果管理质量过程期间出现了可能影响项目管理计划任何组成部分、项目文件或项目/产品管理过程的变更，项目经理应提交变更请求并遵循实施整体变更控制过程的定义。

4）项目管理计划更新

项目管理计划的任何变更都以变更请求的形式提出，且通过组织的变更控制过程进行处理。

5）项目文件更新

可在本过程更新的项目文件包括问题日志、经验教训登记册、风险登记册。

6.4 控制质量

6.4.1 控制质量过程概述

控制质量是为了评估绩效，确保项目输出完整、正确且满足客户期望，而监督和记录质量管理活动执行结果的过程。本过程的主要作用是，核实项目可交付成果和工作已经达到主要相关方的质量要求，可供最终验收。控制质量过程确定项目输出是否达到预期目的，这些输出需要满足所有适用标准、要求、法规和规范。本过程需要在整个项目期间开展。

图 6-7 描述本过程的输入、工具与技术和输出。

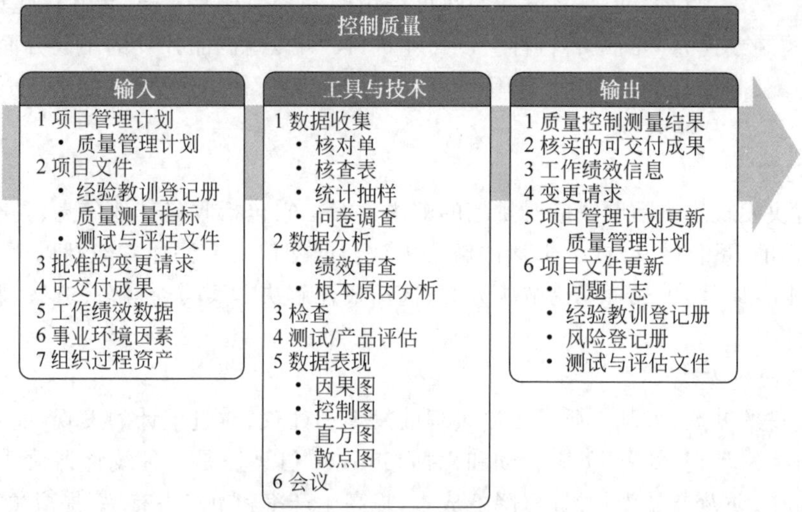

图 6-7 控制质量：输入、工具与技术和输出

控制质量过程的目的是在用户验收和最终交付之前测量产品或服务的完整性、合规性和适用性。本过程通过测量所有步骤、属性和变量，来核实与规划阶段所描述规范的一致性和合规性。在整个项目期间应执行质量控制，用可靠的数据来证明项目已经达到发起人或客户的验收标准。

控制质量的努力程度和执行程度可能会因所在行业和项目管理风格而不同。例如，在敏捷项目中，控制质量活动可能由所有团队成员在整个项目生命周期中执行，而在瀑布式项目中，控制质量活动由特定团队成员在特定时间点或者项目或阶段快结束时执行。

6.4.2 控制质量过程的输入、输出及关键技术

1. 控制质量过程的输入

1) 项目管理计划

项目管理计划组件包括质量管理计划，质量管理计划定义了如何在项目中开展质量控制。

2) 项目文件

可作为本过程输入的项目文件包括经验教训登记册、质量测量指标、测试与评估文件。

3) 批准的变更请求

在实施整体变更控制过程中，通过更新变更日志，显示哪些变更已经得到批准，哪些变更没有得到批准。批准的变更请求可包括各种修正，如缺陷补救、修订的工作方法和修订的进度计划。

4) 可交付成果

可交付成果指的是在某一过程、阶段或项目完成时，必须产出的任何独特并可核实的产品、成果或服务能力。作为指导与管理项目工作过程的输出的可交付成果将得到检查，并与

项目范围说明书定义的验收标准作比较。

5）工作绩效数据

工作绩效数据包括产品状态数据，例如观察结果、质量测量指标、技术绩效测量数据，以及关于进度绩效和成本绩效的项目质量信息。

6）事业环境因素

能够影响控制质量过程的事业环境因素包括：项目管理信息系统，质量管理软件可用于跟进过程或可交付成果中的错误和差异；政府法规；特定应用领域的相关规则、标准和指南。

7）组织过程资产

能够影响控制质量过程的组织过程资产包括：质量标准和政策；质量模板，例如核查表、核对单等；问题与缺陷报告程序及沟通政策。

2. 控制质量过程的工具与技术

1）数据收集

适用于本过程的数据收集技术如下：

（1）核对单。核对单有助于以结构化方式管理控制质量活动。

（2）核查表。核查表，又称计数表，用于合理排列各种事项，以便有效地收集关于潜在质量问题的有用数据。在开展检查以识别缺陷时，用核查表收集属性数据就特别方便，例如关于缺陷数量或后果的数据，如图 6-8 所示。

缺陷/日期	日期1	日期2	日期3	日期4	合计
小划痕	1	2	2	2	7
大划痕	0	1	0	0	1
弯曲	3	3	1	2	9
缺少组件	5	0	2	1	8
颜色配错	2	0	1	3	6
标签错误	1	2	1	2	6

图 6-8　核查表

（3）统计抽样。统计抽样是指从目标总体中选取部分样本用于检查（如从 40 张工程图纸中随机抽取 5 张）。样本用于测量控制和确认质量。抽样的频率和规模应在规划质量管理过程中确定。

（4）问卷调查。问卷调查可用于在部署产品或服务之后收集关于客户满意度的数据。在问卷调查中识别的缺陷相关成本可被视为 COQ 模型中的外部失败成本，给组织带来的影响会超出成本本身。

2）数据分析

适用于本过程的数据分析技术如下：

（1）绩效审查。绩效审查针对实际结果，测量、比较和分析规划质量管理过程中定义的质量测量指标。

（2）根本原因分析（RCA）。根本原因分析用于识别缺陷成因。

3）检查

检查是指检验工作产品，以确定是否符合书面标准。检查的结果通常包括相关的测量数据，可在任何层面上进行。可以检查单个活动的成果，也可以检查项目的最终产品。

4）测试/产品评估

测试是一种有组织的、结构化的调查，旨在根据项目需求提供有关被测产品或服务质量的客观信息。

5）数据表现

适用于本过程的数据表现技术包括因果图、控制图、直方图、散点图。

6）会议

会议可作为控制质量过程的一部分：审查已批准的变更请求、回顾经验教训。

3．控制质量过程的输出

1）质量控制测量结果

控制质量的测量结果是对质量控制活动的结果的书面记录，应以质量管理计划所确定的格式加以记录。

2）核实的可交付成果

控制质量过程的一个目的就是确定可交付成果的正确性。开展控制质量过程的结果是核实的可交付成果，后者又是确认范围过程的一项输入，以便正式验收。如果存在任何与可交付成果有关的变更请求或改进事项，可能会执行变更、开展检查并重新核实。

3）工作绩效信息

工作绩效信息包含有关项目需求实现情况的信息、拒绝的原因、要求的返工、纠正措施建议、核实的可交付成果列表、质量测量指标的状态，以及过程调整需求。

4）变更请求

如果控制质量过程期间出现了可能影响项目管理计划任何组成部分或项目文件的变更，项目经理应提交变更请求，且应该通过实施整体变更控制过程对变更请求进行审查和处理。

5）项目管理计划更新

项目管理计划的任何变更都以变更请求的形式提出，且通过组织的变更控制过程进行处理。可能需要变更请求的项目管理计划组成部分包括质量管理计划。

6）项目文件更新

可在本过程更新的项目文件包括：

（1）问题日志。多次不符合质量要求的可交付成果通常被记录为问题。

（2）经验教训登记册。质量缺陷的来源、本应可以规避它们的方法，以及有效的处理方式，都应该记录到经验教训登记册中。

（3）风险登记册。在本过程中识别的新风险记录在风险登记册中，并通过风险管理过程进行管理。

（4）测试与评估文件。本过程可能导致测试与评估文件修改，使未来的测试更加有效。

6.5　案例分析

1．案例1

【案例场景】　某信息技术有限公司曾经为 K 公司开发过一套信息系统，该系统涉及了 K 公司的所有主要业务。该系统中关于组织机构的业务规则：

（1）组织机构树通过部门编码体现层级和隶属关系。即部门0001的下属部门包括00010001,00010002,…根据代码中包含的层级关系确定某个部门在组织机构树中的确切位置,该编码由公司统一制订。

（2）任意一条业务数据隶属于某个特定的部门。

（3）部门之间存在友好和互斥的关系。关系为友好的部门可以共享业务数据,关系为互斥的部门互相不能访问对方的业务数据。

后来,K公司需要调整部门的组织结构,因此对系统提出了如下升级的要求:

（1）系统中的部门编码需要更新为最新的企业标准。

（2）组织机构根据最新的企业标准重新生成。

（3）组织结构调整但不能丢失业务数据。

（4）系统中可以保留组织机构调整的痕迹,业务数据可以追踪除原属于哪个部门,机构调整后属于哪个部门。

（5）部门间友好和互斥的关系可能会被重新定义。

（6）升级后的系统需要能够适应再次的组织机构调整而不需要再次升级。

项目经理张工接受了这个项目,经过细致的调研和分析,发现原系统存在如下缺陷:

（1）原系统中将企业对部门的标准编码设计为部门主键,修改起来难度很大,容易发生数据不一致的问题。

（2）新的企业标准没有考虑到原有企业标准,同一个部门,在原标准中为00010001,在新标准中为00010005,部门的层次也可能发生变化。

（3）业务数据中保存了隶属部门编码,系统已经使用近两年,保存了大量的历史业务数据。

（4）原系统在设计时,将部门间的友好与互斥关系硬编码在系统代码中,且涉及面很广,原系统中80%以上的程序存在这样的硬编码。

（5）不少业务逻辑和工作流程是根据特定的部门编码进行判断的,部门编码的变化会造成业务混乱。

（6）原系统在设计时没有考虑到组织机构调整的可能,也没有对保留部门变革历史的功能进行设计。

张工认为,需求已经非常明确,对于这个项目的关键是设计的质量,其中包括解决方案的设计和业务系统的改造两部分。一旦设计出现偏差,返工的工作量会非常大,反之,整个项目还是容易控制的。但张工在如何提高设计质量方面却犯了愁。

【问题1】 张工可以采取什么措施来提高设计的质量?

【问题2】 除设计外,张工还需要特别注意哪些工程活动?

【问题3】 如何提高这些工程活动的质量?

【案例分析】

这是一个开放式的案例分析题,案例中仅粗略地描述了项目背景的目标,针对如何提高项目质量进行发问,难度相对较大,需要仔细地分析。

前面一部分对项目背景和目标的描述无非是为了说明这么几个问题:①这是一个系统改造的项目。②原系统中存在设计缺陷,没有考虑过组织机构改革的可能性。③需要大量更改原系统的程序,消除硬编码。④需要更改已有的业务数据,同时增加部门变革历史的功能。

　　基于这些问题，案例的后半部分给出了张工的观点"设计质量是项目的关键，需要提高设计的质量"。结合案例后的问题，我们不难发现，案例的前半部分是引子，后半部分才是关键，如何提高项目的质量？显然需要用项目质量管理的知识作答。

　　质量管理是项目管理中的一个知识域，但在PMBOK中并没有给出具体的质量管理的方法，需要结合软件开发和项目的特点给出特定的质量管理策略和方法。这也正是这个案例的用意所在，考查考生在面对实际的项目问题时应采取哪些措施解决项目的质量问题。

　　我们首先从软件工程的角度考虑一下软件质量的问题。软件的质量一直是软件界近几十年致力解决的问题，针对使用软件提高软件质量提出了很多的方法和理论。除此之外，还有一系列的软件验证方法，如软件复审与软件测试。纵观这些林林总总的模式与方法，人们无非是想解决两个问题：一是通过恰当的工程活动提高工作产品的质量；二是在工作产品完成后通过恰当的工程活动来保证该产品的质量。因为在软件开发过程中，还有一个很明显的特点，就是在分析、设计、实现和测试这些过程中，每一步都可能引入缺陷，且难以发现，而这些缺陷暴露得越晚，造成的后果就越严重，修改的代价就越高昂。开发活动需要尽量提前发现潜在的缺陷，验证手段必不可少。

　　题目中问的是如何提高设计的质量，设计是承接分析、指导开发的一个关键环节，在这个环节中很容易引入难以发现的缺陷，而这些缺陷往往又会造成严重的后果。因此提高设计的质量是每个软件项目都会遇到的问题，也是每个项目经理都会思考的问题。提高设计质量包括两个层面的工作：在设计过程中提高设计的质量；在设计完成后对设计结果的质量进行检查。在答题中需要分别给出相应的策略。

　　设计工作在分析工作之后，因此，充分的分析是保证设计质量的前提。对于这种改造型项目，原系统的功能、设计和实现的情况直接影响了设计的结果，原系统的情况就是要解决的问题域，如果对原系统了解不足必然导致设计上的偏差。因此要想提高设计的质量，首先要充分了解原系统。在设计时还应该选择恰当的设计方法，如有可能，可以考虑复用已有的解决案例，如分析模式与设计模式等。不过在这方面，案例中给出的信息甚少，显然不是答题的重点。

　　根据项目背景的描述，这个设计工作并不简单，需要论证的过程，设计方案的讨论也是必需的。因此张工需要制订出相应的沟通计划，组织必要的会议进行方案讨论，若有必要还需要客户和原系统的开发者参加。在设计完成后还需要对设计结果进行质量检查，对应这类活动，我们通常采用评审和走查的方式。评审和走查可以比测试更早地找出工作产品中的缺陷，用来检查设计质量非常合适，可以避免缺陷在系统测试阶段才被发现，降低修正缺陷的成本。

　　除了评审和走查外，对设计过程进行迭代也可以提前暴露设计的缺陷，并将这些缺陷反馈到后续的设计过程中，从总体上减少缺陷数，提高设计的质量。例如，可以将整个项目根据系统模块进行划分，首先升级一个模块，然后把这个过程中发现的问题反馈到后续的迭代过程中。如果能够做好上述工作，设计就不会产生重大的偏差，保证设计的质量。

　　对于第二个问题，在分析第一个问题时我们已经找到了一部分答案：分析。分析是设计活动的基础，在错误的分析上不可能产生正确的设计。因此，充分、细致地分析原系统是保证设计质量的前提。除此之外，对于系统改造的项目，测试的工作显得非常重要。同原系统开发相比,系统改造的总工作量相对较少,但测试的工作量却应该超过原系统开始时的测试工作量。根据案例中的描述,超过80%的程序都存在硬编码的问题,都需要修改。这些程序在修改后首先需要满足同原系统功能一致,可以通过原系统测试用例的测试;其次还要保证与系统升级的目标一致,能够满足设计的要求,这就需要开发新的测试用例进行测试。因此,如何规划、组织、展开测试工作,也是张工需要特别注意的方面。除了分析和测试外,其余的工程活动也是不可或缺的,不过相比之下,分析和测试工作更具特殊性,是张工应该特别注意的。

第三个问题与第二个问题是关联的。有了第二个问题的答案,第三个问题就比较容易了。

对于案例中的项目来说,系统要解决的是原系统中的缺陷,原系统本身就是问题域,提高分析活动的质量也就是充分地分析原系统。对原系统的分析可以包括对原有业务功能、原设计方案和原程序的分析。对原系统中业务功能的分析需要同客户一起进行,通过同客户的沟通来把握原系统所实现的业务功能。对原设计方案的分析除了参考设计文档外,最好能够同原系统的开发者进行沟通,这样的沟通往往能获取到文档之外的宝贵信息。例如,通过设计文档仅能了解设计的结果,而与原系统开发者的沟通则可以了解到设计的思路。除了这些方法外,对分析的结果进行评审也是保证分析质量的一种有效的方法。对于测试工作,上面已经讲了很多,既需要保证修改后的代码仍然与原系统功能一致,又要保证同系统升级的目标一致。

【问题1解答】 张工可以采取以下措施提高设计的质量:①充分分析问题域是保证设计质量前提。②组织必要的讨论来确定概要设计的方案。③采用迭代的方法验证设计的正确性,提高设计的质量。④对设计进行评审或走查。

【问题2解答】 张工还需要特别注意以下工程活动:①需要细致分析原有系统。②对于这样的改造项目,测试的难度和工作量很大,需要把握测试的工作。

【问题3解答】 如何提高这些工程活动的质量?

(1)在分析方面:同客户充分沟通,了解原系统的业务需求;阅读原系统中的文档和程序,掌握设计和实现的情况;如果可能,与原系统的开发者联系,在原开发者的帮助下把握原系统;对分析的结果进行评审。

(2)在测试方面:使用原系统开发过程中的测试用例进行回归测试;针对改造后的系统开发新的测试用例进行测试。

2. 案例2

【案例场景】 某信息系统集成公司在完成了一个中型项目后,公司副总康工召开了一个由该项目成员组成的茶话会,会上大家谈到了有关项目质量的一些问题。康工说:"质量就是命根,在这个项目中,大家对质量有什么新的看法?"小林是刚毕业的大学生,这是他参加的第一个项目,是在座最兴奋的一位,康工话音刚落,小林就站起来说道:"的确,质量太重要了。对于客户来讲,质量代表着投资的效率,而对于我们来讲,代表着我们的信誉。因此我觉得,质量一定是第一位的,无论做哪个项目,一定要按照规范,力求做到最好。"康工笑而不语,又问:"大家对提高质量有何看法?"赵工是有8年开发经验的老员工,在这个项目实施中,他担任系统分析师这一角色,赵工发言道:"以我多年的经验来看,要提高质量,文档化是一个很重要的事情,而且项目的实施者是开发人员,还必须做好开发人员的激励和考核工作。"

【问题1】　如何理解信息系统项目建设过程中质量的概念？

【问题2】　赵工提到了提高项目的文档化水平，请问项目中的文档有何作用？

【问题3】　提高信息系统项目质量的方法有哪些？请列举并简单介绍。

【案例分析】　首先要明确质量的概念，质量是建立在需求的基础之上的；适用性是建立在某个时间段的（项目问题定义阶段所制订的项目）；质量不仅是交付成果，还同时针对整个过程，如项目管理的成果也是项目质量的重要一部分。

一个项目的交付成果并不是越优越好，当然，在条件允许的情况下，尽量提高质量是肯定是有必要的，但还要看项目的成本和时间消耗，另外就是客户到底有没有相应的需求，没有满足需求的质量是没有意义的，而没有满足需求的质量又是致命的。质量也不能仅考虑当前需求，还必须考虑到交付成果使用期内可能会产生的一些新需求，例如用户数目的增长，或者数据在可能范围内的积累等。此外，系统的可维护性也非常重要。

对于客户的需求，要分为显性需求和隐性需求两部分来认识。另外，还包括一些通常情况下需要满足的指标。同一交付成果，对于不同的用户，质量是不一样的，因为不同的用户会有不同的需求。另外，质量也不是在交付之后就不变的，随着时间的推移，用户的需求会发生变化，这也导致项目的质量随之变化。在信息系统使用的过程中，还会对其进行各种维护，这也会影响其质量，维护一般是针对功能和性能上的质量改善，但往往会对其他方面的质量产生不利的影响，如文档质量等。

其次，要明确文档的作用。文档是信息系统工程中的一个重要概念和工具，它是指具有固定和统一的用以供人对各种情况和问题进行描述、记录和阅读的数据或者数据载体。信息系统项目的工作对象往往是复杂而又不可见的逻辑实体，而且历时长，为了使系统建设和使用更规范、更方便，在整个过程中往往会组织众多的文档。文档通常用来回答以下几个方面的问题（简称5W1H）：

What：对描述对象的内容进行记录。

Who：对与描述对象有关的操作者及相关员进行指定。

Why：指出描述对象主要相关现象及进行相应操作的原因。

Where：找出描述对象产生相关现象及进行相应操作的位置和情境。

When：找出描述对象产生相关现象及进行相应操作的时机。

How：指出描述对象进行相关操作的具体方法。

除了以上6个方面外，对于文档的描述对象，需要对其进行优先级划分，例如，针对用户的需求，不同的功能肯定会有不同的质量、性能要求，因此为了利用有限的资源在开发和测试中更好地满足需求，对不同的功能进行优先级划分就很有必要。在软件项目中，文档通常具有以下几个方面的作用：桥梁和交流作用、明晰责任、更好地理解系统、进行项目质量管理。

最后，提高项目质量是项目干系人最关心的问题之一。当项目的成本和时间被限定后，接下来的事情就是要在保证投资和进度的情况下尽可能提高项目的质量。一般来讲，以下几个方面的措施可提升项目的质量：领导与管理、组织项目管理体系、项目质量管理体系、项目级激励制度、项目文档质量、成熟度模型、质量与成本、形成质量改进的习惯。

【问题1解答】　质量包括项目交付成果和项目管理成果，是相对于用户需求的概念。

它是对范围所圈定的标准所需要达到的程度而进行的规定。同一成果对不同用户来讲,质量不同。另外,质量强调在一定的时间范围内满足需求。

【问题 2 解答】　文档在信息系统项目中,有以下几个作用:①桥梁和交流作用。是项目成员对系统看法达成的某种共识。②明晰干系人责任。文档都有相应的责任人,另外对问题进行回溯时也可以做到有据可依。③方便对系统进行理解。尤其是对于维护人员来讲,理解系统往往关系到系统维护的效率和成败。④进行质量管理。对项目中的各种不可见指标进行量化。

【问题 3 解答】　通过以下几个方面,可以有效提高项目交付成果的质量:①通过强有力领导,从上至下贯彻质量观念。②建立组织项目管理体系。③建立组织级的项目质量管理系统。④建立项目级的激励制度,并设法鼓励全员参与管理。⑤着力提高项目实施过程中产生的各种文档的质量。⑥用规范的成熟度模型来指导自身的组织和体系结构建设。⑦掌控好成本与质量的关系,在有限的成本下尽量通过良好的管理来实现更高的质量。⑧形成质量改进的习惯。质量改进要成为一个组织内部的一种习惯和规程,真正发挥质量改进的作用。

3．案例 3

【案例场景】　小伟最近手上有个项目,实际进度比计划落后了 3 天,而上周还是领先于计划的。于是小伟开始找原因。根据每周实际工时数,发现团队中的资深成员小王请了 3 天病假,造成小王手上的任务没有按照计划完成。团队主要成员请了病假造成本周进度延迟,似乎这就是造成项目落后的原因了。请想一下,是否果真如此?

深挖一下,小伟发现这个团队每周的工时数大大超过了正常 40 小时的工作量,达到了 80 小时,不止小王,团队中多名成员都有累趴下的迹象,"项目计划过于紧凑"似乎是造成项目落后的原因,团队赶工才能完成项目。真的是这样吗?

继续深挖,小伟查询了本周任务列表以及对应每个人的计划工时和实际工时后,又有了新的发现,本周一客户更改了需求,新增了一些计划外的任务,但是并没有通过正式途径反映更改的需求,而是私下知会相关人员。于是项目进度落后的原因变成了"需求变更管理没做好",增加了需求但是交付时间并没有做更改,导致项目成员通过加班来补足需要的功能。

再看看新增任务的计划工时和实际工时,相差将近一倍,这又是为什么呢?原来新增的任务需要用的新的技术技能,而团队对于新的技术技能了解甚少,于是所花的时间远远大于估计的时间。而对于原先的任务,小伟发现在返工工时占据了相当多的时间。仔细查看,发现团队中新员工能力不足,需要大量的时间返工。

【问题 1】　请绘制鱼骨图,分析本案例问题发生的根本原因。

【问题 1 解答】　根据以上内容绘制鱼骨图,如图 6-9 所示。

根据鱼骨图分析,寻找问题的根本原因。项目进度落后的原因从一开始的"团队成员请病假"变成了以下三条:需求变更管理缺失,而新增需求未能有序地管理起来;团队新技术能力不足;新员工基本技能不足。通过鱼骨图的分析,对问题进行梳理,把问题都理顺了,根本原因自然而然就在眼前了。

4．案例 4

【案例场景】　某公司规模较小,公司总经理认为工作开展应围绕研发和市场进行,在项

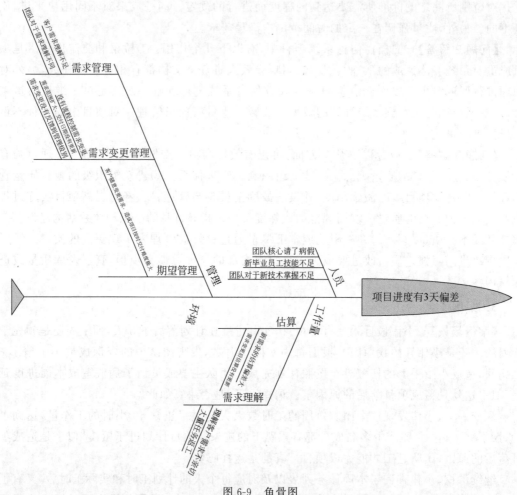

图 6-9　鱼骨图

目研发过程中,编写相关文档会严重耽误项目执行的进度,应该能省就省。2018 年 1 月,公司中标一个公共广播系统建设项目,主要包括广播主机、控制器等设备及平台软件的研发工作。公司任命小陈担任项目经理,为保证项目质量,小陈指定一直从事软件研发工作的小张兼职负责项目的质量管理。

小张参加完项目需求和设计方案评审后,便全身心投入到自己负责的研发工作中。在项目即将交付前,小张按照项目组制订的验收大纲进行了检查,并按照项目组拟定的文件列表,检查文件是否齐全,然后签字通过。客户验收时,发现系统存在严重的质量问题,不符合客户的验收标准,项目交付时间推延。

【问题 1】　结合案例,分析该项目中质量问题产生的原因。

【问题 2】　简述质量控制过程的输入项。

【问题 1 解答】

①质量管理规划没有做好,没有制订质量管理计划。②没有建立质量管理体系,质量管理随意。③项目缺乏质量标准和质量规范。④质量职责分配不合理,不能让从事研发工作的小张来兼职质量管理,应配备专职人员。⑤质量保证活动做得不到位,或未实施质量保

证。⑥质量控制没有做好，没有做好成果的检查。⑦项目经理在质量管理方面经验不足或质量保证人员经验不足。⑧在质量管理中，没有采用适合的工具、技术和方法。⑨研发的技术文档工作没有做好，如需求规格说明书等这些重要文档是不能省的。⑩需求、设计等文件评审不到位，没有经过客户等干系人的正式确认。⑪测试过程中配置管理工作未到位，没有做好相应的配置和变更工作。⑫项目在重大里程碑处没有设置阶段成果评审，无法确保结果和预期目标一致。⑬项目团队成员缺乏质量意识。⑭与客户沟通存在问题，没有及时汇报，导致在验收时才发现严重质量问题。

【问题2解答】 质量控制过程的输入项包括：项目管理计划、质量测量指标、质量核对单、工作绩效数据、批准的变更请求、可交付成果、项目文件、组织过程资产。

6.6 单元测试题

1. 选择题

（1）由于所需的验收标准未得到满足，客户停止了里程碑付款。公司应该采用哪一种质量管理过程来阻止再次发生这个问题？（　　）

  A. 质量保证（QA） B. 质量控制（QC） C. 质量规划   D. 质量反馈

（2）一位新项目经理加入了由高级项目经理监督的项目，发起人要求新项目经理制订质量管理计划，项目经理应该怎么做？（　　）

  A. 向高级项目经理咨询已制订的质量过程和计划，并在选择适当的标准时寻求指导

  B. 与客户开会收集需求

  C. 要求发起人提供成本效益分析和标杆对照样本

  D. 提交变更请求，推迟了质量管理计划的发展计划，直到质量测量指标和质量检查表被创造

（3）在生产环境中实施后识别到一个项目问题。若要识别发生这种问题的原因，项目经理应该使用什么工具或技术？（　　）

  A. 帕累托图   B. 直方图   C. 石川图（鱼骨图） D. 控制图

（4）由于质量过程的问题，一个项目明显落后于进度计划。项目相关方坚持要求项目经理采取任何必要的行动来满足初始时间表。项目经理下一步应该怎么做？（　　）

  A. 与相关方谈判质量标准并更新质量管理计划

  B. 重新确定客户的需求清单优先级并调整项目范围

  C. 在风险登记册中记录所有问题并接受质量过程

  D. 审查质量核对单以确定根本原因并实施所需的变更

（5）在一个新项目的规划阶段，质量保证经理坚持要求将精度和准确度标准添加进质量管理计划中。项目经理可以从哪里找到这个信息？（　　）

  A. 事业环境因素   B. 需求文件

  C. 变更控制过程文档   D. 组织过程资产

（6）在项目状态审查会议期间，显而易见的是，整体项目效绩低于预期的项目目标，并

且一些关键的可交付成果未能满足客户的需求。项目经理应该怎么做？（　　）

    A. 更新范围管理计划并执行备选方案分析

    B. 使用德尔菲技术并执行备选方案分析

    C. 执行趋势分析并更新质量管理计划

    D. 执行根本原因和备选方案分析

（7）在开发软件解决方案期间，测试团队检测到一个错误。在采取任何纠正措施之前，项目经理应该怎么做？（　　）

    A. 分析所需纠正措施的影响并将其记录在问题日志中

    B. 与项目相关方重新谈判需求，并更新项目管理计划

    C. 检查经验教训并识别减轻策略

    D. 审查项目管理计划并检查质量要求

（8）在项目第一个里程碑的阶段退出会议期间，质量管理团队只提出一些缺陷。当被问及测试过程程序时，团队确认只有一个批准的测试要求。项目经理应该怎么做？（　　）

    A. 执行实施管理质量过程　　　　　　B. 考虑更换项目的测试主管

    C. 更新测试要求　　　　　　　　　　D. 部署自动化测试工具

（9）一位项目经理加入一个正在进行的项目。在一次每周状态会上，团队通知项目经理，项目计划中规定将在收尾阶段执行质量保证。项目经理应该怎么做？（　　）

    A. 继续执行当期的质量保证计划，并确保项目按时、按预算完成

    B. 重新审视质量保证并在完成每个可交付成果时更新项目计划

    C. 使用质量保证来衡量项目团队绩效

    D. 在整个项目的生命周期中定期执行质量保证

（10）项目经理在安排一次站会时得知，为项目采购的产品和选定的软件版本不兼容，需要进行大量操作才能使产品兼容。项目经理首先应该怎么做？（　　）

    A. 向项目团队成员发送一封电子邮箱指示他们加班工作以满足截止日期

    B. 执行根本原因分析，并更新项目文件

    C. 与团队开会以确定合适的纠正措施

    D. 将该问题通知所有相关方，并提交变更请求

（11）一家公司想要设计和制造其第一款机器人产品。项目团队成员对机器人的了解有限，不知道如何定义和控制产品性能。若要确保产品性能，项目经理应该怎么做？（　　）

    A. 使用专家判断　　　　　　　　　　B. 更新质量测量指标

    C. 开展统计抽样　　　　　　　　　　D. 执行标杆对照

（12）一家组织中标一大型施工项目。项目团队正在实施一种不断优化执行效率的方法。项目团队应该使用什么方法作为改进基础？（　　）

    A. 全面质量管理（TQM）　　　　　　B. 计划-实施-检查-行动（PDCA）循环

    C. 六西格玛　　　　　　　　　　　　D. 精益六西格玛

（13）项目经理希望供应商完成他们生产的每个组件的测试，但惊讶地发现并没有进行任何测试。为了恢复，项目团队对组件进行统计抽样。应该在哪里记录测试需求？（　　）

    A. 采购管理计划　　　　　　　　　　B. 质量管理计划

    C. 合同变更文档　　　　　　　　　　D. 需求管理计划

（14）一个大型项目包含将由分包商执行的许多阶段。团队成员各自负责一个阶段。项目经理应该使用什么来执行质量管理计划？（　　）

    A. 质量测量指标　　　　　　　　　B. 质量审计

    C. 根本原因分析　　　　　　　　　D. 因果分析

（15）从事一个直接项目的项目经理收到现场经理关于设计团队施工图纸质量的反复投诉，项目经理希望确定可能的行动，以确保不再发生这个问题，项目经理首先应该怎么做？（　　）

    A. 审查质量报告　　　　　　　　　B. 开展质量审计

    C. 执行根本原因分析　　　　　　　D. 创建并分析因果图

（16）在项目的质量审查期间，团队讨论了对当前质量管理计划的必要变更，以满足相关方的期望，目前的计划包括产品的特定事项和特征，但缺少一个重要方面。若要完成质量管理计划，项目经理应该怎么做？（　　）

    A. 评估交付团队的绩效　　　　　　B. 评估产品的性能

    C. 考虑产品等级　　　　　　　　　D. 分析提供给客户的价值

（17）项目经理正在执行一个项目，该项目中包含简短的任务以及技能非常熟练的人员，在测试阶段，项目经理注意到很高的失败率和许多缺陷，若要避免这个问题，项目经理应该事先做什么？（　　）

    A. 实施质量保证计划　　　　　　　B. 要求所有人员都遵循质量保证

    C. 在测试阶段期间执行质量控制任务　　D. 在所有任务中使用六西格玛程序

（18）项目经理了解到，由于生产过程不稳定，产品的拒收率很高，哪个工具或技术可以帮助项目经理快速分析并确定纠正措施？（　　）

    A. 因果图　　　　B. 控制图　　　　C. 直方图　　　　D. 散点图

（19）除下述哪项外，其余各项都是质量控制的内容（　　）。

    A. 趋势分析　　　　B. 检验　　　　C. 控制图　　　　D. 制订参照基准

（20）项目团队邀请了许多项目干系人帮助检查项目质量。下述哪项不是这种检查活动的一项输出？（　　）

    A. 质量管理计划　　B. 质量改进　　　C. 返工　　　　D. 过程调整

2. 简答题

（1）简述项目质量管理过程的内容。

（2）简述规划质量管理过程的输出项。

（3）简述质量管理过程中的经常使用的亲和图与鱼骨图的概念。

（4）简述控制质量过程的任务。

第7章

软件项目资源管理

视频讲解

【学习目标】

◆ 掌握软件项目资源管理过程的核心概念

◆ 掌握规划资源过程的关键技术

◆ 了解估算活动资源过程的相关技术和方法

◆ 了解获取资源过程的相关技术和方法

◆ 掌握建设团队过程的关键技术

◆ 了解管理团队过程的相关技术和方法

◆ 了解控制资源过程的相关技术和方法

◆ 通过案例分析和测试题练习,进行知识归纳与拓展

7.1 项目资源管理概述

项目资源管理包括识别、获取和管理所需资源以成功完成项目的各个过程,这些过程有助于确保项目经理和项目团队在正确的时间和地点使用正确的资源。图 7-1 概括了项目资源管理的各个过程。

7.1.1 项目资源管理过程的内容

(1) 规划资源管理。定义如何估算、获取、管理和利用实物以及团队项目资源的过程。

(2) 估算活动资源。估算执行项目所需的团队资源,材料、设备和用品的类型和数量的过程。

(3) 获取资源。获取项目所需的团队成员、设施、设备、材料、用品和其他资源的过程。

图 7-1 项目资源管理概述

（4）建设团队。提高工作能力，促进团队成员互动，改善团队整体氛围，以提高项目绩效的过程。

（5）管理团队。跟踪团队成员工作表现，提供反馈，解决问题并管理团队变更，以优化项目绩效的过程。

（6）控制资源。确保按计划为项目分配实物资源，以及根据资源使用计划监督资源实际使用情况，并采取必要纠正措施的过程。

团队资源管理相对于实物资源管理，对项目经理提出了不同的技能和能力要求。实物资源包括设备、材料、设施和基础设施，而团队资源或人员指的是人力资源。项目团队成员可能具备不同的技能，可能是全职或兼职的，可能随项目进展而增加或减少。

7.1.2　项目资源管理过程的核心概念

项目团队由承担特定角色和职责的个人组成，他们为实现项目目标而共同努力。项目经理因此应在获取、管理、激励和增强项目团队方面投入适当的努力。尽管项目团队成员被分派了特定的角色和职责，但让他们全员参与项目规划和决策仍是有益的。团队成员参与规划阶段，既可使他们对项目规划工作贡献专业技能，又可以增强他们对项目的责任感。

1）人力资源管理

项目经理既是项目团队的领导者又是项目团队的管理者。除了项目管理活动，例如启动、规划、执行、监控和收尾各个项目阶段，项目经理还负责建设高效的团队，项目经理应留意能够影响团队的不同因素，例如：团队环境、团队成员的地理位置、相关方之间的沟通、组织变更管理、内外部政治氛围、文化问题和组织的独特性、其他可能改变项目绩效的因素等。作为领导者，项目经理还负责积极培养团队技能和能力，同时提高并保持团队的满意度和积极性，项目经理还应留意并支持职业与道德行为，确保所有团队成员都遵守这些行为。

2）实物资源管理

着眼于以有效和高效的方式，分配和使用成功完成项目所需的实物资源，如材料、设备和用品。为此，组织应当拥有如下数据：当前和合理的未来的资源需求，可以满足这些需求的资源配置以及资源供应。不能有效管理和控制资源是项目成功完成的风险来源。例如：未能确保关键设备或基础设施按时到位，可能会推迟最终产品的制造；订购低质量材料可能会损害产品质量，导致大量召回或返工；保存太多库存可能会导致高运营成本，使组织盈利下降。另一方面，如果库存量太低，就可能无法满足客户需求，同样会造成组织盈利下降。

项目资源管理的趋势和新兴实践项目管理风格正在从管理项目的命令和控制结构，转向更加协作和支持性的管理方法，通过将决策权分配给团队成员来提高团队能力。此外，现代的项目资源管理方法致力于寻求优化资源使用。

7.2　规划资源管理

7.2.1　规划资源过程概述

规划资源管理是定义如何估算、获取、管理和利用团队以及实物资源的过程。本过程的主要作用是，根据项目类型和复杂程度确定适用于项目资源的管理方法和管理程度。本过程仅开展一次或仅在项目的预定义点开展。图 7-2 描述本过程的输入、工具与技术和输出。

这是用于确定和识别一种方法，以确保项目的成功完成有足够的可用资源。项目资源可能包括团队成员、用品、材料、设备、服务和设施。有效的资源规划需要考虑稀缺资源的可用性和竞争，并编制相应的计划。这些资源可以从组织内部资产获得，或者通过采购过程从组织外部获取。其他项目可能在同一时间和地点竞争项目所需的相同资源，从而对项目成本、进度、风险、质量和其他项目领域造成显著影响。

图 7-2　规划资源管理：输入、工具与技术和输出

7.2.2　规划资源过程的输入、输出及关键技术

1. 规划资源过程的输入

1）项目章程

提供项目的高层级描述和要求，此外还包括可能影响项目资源管理的关键相关方名单、里程碑概况，以及预先批准的财务资源。

2）项目管理计划

（1）质量管理计划。有助于定义项目所需的资源水平，以实现和维护已定义的质量水平并达到项目测量指标。

（2）范围基准。识别了可交付成果，决定了需要管理的资源的类型和数量。

3）项目文件

（1）项目进度计划。提供了所需资源的时间轴。

（2）需求文件。指出了项目所需的资源的类型和数量，并可能影响管理资源的方式。

（3）风险登记册。包含可能影响资源规划的各种威胁和机会的信息。

（4）相关方登记册。有助于识别对项目所需资源有特别兴趣或影响的那些相关方，以及会影响资源使用偏好的相关方。

4）事业环境因素

能够影响规划资源管理过程的事业环境因素包括组织文化和结构、设施和资源的地理分布、现有资源的能力和可用性、市场条件。

5）组织过程资产

能够影响规划资源管理过程的组织过程资产包括人力资源政策和程序、物质资源管理政策和程序、安全政策、安保政策、资源管理计划模板、类似项目的历史信息。

2. 规划资源过程的工具与技术

1）专家判断

应征求具备以下专业知识或接受过相关培训的个人或小组的意见：协调组织内部的最佳资源；人才管理和员工发展；确定为实现项目目标所需的初步投入水平；根据组织文化

确定报告要求；根据经验教训和市场条件，评估获取资源所需的提前量；识别与资源获取、留用和遣散计划有关的风险；遵循适用的政府和工会法规；管理卖方和物流工作，确保在需要时能够提供材料和用品。

2）数据表现

适用于本过程的数据表现技术包括图表。数据表现有多种格式来记录和阐明团队成员的角色与职责，大多数格式属于层级型、矩阵型或文本型。有些项目人员安排可以在子计划（如风险、质量或沟通管理计划）中列出。无论使用什么方法来记录团队成员的角色，目的都是要确保每个工作包都有明确的责任人，确保全体团队成员都清楚地理解其角色和职责。层级型可用于表示高层级角色，而文本型则更适合用于记录详细职责。

（1）层级型。可以采用传统的组织结构图，自上而下地显示各种职位及其相互关系。

（2）工作分解结构（WBS）。WBS用来显示如何把项目可交付成果分解为工作包，有助于明确高层级的职责。

（3）组织分解结构（OBS）。WBS显示项目可交付成果的分解，而OBS则按照组织现有的部门、单元或团队排列，并在每个部门下列出项目活动或工作包。运营部门（如信息技术部或采购部）只需要找到其所在的OBS位置，就能看到自己的全部项目职责。

（4）资源分解结构。资源分解结构是按资源类别和类型，对团队和实物资源的层级列表，用于规划、管理和控制项目工作。每向下一个层次都代表对资源的更详细描述，直到信息细到可以与工作分解结构（WBS）相结合，用来规划和监控项目工作。项目活动的资源分解结构可以用表7-1所示的资源矩阵来描述。

表 7-1 资源矩阵

工作	资源需求量				相关说明
	资源 1	资源 2	资源 3	资源 4	
活动一					
活动二					
活动三					
活动四					

（5）责任分配矩阵（RAM）。责任分配矩阵展示项目资源在各个工作包中的任务分配。矩阵型图表的一个例子是职责分配矩阵，它显示了分配给每个工作包的项目资源，用于说明工作包或活动与项目团队成员之间的关系。在大型项目中，可以制订多个层次的RAM。例如，高层次的RAM可定义项目团队、小组或部门负责WBS中的哪部分工作，而低层次的RAM则可在各小组内为具体活动分配角色、职责和职权。矩阵图能反映与每个人相关的所有活动，以及与每项活动相关的所有人员，它也可确保任何一项任务都只有一个人负责，从而避免职权不清。RAM的一个例子是RACI（执行、负责、咨询和知情）矩阵，如图7-3所示。图中最左边的一列表示有待完成的工作（活动）。分配给每项工作的资源可以是个人或小组，项目经理也可根据项目需要，选择"领导"或"资源"等适用词汇，来分配项目责任。如果团队是由内部和外部人员组成，RACI矩阵对明确划分角色和职责特别有用。

（6）文本型。如果需要详细描述团队成员的职责，就可以采用文本型。文本型文件通常以概述的形式，提供诸如职责、职权、能力和资格等方面的信息。这种文件有多种名称，如

RACI矩阵	人员				
活动	安	本	卡洛斯	迪娜	艾德
创建章程	A	R	I	I	I
收集需求	I	A	R	C	C
提交变更请求	I	A	R	R	C
制定测试计划	A	C	I	I	R
R=负责 A=问责 C=咨询 I=通知					

图 7-3 RACI 矩阵示例

职位描述、角色－职责－职权表,该文件可作为未来项目的模板,特别是在根据当前项目的经验教训对其内容进行更新之后。

3)组织理论

组织理论阐述个人、团队和组织部门的行为方式。有效利用组织理论中的常用技术,可以节约规划资源管理过程的时间、成本及人力投入,提高规划工作的效率。此外,可以根据相关的组织理论灵活使用领导风格,以适应项目生命周期中团队成熟度的变化。重要的是要认识到,组织的结构和文化影响项目组织结构。

4)会议

项目团队可召开会议来规划项目资源管理。

3. 规划资源过程的输出

1)资源管理计划

作为项目管理计划的一部分,资源管理计划提供了关于如何分类、分配、管理和释放项目资源的指南。资源管理计划可以根据项目的具体情况分为团队管理计划和实物资源管理计划。资源管理计划可能包括:

(1)识别资源。用于识别和量化项目所需的团队和实物资源的方法。

(2)获取资源。关于如何获取项目所需的团队和实物资源的指南。

(3)角色与职责。在项目中,某人承担的职务或分配给某人的职务,如土木工程师、商业分析师和测试协调员;为完成项目活动,项目团队成员必须履行的职责和工作。

(4)职权。使用项目资源、做出决策、签字批准、验收可交付成果并影响他人开展项目工作的权力。例如,下列事项都需要由具有明确职权的人来做决策:选择活动的实施方法,质量验收标准,以及如何应对项目偏差等。当个人的职权水平与职责相匹配时,团队成员就能最好地开展工作。

(5)能力。为完成项目活动,项目团队成员需具备的技能和才干。一旦发现成员的能力与职责不匹配,就应主动采取措施,如安排培训、招募新成员、调整进度计划或工作范围。

(6)项目组织图。项目组织图以图形方式展示项目团队成员及其报告关系。基于项目的需要,项目组织图可以是正式或非正式的,非常详细或高度概括的。

(7)项目团队资源管理。关于如何定义、配备、管理和最终遣散项目团队资源的指南。

(8)培训。针对项目成员的培训策略。

(9)团队建设。建设项目团队的方法。

（10）资源控制。依据需要确保实物资源充足可用、并为项目需求优化实物资源采购，而采用的方法。包括有关整个项目生命周期期间的库存、设备和用品管理的信息。

（11）认可计划。将给予团队成员哪些认可和奖励，以及何时给予。

2）团队章程

团队章程是为团队创建团队价值观、共识和工作指南的文件。团队章程可能包括（但不限于）团队价值观、沟通指南、决策标准和过程、冲突处理过程、会议指南、团队共识。

团队章程对项目团队成员的可接受行为确定了明确的期望。尽早认可并遵守明确的规则，有助于减少误解，提高生产力；讨论诸如行为规范、沟通、决策、会议礼仪等领域，团队成员可以了解彼此重要的价值观。由团队制订或参与制订的团队章程可发挥最佳效果。所有项目团队成员都分担责任，确保遵守团队章程中规定的规则。可定期审查和更新团队章程，确保团队始终了解团队基本规则，并指导新成员融入团队。

3）项目文件更新

可在本过程更新的项目文件包括：

（1）假设日志。更新假设日志时可增加关于实物资源的可用性、物流要求和位置信息以及团队资源的技能集和可用性的假设条件。

（2）风险登记册。关于团队和实物资源可用性的风险，以及其他已知资源的相关风险，更新在风险登记册中。

7.3 估算活动资源

7.3.1 估算活动资源过程概述

估算活动资源是估算执行项目所需的团队资源，以及材料、设备和用品的类型和数量的过程。本过程的主要作用是，明确完成项目所需的资源种类、数量和特性。本过程应根据需要在整个项目期间定期开展。图7-4描述估算活动资源的输入、工具与技术和输出。

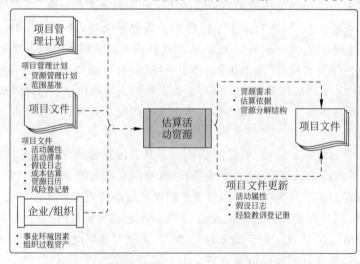

图 7-4 估算活动资源：输入、工具与技术和输出

本过程与其他过程紧密相关,例如估算成本过程。例如:汽车设计团队需要熟悉最新的自动装配技术。这些必要的知识可以通过聘请顾问、派设计人员参加机器人技术研讨会,或者邀请制造人员加入项目团队等方式来获取。

7.3.2 估算活动资源过程的输入、输出及关键技术

1. 估算活动资源过程的输入

1) 项目管理计划

(1) 资源管理计划。定义了识别项目所需不同资源的方法,还定义了量化各个活动所需的资源并整合这些信息的方法。

(2) 范围基准。识别了实现项目目标所需的项目和产品范围,而范围决定了对团队和实物资源的需求。

2) 项目文件

(1) 活动属性。为估算活动清单中每项活动所需的团队和实物资源提供了主要数据来源,这些属性的例子包括资源需求、强制日期、活动地点、假设条件和制约因素。

(2) 活动清单。识别了需要资源的活动。

(3) 假设日志。可能包含有关生产力因素、可用性、成本估算以及工作方法的信息,这些因素会影响团队和实物资源的性质和数量。

(4) 成本估算。资源成本从数量和技能水平方面会影响资源选择。

(5) 资源日历。识别了每种具体资源可用时的工作日、班次、正常营业的上下班时间、周末和公共假期。在规划活动期间,潜在的可用资源信息(如团队资源、设备和材料)用于估算资源可用性。资源日历还规定了在项目期间确定的团队和实物资源何时可用、可用多久。这些信息可以在活动或项目层面建立,这考虑了诸如资源经验和/或技能水平以及不同地理位置等属性。

(6) 风险登记册。描述了可能影响资源选择和可用性的各个风险。

3) 事业环境因素

能够影响估算活动资源过程的事业环境因素包括资源的位置、资源可用性、团队资源的技能、组织文化、发布的估算数据、市场条件。

4) 组织过程资产

能够影响估算活动资源过程的组织过程资产包括关于人员配备的政策和程序,关于用品和设备的政策与程序,关于以往项目中类似工作所使用的资源类型的历史信息。

2. 估算活动资源过程的工具与技术

1) 专家判断

应征求具备团队和物质资源的规划和估算方面的专业知识或接受过相关培训的个人或小组的意见。

2) 自下而上估算

团队和实物资源在活动级别上估算,然后汇总成工作包、控制账户和总体项目层级上的估算。

3）类比估算

类比估算将以往类似项目的资源相关信息作为估算未来项目的基础。这是一种快速估算方法，适用于项目经理只能识别 WBS 的几个高层级的情况下。

4）参数估算

参数估算基于历史数据和项目参数，使用某种算法或历史数据与其他变量之间的统计关系，来计算活动所需的资源数量，参数估算的准确性取决于参数模型的成熟度和基础数据的可靠性。

5）数据分析

适用于本过程的数据分析技术包括备选方案分析。备选方案分析是一种对已识别的可选方案进行评估的技术，用来决定选择哪种方案或使用何种方法来执行项目工作。很多活动有多个备选的实施方案，例如使用能力或技能水平不同的资源、不同规模或类型的机器、不同的工具（手工或自动），以及关于资源自制、租赁或购买的决策。备选方案分析有助于提供在定义的制约因素范围内执行项目活动的最佳方案。

6）项目管理信息系统（PMIS）

项目管理信息系统可以包括资源管理软件，这些软件有助于规划、组织与管理资源库，以及编制资源估算。根据软件的复杂程度，可以确定资源分解结构、资源可用性、资源费率和各种资源日历，有助于优化资源使用。

7）会议

项目经理可以和职能经理一起举行规划会议，以估算每项活动所需的资源、支持型活动（LoE）、团队资源的技能水平，以及所需材料的数量。参会者可能包括项目经理、项目发起人、选定的项目团队成员、选定的相关方，以及其他必要人员。

3. 估算活动资源过程的输出

1）资源需求

资源需求识别了各个工作包或工作包中每个活动所需的资源类型和数量，可以汇总这些需求，以估算每个工作包、每个 WBS 分支以及整个项目所需的资源。资源需求描述的细节数量与具体程度因应用领域而异，而资源需求文件也可包含为确定所用资源的类型、可用性和所需数量所做的假设。

2）估算依据

资源估算所需的支持信息的数量和种类，因应用领域而异。但不论其详细程度如何，支持性文件都应该清晰完整地说明资源估算是如何得出的。资源估算的支持信息可包括：估算方法；用于估算的资源，如以往类似项目的信息；与估算有关的假设条件；已知的制约因素；估算范围；估算的置信水平；有关影响估算的已识别风险的文件。

3）资源分解结构

资源分解结构是资源依类别和类型的层级展现，如图 7-5 所示。资源类别包括（但不限于）人力、材料、设备和用品，资源类型则包括技能水平、要求证书、等级水平或适用于项目的其他类型。在规划资源管理过程中，资源分解结构用于指导项目的分类活动。在这一过程中，资源分解结构是一份完整的文件，用于获取和监督资源。

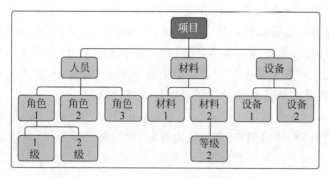

图 7-5　资源分解结构示例

7.4　获取资源

7.4.1　获取资源过程概述

获取资源是获取项目所需的团队成员、设施、设备、材料、用品和其他资源的过程。本过程的主要作用是，概述和指导资源的选择，并将其分配给相应的活动。本过程应根据需要在整个项目期间定期开展。图 7-6 描述本过程的输入、工具与技术和输出。

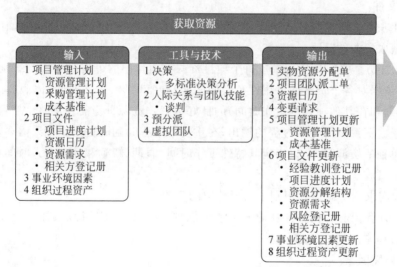

图 7-6　获取资源：输入、工具与技术和输出

项目所需资源可能来自项目执行组织的内部或外部。内部资源由职能经理或资源经理负责获取（分配），外部资源则是通过采购过程获得。因为集体劳资协议、分包商人员使用、矩阵型项目环境、内外部报告关系或其他原因，项目管理团队可能或可能不对资源选择有直接控制权。

在获取项目资源过程中应注意下列事项：

（1）项目经理或项目团队应该进行有效谈判，并影响那些能为项目提供所需团队和实物资源的人员。

（2）不能获得项目所需的资源时，可能会影响项目进度、预算、客户满意度、质量和风险；资源或人员能力不足会降低项目成功的概率，最坏的情况可能导致项目取消。

（3）如因制约因素（如经济因素或其他项目对资源的占用）而无法获得所需团队资源，项目经理或项目团队可能不得不使用也许能力和成本不同的替代资源。在不违反法律、规章、强制性规定或其他具体标准的前提下可以使用替代资源。

在项目规划阶段，应该对上述因素加以考虑并做出适当安排。项目经理或项目管理团队应该在项目进度计划、项目预算、项目风险计划、项目质量计划、培训计划及其他相关项目管理计划中，说明缺少所需资源的后果。

7.4.2　获取资源过程的输入、输出及关键技术

1. 获取资源过程的输入

1）项目管理计划

（1）资源管理计划。资源管理计划为如何获取项目资源提供指南。

（2）采购管理计划。采购管理计划提供了关于将从项目外部获取的资源的信息，包括如何将采购与其他项目工作整合起来以及涉及资源采购工作的相关方等内容。

（3）成本基准。成本基准提供了项目活动的总体预算。

2）项目文件

（1）项目进度计划。项目进度计划展示了各项活动及其开始和结束日期，有助于确定需要提供和获取资源的时间。

（2）资源日历。资源日历记录了每个项目资源在项目中的可用时间段。编制出可靠的进度计划，应依据对各个资源的可用性和时间限制（包括时区、工作时间、休假时间、当地节假日、维护计划和在其他项目的工作时间）的良好了解。资源日历需要在整个项目过程中渐进明细和更新。资源日历是本过程的输出，在重复本过程时随时可用。如果需要，可以为个别资源定义单独的资源日历，以指定其特殊工作时间、假期、缺勤和计划个人时间，这有助于创建更准确的日程。

（3）资源需求。资源需求识别了需要获取的资源。

（4）相关方登记册。相关方登记册可能会发现相关方对项目特定资源的需求或期望，在获取资源过程中应加以考虑。

3）事业环境因素

能够影响获取资源过程的事业环境因素包括现有组织资源信息（包括可用性、能力水平，以及有关团队资源和资源成本的以往经验）、市场条件、组织结构、地理位置。

4）组织过程资产

能够影响获取资源过程的组织过程资产包括有关项目资源的采购、配置和分配的政策和程序，历史信息和经验教训知识库。

2. 获取资源过程的工具与技术

1）多标准决策分析

适用于获取资源过程的决策技术包括（但不限于）多标准决策分析。选择标准常用于选

择项目的实物资源或项目团队。使用多标准决策分析工具制订出标准,用于对潜在资源进行评级或打分(例如,在内部和外部团队资源之间进行选择)。根据标准的相对重要性对标准进行加权,加权值可能因资源类型的不同而发生变化。可使用的选择标准包括:

(1)可用性。确认资源能否在项目所需时段内为项目所用。

(2)成本。确认增加资源的成本是否在规定的预算内。

(3)能力。确认团队成员是否提供了项目所需的能力。

有些选择标准对团队资源来说是独特的,包括:

(1)经验。确认团队成员具备项目成功所需的相关经验。

(2)知识。团队成员是否掌握关于客户、执行过的类似项目和项目环境细节的相关知识。

(3)技能。确认团队成员拥有使用项目工具的相关技能。

(4)态度。团队成员能否与他人协同工作,以形成有凝聚力的团队。

(5)国际因素。团队成员的位置、时区和沟通能力。

2)人际关系与团队技能

适用于本过程的人际关系与团队技能包括谈判。很多项目需要针对所需资源进行谈判,项目管理团队需要与下列各方谈判。

(1)职能经理。确保项目在要求的时限内获得最佳资源,直到完成职责。

(2)执行组织中的其他项目管理团队。合理分配稀缺或特殊资源。

(3)外部组织和供应商。提供合适的、稀缺的、特殊的、合格的、经认证的或其他特殊的团队或实物资源。特别需要注意与外部谈判有关的政策、惯例、流程、指南、法律及其他标准。

在资源分配谈判中,项目管理团队影响他人的能力很重要,如同在组织中的政治能力一样重要。例如,说服职能经理,让他/她看到项目具有良好的前景,会影响他/她把最佳资源分配给这个项目而不是竞争项目。

3)预分派

预分派指事先确定项目的实物或团队资源,可在下列情况下发生:在竞标过程中承诺分派特定人员进行项目工作;项目取决于特定人员的专有技能;在完成资源管理计划的前期工作之前,制订项目章程过程或其他过程已经指定了某些团队成员的工作分派。

4)虚拟团队

虚拟团队的使用为招募项目团队成员提供了新的可能性。虚拟团队可定义为具有共同目标、在完成角色任务的过程中很少或没有时间面对面工作的一群人。现代沟通技术(如电子邮件、电话会议、社交媒体、网络会议和视频会议等)使虚拟团队成为可行。虚拟团队模式使人们有可能:

(1)在组织内部地处不同地理位置的员工之间组建团队;

(2)为项目团队增加特殊技能,即使相应的专家不在同一地理区域;

(3)将在家办公的员工纳入团队;

(4)在工作班次、工作小时或工作日不同的员工之间组建团队;

(5)将行动不便者或残疾人纳入团队;

(6)执行那些原本会因差旅费用过高而被搁置或取消的项目;

(7)节省员工所需的办公室和所有实物设备的开支。

在虚拟团队的环境中,沟通规划变得日益重要。可能需要花更多时间,来设定明确的期望、促进沟通、制订冲突解决方法、召集人员参与决策、理解文化差异，以及共享成功喜悦。缺点是虚拟团队可能产生孤立感，团队成员之间难以分享知识经验，所以当采取虚拟团队的时候，沟通规划就非常重要。

3. 获取资源过程的输出

1）实物资源分配单

实物资源分配单记录了项目将使用的材料、设备、用品、地点和其他实物资源。

2）项目团队派工单

项目团队派工单记录了团队成员及其在项目中的角色和职责，可包括项目团队名录，还需要把人员姓名插入项目管理计划的其他部分，如项目组织图和进度计划。

3）资源日历

资源日历识别了每种具体资源可用时的工作日、班次、正常营业的上下班时间、周末和公共假期。在规划活动期间，潜在的可用资源信息（如团队资源、设备和材料）用于估算资源可用性。资源日历规定了在项目期间确定的团队和实物资源何时可用、可用多久，这些信息可以在活动或项目层面建立。

4）变更请求

如果获取资源过程中出现变更请求（例如影响了进度），或者推荐措施、纠正措施或预防措施影响了项目管理计划的任何组成部分或项目文件，项目经理应提交变更请求，且应该通过实施整体变更控制过程对变更请求进行审查和处理。

5）项目管理计划更新

项目管理计划的任何变更都以变更请求的形式提出，且通过组织的变更控制过程进行处理。开展本过程可能导致项目管理计划更新的内容包括：

（1）资源管理计划。更新资源管理计划，以反映获取项目资源的实际经验，包括在项目早期获取资源的经验教训，这些经验会影响项目后期的资源获取过程。

（2）成本基准。在项目资源采购期间，成本基准可能发生变更。

6）项目文件更新

需更新的项目文件包括经验教训登记册、项目进度计划、资源分解结构、资源需求、风险登记册、相关方登记册。

7）事业环境因素更新

需要更新的事业环境因素包括组织内资源的可用性、组织已使用的消耗资源的数量。

8）组织过程资产更新

作为获取资源过程的结果，需要更新的组织过程资产包括有关采购、配置和分配资源的文件。

7.5 建设团队

7.5.1 建设团队过程概述

建设团队是提高工作能力，促进团队成员互动，改善团队整体氛围，以提高项目绩效的过程。本过程的主要作用是，改进团队协作、增强人际关系技能、激励员工、减少摩擦以及提升整体项目绩效。本过程需要在整个项目期间开展,图 7-7 描述本过程的输入、工具与技术和输出。

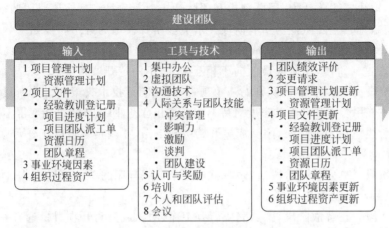

图 7-7　建设团队:输入、工具与技术和输出

项目经理应该能够定义、建立、维护、激励、领导和鼓舞项目团队,使团队高效运行,并实现项目目标。团队协作是项目成功的关键因素,而建设高效的项目团队是项目经理的主要职责之一。项目经理应创建一个能促进团队协作的环境,并通过给予挑战与机会、提供及时反馈与所需支持,以及认可与奖励优秀绩效,不断激励团队。通过以下行为可以实现团队的高效运行:使用开放与有效的沟通,创造团队建设机遇,建立团队成员间的信任,以建设性方式管理冲突,鼓励合作型的问题解决方法,鼓励合作型的决策方法。

项目经理在全球化环境和富有文化多样性的项目中工作:团队成员经常来自不同的行业,讲不同的语言,有时甚至会在工作中使用一种特别的"团队语言"或文化规范,而不是使用他们的母语;项目管理团队应该利用文化差异,在整个项目生命周期中致力于发展和维护项目团队,并促进在相互信任的氛围中充分协作;通过建设项目团队,可以改进人际技巧、技术能力、团队环境及项目绩效。在整个项目生命周期中,团队成员之间都要保持明确、及时、有效(包括效果和效率两个方面)的沟通。建设项目团队的目标包括:

(1)提高团队成员的知识和技能,以提高他们完成项目可交付成果的能力,并降低成本、缩短工期和提高质量;

(2)提高团队成员之间的信任和认同感,以提高士气、减少冲突和增进团队协作;

(3)创建富有生气、凝聚力和协作性的团队文化,从而提高个人和团队生产率,振奋团队精神,促进团队合作;促进团队成员之间的交叉培训和辅导,以分享知识和经验;

(4)提高团队参与决策的能力,使他们承担起对解决方案的责任,从而提高团队的生产效率,获得更有效和高效的成果。

7.5.2　建设团队过程中的经典理论

1. 塔克曼阶梯理论

有一种关于团队发展的模型叫塔克曼阶梯理论,其中包括团队建设通常要经过的五个阶段。尽管这些阶段通常按顺序进行,然而,团队停滞在某个阶段或退回到较早阶段的情况也并非罕见;而如果团队成员曾经共事过,项目团队建设也可跳过某个阶段。某个阶段持续时间的长短,取决于团队活力、团队规模和团队领导力。项目经理应该对团队活力有较好的理解,以便有效地带领团队经历所有阶段。塔克曼阶梯模型的五个阶段如下:

(1)形成阶段。在本阶段,团队成员相互认识,并了解项目情况及他们在项目中的正式角色与职责。在这一阶段,团队成员倾向于相互独立,不一定开诚布公。

(2)震荡阶段。在本阶段,团队开始从事项目工作、制订技术决策和讨论项目管理方法。如果团队成员不能用合作和开放的态度对待不同观点和意见,团队环境可能变得不太融洽。

(3)规范阶段。在规范阶段,团队成员开始协同工作,并调整各自的工作习惯和行为来支持团队,团队成员会学习相互信任。

(4)成熟阶段。进入这一阶段后,团队就像一个组织有序的单位那样工作,团队成员之间相互依靠,平稳高效地解决问题。

(5)解散阶段。在解散阶段,团队完成所有工作,团队成员离开项目。通常在项目可交付成果完成之后,或者,在结束项目或阶段过程中,释放人员,解散团队。

2. 激励理论

自20世纪二三十年代以来,国外许多管理学家、心理学家和社会学家结合现代管理的实践,提出了许多激励理论。这些理论按照形成时间及其所研究的侧面不同,可分为行为主义激励理论、认知派激励理论和综合型激励理论3大类。

激励理论,即研究如何调动人的积极性的理论,激励理论认为工作效率和劳动效率与职工的工作态度有直接关系,而工作态度则取决于需要的满足程度和激励因素。激励理论是行为科学中用于处理需要、动机、目标和行为四者之间关系的核心理论,在团队建设中经常用到的激励理论如图7-8所示。

1) 马斯洛的"需要层次论"

1954年,马斯洛在《激励与个性》一书中把人的需要层次发展为七个,由低到高的七个层次:生理的需要、安全的需要、友爱与归属的需要、尊重的需要、求知的需要、求美的需要和自我实现的需要。

马斯洛认为,只有低层次的需要得到部分满足以后,高层次的需要才有可能成为行为的重要决定因素。七种需要是按次序逐级上升的。当下一级需要获得基本满足以后,追求上一级的需要就成了驱动行为的动力。但这种需要层次逐渐上升并不是遵照"全"或"无"的规律,即一种需要100%的满足后,另一种需要才会出现。事实上,社会中的大多数人在正常的情况下,他们的每种基本需要都是部分地得到满足。

马斯洛把七种基本需要分为高、低二级,其中生理需要、安全需要、社交需要属于低级的需要,这些需要通过外部条件使人得到满足,如借助于工资收入满足生理需要,借助于法律制度满足安全需要等。尊重需要、自我实现的需要是高级的需要,它们是从内部使人得到满足的,而且一个人对尊重和自我实现的需要,是永远不会感到完全满足的。高层次的需要比低层次需要更有价值,人的需要结构是动态的、发展变化的。因此,通过满足职工的高级需要来调动其生产积极性,具有更稳定,更持久的力量。

2) 赫茨伯格的"双因素论"

双因素理论(Two Factor Theory,TFT)亦称"激励-保健理论",由美国心理学家赫茨伯

名称	提出者	基本内容	对管理实践的启示
需要层次论	美国心理学家亚伯拉罕·马斯洛于1943年提出来的	马斯洛提出人的需要可分为五个层次,这五种需要成梯形分布。后来,他又补充了求知的需要和求美的需要,形成了七个层次	1. 正确认识被管理者需要的多层次性; 2. 要努力将本组织的管理手段、管理条件同被管理者的各层次需要联系起来; 3. 在科学分析的基础上,找出受时代、环境及个人条件差异影响的优势需要,然后,有针对性地进行激励
双因素论	美国心理学家赫茨伯格于20世纪50年代提出来的	提出两大类影响人的工作积极性的因素: (1) 保健因素; (2) 激励因素	1. 善于区分管理实践中存在的两类因素,对于保健因素要给予基本的满足,以消除下级的不满; 2. 要抓住激励因素,进行有针对性的激励; 3. 正确识别与挑选激励因素
期望理论	美国心理学家弗鲁姆于1964年提出来的	人们对工作积极性的高低,取决于他对这种工作能满足其需要的程度及实现可能性大小的评价。激励水平取决于期望值与效价的乘积,其公式是:激发力量=效价×期望	1. 选择激励手段,一定要选择员工感兴趣、评价高,即认为效价大的项目或手段; 2. 确定目标的标准不宜过高; 3. 如果不从实际出发,只从管理者的意志或兴趣出发,推行对员工来说是不可能收到激励作用的
公平理论	美国心理学家亚当斯于1965年提出来的	人的工作积极性不仅受其所得的绝对报酬的影响,更重要的是受其相对报酬的影响。付出与报酬的比较方式包括横比和纵比两种	1. 在管理中要高度重视相对报酬问题; 2. 尽可能实现相对报酬的公平性; 3. 当出现不公平现象时,要做好工作,积极引导,防止负面作用发生

图 7-8　具有代表性的激励理论

格在 1959 年提出。他把企业中有关因素分为两种,即满意因素和不满意因素。满意因素是指可以使人得到满足和激励的因素。不满意因素是指容易产生意见和消极行为的因素,即保健因素。他认为这两种因素是影响员工绩效的主要因素。保健因素的内容包括公司的政策与管理、监督、工资、同事关系和工作条件等。这些因素都是工作以外的因素,如果满足这些因素,能消除不满情绪,维持原有的工作效率,但不能激励人们更积极的行为。激励因素与工作本身或工作内容有关,包括成就、赞赏、工作本身的意义及挑战性、责任感、晋升、发展等。这些因素如果得到满足,可以使人产生很大的激励,若得不到满足,也不会像保健因素那样产生不满情绪。

3) 弗鲁姆的"期望理论"

期望理论又称作"效价-手段-期望理论",是管理心理学与行为科学的一种理论。这个理论可以公式表示为:激动力量＝期望值×效价。是由北美著名心理学家和行为科学家维克托·弗鲁姆(Victor H. Vroom)于 1964 年在《工作与激励》中提出来的激励理论。

在这个公式中,"激动力量"是指调动个人积极性,激发人内部潜力的强度;"期望值"是根据个人的经验判断达到目标的把握程度;"效价"则是所能达到的目标对满足个人需要的价值。这个理论的公式说明,人的积极性被调动的大小取决于期望值与效价的乘积。也就是说,一个人对目标的把握越大,估计达到目标的概率越高,激发起的动力越强烈,积极性也就越大,在领导与管理工作中,运用期望理论于调动下属的积极性是有一定意义的。期望理论是以三个因素反映需要与目标之间的关系的,要激励员工,就必须让员工明确:

(1) 工作能提供给他们真正需要的东西;

(2) 他们欲求的东西是和绩效联系在一起的;

(3) 只要努力工作就能提高他们的绩效。

4）亚当斯的"公平理论"

亚当斯的公平理论由美国心理学家约翰·斯塔希·亚当斯（John Stacey Adams）于1965年提出：员工的激励程度来源于对自己和参照对象（Referents）的报酬和投入比例的主观比较感觉。其基本内容包括三个方面：

（1）公平是激励的动力。公平理论认为，人能否受到激励，不但受到他们得到了什么而定，还要受到他们所得与别人所得是否公平而定。这种理论的心理学依据，就是人的知觉对于人的动机的影响关系很大。他们指出，一个人不仅关心自己所得所失本身，而且还关心与别人所得所失的关系。他们是以相对付出和相对报酬全面衡量自己的得失。如果得失比例和他人相比大致相当时，就会心理平静，认为公平合理心情舒畅。比别人高则令其兴奋，是最有效的激励，但有时过高会带来心虚，不安全感激增。低于别人时产生不安全感，心理不平静，甚至满腹怨气，工作不努力、消极怠工。因此分配合理性常是激发人在组织中工作动机的因素和动力。

（2）公平理论的模式（即方程式）：$Qp/Ip = Qo/Io$。其中，Qp代表一个人对他所获报酬的感觉。Ip代表一个人对他所做投入的感觉。Qo代表这个人对某比较对象所获报酬的感觉。Io代表这个人对比较对象所做投入的感觉。

（3）不公平的心理行为。当人们感到不公平待遇时，在心里会产生苦恼，呈现紧张不安，导致行为动机下降，工作效率下降，甚至出现逆反行为。个体为了消除不安，一般会出现以下一些行为措施：通过自我解释达到自我安慰，营造成一种公平的假象以消除不安；更换对比对象以获得主观的公平；采取一定行为以改变自己或他人的得失状况；发泄怨气并制造矛盾；暂时忍耐或逃避。公平与否的判定受个人的知识、修养的影响，即使外界氛围也是要通过个人的世界观、价值观的改变才能够起作用。亚当斯认为，当员工发现组织不公正时，会有以下六种主要的反应：改变自己的投入、改变自己的所得、扭曲对自己的认知、扭曲对他人的认知、改变参考对象、改变目前的工作。

3. 领导力理论

领导力是决定领导者领导行为的内在力量，是实现群体或组织目标、确保领导过程顺畅运行的动力。美国领导学学者Stogdill曾于1948年和1974年两次对领导特质理论进行调查研究，他认为领导者必须具备各个方面的能力或素质，即成就、韧性、洞察力、主动性、自信心、责任感、协调能力、宽容、影响力和社交能力。特质领导理论经过20世纪中期的进化，到20世纪70年代发展为魅力型领导理论。魅力型领导理论的代表人物Horse认为，魅力型领导力主要包括支配欲、强烈的影响欲、自信心和强烈的道德价值观等。

除特质领导理论外，其他领导和领导力理论也都或多或少地涉及领导力的构成。英国领导学学者Adair认为领导者在履行职责时需要展现以下品质或特性：群体影响力、指挥行动、冷静、判断力、专注和责任心。美国学者哈维·罗森（Rosen）认为领导者必须具备八项要素，即前瞻性、信任、参与意识、求知精神、多样性、创造性、笃实精神和集体意识。

美国领导学学者Cashman从领导能力开发的角度讨论了领导力。他认为，领导是由内向外的，领导不是一个人所做的事情，它源自个体内部的某个地方。一个人可以通过七种路径实现由内至外的领导，这七种路径分别是目标控制、变化控制、人际控制、本质控制、平衡控制、行动控制和个人控制。事实上，Cashman提出的七条路径也就是领导者必须具备的七种能力。

Hughes、Ginnett 和 Cuephy 在《领导学》中进一步区分了基本领导技能和高级领导技能。基本领导技能主要包括以下内容：从经验中学习、沟通、倾听、果断、提供建设性反馈、对有效的压力管理的指导、构建技术方面的任职能力、与上级构建良好的关系、与同事构建良好的关系、设置目标、惩罚、召开会议。高级领导技能主要包括如下内容：授权、调解冲突、谈判、解决问题、提高创造力、诊断个人群体及组织层面的绩效问题、工作团队的塑造、层团队的创造、（领导力）开发计划、可信度、辅导。

领导力技能包括指导、激励和带领团队的能力。这些技能可能包括协商、抗压、沟通、解决问题、批判性思考和人际关系技能等基本能力。人际交往占据项目经理工作的很大一部分。项目经理应研究人的行为和动机，应尽力成为一个好的领导者，因为领导力对组织项目是否成功至关重要。项目经理需要运用领导力技能和品质与所有项目相关方合作，包括项目团队、团队指导和项目发起人。

领导力风格分为很多种，项目经理可能会出于个人偏好或在综合考虑了与项目有关的多个因素之后选择不同的领导力风格，要考虑的主要因素如下：

（1）领导者的特点（例如态度、心情、需求、价值观、道德观）；

（2）团队成员的特点（例如态度、心情、需求、价值观、道德观）；

（3）组织的特点（例如目标、结构、工作类型）；

（4）环境特点（例如社会形势、经济状况和政治因素）。

研究显示，优秀的项目经理并不依赖单一的领导风格，面对不同情况常常采用多种领导力风格，并且他们能不留痕迹地进行风格转换，在这些领导力风格中，最常见的有：

（1）放任型领导（例如，允许团队自主决策和设定目标，又被称为"无为而治"）；

（2）交易型领导（例如，关注目标、反馈和成就以确定奖励，例外管理）；

（3）服务型领导（例如，做出服务承诺，处处先为他人着想；关注他人的成长、学习、发展、自主性和福祉；关注人际关系、团体与合作；服务优先于领导）；

（4）变革型领导（例如，通过理想化特质和行为、鼓舞性激励、促进创新和创造，以及个人关怀提高追随者的能力）；

（5）魅力型领导（例如，能够激励他人；精神饱满、热情洋溢、充满自信；说服力强）；

（6）交互型领导（例如，结合了交易型、变革型和魅力型领导的特点）。

7.5.3　建设团队过程的输入、输出及关键技术

1．建设团队过程的输入

1）项目管理计划

项目管理计划组件包括资源管理计划。资源管理计划为如何通过团队绩效评价和其他形式的团队管理活动，为项目团队成员提供奖励、提出反馈、增加培训或采取惩罚措施提供了指南。资源管理计划可能包括团队绩效评价标准。

2）项目文件

（1）经验教训登记册。项目早期与团队建设有关的经验教训可以运用到项目后期阶段，以提高团队绩效。

（2）项目进度计划。项目进度计划定义了如何以及何时为项目团队提供培训，以培养

不同阶段所需的能力，并根据项目执行期间的任何差异（如有）识别需要的团队建设策略。

（3）项目团队派工单。项目团队派工单识别了团队成员的角色与职责。

（4）资源日历。资源日历定义了项目团队成员何时能参与团队建设活动，有助于说明团队在整个项目期间的可用性。

（5）团队章程。团队章程包含团队工作指南。团队价值观和工作指南为描述团队的合作方式提供了架构。

3）事业环境因素

能够影响建设团队过程的事业环境因素包括有关雇用和解雇的人力资源管理政策、员工绩效审查、员工发展与培训记录，以及认可与奖励；团队成员的技能、能力和特定知识；团队成员的地理分布。

4）组织过程资产

能够影响建设团队过程的组织过程资产包括历史信息和经验教训知识库。

2. 建设团队过程的工具与技术

1）集中办公

集中办公是指把许多或全部最活跃的项目团队成员安排在同一个物理地点工作，也称为紧密矩阵或作战室（War Room），以增强团队工作能力。集中办公既可以是临时的（如仅在项目特别重要的时期），也可以贯穿整个项目。实施集中办公策略，可借助团队会议室、张贴进度计划的场所，以及其他能增进沟通和集体感的设施。

2）虚拟团队

虚拟团队是指在不同地域、空间的个人通过各种各样的信息技术来进行合作。虚拟团队只要通过电话、网络、传真或可视图文来沟通、协调，甚至共同讨论、交换文档，便可以分工完成一份事先拟定好的工作。换句话说，虚拟团队就是在虚拟的工作环境下，由进行实际工作的真实的团队人员组成，并在虚拟企业的各成员相互协作下提供更好的产品和服务。虚拟团队的使用能带来很多好处，例如，使用更多技术熟练的资源、降低成本、减少出差及搬迁费用，以及拉近团队成员与供应商、客户或其他重要相关方的距离。虚拟团队可以利用技术来营造在线团队环境，以供团队存储文件、使用在线对话来讨论问题，以及保存团队日历。

3）沟通技术

在解决集中办公或虚拟团队的团队建设问题方面，沟通技术至关重要。它有助于为集中办公团队营造一个融洽的环境，促进虚拟团队（尤其是团队成员分散在不同时区的团队）更好地相互理解。可采用的沟通技术如下：

（1）共享门户。共享信息库（例如网站、协作软件或内部网）对虚拟项目团队很有帮助。

（2）视频会议。视频会议是一种可有效地与虚拟团队沟通重要技术。

（3）音频会议。音频会议有助于与虚拟团队建立融洽的相互信任的关系。

（4）电子邮件/聊天软件。使用电子邮件和聊天软件定期沟通也是一种有效的方式。

4）人际关系与团队技能

（1）冲突管理。项目经理应及时地以建设性方式解决冲突，从而创建高绩效团队。

（2）影响力。本过程的影响力技能收集相关的关键信息，在维护相互信任的关系时，来解决重要问题并达成一致意见。

（3）激励。激励为某人采取行动提供了理由。提高团队参与决策的能力并鼓励他们独立工作。

（4）谈判。团队成员之间的谈判旨在就项目需求达成共识。谈判有助于在团队成员之间建立融洽的相互信任的关系。

（5）团队建设。团队建设是通过举办各种活动，强化团队的社交关系，打造积极合作的工作环境。团队建设活动既可以是状态审查会上的五分钟议程，也可以是为改善人际关系而设计的、在非工作场所专门举办的专业提升活动。团队建设活动旨在帮助各团队成员更加有效地协同工作。如果团队成员的工作地点相隔甚远，无法进行面对面接触，就特别需要有效的团队建设策略。非正式的沟通和活动有助于建立信任和良好的工作关系。团队建设在项目前期必不可少，但它更是个持续的过程。项目环境的变化不可避免，要有效应对这些变化，就需要持续不断地开展团队建设。项目经理应该持续地监督团队机能和绩效，确定是否需要采取措施来预防或纠正各种团队问题。

5）认可与奖励

在建设项目团队过程中，需要对成员的优良行为给予认可与奖励。最初的奖励计划是在规划资源管理过程中编制的，只有能满足被奖励者的某个重要需求的奖励，才是有效的奖励。在管理项目团队过程中，可以正式或非正式的方式做出奖励决定，但在决定认可与奖励时，应考虑文化差异。

当人们感受到自己在组织中的价值，并且可以通过获得奖励来体现这种价值，他们就会受到激励。通常，金钱是奖励制度中的有形奖励，然而也存在各种同样有效、甚至更加有效的无形奖励。大多数项目团队成员会因得到成长机会、获得成就感、得到赞赏以及用专业技能迎接新挑战，而受到激励。项目经理应该在整个项目生命周期中尽可能地给予表彰，而不是等到项目完成时。

6）培训

培训包括旨在提高项目团队成员能力的全部活动，可以是正式或非正式的，方式包括课堂培训、在线培训、计算机辅助培训、在岗培训（由其他项目团队成员提供）、辅导及训练。如果项目团队成员缺乏必要的管理或技术技能，可以把对这种技能的培养作为项目工作的一部分。项目经理应该按资源管理计划中的安排来实施预定的培训，也应该根据管理项目团队过程中的观察、交谈和项目绩效评估的结果，来开展必要的计划外培训，培训成本通常应该包括在项目预算中，或者如果增加的技能有利于未来的项目，则由执行组织承担。培训可以由内部或外部培训师来执行。

7）个人和团队评估

个人和团队评估工具能让项目经理和项目团队洞察成员的优势和劣势。这些工具可帮助项目经理评估团队成员的偏好和愿望、团队成员如何处理和整理信息、如何制订决策，以及团队成员如何与他人打交道。有各种可用的工具，如态度调查、专项评估、结构化访谈、能力测试及焦点小组。这些工具有利于增进团队成员间的理解、信任、承诺和沟通，在整个项目期间不断提高团队成效。

8）会议

可以用会议来讨论和解决有关团队建设的问题，参会者包括项目经理和项目团队。会议类型包括：项目说明会、团队建设会议，以及团队发展会议。

3. 建设团队过程的输出

1）团队绩效评价

随着项目团队建设工作（如培训、团队建设和集中办公等）的开展，项目管理团队应该对项目团队的有效性进行正式或非正式的评价。有效的团队建设策略和活动可以提高团队绩效，从而提高实现项目目标的可能性。评价团队有效性的指标如下：

（1）个人技能的改进，从而使成员更有效地完成工作任务；

（2）团队能力的改进，从而使团队成员更好地开展工作；

（3）团队成员离职率的降低；

（4）团队凝聚力的加强，从而使团队成员公开分享信息和经验，并互相帮助来提高项目绩效。

通过对团队整体绩效的评价，项目管理团队能够识别出所需的特殊培训、教练、辅导、协助或改变，以提高团队绩效。项目管理团队也应该识别出合适或所需的资源，以执行和实现在绩效评价过程中提出的改进建议。

2）变更请求

如果建设团队过程中出现变更请求，或者推荐的纠正措施或预防措施影响了项目管理计划的任何组成部分或项目文件，项目经理应提交变更请求并遵循实施整体变更控制过程。

3）项目管理计划更新

项目管理计划的任何变更都以变更请求的形式提出，且通过组织的变更控制过程进行处理。可能需要变更的项目管理计划组成部分包括资源管理计划。

4）项目文件更新

（1）经验教训登记册。项目中遇到的挑战，本可以规避这些挑战的方法，以及良好的团队建设方式更新在经验教训登记册中。

（2）项目进度计划。项目团队建设活动可能会导致项目进度的变更。

（3）项目团队派工单。如果团队建设导致已商定的派工单出现变更，应对项目团队派工单做出相应的更新。

（4）资源日历。更新资源日历，以反映项目资源的可用性。

（5）团队章程。更新团队章程，以反映因团队建设对团队工作指南做出的变更。

5）事业环境因素更新

作为建设项目团队过程的结果，需要更新的事业环境因素包括员工发展计划的记录、技能评估。

6）组织过程资产更新

作为建设团队过程的结果，需要更新的组织过程资产包括培训需求、人事评测。

7.6　管理团队

7.6.1　管理团队过程概述

管理团队是跟踪团队成员工作表现，提供反馈，解决问题并管理团队变更，以优化项目绩效的过程。本过程的主要作用是，影响团队行为、管理冲突以及解决问题。本过程需要在整个项目期间开展。图 7-9 描述本过程的输入、工具与技术和输出。

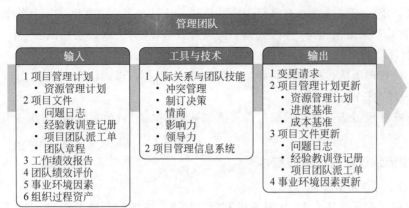

图 7-9　管理团队：输入、工具与技术和输出

管理项目团队需要借助多方面的管理和领导力技能，来促进团队协作，整合团队成员的工作，从而创建高效团队。进行团队管理，需要综合运用各种技能，特别是沟通、冲突管理、谈判和领导技能。项目经理应该向团队成员分配富有挑战性的任务，并对优秀绩效进行表彰。

项目经理应留意团队成员是否有意愿和能力完成工作，然后相应地调整管理和领导力方式。相对那些已展现出能力和有经验的团队成员，技术能力较低的团队成员更需要强化监督。

7.6.2　管理团队过程的输入、输出及关键技术

1. 管理团队过程的输入

1）项目管理计划

项目管理计划组件包括资源管理计划。资源管理计划为如何管理和最终遣散项目团队资源提供指南。

2）项目文件

（1）问题日志。在管理项目团队过程中，总会出现各种问题。此时，可用问题日志记录由谁负责在目标日期内解决特定问题，并监督解决情况。

（2）经验教训登记册。项目早期的经验教训可以运用到项目后期阶段，以提高团队管理的效率与效果。

（3）项目团队派工单。项目团队派工单识别了团队成员的角色与职责。

（4）团队章程。团队章程为团队应如何决策、举行会议和解决冲突提供指南。

3）工作绩效报告

工作绩效报告是为制订决策、采取行动或引起关注所形成的实物或电子工作绩效信息，它包括从进度控制、成本控制、质量控制和范围确认中得到的结果，有助于项目团队管理。绩效报告和相关预测报告中的信息，有助于确定未来的团队资源需求，认可与奖励，以及更新资源管理计划。

4）团队绩效评价

项目管理团队应该持续地对项目团队绩效进行正式或非正式的评价。不断地评价项目团队绩效，有助于采取措施解决问题、调整沟通方式、解决冲突和改进团队互动。

5）事业环境因素

能够影响管理团队过程的事业环境因素包括人力资源管理政策。

6）组织过程资产

能够影响管理团队过程的组织过程资产包括：嘉奖证书、公司制服、组织中其他的额外待遇。

2. 管理团队过程的工具与技术

1）人际关系与团队技能

冲突管理。在项目环境中，冲突不可避免。冲突的来源包括资源稀缺、进度优先级排序和个人工作风格差异等。采用团队基本规则、团队规范及成熟的项目管理实践（如沟通规划和角色定义），可以减少冲突的数量。成功的冲突管理可提高生产力，改进工作关系。同时，如果管理得当，意见分歧有利于提高创造力和改进决策。假如意见分歧成为负面因素，应该首先由项目团队成员负责解决；如果冲突升级，项目经理应提供协助，促成满意的解决方案，采用直接和合作的方式，尽早并且通常在私下处理冲突。如果破坏性冲突继续存在，则可使用正式程序，包括采取惩戒措施。项目经理解决冲突的能力往往决定其管理项目团队的成败。不同的项目经理可能采用不同的解决冲突方法。影响冲突解决方法的因素包括：冲突的重要性与激烈程度、解决冲突的紧迫性、涉及冲突的人员的相对权力、维持良好关系的重要性、永久或暂时解决冲突的动机。

有五种常用的冲突解决方法，每种技巧都有各自的作用和用途：

（1）撤退/回避。从实际或潜在冲突中退出，将问题推迟到准备充分的时候，或者将问题推给其他人员解决。

（2）缓和/包容。强调一致而非差异；为维持和谐与关系而退让一步，考虑其他方的需要。

（3）妥协/调解。为了暂时或部分解决冲突，寻找能让各方都在一定程度上满意的方案，但这种方法有时会导致"双输"局面。

（4）强迫/命令。以牺牲其他方为代价，推行某一方的观点；只提供赢-输方案。通常是利用权力来强行解决紧急问题，这种方法通常会导致"赢输"局面。

（5）合作/解决问题。综合考虑不同的观点和意见，采用合作的态度和开放式对话引导各方达成共识和承诺，这种方法可以带来双赢局面。

2）制订决策

决策包括谈判能力以及影响组织与项目管理团队的能力，而不是决策工具集所描述的一系列工具。

进行有效决策需要：着眼于所要达到的目标；遵循决策流程；研究环境因素；分析可用信息；激发团队创造力；理解风险；情商（情商指识别、评估和管理个人情绪、他人情绪及团体情绪的能力。项目管理团队能用情商来了解、评估及控制项目团队成员的情绪，预测团队成员的行为，确认团队成员的关注点及跟踪团队成员的问题，来达到减轻压力、加强合作的目的）；影响力（在矩阵环境中，项目经理对团队成员通常没有或仅有很小的命令职权，所以他们适时影响相关方的能力,对保证项目成功非常关键)。影响力主要体现在如下各方面:说服他人;清晰表达观点和立场;积极且有效的倾听;了解并综合考虑各种观点;收集相关信息,在维护相互信任的关系下,解决问题并达成一致意见;领导力(成功的项目需要强有力的领导技能,领导力是领导团队、激励团队做好本职工作的能力。有多种领导力理论,定义了适用于不同情形或团队的领导风格。领导力对沟通愿景及鼓舞项目团队高效工作十分重要)。

3)项目管理信息系统(PMIS)

项目管理信息系统可包括资源管理或进度计划软件,可用于在各个项目活动中管理和协调团队成员。

3. 管理团队过程的输出

1)变更请求

如果管理团队过程中出现变更请求,或者推荐措施、纠正措施或预防措施影响了项目管理计划的任何组成部分或项目文件,项目经理应提交变更请求。并通过实施整体变更控制过程对变更请求进行审查和处理。例如,人员配备变更,无论是自主选择还是由不可控事件造成,都会干扰项目团队,这种干扰可能导致进度落后或预算超支。人员配备变更包括转派人员、外包部分工作,或替换离职人员。

2)项目管理计划更新

项目管理计划的任何变更都以变更请求的形式提出,且通过组织的变更控制过程进行处理。可能需要变更的项目管理计划组成部分包括:

(1)资源管理计划。资源管理计划根据实际的项目团队管理经验更新。

(2)进度基准。可能需要更改项目进度,以反映团队的执行方式。

(3)成本基准。可能需要更改项目成本基准,以反映团队的执行方式。

3)项目文件更新

需要更新的项目文件包括问题日志、经验教训登记册、项目团队派工单。

4)事业环境因素更新。

作为管理团队过程的结果,需要更新的事业环境因素包括对组织绩效评价的输入、个人技能。

7.7　控制资源

7.7.1　控制资源过程概述

控制资源是确保按计划为项目分配实物资源,以及根据资源使用计划监督资源实际使用情况,并采取必要纠正措施的过程。本过程的主要作用是,确保所分配的资源适时适地可用于项目,且在不再需要时被释放。图 7-10 描述了本过程的输入、工具与技术和输出。

应在所有项目阶段和整个项目生命周期期间持续开展控制资源过程,且适时、适地和适量地分配和释放资源,使项目能够持续进行。控制资源过程关注实物资源,例如设备、材料、设施和基础设施。管理团队过程关注团队成员。

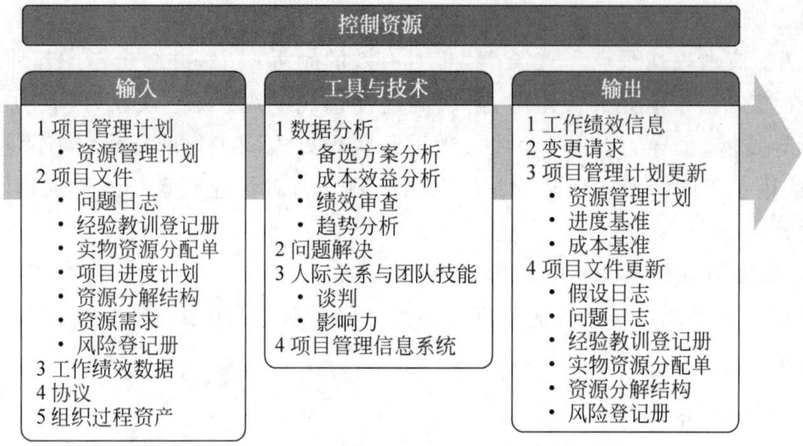

图 7-10　控制资源：输入、工具与技术和输出

7.7.2　控制资源过程的输入、输出及关键技术

1. 控制资源过程的输入

1）项目管理计划

项目管理计划组件包括资源管理计划。资源管理计划为如何使用、控制和最终释放实物资源提供指南。

2）项目文件

项目文件包括问题日志、经验教训登记册、实物资源分配单、项目进度计划、资源分解结构、资源需求、风险登记册。

3）工作绩效数据

工作绩效数据包含有关项目状态的数据，例如已使用的资源的数量和类型。

4）协议

在项目中签署的协议是获取组织外部资源的依据，应在需要新的和未规划的资源时，或在当前资源出现问题时，在协议里定义相关程序。

5）组织过程资产

组织过程资产包括有关资源控制和分配的政策；执行组织内用于解决问题的升级程序；经验教训知识库，其中包含以往类似项目的信息。

2. 控制资源过程的工具与技术

1）数据分析

（1）备选方案分析。备选方案分析有助于选择最佳解决方案以纠正资源使用偏差，可以将加班和增加团队资源等备选方案与延期交付或阶段性交付相比较，以权衡利弊。

（2）成本效益分析。成本效益分析有助于在项目成本出现差异时确定最佳的纠正措施。

（3）绩效审查。绩效审查是测量、比较和分析计划的资源使用和实际资源使用的不同。分析成本和进度工作绩效信息有助于指出可能影响资源使用的问题。

（4）趋势分析。在项目进展过程中，项目团队可能会使用趋势分析，基于当前绩效信息来确定未来项目阶段所需的资源。趋势分析检查项目绩效随时间的变化情况，可用于确定绩效是在改善还是在恶化。

2）问题解决

问题解决可能会用到一系列工具，有助于项目经理解决控制资源过程中出现的问题。问题可能来自组织内部（组织中另一部门使用的机器或基础设施未及时释放，因存储条件不当造成材料受损等）或来自组织外部（主要供应商破产或恶劣天气使资源受损）。项目经理应采取有条不紊的步骤来解决问题，包括：识别问题，明确问题；定义问题，将问题分解为可管理的小问题；调查，收集数据；分析，找出问题的根本原因；解决，从众多解决方案中选择最合适的一个；检查解决方案，确认是否已解决问题。

3）人际关系与团队技能

人际关系与团队技能有时被称为"软技能"，属于个人能力。本过程使用的人际关系与团队技能包括：

（1）谈判。项目经理可能需要就增加实物资源、变更实物资源或资源相关成本进行谈判。

（2）影响力。影响力有助于项目经理及时解决问题并获得所需资源。

4）项目管理信息系统（PMIS）

项目管理信息系统包括资源管理或进度计划软件，可用于监督资源的使用情况，帮助确保合适的资源适时适地用于合适的活动。

3. 控制资源过程的输出

1）工作绩效信息

工作绩效信息包括项目工作进展信息，这一信息将资源需求和资源分配与项目活动期间的资源使用相比较，从而发现需要处理的资源可用性方面的差异。

2）变更请求

如果控制资源过程出现变更请求，或者推荐的纠正措施或预防措施影响了项目管理计划的任何组成部分或项目文件，项目经理应提交变更请求，并通过实施整体变更控制过程对变更请求进行审查和处理。

3）项目管理计划更新

项目管理计划的任何变更都以变更请求的形式提出，且通过组织的变更控制过程进行处理。可能需要变更的项目管理计划组成部分包括资源管理计划、进度基准、成本基准。

4）项目文件更新

需要更新的项目文件包括假设日志、问题日志、经验教训登记册、实物资源分配单、资源分解结构、风险登记册。

7.8　案例分析

1. 案例1

【案例场景】　D公司是一家系统集成商，章某是D公司的一名高级项目经理，现负责某市开发区的办公网络项目的管理工作，该项目划分为综合布线、网络工程和软件开发3个子项目,需要 3 个项目经理分别负责。章某很快找到了负责综合布线、网络工程的项目经理,而负责软件开发的项目经理一直没有合适的人选。原来由于 D 公司近年业务快速发展,承揽的项目逐年增多,现有的项目经理人手不够。章某建议从在公司工作 2 年以上业务骨干中选拔项目经理。结果李某被章某选中负责该项目的软件开发子项目。在项目初期,依照公司的管理规定,李某带领几名项目团队成员刻苦工作,项目进展顺利。

随着项目的进一步展开,项目成员的逐步增加,李某在项目团队管理方面遇到很多困难。他领导的团队因经常返工而效率低下、团队成员对发生的错误互相推诿、开会时人员从来没有到齐过,甚至李某因忙于自己负责的模块开会时都迟到过。大家向李某汇报项目的实际进度、成本时往往言过其实,直到李某对自己负责的模块进行接口调试时才发现这些问题。

【问题 1】 请分析项目中出现这些情况的可能原因(200 字以内)

【问题 1 分析】 李某缺乏担任项目经理所需的足够的能力和经验;公司对项目经理的培养不重视,对项目经理的选拔任命不规范;章某对李某的"传帮带"做得不够好;公司对项目经理的工作缺乏指导和监督;项目工作中的沟通没有建立有效的机制和方式方法;缺乏有效的项目绩效管理机制。

【问题 2】 你认为高级项目经理章某应该如何指导和帮助李某(200 字以内)

【问题 2 分析】 章某应明确李某的工作职责,帮助其实现向项目经理角色的转变;参加李某组织的周例会,以及时发现问题并予以指导;对李某提供相关工作的指导或培训,尤其是在项目管理方面;从整体项目层面对各子项目进行协调和计划,对项目提出具体工作要求;加强对项目的日常监督,要求项目经理以身作则;针对子项目中出现的问题,及时提出纠正和预防措施。

2. 案例 2

【案例场景】 M 是信息系统集成的高级项目经理,因人手紧张,M 从编程高手中选择小张负责软件子项目项目经理,小张同时兼任模块编程工作,这种安排导致软件子项目失控。

【问题 1】 请分析导致软件子项目失控的可能原因。

【问题 1 分析】 缺乏项目管理的能力和经验;身兼数职,资源超负荷;没有进入管理角色,考虑问题层面没有转换,只关注编程工作,疏于项目的管理;M 缺乏对小张的监管和培训。

【问题 2】 M 事先应该怎样做才能让小张做好子项目的项目经理,并避免软件子项目失控?

【问题 2 分析】 制订岗位职责的标准和要求,选择合适的项目经理人选;评估小张的工作,解决超负荷的问题,平衡资源,找人替代小张的编程工作;明确要求,促使尽快角色转换;培训;加强监管。

【问题 3】 简述典型的系统集成项目团队的角色构成,并叙述在组建项目团队、建设团队、管理团队等方面所需的活动,结合实例说明。

【问题 3 分析】 需要的角色:项目经理、系统分析师、架构师、软件设计师、程序员、测试工程师、美工、网络工程师、实施人员、数据库管理员;行业专家;文档管理员;秘书。组建项目团队;建设项目团队;管理项目团队。

3．案例 3

【案例场景】　Q公司是一家应用软件开发公司，最近与A公司签订了一个财务管理系统开发项目的合同，需要挑选一位项目经理，并组建一个项目团队。由于Q公司正同步进行多个项目，没有足够数量的项目经理，而该项目又必须马上开始，于是公司领导决定任命有多次参与类似项目开发经验的程序员薛某承担此项目的管理工作。

薛某接到任命后，立即开始着手组建项目团队，热火朝天地开始了人员的招聘、面试等工作。人员确定以后，团队进入了项目开发阶段，工作进行一段时间后，擅长编程的薛某发现，管理工作远不如他原来的编程工作来得简单。从项目一开始，整个团队就不断出现问题，成员之间矛盾接连不断，项目的任务也不能按时完成……项目工作一度中止，薛某急得像热锅上的蚂蚁。公司的领导层也意识到问题的严重性，立即从其他项目组调来了一位项目经理帮辅薛某的工作。经过一系列的调整，该项目的开发工作才逐渐步入正轨。

【问题1】　在本案例中，在项目管理方面主要出现了哪些问题？

【问题1分析】　项目的开发工作不是某一个人就能完成的，需要的是整个项目团队的共同协作，即项目经理与团队成员之间的配合、团队成员之间的协作。在本案例中，主要出现了以下问题：

（1）Q公司对项目经理的选择出现了一些问题。项目经理不仅要具备扎实的专业知识、技能与项目工作经验，更要有良好的沟通、组织、协调、控制、领导等能力。薛某具备良好专业基础技能，但是在管理技能上有一定欠缺，他从一开始就没有给自己准确的定位，以为项目经理的工作与他之前从事的开发工作差不多，因此，出现问题时便显得手忙脚乱。公司应该在薛某开始工作之前，对其进行管理技能的培训，让他具备从容面对新工作挑战的能力，或者公司可以直接招聘一位合格的项目经理来担任该项目的管理工作。

（2）项目团队组建完成之后，项目经理应该明确项目的目标与任务，并给每位成员分配合理的任务与职责，使成员都能明确自身所要承担的工作与责任。目标促进团队工作的重要力量，他指引着团队工作的方向，薛某组建了项目团队之后，没有明确团队的工作目标，使得成员的工作一片茫然，大家有劲也没使到一处去。

（3）在团队出现问题时，薛某没能及时解决这些问题，使项目工作几乎瘫痪。IT项目团队由不同性格、不同背景的人员组成，发生摩擦在所难免，关键是如何避免或解决这些冲突。在项目组建后，薛某可以采用委任、公开交流、自由交流、团队活动等方式来增进大家的了解，建立成员之间的信任，使得团队在组建之初能有一个比较宽松和谐的气氛，从而为之后的工作打下良好的基础。在出现问题时，应该及时解决，不要让问题堆积，引发一系列的不良后果。

优秀的项目经理工作的重点在于他是否能使全体成员尽其所能把项目做得最好，项目能成功地完成，项目团队才能说是合格的。因此，项目经理在项目启动时就应该主动、积极地了解项目、组织项目并且控制整个项目过程。

4．案例 4

【案例场景】　杨某为某省电信分公司项目经理，在接到分公司副总的任命后，负责公司内部营账系统项目的管理工作。为了更好地选拔项目成员，杨某制订了对项目成员的人员要求计划，从公司现有人员中选拔项目成员。杨某的选择标准依次为学历、资格证书、工作年限、技术方向。按照杨某的要求,一些公司的技术骨干虽然入选了项目组,却由于学历原因没有被放在骨干的位置上。项目组成员到位后,杨某为量化项目团队成员工作,制订了一系列绩效考核制度,并按照百分制原则按月发放绩效工资。如员工当月绩效分为 90 分,则按照该员工在项目中的岗位,可获得该岗位 90% 的绩效工资。

随着项目的开展,一些弊端开始浮出水面。分公司资深老员工吴某为原开发部门技术骨干,但由于学历为中专,在进入项目组后未被放在核心岗位,在架构设计阶段,吴某对杨某所采用的系统架构提出不同意见,而杨某在坚信自己的经验之际,拒绝了吴某的意见。在项目设计和编码阶段,吴某由于技术熟练和编程能力较强,连续 3 个月在绩效分中获得了 200分,并一直保持全项目团队绩效第一名。按照杨某之前所定的绩效工资制度,吴某应得到某岗位 200% 的绩效工资,然而在发放项目绩效工资时,杨某认为如果一次发放项目奖金可能会为项目后期带来人员流失风险,于是对所有团队成员扣发了 30% 的绩效工资,承诺项目验收完成后一次性发放扣发的绩效工资。吴某在连续 3 个月只领到 70% 的绩效工资后,愤而辞职离开了公司,随后一些绩效分超过 100 分的员工也不断辞职离开了公司,最后项目不了了之,杨某被调往其他分公司任职。

【问题 1】　请概括杨某在项目中人力资源管理方面存在的问题。

【问题 2】　在本案例中,如果你是杨某,应在项目中如何改进人力资源方面的管理?

【问题 3】　请叙述人员流失对项目的影响,并给出防止人员流失的方法。

【问题 1 分析】

存在以下问题:项目成员角色要求的制订存在问题;和项目成员沟通不足,缺乏一般管理技能;未能落实奖励承诺;绩效考核标准制订不合理;人员流失后的弥补工作不到位。

项目的人力资源管理主要包括 4 部分:组织计划编制(人力资源计划编制);组建项目团队;项目团队建设;管理项目团队。

组织计划描述了项目团队的组织结构,项目中的角色、职责和汇报关系,包括项目人员配备管理计划。杨某在项目之初制订了相关计划,说明他对项目管理有一定的经验。完成组织计划编制后,接着是组建项目团队,以选拔公司成员进入项目团队,对于缺少的项目角色,需要进行招聘采购,对于技术能力达不到要求的成员应提供培训学习机会,努力让其达到项目角色的要求。从案例中可以看出,杨某把学历作为项目角色的第一要求,实际上是有问题的,对于公司的人员招聘,制订学历要求为基本条件,是一种比较常见的做法。但在项目中,学历不应该成为第一要求,项目中的角色承担着项目的建设任务,更应该强调的是完成任务的能力,而不仅仅是学历要求。从案例场景的信息中可知道,强调学历要求可能对某些个人能力较强而学历不高的员工有失偏颇,以至于有能力的人得不到重用。人力资源管理是让每一个项目成员最大限度发挥自己能力的过程。杨某的“学历优先”可能会成为项目成员能力施展的障碍。

组建项目团队是项目获得人力资源的过程,项目管理团队应确保所选择的人员满足项目角色要求。组建项目团队的方法有事先分派、谈判、采购或虚拟团队。对于某些情况,项目成员可能会事先分配到项目上,一般较为常见的是事先指派行业专家或者技术骨干到项目中。在一般的项目中,项目成员在进入项目之前会属于某一职能部门或在其他项目中,此时,项目经理需要和职能经理或者其他项目经理谈判以获得项目成员,并保证项目成员的到岗时间。当公司内部缺少足够的资源以完成项目时,就需要从外部资源获得相关人员,其手段包括对外招聘,雇佣独立咨询人或与其他组织签订转包合同。在某些情况下,项目组成员若不能集中办公,这时可组建虚拟团队。虚拟团队通过电子邮件、电话会议、视频会议进行联系,虚拟团队概念的出现,跨越了地域、时差的限制,并且在虚拟团队中更强调沟通。

项目团队建设需要经历几个阶段:形成期、震荡期、正规期和表现期。各个阶段有不同的特点。在形成期,团队对项目前景充满期望,士气高昂。在震荡期,项目中困难不断出现,团队成员在高压和困难面前,对项目的理想化期望被打破,在解决问题时出现争执,互相指责,甚至开始怀疑项目经理的能力。经过震荡期后,项目团队开始进入正轨期,团队逐渐成型,对于争执有了统一的处理方式,团队成员之间开始互相信任和熟悉,项目经理逐渐被认可和开始真正成为团队的领导者。在表现期,由于对项目经理的信任,团队成员开始积极工作,努力实现项目目标,团队凝聚力达到最强,团队成员具有强烈的团队自豪感。

本案例中,在团队的形成期,杨某制订了奖励计划和绩效考核标准,从后来的表现看,杨某制订的项目绩效考核标准不合理,而奖励计划未能兑现,以致到了磨合期团队不能进行正常磨合,并出现了资源大量流失的危机。而在震荡期,项目成员的建议未被正确处理,也为后期项目失败埋下伏笔,在杨某未兑现激励措施后,给团队士气带来了极大的消极影响。

项目团队建设常用的方法包括一般管理技能、培训、团队建设活动、基本原则、同场地办公、认可和奖励等。一般管理技能要求通过理解项目团队成员的情感,预测他们的行动,知道他们的担心,解决他们的问题,增进合作。培训可以增强项目成员的能力,当项目成员缺乏相应的管理或技术技能时,可以通过培训来让项目成员获得该技能。团队建设活动主要为增加人际资源的行动,培养信任和协作。基本原则为项目团队成员应遵守的规则,当规则建立后,必须严格执行。同场地办公是指将大多数的项目团队成员置于统一工作地点,以增进他们作为一个团队的能力。认可和奖励是常用的团队建设方法,奖励制度一旦确定,必须严格执行。从以上所述可以看出,杨某缺乏一般管理技能,对认可和奖励执行不够,甚至出现后悔和自相矛盾的情况。而项目中出现 200 分以上的高分还说明了杨某对绩效考核标准把握不够。

管理项目团队是项目经理对项目团队进行的管理活动,要求管理、跟踪个人和团队的执行情况,提供反馈和协调变更,以提高项目绩效,保证项目进度。常用的方法有观察和对话、项目绩效评估、冲突管理和问题日志。观察和对话可以保证项目经理和团队成员在工作和思想上的沟通接触。项目绩效评估依赖于项目的持续时间、复杂度、组织原则、员工的合约要求及定期沟通的数量和质量,通过项目绩效评估,可以发现一些未知和未解决的问题,成功的冲突管理可以大大提高生产力并建立积极的工作关系。问题日志是团队中对问题解决的记录,是项目管理经验的记录集。

【问题 2 分析】

从问题 1 的分析可以看出,杨某应重新制订项目角色要求,任命技术骨干到项目的核心位置、落实奖励承诺,修正绩效考核标准,积极与项目成员沟通、了解其想法,听取项目成员意见,提前预防人员流失和做好事后弥补工作,增强自身一般管理技能。

【问题 3 分析】

IT 项目的所有活动都是由人来完成的,人员流失会对项目造成无可挽回的影响,甚至导致项目的失败。针对人员流失可以采取事前预防、事后弥补的办法来降低人员流失对项目的影响。项目经理应该经常和项目成员保持沟通,了解他们的情绪和想法、对项目成员赏罚分明,人员流失后应及时转移其工作任务,采取相应的补救措施,修改错误的管理方式和错误的规则标准,防止人员流失继续扩大,招聘新人以弥补项目角色空缺等。

事前预防包括自上而下的沟通,项目经理应保持和项目成员的持续接触,了解其情绪和想法,对项目成员的工作应跟踪执行情况,有错应罚、有功要奖,和项目成员建立信任关系,在未能正确建立信任关系时可采取扣除保证金的办法,但一般不推荐。

事后弥补包括流失人员原工作任务的转移,项目经理对自身管理方法进行反思和总结,发现人员流失的原因并尽量采取补救措施,修正错误的管理方式,修正规则中的错误,及时招聘新人以弥补项目角色的空缺。

7.9　单元测试题

1. 选择题

(1) 作为组建项目团队过程的输出,资源日历通常用来记录(　　　)。

  A. 项目团队成员的可用工作时间与休假时间

  B. 项目团队成员的正常工作时间以及在假期中工作的报酬标准

  C. 项目在何时需要何种以及多少资源

  D. 需要资源平衡的资源种类

(2) 可以使用以下哪种结构来把组织中的部门与项目中的工作包联系起来?(　　　)

  A. 工作分解结构　　　　　　　　　　B. 资源分解结构

  C. 风险分解结构　　　　　　　　　　D. 组织分解结构

(3) 以下哪个说法是正确的?(　　　)

  A. 集中办公的团队更需要沟通规划　　B. 虚拟团队更需要沟通规划

  C. 项目管理团队更需要沟通规划　　　D. 项目团队更需要沟通规划

(4) 责任分配矩阵具有以下作用,除了(　　　)。

  A. 反映与每个人有关的所有活动　　　B. 反映与每个活动有关的所有人

  C. 为每个工作指定唯一责任点　　　　D. 使每个人都只负责一项工作

(5) 制订人力资源计划过程的输出包括(　　　)。

  A. 人员配备管理计划　　　　　　　　B. 角色与职责

  C. 项目组织机构图　　　　　　　　　D. 人力资源计划

(6) 高效的项目团队应该(　　　)。

  A. 以领导为导向　　　　　　　　　　B. 以工作为导向

  C. 集中办公　　　　　　　　　　　　D. 通过电子网络联系

(7) 项目人力资源计划包括以下所有内容,除了(　　　)。

  A. 项目中的角色与职责　　　　　　　B. 资源直方图

  C. 项目组织机构图　　　　　　　　　D. 人员配备管理计划

(8) 项目已经启动,刚刚进入了计划编制阶段。在计划编制阶段的早期,项目经理通常应该采用什么领导风格?(　　　)

  A. 指挥　　　　　　B. 授权　　　　　　C. 参与　　　　　　D. 民主

(9) 塔库曼的五阶段团队建设理论是(　　　)。

    A. 形成、震荡、规范、成熟和解散　　　 B. 磨合、震荡、规范、成熟和解散

    C. 规范、磨合、震荡、成熟和解散　　　 D. 形成、规范、提高、成熟和解散

(10) 为了更好地完成工作任务,通常用责任分配矩阵来为每一项工作指定(　　　)。

    A. 唯一的责任人

    B. 两个责任人,以便相互帮助

    C. 三个责任人,以便集体领导

    D. 一个或以上的责任人,视具体情况而定

(11) 在项目环境中,冲突是不可避免的,会因各种原因而产生。冲突最常见的来源包括(　　　)。

    A. 成员个性、资源稀缺、进度优先级排序

    B. 进度优先级排序、资源稀缺、成员个性

    C. 资源稀缺、进度优先级排序、成员个性

    D. 资源稀缺、进度优先级排序、个人工作风格

(12) 评价项目团队有效性的指标包括(　　　)。

    A. 个人技能的改进、团队能力的改进、成员离职率下降、团队凝聚力提高

    B. 项目经理的权威加强、团队能力的改进、成员离职率下降、团队凝聚力提高

    C. 个人技能的改进、团队能力的改进、团队凝聚力提高、项目业绩提高

    D. 团队能力的改进、成员离职率下降、团队凝聚力提高、项目业绩提高

(13) 人员的预分派不适用于(　　　)。

    A. 在投标文件中所指定的人员

    B. 具有特定的知识和技能的人员,项目因他们才存在

    C. 项目章程中指定的项目经理

    D. 根据雇佣合同就位的优秀专业人员

(14) 为了获得项目所需的人力资源,项目经理经常要与以下各方谈判,除了(　　　)。

    A. 高级管理层　　　　　　　　 B. 职能部门经理

    C. 其他项目经理　　　　　　　　 D. 外部资源供应商

(15) 以下哪个是组建项目团队过程的输入?(　　　)

    A. 活动资源需求　　 B. 资源日历　　 C. 组织机构图　　 D. 项目管理计划

(16) 在项目执行过程中,应该通过以下哪项工作来了解团队成员的表现,向团队成员提供反馈,并对团队中的角色与职责进行适当调整?(　　　)

    A. 项目绩效评估　　　　　　　　 B. 团队绩效评价

    C. 组织绩效评价　　　　　　　　 D. 报告项目绩效

(17) 赫兹伯格的双因素激励理论把与激励有关的因素分成(　　　)。

    A. 低层次因素与高层次因素　　　　 B. 成就因素、权力因素与亲和因素

    C. 保健因素与激励因素　　　　　　 D. X 因素与 Y 因素

(18) 项目人力资源管理不包括以下哪个过程?(　　　)

    A. 估算项目资源　　　　　　　　 B. 管理项目团队

    C. 组建项目团队　　　　　　　　 D. 建设项目团队

（19）在项目管理中，下列哪种谈判方法最有利于解决冲突？（　　　）

  A. 关注利益，而非立场　 B. 关注结果，而非起因

  C. 关注方法，而非个人　 D. 关注结果，而非过程

（20）具有共同目标，通常不面对面工作，而是依靠电子通信工具相互联系的一群人，被称为（　　　）。

  A. 项目团队　 B. 虚拟团队　 C. 虚假团队　 D. 项目管理团队

2. 简答题

（1）简述项目资源管理过程的内容。

（2）简述塔克曼团队发展阶段理论。

（3）简述工作分解结构、组织分解结构与资源分解结构的区分。

（4）简述责任分配矩阵的概念与作用。

（5）简述建设团队过程的关键技术有哪些？

第8章

软件项目沟通管理

视频讲解

【学习目标】

◆ 掌握软件项目沟通管理过程的核心概念

◆ 掌握规划沟通管理过程的关键技术

◆ 了解管理沟通过程的相关技术和方法

◆ 了解监督沟通过程的相关内容

◆ 通过案例分析和测试题练习,进行知识归纳与拓展

8.1 项目沟通管理概述

8.1.1 沟通的内涵

沟通活动可按不同维度进行分类,包括内部(在项目内)和外部(客户、其他项目、媒体、公众);正式(报告、备忘录、简报)和非正式(电子邮件、即兴讨论);垂直(上下级之间)和水平(同级之间);官方(新闻通讯、年报)和非官方(私下的沟通);书面和口头;口头语言和非口头语言(音调变化、身体语言)。

大多数沟通技能同时适用于一般管理和项目管理,例如:积极有效地倾听;通过提问、探询意见和了解情况,来确保理解到位;开展教育,增加团队的知识,以便更有效地沟通;寻求事实,以识别或确认信息;设定和管理期望;说服某人或组织采取一项行动;通过协商,达成各方都能接受的协议;解决冲突,防止破坏性影响;概述、重述和确定后续步骤。

成功的沟通包括两个部分。第一部分是根据项目及其相关方的需求而制订适当的沟通策略。从该策略出发,制订沟通管理计划,来确保用各种形式和手段把恰当的信息传递给相关方,这些信息达成成功沟通的第二部分。项目沟通是规划过程的产物,在沟通管理计划中有相关规定。沟通管理计划定义了信息的收集、生成、发布、储存、检索、管理、追踪和处置。最终,沟通策略和沟通管理计划将成为监督沟通效果的依据。在项目沟通中,需要尽力预防

理解错误和沟通错误，并从规划过程所规定的各种方法、发送方、接收方和信息中作出谨慎选择。

应用书面沟通的5C原则，在编制传统（非社交媒体）的书面或口头信息的时候，可以减轻但无法消除理解错误：

（1）正确的语法和拼写。语法不当或拼写错误会分散注意力，还有可能扭曲信息含义，降低可信度。

（2）简洁的表述和无多余字。简洁且精心组织的信息能降低误解信息意图的可能性。

（3）清晰的目的和表述（适合读者的需要）。确保在信息中包含能满足受众需求与激发其兴趣的内容。

（4）连贯的思维逻辑。写作思路连贯，以及在整个书面文件中使用诸如"引言"和"小结"的小标题。

（5）受控的语句和想法承接。可能需要使用图表或小结来控制语句和想法的承接。

书面沟通的5C原则需要用下列沟通技巧来配合：

（1）积极倾听。与说话人保持互动，并总结对话内容，以确保有效的信息交换。

（2）理解文化和个人差异。提升团队对文化及个人差异的认知，以减少误解并提升沟通能力。

（3）识别、设定并管理相关方期望。与相关方磋商，减少相关方社区中的自相矛盾的期望。

（4）强化技能。强化所有团队成员开展以下活动的技能：说服个人、团队或组织采取行动；激励和鼓励人们，或帮助人们重塑自信；指导人们改进绩效和取得期望结果；通过磋商达成共识以及减轻审批或决策延误；解决冲突，防止破坏性影响。

8.1.2 沟通管理过程概述

项目沟通管理包括为确保项目信息及时且恰当地生成、收集、发布、存储、调用并最终处置所需的各个过程。项目经理的大多数时间都用在与团队成员和其他干系人的沟通上，无论这些成员和干系人是来自组织内部（位于组织的各个层级上）还是组织外部。有效的沟通能在各种各样的项目干系人之间架起一座桥梁，把具有不同文化和组织背景、不同技能水平以及对项目执行或结果有不同观点和利益的干系人联系起来。项目沟通管理由两个部分组成：第一部分是制订策略，确保沟通对相关方行之有效；第二部分是执行必要活动，以落实沟通策略。图8-1概括了项目沟通管理的各个过程，在实践中它们会以各种方式相互交叠和相互作用。

1. 项目沟通管理的过程内容

1）规划沟通管理

基于每个相关方或相关方群体的信息需求、可用的组织资产，以及具体项目的需求，为项目沟通活动制订恰当的方法和计划的过程。

2）管理沟通

确保项目信息及时且恰当地收集、生成、发布、存储、检索、管理、监督和最终处置的过程。

3）监督沟通

确保满足项目及其相关方的信息需求的过程。

图 8-1　项目沟通管理概述

2．项目沟通管理的核心概念

项目沟通管理的核心概念包括：

（1）沟通是个人或小组之间有意或无意的信息交换过程，它描述的是无论通过活动（如会议和演示等）还是人为要素（如电子邮件、社交媒体、项目报告，或项目文档等），信息得以发送或接收的方式。项目沟通管理同时处理沟通过程、沟通活动和人为要素的管理。

（2）有效的沟通会在不同相关方之间建立桥梁。相关方的差异通常会对项目执行或成果产生冲击或影响，因此，所有沟通必须清楚、简洁，这一点至关重要。

（3）沟通活动包括内部和外部、正式和非正式、书面和口头。

（4）沟通可上至相关方高级管理层、下至团队成员，或横向至同级人员。这将影响信息的格式和内容。

（5）通过语言、面部表情、示意和其他行动，沟通会有意识或无意识地发生，它包括为合适的人为沟通要素制订策略和计划，并应用技能以提升有效性。

（6）为了防止误解和错误传达需做出努力，而沟通方式、信息传递方和信息都应经过认真选择。

（7）有效的沟通依靠定义沟通的目的、理解信息接收方，以及对有效性进行监督。

8.2　规划沟通管理

8.2.1　规划沟通管理过程概述

规划沟通管理是基于每个相关方或相关方群体的信息需求、可用的组织资产，以及具体项目的需求,为项目沟通活动制订恰当的方法和计划的过程。本过程的主要作用是,为及时向相关方提供相关信息,引导相关方有效参与项目,而编制书面沟通计划。本过程应根据需要在整个项目期间定期开展。图 8-2 描述本过程的输入、工具与技巧和输出。

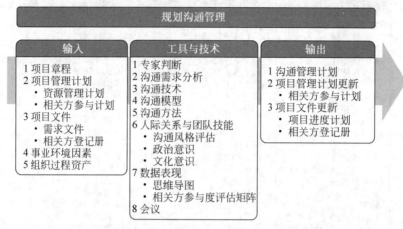

图 8-2　规划沟通管理：输入、工具与技术和输出

需在项目生命周期的早期,针对项目相关方多样性的信息需求,制订有效的沟通管理计划。应该定期审核沟通管理计划,并进行必要的修改,例如在相关方社区发生变化或每个新项目阶段开始时。在大多数项目中,都需要很早就开展沟通规划工作,并且应该在整个项目期间,定期审查规划沟通管理过程的成果并做必要修改,以确保其持续适用。

8.2.2　规划沟通管理过程的输入、输出及关键技术

1. 规划沟通管理过程的输入

1）项目章程

项目章程会列出主要相关方清单,其中可能还包含与相关方角色及职责有关的信息。

2）项目管理计划

资源管理计划(指导如何对项目资源进行分类、分配、管理和释放。团队成员和小组可能有沟通要求,应该在沟通管理计划中列出);相关方参与计划(确定了有效吸引相关方参与所需的管理策略,而这些策略通常通过沟通来落实)。

3）项目文件

需求文件(可能包含项目相关方对沟通的需求);相关方登记册(用于规划与相关方的沟通活动)。

4）事业环境因素

能够影响规划沟通管理过程的事业环境因素包括组织文化、政治氛围和治理框架;人事管理政策;相关方风险临界值;已确立的沟通渠道、工具和系统;全球、区域或当地的趋势、实践或习俗;设施和资源的地理分布。

5）组织过程资产

能够影响规划沟通管理过程的组织过程资产包括组织的社交媒体、道德和安全政策及

程序；组织的问题、风险、变更和数据管理政策及程序；组织对沟通的要求；制作、交换、储存和检索信息的标准化指南；历史信息和经验教训知识库；以往项目的相关方及沟通数据和信息。

2. 规划沟通管理过程的工具与技术

1）专家判断

应征求具备以下专业知识或接受过相关培训的个人或小组的意见：组织内的政治和权力结构；组织及其他客户组织的环境和文化；组织变革管理方法和实践；项目可交付成果所属的行业或类型；组织沟通技术；与安全有关的组织政策与程序；相关方，包括客户或发起人。

2）沟通需求分析

分析沟通需求，确定项目相关方的信息需求，包括所需信息的类型和格式，以及信息对相关方的价值。常用于识别和确定项目沟通需求的信息包括：相关方登记册及相关方参与计划中的相关信息和沟通需求；潜在沟通渠道或途径数量；组织结构图；项目组织与相关方的职责、关系及相互依赖；开发方法；项目所涉及的学科、部门和专业；有多少人在什么地点参与项目；内部信息需要（如何时在组织内部沟通）；外部信息需要（如何时与媒体、公众或承包商沟通）；法律要求。

3）沟通技术

用于在项目相关方之间传递信息的方法很多。信息交换和协作的常见方法包括对话、会议、书面文件、数据库、社交媒体和网站。可能影响沟通技术选择的因素包括：

（1）信息需求的紧迫性。信息传递的紧迫性、频率和形式可能因项目而异，也可能因项目阶段而异。

（2）技术的可用性与可靠性。用于发布项目沟通工件的技术，应该在整个项目期间都具备兼容性和可得性，且对所有相关方都可用。

（3）易用性。沟通技术的选择应适合项目参与者，而且应在合适的时候安排适当的培训活动。

（4）项目环境。团队会议与工作是面对面还是在虚拟环境中开展，成员处于一个还是多个时区，他们是否使用多语种沟通，是否还有能影响沟通效率的其他环境因素（如与文化有关的各个方面）？

（5）信息的敏感性和保密性。需要考虑的一些方面有：拟传递的信息是否属于敏感或机密信息？如果是，可能需要采取合理的安全措施；为员工制订社交媒体政策，以确保行为适当、信息安全和知识产权保护。

4）沟通模型

沟通模型可以是最基本的线性（发送方和接收方）沟通过程，也可以是增加了反馈元素（发送方、接收方和反馈）、更具互动性的沟通形式，甚至可以是融合了发送方或接收方的人性因素、试图考虑沟通复杂性的更加复杂的沟通模型。

基本的发送方和接收方沟通模型示例。此模型将沟通描述为一个过程，并由发送方和接收方两方参与；其关注的是确保信息送达，而非信息理解。基本沟通模型中的步骤如下：

（1）编码。把信息编码为各种符号，如文本、声音或其他可供传递（发送）的形式。

（2）传递信息。通过沟通渠道发送信息。信息传递可能受各种物理因素的不利影响，如不熟悉的技术，或不完备的基础设施。可能存在噪音和其他因素，导致信息传递和（或）接收过程中的信息损耗。

（3）解码。接收方将收到的数据还原为对自己有用的形式。

互动沟通模型示例。此模型也将沟通描述为由发送方与接收方参与的沟通过程，但它还强调确保信息理解的必要性。此模型包括任何可能干扰或阻碍信息理解的噪音，如接收方注意力分散、接收方的认知差异，或缺少适当的知识或兴趣。互动沟通模型中的新增步骤有：

（1）确认已收到。收到信息时，接收方需告知对方已收到信息。这并不一定意味着同意或理解信息的内容，仅表示已收到信息。

（2）反馈/响应。对收到的信息进行解码并理解之后，接收方把还原出来的思想或观点编码成信息，再传递给最初的发送方。如果发送方认为反馈与原来的信息相符，代表沟通已成功完成。在沟通中，可以通过积极倾听实现反馈。

作为沟通过程的一部分，发送方负责信息的传递，确保信息的清晰性和完整性，并确认信息已被正确理解；接收方负责确保完整地接收信息，正确地理解信息，并需要告知已收到或作出适当的回应。在发送方和接收方所处的环境中，都可能存在会干扰有效沟通的各种噪音和其他障碍。

在跨文化沟通中，确保信息理解会面临挑战。沟通风格的差异可源于工作方法、年龄、国籍、专业学科、民族、种族或性别差异。不同文化的人们会以不同的语言（如技术设计文档、不同的风格）沟通，并喜欢采用不同的沟通过程和礼节。图 8-3 所示的沟通模型展示了发送方的当前情绪、知识、背景、个性、文化和偏见会如何影响信息本身及其传递方式。类似地，接收方的当前情绪、知识、背景、个性、文化和偏见也会影响信息的接收和解读方式，导致沟通中的障碍或噪音。此沟通模型及其强化版有助于制订人对人或小组对小组的沟通策略和计划，但不可用于制订采用其他沟通工件（如电子邮件、广播信息或社交媒体）的沟通策略和计划。

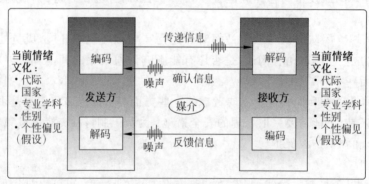

图 8-3　适用于跨文化沟通的沟通模型

5）沟通方法

项目相关方之间用于分享信息的沟通方法可以大致分为如下几种：

（1）互动沟通。在两方或多方之间进行的实时多向信息交换。它使用诸如会议、电话、即时信息、社交媒体和视频会议等沟通工件。

（2）推式沟通。向需要接收信息的特定接收方发送或发布信息。这种方法可以确保信息的发送,但不能确保信息送达目标受众或被目标受众理解。在推式沟通中,可以采用的沟通工件包括信件、备忘录、报告、电子邮件、传真、语音邮件、博客、新闻稿。

(3) 拉式沟通。适用于大量复杂信息或大量信息受众的情况。它要求接收方在遵守有关安全规定的前提之下自行访问相关内容。这种方法包括门户网站、企业内网、电子在线课程、经验教训数据库或知识库。

应该采用不同方法来实现沟通管理计划所规定的主要沟通需求如下:

(1) 人际沟通。个人之间交换信息,通常以面对面的方式进行。

(2) 小组沟通。在 3～6 名人员的小组内部开展。

(3) 公众沟通。单个演讲者面向一群人。

(4) 大众传播。信息发送人员或小组与大量目标受众(有时为匿名)之间只有最低程度的联系。

(5) 网络和社交工具沟通。借助社交工具和媒体,开展多对多的沟通。

可用的沟通工件和方法包括公告板;新闻通讯、内部杂志、电子杂志;致员工或志愿者的信件;新闻稿;年度报告;电子邮件和内部局域网;门户网站和其他信息库(适用于拉式沟通);电话交流、演示;团队简述或小组会议;焦点小组;相关方之间的正式或非正式的面对面会议;咨询小组或员工论坛;社交工具和媒体。

6) 人际关系与团队技能

适用于本过程的人际关系与团队技能如下:

(1) 沟通风格评估。规划沟通活动时,用于评估沟通风格并识别偏好的沟通方法、形式和内容的一种技术。常用于不支持项目的相关方。可以先开展相关方参与度评估,再开展沟通风格评估。在相关方参与度评估中,找出相关方参与度的差距。为弥补这种差距,就需要特别裁剪沟通活动和工件。

(2) 政治意识。政治意识有助于项目经理根据项目环境和组织的政治环境来规划沟通。政治意识是指对正式和非正式权力关系的认知,以及在这些关系中工作的意愿。理解组织战略、了解谁能行使权力和施加影响,以及培养与这些相关方沟通的能力,都属于政治意识的范畴。

(3) 文化意识。文化意识指理解个人、群体和组织之间的差异,并据此调整项目的沟通策略。具有文化意识并采取后续行动,能够最小化因项目相关方社区内的文化差异而导致的理解错误和沟通错误。文化意识和文化敏感性有助于项目经理依据相关方和团队成员的文化差异和文化需求对沟通进行规划。

7) 数据表现

适用于本过程的数据表现技术包括(但不限于)相关方参与度评估矩阵。如图 8-4 所示,相关方参与度评估矩阵显示了个体相关方当前和期望参与度之间的差距。在本过程中,可进一步分析该评估矩阵,以便为填补参与度差距而识别额外的沟通需求(除常规报告以外的)。适用于本过程的数据表现技术包括:

(1) 思维导图。思维导图用于对相关方信息、相互关系以及他们与组织的关系进行可视化整理。

(2) 相关方参与度评估矩阵。相关方参与度评估矩阵用于将相关方当前参与水平与期望参与水平进行比较。相关方参与水平可分为不了解型(不知道项目及其潜在影响)、抵制型（知道项目及其潜在影响，但抵制项目工作或成果可能引发的任何变更。此类相关方不会支持项目工作或项目成果）；中立型（了解项目，但既不支持，也不反对）；支持型（了解项目及其潜在影响，并且会支持项目工作及其成果）；领导型（了解项目及其潜在影响，而且积极参与以确保项目取得成功）。在图 8-4 中，C 代表每个相关方的当前参与水平，而 D 是项目团队评估出来的、为确保项目成功所必不可少的参与水平（期望的）。应根据每个相关方的当前与期望参与水平的差距，开展必要的沟通，有效引导相关方参与项目。弥合当前与期望参与水平的差距是监督相关方参与中的一项基本工作。

相关方	不知晓	抵制	中立	支持型	领导
相关方1	C			D	
相关方2			C	D	
相关方3					

图 8-4　相关方参与度评估矩阵

8）会议

项目会议可包括虚拟（网络）或面对面会议，且可用文档协同技术进行辅助，包括电子邮件信息和项目网站。在规划沟通管理过程中，需要与项目团队展开讨论，确定最合适的项目信息更新和传递方式以及回应各相关方的信息请求的方式。

3. 规划沟通管理过程的输出

1）沟通管理计划

沟通管理计划是项目管理计划的组成部分，描述将如何规划，结构化、执行与监督项目沟通，以提高沟通的有效性。该计划包括如下信息：相关方的沟通需求；需沟通的信息，包括语言、形式、内容和详细程度；上报步骤；发布信息的原因；发布所需信息、确认已收到，或作出回应（若适用）的时限和频率；负责沟通相关信息的人员；负责授权保密信息发布的人员；接收信息的人员或群体，包括他们的需要、需求和期望；用于传递信息的方法或技术，如备忘录、电子邮件、新闻稿，或社交媒体；为沟通活动分配的资源，包括时间和预算；随着项目进展，如项目不同阶段相关方社区的变化，而更新与优化沟通管理计划的方法；通用术语表；项目信息流向图、工作流程（可能包含审批程序）、报告清单和会议计划等；来自法律法规、技术、组织政策等的制约因素。

沟通管理计划中还包括关于项目状态会议、项目团队会议、网络会议和电子邮件等的指南和模板。如果项目要使用项目网站和项目管理软件，那就要把它们写进沟通管理计划。

2）项目管理计划更新

项目管理计划的任何变更都以变更请求的形式提出，且通过组织的变更控制过程进行处理。需要更新相关方参与计划，反应会影响相关方参与项目决策和执行的任何过程、程序、工具或技术。

3）项目文件更新

可在本过程更新的项目文件包括项目进度计划；可能需要更新项目进度计划，以反映沟通活动；相关方登记册；可能需要更新相关方登记册以反映计划好的沟通。

8.3 管理沟通

8.3.1 管理沟通过程概述

管理沟通是确保项目信息及时且恰当地收集、生成、发布、存储、检索、管理、监督和最终处置的过程。本过程的主要作用是,促成项目团队与相关方之间的有效信息流动。本过程需要在整个项目期间开展。管理沟通过程会涉及与开展有效沟通有关的所有方面,包括使用适当的技术、方法和技巧。此外,它还应允许沟通活动具有灵活性,允许对方法和技术进行调整,以满足相关方及项目不断变化的需求。图 8-5 描述本过程的输入、工具与技术和输出。

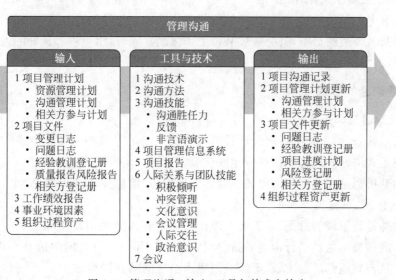

图 8-5 管理沟通:输入、工具与技术和输出

本过程不局限于发布相关信息,它还设法确保信息以适当的格式正确生成和送达目标受众。本过程也为相关方提供机会,允许他们请求更多信息、澄清和讨论。

8.3.2 管理沟通的内涵

1. 管理沟通的作用

管理沟通是指社会组织及其管理者为了实现组织目标,在履行管理职责,实现管理职能过程中的有计划的、规范性的职务沟通活动和过程。换言之,管理沟通是管理者履行管理职责,实现管理职能的基本活动方式,它以组织目标为主导,以管理职责、管理职能为基础,以计划性、规范性、职务活动性为基本特征。

1) 沟通有助于改进个人作出的决策

任何决策都会涉及干什么、怎么干、何时干等问题。每当遇到这些急需解决的问题,管理者就需要从广泛的组织内部的沟通中获取大量的信息情报,然后进行决策,或建议有关人员作出决策，以迅速解决问题。下属人员也可以主动与上级管理人员沟通，提出自己的建议，供领导者作出决策时参考，或经过沟通，取得上级领导的认可，自行决策。组织内部的沟通为各个部门和人员进行决策提供了信息，增强了判断能力。

2）沟通促使企业员工协调有效地工作

组织中各个部门和各个职务是相互依存的，依存性越大，对协调的需要越高，而协调只有通过沟通才能实现。没有适当的沟通，管理者对下属的了解也不会充分，下属就可能对分配给他们的任务和要求他们完成的工作有错误的理解，使工作任务不能正确圆满地完成，导致组织在效益方面的损失。

3）沟通能激励员工，改善工作绩效

沟通有利于领导者激励下属，建立良好的人际关系和组织氛围。除了技术性和协调性的信息外，员工还需要鼓励性的信息。它可以使领导者了解员工的需要，关心员工的疾苦，在决策中就会考虑员工的要求，以提高他们的工作热情。领导的表扬、认可或者满意能够通过各种渠道及时传递给员工，就会造成某种工作激励。同时，组织内部良好的人际关系更离不开沟通，所谓"心往一处想，劲往一处使"就是有效沟通的结果。

2. 管理沟通的形式

1）正式沟通与非正式沟通

从组织系统来看，正式沟通就是通过组织明文规定的渠道进行信息传递和交流。非正式沟通是在正式沟通外进行的信息传递或交流。它起着补充正式沟通的作用，因为人们的真实思想和动机都是在非正式的沟通中表露出来的，且信息传递快、不受限制。

2）上行沟通、下行沟通和平行沟通

上行沟通是指下级的意见、信息向上级反映。下行沟通是组织中的上层领导按指挥系统从上而下的情报沟通。平行沟通是指组织中各平行部门人员之间的信息交流，这包括一个部门的人员与其他部门的上级、下级或同级人员之间的直接沟通。

3）单向沟通和双向沟通

作报告、发指示、作讲演等是单向沟通；交谈、协商、会谈等是双向沟通。如果需要迅速地传达信息，单向沟通的效果好，但准确性较差；如果需要准确地传递信息，双向沟通较好，但速度较慢。

4）口头沟通和书面沟通

口头沟通就是指人们之间的言谈，或通过别人打听，询问其他人的情况，也可以是委托他人向第三者传达自己的意见等。书面沟通则是用图、文的表现形式来联络沟通。前者的优点是具有迅速和充分交换意见的潜力，能够当面提出或回答问题。后者使传递的情报作为档案或参考资料保存下来，往往比口头情报更仔细、更正式。

3. 管理沟通的方法

1）发布指示

指示是指导下级工作的重要方法，可使一个活动开始着手、更改或制止，具有强制性的意思。如果下级拒绝执行或不恰当地执行指示，而上级主管人员又不能对此使用制裁办法，那么今后的指示可能失去作用，他的地位将难以维持。

2）会议制度

从历史上看，会议是有史以来就存在的。人们之所以经常聚会。因为会议的确可以满足人们的某种需要。会议是整个活动包括社会活动的一个重要反映，会议集思广益，可使人们彼此了解共同的目标，明确自己怎样为组织作出贡献。通过会议对每一位与会者产生一种约束力。通过会议能发现人们所未注意到的问题。

3）个别交谈

个别交谈就是指领导者用正式的或非正式的形式，在组织内或组织外，同下属或同级人员进行个别交谈，征询谈话对象中存在的问题和缺陷，提出自己的看法，对别人或其他的上级，包括对主管人员自己（谈话者）的意见。这种方法在认识、见解、信心诸方面易取得一致，这也是政治思想工作的表现形式之一。

4）建立沟通网络

沟通网络实际上是对各种沟通形式的概括，有链式、圆周式、轮式和"Y"式。

4．管理沟通的十条原则

（1）组织是一个系统，组织中任何一个部分的变化或变动都会对整个系统产生连带影响。

（2）沟通是指组织中被理解的信息而非发出的信息。

（3）组织中的人们不可能不进行沟通，即使沉默也传达了组织的态度。

（4）沟通是一个包括状况、假设、意图、听众、方式、过程、产物、评价和反馈的修饰过程。

（5）沟通是一个涉及思想、信息、情感、态度或印象的互动过程；互动的影响取决于它所影响的重要层面：策略的、战略的或整体的。

（6）沟通是一个涉及个体、组织和外部社会多个层面的过程。

（7）沟通是组织的生命线，传递组织的发展方向、期望、过程、产物和态度。

（8）无论是介于个体之间的还是个体与组织（即管理者）之间，组织中的沟通氛围将会促成鼓励性或防御性沟通氛围。

（9）鼓励性沟通是与个体进行开放式的交流，促进组织和个体的发展。防御性沟通是与个体进行封闭式的交流，对个体是一种威胁，从而会降低组织的效率。

（10）管理者对组织内沟通氛围有着重要的影响。通过了解沟通过程和沟通氛围，管理者不仅可以促进有效沟通，而且还能提高管理的有效性。

5．有效的沟通管理

有效的沟通管理需要借助相关技术并考虑相关事宜如下：

（1）发送方-接收方模型。运用反馈循环，为互动和参与提供机会，并清除妨碍有效沟通的障碍。

（2）媒介选择。为满足特定的项目需求而使用合理的沟通工件，例如，何时进行书面沟通或口头沟通、何时准备非正式备忘录或正式报告、何时使用推式或拉式沟通，以及该选择何种沟通技术。

（3）写作风格。合理使用主动或被动语态、句子结构，以及合理选择词汇。

（4）会议管理。准备议程，邀请重要参会者并确保他们出席；处理会议现场发生的冲突，或因对会议纪要和后续行动跟进不力而导致的冲突，或因不当人员与会而导致的冲突。

（5）演示。了解肢体语言和视觉辅助设计的作用。

（6）引导。达成共识、克服障碍（如小组缺乏活力），以及维持小组成员的兴趣和热情。

（7）积极倾听。积极倾听包括告知已收到、澄清与确认信息、理解，以及消除妨碍理解的障碍。

8.3.3　管理沟通过程的输入、输出及关键技术

1. 管理沟通过程的输入

1）项目管理计划

项目管理计划组件包括资源管理计划（描述为管理团队或物质资源所需开展的沟通）；沟通管理计划（描述将如何对项目沟通进行规划、结构化和监控）；相关方参与计划（描述如何用适当的沟通策略引导相关方参与项目）。

2）项目文件

可作为本过程输入的项目文件包括变更日志（用于向受影响的相关方传达变更，以及变更请求的批准、推迟和否决情况）；问题日志（将与问题有关的信息传达给受影响的相关方）；经验教训登记册（项目早期获取的与管理沟通有关的经验教训，可用于项目后期阶段改进沟通过程，提高沟通效率与效果）；质量报告（包括与质量问题、项目和产品改进，以及过程改进相关的信息。这些信息应交给能够采取纠正措施的人员，以便达成项目的质量期望）；风险报告（提供关于整体项目风险的来源的信息，应传达给风险责任人及其他受影响的相关方）；相关方登记册（确定了需要各类信息的人员、群体或组织）。

3）工作绩效报告

根据沟通管理计划的定义，工作绩效报告会通过本过程传递给项目相关方。工作绩效报告的典型示例包括状态报告和进展报告。工作绩效报告可以包含挣值图表和信息、趋势线和预测、储备燃尽图、缺陷直方图、合同绩效信息以及风险概述信息。可以表现为有助于引起关注、制订决策和采取行动的仪表指示图、热点报告、信号灯图或其他形式。

4）事业环境因素

会影响本过程的事业环境因素包括组织文化、政治氛围和治理框架；人事管理政策；相关方风险临界值；已确立的沟通渠道、工具和系统；全球、区域或当地的趋势、实践或习俗；设施和资源的地理分布。

5）组织过程资产

会影响本过程的组织过程资产包括企业的社交媒体、道德和安全政策及程序；企业的问题、风险、变更和数据管理政策及程序；组织对沟通的要求；制作、交换、储存和检索信息的标准化指南；以往项目的历史信息，包括经验教训知识库。

2. 管理沟通过程的工具与技术

1）沟通技术

会影响技术选用的因素包括团队是否集中办公、需要分享的信息是否需要保密、团队成员的可用资源，以及组织文化会如何影响会议和讨论的正常开展。

2）沟通方法

沟通方法的选择应具有灵活性，以应对相关方社区的成员变化，或成员的需求和期望变化。

3）沟通技能

（1）沟通胜任力。经过裁剪的沟通技能的组合，有助于明确关键信息的目的、建立有效关系、实现信息共享和采取领导行为。

（2）反馈。反馈是关于沟通、可交付成果或情况的反应信息。反馈支持项目经理和团队及所有其他项目相关方之间的互动沟通。例如指导、辅导和磋商。

（3）非口头技能。例如通过示意、语调和面部表情等适当的肢体语言来表达意思。竞相模仿和眼神交流也是重要的技能。团队成员应该知道如何通过说什么和不说什么来表达自己的想法。

（4）演示。演示是信息或文档的正式交付。向项目相关方明确有效地演示项目信息可包括：向相关方报告项目进度和信息更新；提供背景信息以支持决策制订；提供关于项目及其目标的通用信息，以提升项目工作和项目团队的形象；提供具体信息，以提升对项目工作和目标的理解和支持力度。为获得演示成功，应该从内容和形式上考虑以下因素：受众及其期望和需求；项目和项目团队的需求及目标。

4）项目管理信息系统（PMIS）

项目管理信息系统能够确保相关方及时便利地获取所需信息。用来管理和分发项目信息的工具很多，包括：

（1）电子项目管理工具。项目管理软件、会议和虚拟办公支持软件、网络界面、专门的项目门户网站和状态仪表盘，以及协同工作管理工具。

（2）电子沟通管理。电子邮件、传真和语音邮件，音频、视频和网络会议，以及网站和网络发布。

（3）社交媒体管理。网站和网络发布，以及为促进相关方参与和形成在线社区而建立博客和应用程序。

5）项目报告发布

项目报告发布是收集和发布项目信息的行为。项目信息应发布给众多相关方群体。应针对每种相关方来调整项目信息发布的适当层次、形式和细节。从简单的沟通到详尽的定制报告和演示，报告的形式各不相同。可以定期准备信息或基于例外情况准备。虽然工作绩效报告是监控项目工作过程的输出，但是本过程会编制临时报告、项目演示、博客，以及其他类型的信息。

6）人际关系与团队技能

适用于本过程的人际关系与团队技能包括积极倾听，包括告知已收到、澄清与确认信息、理解，以及消除妨碍理解的障碍；冲突管理；文化意识；会议管理；切题；处理会议中的期望、问题和冲突；记录所有行动以及所分配的行动责任人；人际交往；政治意识，有助于项目经理在项目期间引导相关方参与，以保持相关方的支持。

7）会议

可以召开会议，支持沟通策略和沟通计划所定义的行动。

3. 管理沟通过程的输出

1）项目沟通记录

项目沟通工件可包括绩效报告、可交付成果的状态、进度进展、产生的成本、演示，以及相关方需要的其他信息。

2）项目管理计划更新

项目管理计划的任何变更都以变更请求的形式提出，且通过组织的变更控制过程进行处理。可在本过程更新的项目管理计划包括：

（1）沟通管理计划。如果本过程导致了项目沟通方法发生变更，就要把这种变更反映在项目沟通计划中。

（2）相关方参与计划。本过程将导致相关方的沟通需求以及商定的沟通策略需要更新。

3）项目文件更新

（1）问题日志。更新问题日志，反映项目的沟通问题，或如何通过沟通来解决实际问题。

（2）经验教训登记册。更新经验教训登记册，记录在项目中遇到的挑战、本可采取的规避方法，以及适用和不适用于管理沟通的方法。

（3）项目进度计划。可能需要更新项目进度计划，以反映沟通活动的状态。

（4）风险登记册。更新风险登记册，记录与管理沟通相关的风险。

（5）相关方登记册。更新相关方登记册，记录关于项目相关方沟通活动的信息。

4）组织过程资产更新

（1）项目记录，例如往来函件、备忘录、会议记录及项目中使用的其他文档。

（2）计划内的和临时的项目报告和演示。

8.4 监督沟通

8.4.1 监督沟通过程概述

监督沟通是确保满足项目及其相关方的信息需求的过程。本过程的主要作用是，按沟通管理计划和相关方参与计划的要求优化信息传递流程。本过程需要在整个项目期间开展。图 8-6 描述本过程的输入、工具与技术和输出。

通过监督沟通过程，来确定规划的沟通工件和沟通活动是否如预期提高或保持了相关方对项目可交付成果与预计结果的支持力度。项目沟通的影响和结果应该接受认真的评估和监督，以确保在正确的时间，通过正确的渠道，将正确的内容（发送方和接收方对其理解一致）传递给正确的受众。

监督沟通可能需要采取各种方法，例如开展客户满意度调查、整理经验教训、开展团队观察、审查问题日志中的数据，或评估相关方参与度评估矩阵中的变更。

监督沟通过程可能触发规划沟通管理或管理沟通过程的迭代，以便修改沟通计划并开展额外的沟通活动，来提升沟通的效果。这种迭代体现了项目沟通管理各过程的持续性质。问题、关键绩效指标、风险或冲突，都可能立即触发重新开展这些过程。

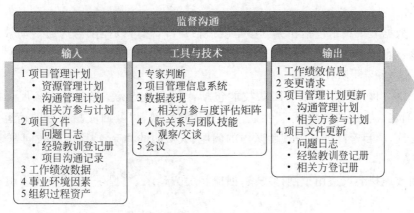

图 8-6 监督沟通：输入、工具与技术和输出

8.4.2 监督沟通过程的输入、输出及关键技术

1. 监督沟通过程的输入

1) 项目管理计划

项目管理计划组件包括资源管理计划、沟通管理计划、相关方参与计划(确定了计划用以引导相关方参与的沟通策略)。

2) 项目文件

可作为本过程输入的项目文件包括问题日志(提供项目的历史信息、相关方参与问题的记录,以及它们如何得以解决);经验教训登记册(在项目早期获取的经验教训可用于项目后期阶段,以改进沟通效果);项目沟通记录(提供关于已开展的沟通的信息)。

3) 工作绩效数据

工作绩效数据包含关于实际已开展的沟通类型和数量的数据。

4) 事业环境因素

能够影响监督沟通过程的事业环境因素包括组织文化、政治氛围和治理框架;已确立的沟通渠道、工具和系统;全球、区域或当地的趋势、实践或习俗;设施和资源的地理分布。

5) 组织过程资产

可能影响监督沟通过程的组织过程资产包括企业的社交媒体、道德和安全政策及程序;组织对沟通的要求;制作、交换、储存和检索信息的标准化指南;以往项目的历史信息和经验教训知识库;以往项目的相关方及沟通数据和信息。

2. 监督沟通过程的工具与技术

1) 专家判断

应征求具备以下专业知识或接受过相关培训的个人或小组的意见:与公众、社区和媒体的沟通,在国际环境中的沟通,以及虚拟小组之间的沟通;沟通和项目管理系统。

2) 项目管理信息系统(PMIS)

项目管理信息系统为项目经理提供一系列标准化工具,以根据沟通计划为内部和外部的相关方收集、储存与发布所需的信息。应监控该系统中的信息以评估其有效性和效果。

3）数据表现

适用的数据表现技术包括相关方参与度评估矩阵，它可以提供与沟通活动效果有关的信息。应该检查相关方的期望与当前参与度的变化情况，并对沟通进行必要调整。

4）人际关系与团队技能

适用于本过程的人际关系与团队技能包括：观察和交谈。与项目团队展开讨论和对话，有助于确定最合适的方法，用于更新和沟通项目绩效，以及回应相关方的信息请求。通过观察和交谈，项目经理能够发现团队内的问题、人员间的冲突，或个人绩效问题。

5）会议

面对面或虚拟会议适用于制订决策，回应相关方请求，与提供方、供应方及其他项目相关方讨论。

3. 监督沟通过程的输出

1）工作绩效信息

工作绩效信息包括与计划相比较的沟通的实际开展情况；它也包括对沟通的反馈，例如关于沟通效果的调查结果。

2）变更请求

监督沟通过程往往会导致需要对沟通管理计划所定义的沟通活动进行调整、采取行动和进行干预。变更请求需要通过实施整体变更控制过程进行处理。此类变更请求可能导致：修正相关方的沟通要求，包括相关方对信息发布、内容或形式，以及发布方式的要求；建立消除瓶颈的新程序。

3）项目管理计划更新

项目管理计划的任何变更都以变更请求的形式提出，且通过组织的变更控制过程进行处理。可能需要变更的项目管理计划组件包括：沟通管理计划（需要更新沟通管理计划，记录能够让沟通更有效的新信息）；相关方参与计划（需要更新相关方参与计划，反映相关方的实际情况、沟通需求和重要性）。

4）项目文件更新

可在本过程更新的项目文件包括问题日志、经验教训登记册、相关方登记册（可能需要更新相关方登记册，加入修订的相关方沟通要求）。

8.5 案例分析

1. 案例1

【案例场景】 产品经理负责立项前与客户确认需求，立项后客户沟通的接口连接销售部客户经理。立项后，因为需要确认认证用的产品电池的标签要求，项目经理将相关问题发给客户经理去向客户落实。客户反馈需要定制，他们还在确认中。但就在客户回复这个邮件的下午，产品经理发邮件说，电池标签没有要求，只要是英文的就行。项目经理默认产品经理的邮件是最终的需求，因为是最新的一封，但随后销售部告知要以客户上午回复的邮件为准。

项目经理与产品经理核实过才知道，产品经理已经在两天前和客户做过相关问题的确认,客户当时答复的是没有要求,但是今天回复给销售部的邮件又是要定制。重新确认后才了解,其实对认证用的标签,客户并无强制要求,能用定制的最好,不能用的话,就用通用的英文标签即可。由于认证样品要得比较急,最终确认不用定制标签。

【问题1】 请指出以上场景中出现了哪些沟通问题?如何解决?

【问题1解答】 同一个事务,多重(此案例中是两重:销售经理和产品经理)的沟通渠道,不但可能会增加沟通的重复性,而且有可能带来信息不对称、不一致性的问题。而且,大家可能发现,同一个问题,不同的人去沟通,可能得到的结果和信息完全不一样,这不仅仅是因为沟通本身具有时效性,即沟通针对的事务本身也随时间在变化发展,也有着人为的因素,即不同的人对沟通所针对事务的理解,因角度的不一致,而引起结论差异。

项目管理工作中,确保沟通渠道的唯一性,有时是非常必要的,如果出现无法完全"唯一化"某事的沟通接口,最好的方式就是让相关方面都加入到邮件列表或会议参与者中,这种时候是绝对不能采用一对一的沟通方式的,这会让简单的问题变得复杂。

2. 案例2

【案例场景】 某项目的前期是由公司的A部门(软件部门)和第三方公司共同实施,项目中途由于A部门与第三方公司的沟通协调出现问题,造成项目延期。

于是加入公司的B部门(项目管理部门),但B部门对第三方公司的协调控制力度也不够,造成B部门的规范、计划、方案得不到具体实施。项目也由原来的A部门与第三方公司的双方扯皮,变成A部门、B部门、第三方公司之间的三方扯皮。

【问题1】 请问,作为B部门的项目经理,有什么好的处理方案?因第三方公司是长期合作伙伴,所以不能考虑更换第三方公司。

【问题1解答】

作为B部门的项目经理,应以沟通、协调、解决为主,达到解决问题的目的,具体的处理方案如下:

1) 沟通、协调、解决

(1) 召开部门会议,让A部门和B部门人员以及公司的上层参与,就目前项目的情况进行沟通,了解项目最新情况,了解中途延期的原因,并达成一致意见。

(2) 召开A部门、B部门、第三方公司的圆桌会议,就目前项目延期的问题进行分析,实事求是,具体问题具体分析,分析问题根源的所在。

(3) 针对问题,A部门、B部门及第三方公司共同制订项目规范、计划、实施方案等,相互配合,协调解决问题,并加强公司内部和第三方之间的沟通。

2) 找出问题根源

(1) A、B部门作为公司内部机构,应该一致对外。先安内,再攘外。由于利益的一致性,相互体谅、支持,制订可行的几种方案。

(2) 找出第三方公司延期的原因及计划无法实施的原因,调整沟通方式,获得第三方公司的支持。并在恰当的时候肯定第三方公司的作用、贡献,打好沟通基础。要求第三方公司在实施过程中遇到任何困难,要及时告知。本公司根据风险是否可控进行计划调整,或者由利益相关的更高层施压,保证计划不被调整。

3）加强沟通，针对困难点集中攻克

作为项目的负责人，首先需要积极地和 A 部门以及第三方公司进行沟通，当然这需要项目经理的智慧。将双方关注的问题点汇总并尽可能地取得观点的一致性，最终汇总各方观点并形成一个行之有效的方案。通过三方的具体讨论形成具体的行动方案。

4）强化沟通

（1）首先确定 B 部门是否获得公司领导的支持？在此项目中是否有对 A 部门的项目成员的领导权？要求 A 部门的项目成员遇见风险及遇到问题时能及时告知 B 部门的项目经理。

（2）技术细节由 A 部门与第三方直接沟通；项目进度等框架及事务性工作由 B 部门与第三方沟通；定期安排三方会议检讨项目进展。

3. 案例3

【案例场景】 华为公司内部的项目管理之沟通流程。

在华为公司创立初期，曾一度出现工作结果和预期目标不相符的问题，让公司多次陷入危机。那时候，无论是计划部门还是员工，都承受了很大的压力。公司不得不通过咨询找出原因，在访问了一些员工之后得知：大部分华为项目经理在领导分配任务后，竟然不清楚自己应该在什么时间执行任务、什么时间完成、怎么去操作、具体完成到什么程度才算合格。这些人习惯于听到任务以后，什么都不考虑，召集几个员工就埋头干起来，而忽略了自己理解的任务跟领导交代的任务是否一样。

华为项目经理的这种工作态度值得提倡，也令人敬佩，这也是华为之所以能够迅速成功的关键之一。不过，这并不意味着他们是合格的项目管理者。合格的项目管理者应该按照领导的意图做正确的事，而且是高效地做事。不过，更多的人会把问题归咎于上级领导，认为领导没有把项目任务交代清楚。事实上，领导交代不清楚是一方面的原因，更主要的问题还是在于自己。

一方面，可能是项目经理在接受任务时，没有认真听好、听对项目任务，结果造成对项目任务的误解。为了避免这种情况再次发生，当上级领导或客户给项目经理交代项目任务时，项目经理一定要记录有关任务的关键信息，偶尔还要记录领导或客户当时的情绪状态，方便对任务的理解。

另一方面，有可能是领导确实遗漏了一些项目工作的信息，造成项目经理对项目工作的误解。这个时候，项目经理就要第一时间向领导进行确认，了解项目工作的真正诉求。如果项目经理在工作任务安排给项目成员以后，或者在项目工作执行期间才找领导或客户确认，就会做很多的无用功。这样做的结果既耽误了项目工期，也给领导或客户留下了不好的印象。

在华为公司，善于沟通不仅是项目管理的重要手段，而且是每个华为人的基本职业技能。为了避免在工作过程中出现对接障碍，华为公司要求员工在项目工作开始之前就做好沟通，在适当的时间将适当的信息通过当前的渠道发送给适当的利益干系人，这就是华为的"沟通三原则"。"沟通及时"是华为员工遵守的首要原则。华为员工会将必要的信息在第一时间向利益干系人传达，以保证上下、平行沟通渠道的顺畅。"信息准确"是华为员工沟通的第二原则。不论是书面沟通还是口头沟通，华为员工都会准确地传达信息。为了保证沟通信息的准确性，华为员工会借助金字塔思维工具。在金字塔顶端的是综述，即要表达的观点、问题、看法和结论。随后,华为员工会针对上一级的内容一层一层地展开,直到信息足够准确为止。最后,华为员工会严格控制信息传递的量,确保恰到好处,这是沟通要遵守的第三个基本原则。因为信息过多倾听者容易忘记,过少则降低效率。一般信息传递都遵守7±2原理,因为年轻人的记忆广度大约为7个单位(阿拉伯数字、字母、单词或其他单位),过多或偏少都不适宜。

为了确保信息沟通工作的顺利进行,华为要求所有的工作人员在沟通中必须提前制订沟通计划,明确信息沟通的相关人、信息沟通形式、信息发放时间和发放方式等内容,并制订出详细的信息发放日程表。不过在此之前,华为员工首先会明确沟通的两个层面,一是针对项目组内部的沟通;二是针对与高层和顾客的沟通。然后,他们会明确几点问题:与谁沟通?为什么要沟通?他们需要怎样的信息?频率如何?沟通的目标是什么?用什么方式完成沟通?这些利益干系人的需要和期望是什么?然后对这些期望进行管理和施加影响,确保项目获得成功,然后确定沟通计划。沟通计划会说明待分发信息的形式、内容、详细程度、要采用的符号规定与定义,然后确定信息沟通的日程表。

所有华为人都深知,沟通如此重要,它不仅是一项工作技能,而且是影响团队绩效的关键因素之一,每个人在工作中必须充分重视它。为了避免"听错"的现象,华为公司要求员工掌握一项基本的工作技能——学会倾听。通常情况下,华为员工在倾听管理者安排任务时,都是按照"备好纸笔、认真倾听、最终确认"这三个步骤进行的。在管理者布置任务时,你当时可能记得清清楚楚,可是正式开始工作时,又遗忘了部分细节。这时,若再去向管理者确认又担心给管理者留下工作不严谨的印象,同时也会打扰管理者工作。所以,华为的员工们会事先准备好纸、笔,用来记录管理者的重要指示。任务记录单看似简单,但如果不能认真倾听、把握管理者的真实意图和话题重点,填写工作不免流于形式。因此,华为员工很注重倾听过程,不仅会在任务记录单上标注关键词,偶尔还会有管理者当时的情绪状态词。

【问题1】　请根据以上案例场景,总结如何在项目管理工作中达成有效的沟通?

【问题1分析】

沟通渠道是技术层面的。良好的沟通渠道可以减少内耗,让项目进行得更顺利。但如果沟通渠道不畅通,就会造成很多误解,从而伤害感情,甚至影响到交流的平台。可能的沟通渠道数量可以用一个简单的公式计算:n(n-1)/2。假设n名干系人,每个干系人都可以与其他n-1个人构成沟通渠道,所以n×(n-1);又因为在上述计算方法中每个人被算了2遍,所以再除以2;得到n×(n-1)/2。在项目组里,简化和梳理交流渠道也是非常重要的。

缺乏有效的沟通环境对项目来说可能是灾难性的。没有有效的沟通与交流,决策传递将会受阻甚至停滞。虽然大多数人都知道有效沟通对于任何项目都很关键,但在绝大多数项目管理体制设计和实践中,沟通管理往往是最容易被忽视的。

下面以各种项目经理的工作时间分配来看沟通工作的重要性。可将项目经理分为三类:一是普通的项目经理,他们最多称为工程督导;二是有效的项目经理,他们可称为实施经理;三是成功的项目经理,他们交付的项目非常成功,客户满意度高,他们在企业里能获得较快的提升。同样是做项目,这三种项目经理在管理项目上有什么区别呢?那就是有效沟通,项目沟通上所花的时间和精力对项目的成功有着决定性作用,它不仅造就了成功的项目经理,也造就了成功的项目。

有效的沟通是成功项目的典型特征之一。作为项目启动过程的一部分，项目核心团队应该撰写一份沟通计划。项目沟通的两大类别是与关键者沟通、与项目团队沟通。沟通计划的第二个关注维度是团队内部沟通。

8.6 单元测试题

1. 选择题

(1) 在项目团队中，沟通（　　　　）。

    A. 越多越好

    B. 只能针对那些有利于项目成功的信息

    C. 应该在所有的项目团队成员之间进行

    D. 应该把所有信息发送给所有团队成员

(2) 问题日志用来记录和监督问题的解决情况。以下哪项对于确保问题解决最有用？（　　　　）

    A. 把问题作为一个单独的活动，列入项目进度计划中

    B. 把问题的解决方案作为一个工作包，列入项目工作分解结构中

    C. 项目经理亲自负责制订和执行问题的解决方案

    D. 为问题的解决指定责任人，并规定解决日期

(3) 信息发送者对下列哪一项负责？（　　　　）

    A. 确保信息被正确接收和理解

    B. 促使信息接收者赞同信息的内容

    C. 尽量减少沟通中的噪声

    D. 确保信息清晰和完整以便被正确理解

(4) 以下所有信息都对项目的沟通需求有直接影响，除了（　　　　）。

    A. 项目持续时间长短　　　　　　　　B. 组织机构图

    C. 参与项目工作的人数　　　　　　　D. 项目的跨学科、跨专业程度

(5) 沟通管理计划通常不包括（　　　　）。

    A. 项目干系人的沟通要求　　　　　　B. 项目主要里程碑和目标日期

    C. 接收信息的人或组织　　　　　　　D. 信息分发的时间框架和频率

(6) 以下都是沟通管理计划的内容，除了（　　　　）。

    A. 谁可以接收什么信息　　　　　　　B. 谁可以直接与项目经理沟通

    C. 分配给沟通活动的时间和资金　　　D. 问题升级流程

(7) 除下列哪项外，其余都是规划沟通的依据？（　　　　）

    A. 干系人登记册　　　　　　　　　　B. 干系人管理策略

    C. 事业环境因素　　　　　　　　　　D. 沟通技术

(8) 进行项目沟通需求分析，旨在确定（　　　　）。

    A. 能用于沟通的时间和资金多少

    B. 所需信息的类型和格式，以及信息对干系人的价值

    C. 可使用的沟通技术

D. 沟通渠道的多少

(9) 沟通管理计划为项目沟通活动提供以下何种信息？（   ）

A. 如何满足项目干系人的沟通需求 B. 定期向项目干系人提供什么信息

C. 规划项目的沟通活动 D. 明确项目团队成员的沟通责任

(10) 在沟通管理中，强调向正确的人提供正确的信息，也强调只提供所需要的信息。前者和后者分别是指（   ）。

A. 及时的沟通，充分的沟通 B. 有效率的沟通，有效果的沟通

C. 充分的沟通，及时的沟通 D. 有效果的沟通，有效率的沟通

(11) 项目经理应该是一个多面的角色，其中包括作为沟通者。项目经理有多少时间是花费在沟通上面的？（   ）

A. 20%～50% B. 75%～90% C. 30%～60% D. 10%～30%

(12) 项目沟通系统中，对项目沟通效果起关键作用的是（   ）。

A. 项目发起人 B. 高级管理层 C. 项目经理 D. 项目团队

(13) 以下哪个最好地描述了事业环境因素对规划沟通过程的影响？（   ）

A. 项目执行组织的组织结构对项目的沟通需求有重要影响

B. 项目执行组织的标准化工作流程对项目的沟通需求有重要影响

C. 项目执行组织的沟通管理计划模板对项目的沟通规划有重要影响

D. 项目执行组织的经验教训文档对项目的沟通规划有重要影响

(14) 以下哪个过程会导致问题日志更新？（   ）

A. 发布信息 B. 管理干系人期望

C. 报告绩效 D. 规划沟通

(15) 项目经理经常使用哪种沟通方法来发布项目绩效报告？（   ）

A. 交互式沟通 B. 非正式沟通 C. 推式沟通 D. 拉式沟通

(16) 在项目计划阶段，有8个关键项目干系人被识别；项目执行过程中，又发现原来遗漏掉的2个重要干系人。此时，项目潜在的沟通渠道增加了多少？（   ）

A. 28 B. 17 C. 16 D. 45

(17) 以下都是拉式沟通的例子，除了（   ）。

A. 电子邮件 B. 项目网页

C. 共享在线知识库 D. 带密码保护的在线项目管理计划

(18) 以下哪个说法是正确的？（   ）

A. 为了保证项目成功，应该尽可能多地开展沟通

B. 项目资源只能用来沟通有利于项目成功的信息

C. 为鼓励充分沟通，在规划沟通时，不能限制谁应该与谁沟通

D. 应该把项目的所有信息发送给所有的干系人

(19) 在规划沟通时，需要根据下列哪个因素来确定沟通需求？（   ）

A. 项目团队成员是集中办公还是分散办公

B. 收集和发布信息的方法

C. 需要收集的信息种类

D. 发布信息的频率高低

（20）项目经理发现一个团队成员的工作表现不佳。他处理这个问题的最好沟通方法是(　　)。

    A. 正式书面沟通　　　　　　　　B. 正式口头沟通

    C. 非正式书面沟通　　　　　　　D. 非正式口头沟通

2. 简答题

（1）简述项目沟通管理的核心概念。

（2）简述规划沟通管理过程的数据表现技术。

（3）简述管理沟通过程中应具备的人际关系与团队技能。

第9章

软件项目风险管理

视频讲解

【学习目标】

◆ 掌握软件项目风险管理过程的核心概念
◆ 掌握风险管理计划的基础内容
◆ 掌握识别风险过程的工具和技术
◆ 掌握实施定性风险分析过程的工具和技术
◆ 掌握实施定量风险分析过程的工具和技术
◆ 了解规划风险应对过程的基础内容
◆ 了解实施风险应对过程的基础内容
◆ 了解监督风险过程的基础内容
◆ 通过案例分析和测试题练习,进行知识归纳与拓展

9.1 项目风险管理概述

项目风险管理包括规划风险管理、识别风险、开展风险分析、规划风险应对、实施风险应对和监督风险的各个过程。项目风险管理的目标在于提高正面风险的概率和/或影响,降低负面风险的概率和/或影响,从而提高项目成功的可能性。

9.1.1 项目风险管理过程的内容

(1) 规划风险管理。定义如何实施项目风险管理活动的过程。

(2) 识别风险。识别单个项目风险,以及整体项目风险的来源,并记录风险特征的过程。

(3) 实施定性风险分析。通过评估单个项目风险发生的概率和影响以及其他特征,对风险进行优先级排序,从而为后续分析或行动提供基础的过程。

(4) 实施定量风险分析。就已识别的单个项目风险和其他不确定性的来源对整体项目

目标的综合影响进行定量分析的过程。

（5）规划风险应对。为处理整体项目风险敞口，以及应对单个项目风险，而制订可选方案、选择应对策略并商定应对行动的过程。

（6）实施风险应对。执行商定的风险应对计划的过程。

（7）监督风险。在整个项目期间，监督商定的风险应对计划的实施、跟踪已识别风险、识别和分析新风险，以及评估风险管理有效性的过程。

图 9-1 概括了项目风险管理的各个过程，在实践中它们会以各种方式相互交叠和相互作用。既然项目是为交付收益而开展的、具有不同复杂程度的独特性工作，那自然就会充满风险。开展项目，不仅要面对各种制约因素和假设条件，而且还要应对可能相互冲突和不断变化的相关方期望。组织应该有目的地以可控方式去面对项目风险，以便平衡风险和回报，并创造价值。项目风险管理旨在识别和管理未被其他项目管理过程所管理的风险。如果不妥善管理，这些风险有可能导致项目偏离计划，无法达成既定的项目目标。因此，项目风险管理的有效性直接关乎项目成功与否。

图 9-1　项目风险管理概述

每个项目都在两个层面上存在风险。每个项目都有会影响项目达成目标的单个风险，以及由单个项目风险和不确定性的其他来源联合导致的整体项目风险。考虑整体项目风险，也非常重要。项目风险管理过程同时兼顾这两个层面的风险。它们的定义如下：

（1）单个项目风险是一旦发生，会对一个或多个项目目标产生正面或负面影响的不确定事件或条件。

（2）整体项目风险是不确定性对项目整体的影响，是相关方面临的项目结果正面和负面变异区间。

项目风险管理旨在利用或强化正面风险（机会），规避或减轻负面风险（威胁）。未妥善管理的威胁可能引发各种问题，如工期延误、成本超支、绩效不佳或声誉受损。把握好机会则能够获得众多好处，如工期缩短、成本节约、绩效改善或声誉提升。

整体项目风险也有正面或负面之分。管理整体项目风险旨在通过削弱负面变异的驱动因素，加强正面变异的驱动因素，以及最大化实现整体项目目标的概率，把项目风险敞口保持在可接受的范围之内。

因为风险会在项目生命周期内持续发生，所以，项目风险管理过程也应不断迭代开展。在项目规划期间，就应该通过调整项目策略对风险做初步处理。接着，应该随着项目进展，监督和管理风险，确保项目处于正轨，并且处理突发性风险。

9.1.2　项目风险管理的核心概念

项目风险管理的核心概念如下：

（1）所有项目都有风险。组织应选择承担项目风险，以便创造价值并在风险和奖励之间取得平衡。

（2）项目风险管理的目的在于，识别并管理其他项目管理过程中未处理的风险。

（3）每个项目中都存在两个级别的风险：单个风险指的是一旦发生，会对一个或多个项目目标产生积极或消极影响的不确定事件或条件；整体项目风险指的是不确定性对项目整体的影响，它代表相关方面临的项目结果可能的积极和消极变化。这些影响源于包括单个风险在内的所有不确定性。项目风险管理过程要处理这两个项目级别上的风险。

（4）风险一旦发生，单个风险可能对项目目标产生积极或消极的影响，而整体项目风险也有积极或消极之分。

（5）在项目生命周期内，风险将持续涌现，所以，项目风险管理过程也应不断重复。

（6）为了对特定项目的风险进行有效管理，项目团队需要认清在努力实现项目目标过程中，什么级别的风险敞口可以接受。这一点则由反映组织与项目相关者风险偏好的可测量风险临界值来确定。

9.2　规划风险管理

9.2.1　规划风险管理过程概述

规划风险管理是定义如何实施项目风险管理活动的过程。本过程的主要作用是，确保风险管理的水平、方法和可见度与项目风险程度，以及项目对组织和其他相关方的重要程度相匹配。本过程仅开展一次或仅在项目的预定义点开展。图9-2描述本过程的输入、工具与技术和输出。

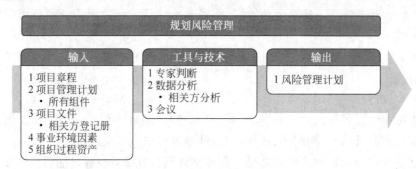

图 9-2　规划风险管理：输入、工具与技术和输出

规划风险管理过程在项目构思阶段就应开始，并在项目早期完成。在项目生命周期的后期，可能有必要重新开展本过程，例如，在发生重大阶段变更时，在项目范围显著变化时，或者后续对风险管理有效性进行审查且确定需要调整项目风险管理过程时。

9.2.2　规划风险管理过程的输入、输出及关键技术

1. 规划风险管理过程的输入

（1）项目章程。项目章程记录了高层级的项目描述和边界、高层级的需求和风险。

（2）项目管理计划。在规划项目风险管理时，应该考虑所有已批准的子管理计划，使风险管理计划与之相协调；同时，其他项目管理计划组件中所列出的方法论可能也会影响规划风险管理过程。

（3）项目文件。可作为本过程输入的项目文件包括相关方登记册，其中包含项目相关方的详细信息，并概述其在项目中的角色和对项目风险的态度，可用于确定项目风险管理的角色和职责，以及为项目设定风险临界值。

（4）事业环境因素。会影响规划风险管理过程的事业环境因素包括由组织或关键相关方设定的整体风险临界值。

（5）组织过程资产。会影响规划风险管理过程的组织过程资产包括（但不限于）：组织的风险政策；风险类别，可能用风险分解结构来表示；风险概念和术语的通用定义；风险描述的格式；风险管理计划、风险登记册和风险报告的模板；角色与职责；决策所需的职权级别；经验教训知识库，其中包含以往类似项目的信息。

2. 规划风险管理过程的工具与技术

（1）专家判断。应考虑具备以下专业知识或接受过相关培训的个人或小组的意见：熟悉组织所采取的管理风险的方法，包括该方法所在的企业风险管理体系；裁剪风险管理以适应项目的具体需求；在相同领域的项目上可能遇到的风险类型。

（2）数据分析。可通过相关方分析确定项目相关方的风险偏好。

（3）会议。风险管理计划的编制可以是项目开工会议上的一项工作，或者可以举办专

门的规划会议来编制风险管理计划。参会者可能包括项目经理、指定项目团队成员、关键相关方,或负责管理项目风险管理过程的团队成员;如果需要,也可邀请其他外部人员参加,包括客户、卖方和监管机构。熟练的会议引导者能够帮助参会者专注于会议事项,就风险管理方法的关键方面达成共识,识别和克服偏见,以及解决任何可能出现的分歧。在此类会议上确定开展风险管理活动的计划,并将其记录在风险管理计划中。

3. 规划风险管理过程的输出

规划风险管理过程输出风险管理计划。风险管理计划是项目管理计划的组成部分,描述如何安排与实施风险管理活动。风险管理计划可包括以下部分或全部内容:

(1) 风险管理战略。描述用于管理本项目的风险的一般方法。

(2) 方法论。确定用于开展本项目的风险管理的具体方法、工具及数据来源。

(3) 角色与职责。确定每项风险管理活动的领导者、支持者和团队成员,并明确他们的职责。

(4) 资金。确定开展项目风险管理活动所需的资金,并制订应急储备和管理储备的使用方案。

(5) 时间安排。确定在项目生命周期中实施项目风险管理过程的时间和频率,确定风险管理活动并将其纳入项目进度计划。

(6) 风险类别。确定对单个项目风险进行分类的方式。通常借助风险分解结构(Risk Breakdown Structure,RBS)来构建风险类别。风险分解结构是潜在风险来源的层级展现,如图 9-3 所示。风险分解结构是基于风险源的集合,RBS 可以充分反映风险的层次性,有效表示风险的结构,有助于项目团队考虑单个项目风险的全部可能来源,对识别风险或归类已识别风险特别有用。组织可能有适用于所有项目的通用风险分解结构,也可能针对不同类型项目使用几种不同的风险分解结构框架,或者允许项目量身定制专用的风险分解结构。如果未使用风险分解结构,组织则可能采用某种常见的风险分类框架,既可以是简单的类别清单,也可以是基于项目目标的某种类别结构。

(7) 相关方风险偏好。应在风险管理计划中记录项目关键相关方的风险偏好。他们的风险偏好会影响规划风险管理过程的细节。特别是,应该针对每个项目目标,把相关方的风险偏好表述成可测量的风险临界值。这些临界值不仅将联合决定可接受的整体项目风险敞口(未加保护的风险)水平,而且也用于制订概率和影响定义。以后将根据概率和影响定义,对单个项目风险进行评估和排序。

(8) 风险概率和影响定义。根据具体的项目环境,组织和关键相关方的风险偏好和临界值,来制订风险概率和影响定义。项目可能自行制订关于概率和影响级别的具体定义,或者用组织提供的通用定义作为出发点。应该根据拟开展项目风险管理过程的详细程度,来确定概率和影响级别的数量,即:更多级别(通常为五级)对应于更详细的风险管理方法,更少级别(通常为三级)对应于更简单的方法。图 9-4 针对三个项目目标提供了概率和影响定义的示例。通过将影响定义为负面威胁(工期延误、成本增加和绩效不佳)和正面机会(工期缩短、成本节约和绩效改善),表格所示的量表可同时用于评估威胁和机会。

(9) 概率和影响矩阵。组织可在项目开始前确定优先级排序规则,并将其纳入组织过程资产,或者也可为具体项目量身定制优先级排序规则。在常见的概率和影响矩阵中,会同时列出机会和威胁;以正面影响定义机会,以负面影响定义威胁。概率和影响可以用描述

RBS 0级	RBS 1级	RBS 2级
0. 项目风险所有来源	1. 技术风险	1.1 范围定义
		1.2 需求定义
		1.3 估算、假设和制约因素
		1.4 技术过程
		1.5 技术
		1.6 技术联系
		等等
	2. 管理风险	2.1 项目管理
		2.2 项目集/项目组合管理
		2.3 运营管理
		2.4 组织
		2.5 提供资源
		2.6 沟通
		等等
	3. 商业风险	3.1 合同条款和条件
		3.2 内部采购
		3.3 供应商与卖方
		3.4 分包合同
		3.5 客户稳定性
		3.6 合伙企业与合资企业
		等等
	4. 外部风险	4.1 法律
		4.2 汇率
		4.3 地点/设施
		4.4 环境/天气
		4.5 竞争
		4.6 监管
		等等

图 9-3　风险分解结构（RBS）示例

量表	概率	+/-对项目目标的影响		
		时间	成本	质量
很高	>70%	>6个月	>500万美元	对整体功能影响非常重大
高	51%~70%	3~6个月	100万美元~500万美元	对整体功能影响重大
中	31%~50%	1~3个月	50.1万美元~100万美元	对关键功能领域有一些影响
低	11%~30%	1~4周	10万美元~50万美元	对整体功能有微小影响
很低	1%~10%	1周	<10万美元	对辅助功能有微小影响
零	<1%	不变	不变	功能不变

图 9-4　概率和影响定义示例

性术语（如很高、高、中、低和很低）或数值来表达。如果使用数值，就可以把两个数值相乘，得出每个风险的概率－影响分值，以便据此在每个优先级组别之内排列单个风险相对优先级。图 9-5 是概率和影响矩阵的示例，其中也有数值风险评分的可能方法。

（10）报告格式。确定将如何记录、分析和沟通项目风险管理过程的结果。在这一部分，描述风险登记册、风险报告以及项目风险管理过程的其他输出的内容和格式。

概率	威胁					机会					概率
很高 0.90	0.05	0.09	0.18	0.36	0.72	0.72	0.36	0.18	0.09	0.05	很高 0.90
高 0.70	0.04	0.07	0.14	0.28	0.56	0.56	0.28	0.14	0.07	0.04	高 0.70
中 0.50	0.03	0.05	0.10	0.20	0.40	0.40	0.20	0.10	0.05	0.03	中 0.50
低 0.30	0.02	0.03	0.06	0.12	0.24	0.24	0.12	0.06	0.03	0.02	低 0.30
很低 0.10	0.01	0.01	0.02	0.04	0.08	0.08	0.04	0.02	0.01	0.01	很低 0.10
	很低 0.05	低 0.10	中 0.20	高 0.40	很高 0.80	很高 0.80	高 0.40	中 0.20	低 0.10	很低 0.05	
	消极影响					积极影响					

图 9-5　概率和影响矩阵示例(有评分方法)

(11) 跟踪。跟踪是确定将如何记录风险活动,以及将如何审计风险的管理过程。

9.3　识别风险

9.3.1　识别风险过程概述

识别风险是识别单个项目风险以及整体项目风险的来源,并记录风险特征的过程。本过程的主要作用是记录现有的单个项目风险以及整体项目风险的来源;同时,汇集相关信息,以便项目团队能够恰当应对已识别的风险。本过程需要在整个项目期间开展。图 9-6 描述本过程的输入、工具与技术和输出。

识别风险时,要同时考虑单个项目风险,以及整体项目风险的来源。风险识别活动的参与者可能包括项目经理、项目团队成员、项目风险专家(若已指定)、客户、项目团队外部的主题专家、最终用户、其他项目经理、运营经理、相关方和组织内的风险管理专家。虽然这些人员通常是风险识别活动的关键参与者,但是还应鼓励所有项目相关方参与单个项目风险的识别工作。项目团队的参与尤其重要,以便培养和保持他们对已识别单个项目风险、整体项目风险级别和相关风险应对措施的主人翁意识和责任感。

应该采用统一的风险描述格式,来描述和记录单个项目风险,以确保每一项风险都被清楚、明确地理解,从而为有效的分析和风险应对措施制订提供支持。可以在识别风险过程中为单个项目风险指定风险责任人,待实施定性风险分析过程确认。也可以识别和记录初步的风险应对措施,待规划风险应对过程审查和确认。

在整个项目生命周期中,单个项目风险可能随项目进展而不断出现,整体项目风险的级别也会发生变化。因此,识别风险是一个迭代的过程。迭代的频率和每次迭代所需的参与程度因情况而异,应在风险管理计划中做出相应规定。

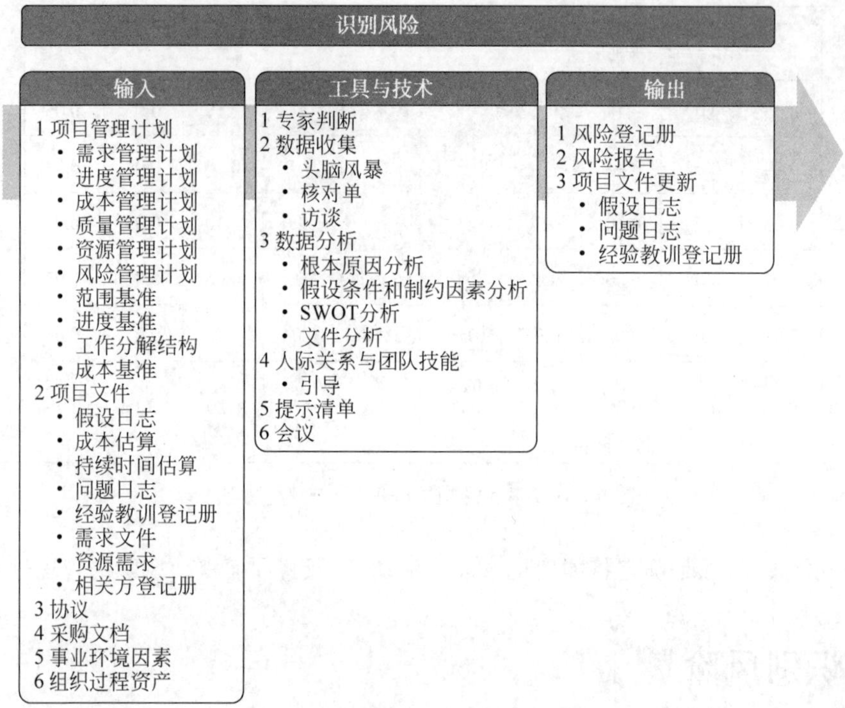

图 9-6　识别风险：输入、工具与技术和输出

9.3.2　识别风险过程的输入、输出及关键技术

1. 识别风险过程的输入

1）项目管理计划

（1）需求管理计划。需求管理计划可能指出了特别有风险的项目目标。

（2）进度管理计划。进度管理计划可能列出了受不确定性或模糊性影响的一些领域。

（3）成本管理计划。成本管理计划可能列出了受不确定性或模糊性影响的一些领域。

（4）质量管理计划。质量管理计划可能列出了受不确定性或模糊性影响的一些领域，或者关键假设可能引发风险的一些领域。

（5）资源管理计划。资源管理计划可能列出了受不确定性或模糊性影响的一些领域，或者关键假设可能引发风险的一些领域。

（6）风险管理计划。风险管理计划规定了风险管理的角色和职责，说明了如何将风险管理活动纳入预算和进度计划，并描述了风险类别（可用风险分解结构表述）。

（7）范围基准。范围基准包括可交付成果及其验收标准，其中有些可能引发风险。

（8）工作分解结构。可用作安排风险识别工作的框架。

（9）进度基准。可以查看进度基准，找出存在不确定性或模糊性的里程碑日期和可交付成果交付日期，或者可能引发风险的关键假设条件。

（10）成本基准。可以查看成本基准，找出存在不确定性或模糊性的成本估算或资金需求,或者关键假设可能引发风险的方面。

2)项目文件

(1)假设日志。假设日志所记录的假设条件和制约因素可能引发单个项目风险,还可能影响整体项目风险的级别。

(2)成本估算。成本估算是对项目成本的定量评估,理想情况下用区间表示,区间的大小预示着风险程度。对成本估算文件进行结构化审查,可能显示当前估算不足,从而引发项目风险。

(3)持续时间估算。持续时间估算是对项目持续时间的定量评估,理想情况下用区间表示,区间的大小预示着风险程度。对持续时间估算文件进行结构化审查,可能显示当前估算不足,从而引发项目风险。

(4)问题日志。问题日志所记录的问题可能引发单个项目风险,还可能影响整体项目风险的级别。

(5)经验教训登记册。可以查看与项目早期所识别的风险相关的经验教训,以确定类似风险是否可能在项目的剩余时间再次出现。

(6)需求文件。需求文件列明了项目需求,使团队能够确定哪些需求存在风险。

(7)资源需求。资源需求是对项目所需资源的定量评估,理想情况下用区间表示,区间的大小预示着风险程度。对资源需求文件进行结构化审查,可能显示当前估算不足,从而引发项目风险。

(8)相关方登记册。相关方登记册规定了哪些个人或小组可能参与项目的风险识别工作,还会详细说明哪些个人适合扮演风险责任人角色。

3)协议

如果需要从外部采购项目资源,协议所规定的里程碑日期、合同类型、验收标准和奖罚条款等,都可能造成威胁或创造机会。

4)采购文档

如果需要从外部采购项目资源,就应该审查初始采购文档,因为从组织外部采购商品和服务可能提高或降低整体项目风险,并可能引发更多的单个项目风险。随着采购文档在项目期间的不断更新,还应该审查最新的文档,例如,卖方绩效报告、核准的变更请求和与检查相关的信息。

5)事业环境因素

会影响识别风险过程的事业环境因素包括(但不限于)已发布的材料,包括商业风险数据库或核对单;学术研究资料;标杆对照成果;类似项目的行业研究资料。

6)组织过程资产

会影响识别风险过程的组织过程资产包括(但不限于)项目文档,包括实际数据;组织和项目的过程控制资料;风险描述的格式;以往类似项目的核对单。

2. 识别风险过程的工具与技术

1)专家判断

应考虑了解类似项目或业务领域的个人或小组的专业意见。项目经理应该选择相关专家,邀请他们根据以往经验和专业知识来考虑单个项目风险的方方面面,以及整体项目风险的各种来源。项目经理应该注意专家可能持有的偏见。

2）数据收集

（1）头脑风暴。头脑风暴的目标是获取一份全面的单个项目风险和整体项目风险来源的清单。通常由项目团队开展头脑风暴，同时邀请团队以外的多学科专家参与。可以采用自由或结构化的形式开展头脑风暴，在引导者的指引下产生各种创意。可以用风险类别（如风险分解结构）作为识别风险的框架。因为头脑风暴生成的创意并不成型，所以应该特别注意对头脑风暴识别的风险进行清晰描述。

（2）核对单。核对单是包括需要考虑的项目、行动或要点的清单。它常被用作提醒。组织可能基于自己已完成的项目来编制核对单，或者可能采用特定行业的通用风险核对单。虽然核对单简单易用，但它不可能穷尽所有风险。所以，必须确保不要用核对单来取代所需的风险识别工作；同时，项目团队也应该注意考察未在核对单中列出的事项。此外，还应该不时地审查核对单，增加新信息，删除或存档过时信息。

（3）访谈。可以通过对资深项目参与者、相关方和主题专家的访谈，来识别单个项目风险以及整体项目风险的来源。应该在信任和保密的环境下开展访谈，以获得真实可信、不带偏见的意见。

3）数据分析

（1）根本原因分析。根本原因分析常用于发现导致问题的深层原因并制订预防措施。可以用问题陈述（如项目可能延误或超支）作为出发点，来探讨哪些威胁可能导致该问题，从而识别出相应的威胁。

（2）假设条件和制约因素分析。开展假设条件和制约因素分析，来探索假设条件和制约因素的有效性，确定其中哪些会引发项目风险。从假设条件的不准确、不稳定、不一致或不完整，可以识别出威胁，通过清除或放松会影响项目或过程执行的制约因素，可以创造出机会。

（3）SWOT分析。对项目的优势（Strength）、劣势（Weak）、机会（Opportunity）和威胁（Thread）进行逐个检查。在识别风险时，它会将内部产生的风险包含在内，从而拓宽识别风险的范围。首先，关注项目、组织或一般业务领域，识别出组织的优势和劣势；然后，找出组织优势可能为项目带来的机会，组织劣势可能造成的威胁。还可以分析组织优势能在多大程度上克服威胁，组织劣势是否会妨碍机会的产生。图9-7是SWOT矩阵分析图。

内部环境 ＼ 外部环境	机会分析 Opportunity	威胁分析 Thread
优势分析 Strength	机会优势 S O	威胁优势 S T
劣势分析 Weak	机会劣势 W O	威胁劣势 W T

图 9-7　SWOT 矩阵分析图

（4）文件分析。通过对项目文件的结构化审查，可以识别出一些风险。可供审查的文件包括（但不限于）计划、假设条件、制约因素、以往项目档案、合同、协议和技术文件。项目文件中的不确定性或模糊性，以及同一文件内部或不同文件之间的不一致，都可能是项目风险的指示信号。

4）人际关系与团队技能

适用于本过程的人际关系与团队技能包括能提高用于识别单个项目风险和整体项目风险的技术。

5）提示清单

提示清单是关于可能引发单个项目风险以及可作为整体项目风险来源的风险类别的预设清单。在采用风险识别技术时，提示清单可作为框架用于协助项目团队形成想法。可以用风险分解结构底层的风险类别作为提示清单，来识别单个项目风险。

6）会议

为了开展风险识别工作，项目团队可能要召开专门的风险研讨会。对于较大型项目，可能需要邀请项目发起人、主题专家、卖方、客户代表，或其他项目相关方参加会议；而对于较小型项目，可能仅限部分项目团队成员参加。

3．识别风险过程的输出

1）风险登记册

风险登记册记录已识别单个项目风险的详细信息。随着实施定性风险分析、规划风险应对、实施风险应对和监督风险等过程的开展，这些过程的结果也要记进风险登记册。

2）风险报告

风险报告提供关于整体项目风险的信息，以及关于已识别的单个项目风险的概述信息。在项目风险管理过程中，风险报告的编制是一项渐进式的工作。随着实施定性风险分析、实施定量风险分析、规划风险应对、实施风险应对和监督风险过程的完成，这些过程的结果也需要记录在风险登记册中。在完成识别风险过程时，风险报告的内容包括：

（1）整体项目风险的来源。说明哪些是整体项目风险敞口的最重要驱动因素。

（2）关于已识别单个项目风险的概述信息。例如，已识别的威胁与机会的数量、风险在风险类别中的分布情况、测量指标和发展趋势。

（3）根据风险管理计划中规定的报告要求，风险报告中可能还包含其他信息。

3）项目文件更新

需要更新的项目文件包括假设日志、问题日志、经验教训登记册。

9.4 实施定性风险分析

9.4.1 实施定性风险分析过程概述

实施定性风险分析是通过评估单个项目风险发生的概率和影响以及其他特征，对风险进行优先级排序，从而为后续分析或行动提供基础的过程。本过程的主要作用是重点关注高优先级的风险。本过程需要在整个项目期间开展。图 9-8 描述本过程的输入、工具与技术和输出。

实施定性风险分析，使用项目风险的发生概率、风险发生时对项目目标的相应影响以及其他因素，来评估已识别单个项目风险的优先级。这种评估基于项目团队和其他相关方对风险的感知程度，从而具有主观性。所以，为了实现有效评估，就需要认清和管理本过程关键参与者对风险所持的态度。风险感知会导致评估已识别风险时出现偏见，所以应该注意找出偏见并加以纠正。如果由引导者来引导本过程的开展，那么找出并纠正偏见就是该引

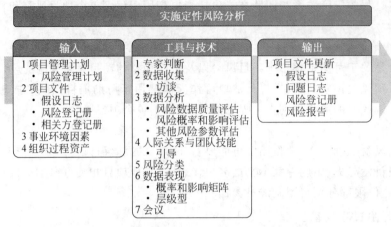

图 9-8　实施定性风险分析：输入、工具与技术和输出

导者的一项重要工作。同时，评估单个项目风险的现有信息的质量，也有助于澄清每个风险对项目的重要性的评估。

实施定性风险分析能为规划风险应对过程确定单个项目风险的相对优先级。本过程会为每个风险识别出责任人，以便由他们负责规划风险应对措施，并确保应对措施的实施。如果需要开展实施定量风险分析过程，那么实施定性风险分析也能为其奠定基础。

根据风险管理计划的规定，在整个项目生命周期中要定期开展实施定性风险分析过程。在敏捷开发环境中，实施定性风险分析过程通常要在每次迭代开始前进行。

9.4.2　实施定性风险分析过程的输入、输出及关键技术

1. 实施定性风险分析过程的输入

（1）项目管理计划。项目管理计划组件包括风险管理计划。本过程中需要特别注意的是风险管理的角色和职责、预算和进度活动安排，以及风险类别（通常在风险分解结构中定义）、概率和影响定义、概率和影响矩阵和相关方的风险临界值。通常已经在规划风险管理过程中把这些内容裁剪成适合具体项目的需要。如果还没有这些内容，则可以在实施定性风险分析过程中编制，并经项目发起人批准之后用于本过程。

（2）项目文件。包括假设日志、风险登记册、相关方登记册。

（3）事业环境因素。能够影响实施定性风险分析的事业环境因素包括类似项目的行业研究资料；已发布的材料，包括商业风险数据库或核对单。

（4）组织过程资产。能够影响实施定性风险分析的组织过程资产包括已完成的类似项目的信息。

2. 实施定性风险分析过程的工具与技术

1）专家判断

应考虑具备以下专业知识或接受过相关培训的个人或小组的意见：以往类似项目、定性风险分析。专家判断往往可通过引导式风险研讨会或访谈获取。应该注意，专家可能持有偏见。

2) 数据收集

适用于本过程的数据收集技术包括(但不限于)访谈。结构化或半结构化的访谈可用于评估单个项目风险的概率和影响,以及其他因素。访谈者应该营造信任和保密的访谈环境,以鼓励被访者提出诚实和无偏见的意见。

3) 数据分析

(1) 风险数据质量评估。风险数据是开展定性风险分析的基础。风险数据质量评估旨在评价关于单个项目风险的数据的准确性和可靠性。使用低质量的风险数据,可能导致定性风险分析对项目来说基本没用。如果数据质量不可接受,就可能需要收集更好的数据。可以开展问卷调查,了解项目相关方对数据质量各方面的评价,包括数据的完整性、客观性、相关性和及时性,进而对风险数据的质量进行综合评估。可以计算这些方面的加权平均数,将其作为数据质量的总体分数。

(2) 风险概率和影响评估。风险概率评估考虑的是特定风险发生的可能性,而风险影响评估考虑的是风险对一项或多项项目目标的潜在影响,如进度、成本、质量或绩效。威胁将产生负面的影响,机会将产生正面的影响。要对每个已识别的单个项目风险进行概率和影响评估。风险评估可以采用访谈或会议的形式,参加者将依照他们对风险登记册中所记录的风险类型的熟悉程度而定。项目团队成员和项目外部资深人员应该参加访谈或会议。在访谈或会议期间,评估每个风险的概率水平及其对每项目标的影响级别。如果相关方对概率水平和影响级别的感知存在差异,则应对差异进行探讨。此外,还应记录相应的说明性细节,例如,确定概率水平或影响级别所依据的假设条件。应该采用风险管理计划中的概率和影响定义表来评估风险的概率和影响。低概率和影响的风险将被列入风险登记册中的观察清单,以供未来监控。

4) 人际关系与团队技能

开展引导,能够提高对单个项目风险的定性分析的有效性。熟练的引导者可以帮助参会者专注于风险分析任务、准确遵循与技术相关的方法、就概率和影响评估达成共识、找到并克服偏见,以及解决任何可能出现的分歧。

5) 风险分类

项目风险可依据风险来源(如采用风险分解结构"RBS")、受影响的项目领域(如采用工作分解结构"WBS"),以及其他实用类别(如项目阶段、项目预算、角色和职责)来分类,确定哪些项目领域最容易被不确定性影响;风险还可以根据共同的根本原因进行分类。应该在风险管理计划中规定可用于项目的风险分类方法。

6) 数据表现

(1) 概率和影响矩阵。概率和影响矩阵是把每个风险发生的概率和一旦发生对项目目标的影响映射起来的表格。此矩阵对概率和影响进行组合,以便于把单个项目风险划分成不同的优先级组别。基于风险的概率和影响,对风险进行优先级排序,以便未来进一步分析并制订应对措施。采用风险管理计划中规定的风险概率和影响定义,逐一对单个项目风险的发生概率及其对一项或多项项目目标的影响(若发生)进行评估。然后,基于所得到的概率和影响的组合,使用概率和影响矩阵,为单个项目风险分配优先级别。

(2) 层级型。组织可针对每个项目目标(如成本、时间和范围)制订单独的概率和影响矩阵,并用它们评估风险针对每个目标的优先级别。组织还可以用不同的方法为每个风险确定一个总体优先级别,既可综合针对不同目标的评估结果,也可采用最高优先级别(无论针对哪个目标),作为风险的总体优先级别。

(3) 气泡图。属于风险定性工具技术中的数据表现技术,在项目管理过程中,如果采用了两个以上的参数对风险进行分类,那就不能使用概率和影响矩阵(只能分析两个维度的影响),所以在分析三维风险数据时,会大量使用气泡图,把每个风险都绘制成一个气泡,并用X轴、Y轴值和气泡大小来表示风险的三个参数。例如,气泡图能显示三维数据。在气泡图中,把每个风险都绘制成一个气泡,并用X轴值、Y轴值和气泡大小来表示风险的三个参数。图9-9是气泡图的示例,其中,X轴代表可监测性,Y轴代表邻近性,影响值则以气泡大小表示。

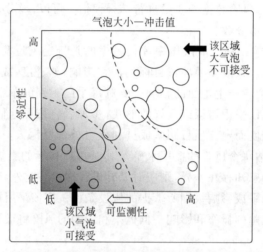

图 9-9　基于可监测性、邻近性和影响值三种参数的气泡图示例

7) 会议

要开展定性风险分析,项目团队可能要召开专门会议(通常称为风险研讨会),对已识别单个项目风险进行讨论。会议的目标包括审查已识别的风险、评估概率和影响(及其他可能的风险参数)、对风险进行分类和优先级排序。在实施定性风险分析过程中,要逐一为单个项目风险分配风险责任人。以后,将由风险责任人负责规划风险应对措施和报告风险管理工作的进展情况。会议可从审查和确认拟使用的概率和影响量表开始。在会议讨论中,也可能识别出其他风险。应该记录这些风险,供后续分析。配备一名熟练的引导者能够提高会议的有效性。

3. 实施定性风险分析过程的输出

本过程的输出是项目文件更新。

(1) 假设日志。在实施定性风险分析过程中,可能做出新的假设、识别出新的制约因素,或者现有的假设条件或制约因素可能被重新审查和修改。应该更新假设日志,应记录这些新信息。

(2) 问题日志。应该更新问题日志,记录发现的新问题或当前问题的变化。

(3) 风险登记册。用实施定性风险分析过程生成的新信息,去更新风险登记册。风险登记册的更新内容可能包括每项单个项目风险的概率和影响评估、优先级别或风险分值、指定风险责任人、风险紧迫性信息或风险类别,以及低优先级风险的观察清单或需要进一步分析的风险。

(4)风险报告。更新风险报告,记录最重要的单个项目风险(通常为概率和影响最高的风险)、所有已识别风险的优先级列表以及简要的结论。

9.5 实施定量风险分析

9.5.1 实施定量风险分析过程概述

实施定量风险分析是就已识别的单个项目风险和不确定性的其他来源对整体项目目标的影响进行定量分析的过程。本过程的主要作用是,量化整体项目风险敞口,并提供额外的定量风险信息,以支持风险应对规划。本过程并非每个项目必需,但如果采用,它会在整个项目期间持续开展。图 9-10 描述了本过程的输入、工具与技术和输出。

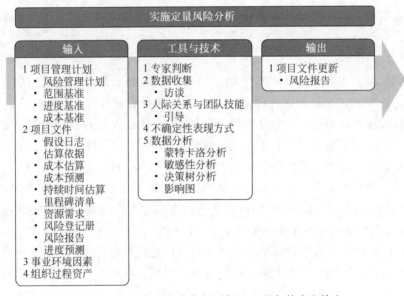

图 9-10 实施定量风险分析:输入、工具与技术和输出

并非所有项目都需要实施定量风险分析。能否开展稳健的分析取决于是否有关于单个项目风险和其他不确定性来源的高质量数据,以及与范围、进度和成本相关的扎实项目基准。定量风险分析通常需要运用专门的风险分析软件,以及编制和解释风险模式的专业知识,还需要额外的时间和成本投入。项目风险管理计划会规定是否需要使用定量风险分析,定量分析最可能适用于大型或复杂的项目、具有战略重要性的项目、合同要求进行定量分析的项目,或主要相关方要求进行定量分析的项目。

通过评估所有单个项目风险和其他不确定性来源对项目结果的综合影响,定量风险分析就成为评估整体项目风险的唯一可靠的方法。在实施定量风险分析过程中,要使用被定性风险分析过程评估为对项目目标存在重大潜在影响的单个项目风险的信息。

实施定量风险分析过程的输出,则要用作规划风险应对过程的输入,特别是要据此为整体项目风险和关键单个项目风险推荐应对措施。定量风险分析也可以在规划风险应对过程之后开展，以分析已规划的应对措施对降低整体项目风险敞口的有效性。

9.5.2　实施定量风险分析过程的输入、输出及关键技术

1. 实施定量风险分析过程的输入

1）项目管理计划

（1）风险管理计划。风险管理计划确定项目是否需要定量风险分析，还会详述可用于分析的资源，以及预期的分析频率。

（2）范围基准。范围基准提供了对单个项目风险和其他不确定性来源的影响开展评估的起始点。

（3）进度基准。进度基准提供了对单个项目风险和其他不确定性来源的影响开展评估的起始点。

（4）成本基准。成本基准提供了对单个项目风险和其他不确定性来源的影响开展评估的起始点。

2）项目文件

（1）假设日志。如果认为假设条件会引发项目风险，那么就应该把它们列作定量风险分析的输入。在定量风险分析期间，也可以建立模型来分析制约因素的影响。

（2）估算依据。开展定量风险分析时，可以把用于项目规划的估算依据反映在所建立的变异性模型中。可能包括估算目的、分类、准确性、方法论和资料来源。

（3）成本估算。成本估算提供了对成本变化性进行评估的起始点。

（4）成本预测。成本预测包括项目的完工尚需估算（ETC）、完工估算（EAC）、完工预算（BAC）和完工尚需绩效指数（TCP）。把这些预测指标与定量成本风险分析的结果进行比较，以确定与实现这些指标相关的置信水平。

（5）持续时间估算。持续时间估算提供了对进度变化性进行评估的起始点。

（6）里程碑清单。项目的重大事件决定着进度目标。把这些进度目标与定量进度风险分析的结果进行比较，以确定与实现这些目标相关的置信水平（特定个体对待特定命题真实性相信的程度）。

（7）资源需求。资源需求提供了对变化性进行评估的起始点。

（8）风险登记册。风险登记册包含了用作定量风险分析的输入的单个项目风险的详细信息。

（9）风险报告。风险报告描述了整体项目风险的来源，以及当前的整体项目风险状态。

（10）进度预测。可以将预测与定量进度风险分析的结果进行比较，以确定与实现预测目标相关的置信水平。

3）事业环境因素。能够影响实施定量风险分析过程的事业环境因素包括：类似项目的行业研究资料；已发布的材料，包括商业风险数据库或核对单。

4）组织过程资产。能够影响实施定量风险分析过程的组织过程资产包括已完成的类似项目的信息。

2. 实施定量风险分析过程的工具与技术

1）专家判断

应征求具备以下专业知识或接受过相关培训的个人或小组的意见：将单个项目风险和其他不确定性来源的信息转化成用于定量风险分析模型的数值输入；选择最适当的方式表示不确定性，以便为特定风险或其他不确定性来源建立模型；用适合项目环境的技术建立模型；识别最适用于所选建模技术的工具；解释定量风险分析的输出。

2）数据收集

访谈可用于针对单个项目风险和其他不确定性来源，生成定量风险分析的输入。

3）人际关系与团队技能

在由项目团队成员和其他相关方参加的专门风险研讨会中，配备一名熟练的引导者，有助于更好地收集输入数据。可以通过阐明研讨会的目的，在参会者之间建立共识，确保持续关注任务，并以创新方式处理人际冲突或偏见来源，来改善引导式研讨会的有效性。

4）不确定性表现方式

要开展定量风险分析，就需要建立能反映单个项目风险和其他不确定性来源的定量风险分析模型，并为之提供输入。如果活动的持续时间、成本或资源需求是不确定的，就可以在模型中用概率分布来表示其数值的可能区间。概率分布可能有多种形式，最常用的有三角分布、正态分布、对数正态分布、贝塔分布、均匀分布或离散分布。应该谨慎选择用于表示活动数值的可能区间的概率分布形式。

5）数据分析

（1）蒙特卡洛分析。在定量风险分析中，把单个项目风险和不确定性的其他来源模型化，以评估它们对项目目标的潜在影响，通常采用蒙特卡洛分析。对成本风险进行蒙特卡洛分析时，使用项目成本估算作为模拟的输入；对进度风险进行蒙特卡洛分析时，使用进度网络图和持续时间估算作为模拟的输入。开展综合定量成本－进度风险分析时，同时使用这两种输入。其输出就是定量风险分析模型，典型的输出包括表示模拟得到特定结果的次数的直方图，或表示获得等于或小于特定数值的结果的累积概率分布曲线（S曲线）。蒙特卡洛成本风险分析所得到的S曲线示例如图9-11所示。

（2）敏感性分析（龙卷风图）。敏感性分析有助于确定哪些风险对项目具有最大的潜在影响。它把所有其他不确定因素保持在基准值的条件下，考察项目的每项要素的不确定性对目标产生多大程度的影响。敏感性分析最常用的显示方式是龙卷风图，敏感性分析有助于确定哪些单个项目风险或其他不确定性来源对项目结果具有最大的潜在影响。它在项目结果变异与定量风险分析模型中的要素变异之间建立联系。在龙卷风图中，标出定量风险分析模型中的每项要素与其能影响的项目结果之间的关联系数。这些要素可包括单个项目风险、易变的项目活动，或具体的不明确性来源。每个要素按关联强度降序排列，形成典型的龙卷风形状。龙卷风图示例，如图9-12所示。

（3）决策树分析。当项目需要做出某种决策、选择某种解决方案或者确定是否存在某种风险时，决策树（Decision Making Tree，DMT）提供了一种形象化的、基于数据分析和论证的科学方法，这种方法通过严密的逻辑推导和逐级逼近的数据计算，从决策点开始，按照所分析问题的各种发展的可能性不断产生分支，并确定每个分支发生的可能性大小以及发生后导致的货币价值多少，计算出各分支的损益期望值，然后根据期望值中最大者（如求极

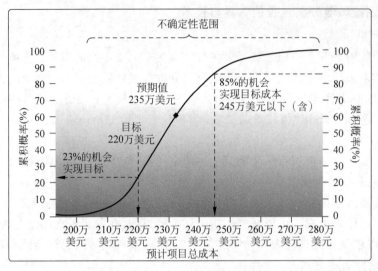

图 9-11　定量成本风险分析 S 曲线示例（蒙特卡洛成本风险分析）

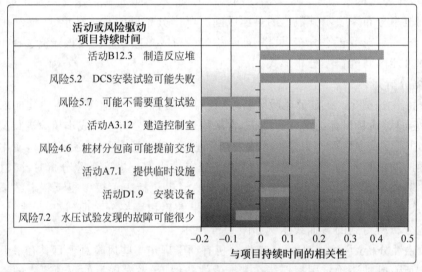

图 9-12　龙卷风图示例

小，则为最小者）作为选择的依据，从而为确定项目、选择方案或分析风险做出理性而科学的决策。在决策树中，用不同的分支代表不同的决策或事件，即项目的备选路径。每个决策或事件都有相关的成本和单个项目风险（包括威胁和机会）。决策树分支的终点表示沿特定路径发展的最后结果，可以是负面或正面的结果。在决策树分析中，通过计算每条分支的预期货币价值，就可以选出最优的路径。决策树示例如图 9-13 所示。

（4）影响图分析。影响图是不确定条件下决策制订的图形辅助工具。它将一个项目或项目中的一种情境表现为一系列实体、结果和影响，以及它们之间的关系和相互影响。如果因为存在单个项目风险或其他不确定性来源而使影响图中的某些要素不确定，就在影响图中以区间或概率分布的形式表示这些要素；然后，借助模拟技术（如蒙特卡洛分析）来分析哪些要素对重要结果具有最大的影响。影响图分析可以得出类似于其他定量风险分析的结

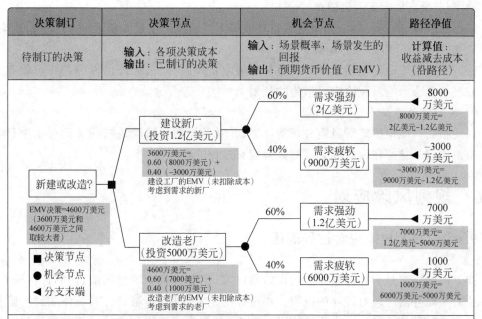

决策制订	决策节点	机会节点	路径净值
待制订的决策	输入：各项决策成本 输出：已制订的决策	输入：场景概率，场景发生的回报 输出：预期货币价值（EMV）	计算值： 收益减去成本（沿路径）

图 9-13　决策树示例

果，如 S 曲线图和龙卷风图。

3. 实施定量风险分析过程的输出

风险报告的更新，反映定量风险分析的结果，是实施定量风险分析过程的输出，包括：

1）对整体项目风险敞口的评估结果

风险敞口是指未加保护的风险，即实际所承担的风险。整体项目风险有两种主要的测量方式：

（1）项目成功的可能性。基于已识别的单个项目风险和其他不确定性来源，项目实现其主要目标（例如既定的结束日期或中间里程碑、既定的成本目标）的概率。

（2）项目固有的变异性。在开展定量分析之时，可能的项目结果的分布区间。

2）项目详细概率分析的结果

列出定量风险分析的重要输出，如 S 曲线、龙卷风图和关键性指标以及对它们的叙述性解释。定量风险分析的详细结果可能包括以下几点：

（1）所需的应急储备，以达到实现目标的特定置信水平。

（2）对项目关键路径有最大影响的单个项目风险或其他不确定性来源的清单。

（3）整体项目风险的主要驱动因素，即对项目结果的不确定性有最大影响的因素。

3）单个项目风险优先级清单

根据敏感性分析的结果，列出对项目造成最大威胁或产生最大机会的单个项目风险。

4）定量风险分析结果的趋势

随着在项目生命周期的不同时间重复开展定量风险分析，风险的发展趋势可能逐渐清晰。发展趋势会影响对风险应对措施的规划。

5）风险应对建议

风险报告可能根据定量风险分析的结果，针对整体项目风险敞口或关键单个项目风险提出应对建议。这些建议将成为规划风险应对过程的输入。

9.6　规划风险应对

9.6.1　规划风险应对过程概述

规划风险应对是为处理整体项目风险敞口，以及应对单个项目风险，而制订可选方案、选择应对策略并商定应对行动的过程。本过程的主要作用是，制订应对整体项目风险和单个项目风险的适当方法；本过程还将分配资源，并根据需要将相关活动添加进项目文件和项目管理计划。本过程需要在整个项目期间开展。图 9-14 描述本过程的输入、工具与技术和输出。

图 9-14　规划风险应对：输入、工具与技术和输出

有效和适当的风险应对可以最小化单个威胁，最大化单个机会，并降低整体项目风险敞口；不恰当的风险应对则会适得其反。一旦完成对风险的识别、分析和排序，指定的风险责任人就应该编制计划，以应对项目团队认为足够重要的每项单个项目风险。这些风险会对项目目标的实现造成威胁或提供机会。项目经理也应该思考如何针对整体项目风险的当前级别做出适当的应对。

风险应对方案应该与风险的重要性相匹配、能经济有效地应对挑战、在当前项目背景下现实可行、能获得全体相关方的同意,并由一名责任人具体负责。往往需要从几套可选方案中选出最优的风险应对方案。应该为每个风险选择最可能有效的策略或策略组合。可用结构化的决策技术来选择最适当的应对策略。对于大型或复杂项目,可能需要以数学优化模型或实际方案分析为基础,进行更加稳健的备选风险应对策略经济分析。

要为实施商定的风险应对策略,包括主要策略和备用策略(若必要),制订具体的应对行动。如果选定的策略并不完全有效,或者发生了已接受的风险,就需要制订应急计划(或弹回计划)。同时,也需要识别次生风险。次生风险是实施风险应对措施而直接导致的风险。往往需要为风险分配时间或成本应急储备,并可能需要说明动用应急储备的条件。

9.6.2 规划风险应对过程的输入、输出及关键技术

1. 规划风险应对过程的输入

1)项目管理计划

(1)资源管理计划。资源管理计划有助于确定该如何协调用于风险应对的资源和其他项目资源。

(2)风险管理计划。本过程会用到其中的风险管理角色和职责,以及风险临界值。

(3)成本基准。成本基准包含了拟用于风险应对的应急资金的信息。

2)项目文件

(1)经验教训登记册。查看关于项目早期的风险应对的经验教训,确定类似的应对是否适用于项目后期。

(2)项目进度计划。进度计划可用于确定如何同时规划商定的风险应对活动和其他项目活动。

(3)项目团队派工单。项目团队派工单列明了可用于风险应对的人力资源。

(4)资源日历。资源日历确定了潜在的资源何时可用于风险应对。

(5)风险登记册。风险登记册包含了已识别并排序的、需要应对的单个项目风险的详细信息。每项风险的优先级有助于选择适当的风险应对措施。风险登记册列出了每项风险的指定风险责任人,还可能包含在早期的项目风险管理过程中识别的初步风险应对措施。

(6)风险报告。风险报告中的项目整体风险敞口的当前级别,会影响选择适当的风险应对策略。风险报告也可能按优先级顺序列出了单个项目风险,并对单个项目风险的分布情况进行更多分析;这些信息都会影响风险应对策略的选择。

(7)相关方登记册。相关方登记册列出了风险应对的潜在责任人。

3)事业环境因素

能够影响规划风险应对过程的事业环境因素包括关键相关方的风险偏好和风险临界值。

4)组织过程资产

能够影响规划风险应对过程的组织过程资产包括风险管理计划、风险登记册和风险报告的模板;历史数据库;类似项目的经验教训知识库。

2. 规划风险应对过程的工具与技术

1）专家判断

应征求具备以下专业知识的个人或小组的意见：威胁应对策略、机会应对策略、应急应对策略、整体项目风险应对策略。可以就具体单个项目风险向特定主题专家征求意见，例如在需要专家的技术知识时。

2）数据收集

单个项目风险和整体项目风险的应对措施可以在与风险责任人的结构化或半结构化的访谈中制订。必要时，也可访谈其他相关方。访谈者应该营造信任和保密的访谈环境，以鼓励被访者提出诚实和无偏见的意见。

3）人际关系与团队技能

开展引导，能够提高单个项目风险和整体项目风险应对策略制订的有效性。熟练的引导者可以帮助风险责任人理解风险、识别并比较备选的风险应对策略、选择适当的应对策略，以及找到并克服偏见。

4）威胁应对策略

针对威胁，可以考虑下列5种备选策略：

（1）上报。如果项目团队或项目发起人认为某威胁不在项目范围内，或提议的应对措施超出了项目经理的权限，就应该采用上报策略。被上报的风险将在项目集层面、项目组合层面或组织的其他相关部门加以管理，而不在项目层面。

（2）规避。风险规避是指项目团队采取行动来消除威胁，或保护项目免受威胁的影响。它可能适用于发生概率较高，且具有严重负面影响的高优先级威胁。规避策略可能涉及变更项目管理计划的某些方面，或改变会受负面影响的目标，以便于彻底消除威胁，将它的发生概率降低到零。规避措施可能包括消除威胁的原因、延长进度计划、改变项目策略，或缩小范围。有些风险可以通过澄清需求、获取信息、改善沟通或取得专有技能来加以规避。

（3）转移。转移涉及将应对威胁的责任转移给第三方，让第三方管理风险并承担威胁发生的影响。采用转移策略，通常需要向承担威胁的一方支付风险转移费用。风险转移可能需要通过一系列行动才得以实现，包括（但不限于）购买保险、使用履约保函、使用担保书、使用保证书等。也可以通过签订协议，把具体风险的归属和责任转移给第三方。

（4）减轻。风险减轻是指采取措施来降低威胁发生的概率或影响。提前采取减轻措施通常比威胁出现后尝试进行弥补更加有效。减轻措施包括采用较简单的流程，进行更多次测试，或者选用更可靠的卖方等。

（5）接受。风险接受是指承认威胁的存在，但不主动采取措施。此策略可用于低优先级威胁，也可用于无法以任何其他方式加以经济有效地应对的威胁。最常见的主动接受策略是建立应急储备，包括预留时间、资金或资源以应对出现的威胁；被动接受策略则不会主动采取行动，而只是定期对威胁进行审查，确保其并未发生重大改变。

5）机会应对策略

针对机会，可以考虑下列5种备选策略：

（1）上报。如果项目团队或项目发起人认为某机会不在项目范围内，或提议的应对措施超出了项目经理的权限，就应该取用上报策略。被上报的机会将在项目集层面、项目组合层面或组织的其他相关部门加以管理，而不在项目层面。

（2）开拓。如果组织想确保把握住高优先级的机会，就可以选择开拓策略。开拓措施可能包括把组织中最有能力的资源分配给项目来缩短完工时间，或采用全新技术或技术升级来节约项目成本并缩短项目持续时间。

（3）分享。分享涉及将应对机会的责任转移给第三方，使其享有机会所带来的部分收益。采用风险分享策略，通常需要向承担机会应对责任的一方支付风险费用。分享措施包括建立合伙关系、合作团队、特殊公司或合资企业来分享机会。

（4）提高。提高策略用于提高机会出现的概率和/或影响。提前采取提高措施通常比机会出现后尝试改善收益更加有效。

（5）接受。接受机会是指承认机会的存在，但不主动采取措施。此策略可用于低优先级机会，也可用于无法以任何其他方式加以经济有效地应对的机会。常见的主动接受策略是建立应急储备，包括预留时间、资金或资源，以便在机会出现时加以利用；被动接受策略则不会主动采取行动，而只是定期对机会进行审查，确保其并未发生重大改变。

6）应急应对策略

可以设计一些仅在特定事件发生时才采用的应对措施。对于某些风险，如果项目团队相信其发生会有充分的预警信号，那么就应该制订仅在某些预定条件出现时才执行的应对计划。应该定义并跟踪应急应对策略的触发条件，例如，未实现中间的里程碑，或获得卖方更高程度的重视。采用此技术制订的风险应对计划，通常称为应急计划或弹回计划，其中包括已识别的、用于启动计划的触发事件。

7）整体项目风险应对策略

风险应对措施的规划和实施不应只针对单个项目风险，还应针对整体项目风险。适用于应对单个项目风险的策略也适用于整体项目风险：

（1）规避。如果整体项目风险有严重的负面影响，并已超出商定的项目风险临界值，就可以采用规避策略。

（2）开拓。如果整体项目风险有显著的正面影响，并已超出商定的项目风险临界值，就可以采用开拓策略。

（3）转移或分享。如果整体项目风险的级别很高，组织无法有效加以应对，就可能需要让第三方代表组织对风险进行管理。

（4）减轻或提高。本策略涉及变更整体项目风险的级别，以优化实现项目目标的可能性。减轻策略适用于负面的整体项目风险，而提高策略则适用于正面的整体项目风险。

（5）接受。即使整体项目风险已超出商定的临界值，如果无法针对整体项目风险采取主动的应对策略，组织可能选择继续按当前的定义推动项目进展。

8）数据分析

（1）备选方案分析。对备选风险应对方案的特征和要求进行简单比较，进而确定哪个应对方案最为适用。

（2）成本收益分析。如果能够把单个项目风险的影响进行货币量化，那么就可以通过成本收益分析来确定备选风险应对策略的成本有效性。

9）决策

决策技术有助于对多种风险应对策略进行优先级排序。多标准决策分析借助决策矩阵，提供建立关键决策标准、评估备选方案并加以评级，以及选择首选方案的系统分析方法。

3．规划风险应对过程的输出

1）变更请求

规划风险应对后，可能会就成本基准和进度基准，或项目管理计划的其他组件提出变更请求，应该通过实施整体变更控制过程对变更请求进行审查和处理。

2）项目管理计划更新

（1）进度管理计划。对进度管理计划的变更包括：资源负荷和资源平衡变更，或进度策略更新等。

（2）成本管理计划。对成本管理计划的变更包括：成本会计、跟踪和报告变更，以及预算策略和应急储备使用方法更新等。

（3）质量管理计划。对质量管理计划的变更包括：满足需求的方法、质量管理方法，或质量控制过程的变更等。

（4）资源管理计划。对资源管理计划的变更包括：资源配置变更，以及资源策略更新等。

（5）采购管理计划。对采购管理计划的变更包括：自制或外购决策或合同类型的更改等。

（6）范围基准。如果商定的风险应对策略导致了范围变更，且这种变更已经获得批准，那么就要对范围基准做出相应的变更。

（7）进度基准。如果商定的风险应对策略导致了进度估算变更，且这种变更已经获得批准，那么就要对进度基准做出相应的变更。

（8）成本基准。如果商定的风险应对策略导致了成本估算变更，且这种变更已经获得批准，那么就要对成本基准做出相应的变更。

3）项目文件更新

（1）假设日志。在规划风险应对过程中，可能做出新的假设、识别出新的制约因素，或者现有的假设条件或制约因素可能被重新审查和修改。应该更新假设日志，记录这些新信息。

（2）成本预测。成本预测可能因规划的风险应对策略而发生变更。

（3）经验教训登记册。更新经验教训登记册，记录适用于项目的未来阶段或未来项目的风险应对信息。

（4）项目进度计划。可以把用于执行已商定的风险应对策略的活动添加到项目进度计划中。

（5）项目团队派工单。一旦确定应对策略，应为每项与风险应对计划相关的措施分配必要的资源，包括用于执行商定的措施的具有适当资质和经验的人员（通常在项目团队中）、合理的资金和时间，以及必要的技术手段。

（6）风险登记册。需要更新风险登记册，记录选择和商定的风险应对措施。

9.7　实施风险应对

9.7.1　实施风险应对过程概述

实施风险应对是执行商定的风险应对计划的过程。本过程的主要作用是，确保按计划执行商定的风险应对措施，来管理整体项目风险敞口、最小化单个项目威胁，以及最大化单个项目机会。本过程需要在整个项目期间开展。图 9-15 描述本过程的输入、工具与技术和输出。

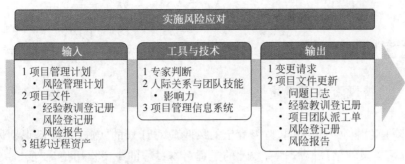

图 9-15 实施风险应对：输入、工具与技术和输出

适当关注实施风险应对过程，能够确保已商定的风险应对措施得到实际执行。项目风险管理的一个常见问题是，项目团队努力识别和分析风险并制订应对措施，然后把经商定的应对措施记录在风险登记册和风险报告中，但是不采取实际行动去管理风险。只有风险责任人以必要的努力去实施商定的应对措施，项目的整体风险敞口和单个威胁及机会才能得到主动管理。

9.7.2 实施风险应对过程的输入、输出及关键技术

1. 实施风险应对过程的输入

（1）项目管理计划。项目管理计划中的风险管理计划列明了与风险管理相关的项目团队成员和其他相关方的角色和职责。应根据这些信息为已商定的风险应对措施分配责任人。风险管理计划还会定义适用于本项目的风险管理方法论的详细程度，还会基于关键相关方的风险偏好规定项目的风险临界值。风险临界值代表了实施风险应对所需实现的可接受目标。

（2）项目文件。包括经验教训登记册、风险登记册、风险报告。

（3）组织过程资产。能够影响实施风险应对过程的组织过程资产包括已完成的类似项目的经验教训知识库，其中会说明特定风险应对的有效性。

2. 实施风险应对过程的工具与技术

（1）专家判断。在确认或修改（如必要）风险应对措施，以及决定如何以最有效率和最有效果的方式加以实施时，应征求具备相应专业知识的个人或小组的意见。

（2）人际关系与团队技能。有些风险应对措施可能由直属项目团队以外的人员去执行，或由存在其他竞争性需求的人员去执行。这种情况下，负责引导风险管理过程的项目经理或人员就需要施展影响力，去鼓励指定的风险责任人采取所需的行动。

（3）项目管理信息系统（PMIS）。项目管理信息系统可能包括进度、资源和成本软件，用于确保把商定的风险应对计划及其相关活动，连同其他项目活动，一并纳入整个项目。

3. 实施风险应对过程的输出

（1）变更请求。实施风险应对后，可能会就成本基准和进度基准，或项目管理计划的其

他组件提出变更请求。应该通过实施整体变更控制过程对变更请求进行审查和处理。

（2）项目文件更新。包括问题日志、经验教训登记册、项目团队派工单、风险登记册、风险报告。

9.8 监督风险

9.8.1 监督风险过程概述

监督风险是在整个项目期间，监督商定的风险应对计划的实施、跟踪已识别风险、识别和分析新风险，以及评估风险管理有效性的过程。本过程的主要作用是，使项目决策都基于关于整体项目风险敞口和单个项目风险的当前信息。本过程需要在整个项目期间开展。图 9-16 描述本过程的输入、工具与技术和输出。

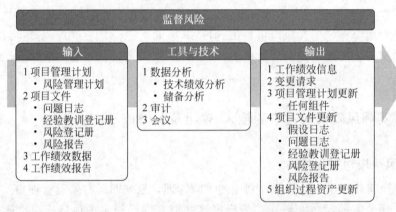

图 9-16　监督风险：输入、工具与技术和输出

为了确保项目团队和关键相关方了解当前的风险敞口级别，应该通过监督风险过程对项目工作进行持续监督，来发现新出现、正变化和已过时的单个项目风险。监督风险过程采用项目执行期间生成的绩效信息，以确定：实施的风险应对是否有效，整体项目风险级别是否已改变，已识别单个项目风险的状态是否已改变，是否出现新的单个项目风险，风险管理方法是否依然适用，项目假设条件是否仍然成立，风险管理政策和程序是否已得到遵守，成本或进度应急储备是否需要修改，项目策略是否仍然有效等。

9.8.2 监督风险过程的输入、输出及关键技术

1. 监督风险过程的输入

（1）项目管理计划。项目管理计划组件包括风险管理计划，风险管理计划规定了应如何及何时审查风险，应遵守哪些政策和程序，与本过程监督有关的角色和职责安排，以及报告格式。

（2）项目文件。项目文件包括问题日志、经验教训登记册、风险登记册、风险报告。

（3）工作绩效数据。工作绩效数据包含关于项目状态的信息，例如，已实施的风险应对

措施、已发生的风险、仍活跃及已关闭的风险。

（4）工作绩效报告。工作绩效报告是通过分析绩效测量结果而得到的，能够提供关于项目工作绩效的信息，包括偏差分析结果、挣值数据和预测数据。在监督与绩效相关的风险时，需要使用这些信息。

2．监督风险过程的工具与技术

1）数据分析

（1）技术绩效分析。开展技术绩效分析，把项目执行期间所取得的技术成果与取得相关技术成果的计划进行比较。它要求定义关于技术绩效的客观的、量化的测量指标，以便据此比较实际结果与计划要求。技术绩效测量指标可能包括：重量、处理时间、缺陷数量、储存容量等。实际结果偏离计划的程度可以代表威胁或机会的潜在影响。

（2）储备分析。在整个项目执行期间，可能发生某些单个项目风险，对预算和进度应急储备产生正面或负面的影响。储备分析是指在项目的任一时点比较剩余应急储备与剩余风险量，从而确定剩余储备是否仍然合理。可以用各种图形（如燃尽图）来显示应急储备的消耗情况。

2）审计

风险审计是一种审计类型，可用于评估风险管理过程的有效性。项目经理负责确保按项目风险管理计划所规定的频率开展风险审计。风险审计可以在日常项目审查会上开展，可以在风险审查会上开展，团队也可以召开专门的风险审计会。在实施审计前，应明确定义风险审计的程序和目标。

3）会议

适用于本过程的会议包括（但不限于）风险审查会。应该定期安排风险审查，来检查和记录风险应对在处理整体项目风险和已识别单个项目风险方面的有效性。在风险审查中，还可以识别出新的单个项目风险（包括已商定应对措施所引发的次生风险），重新评估当前风险，关闭已过时风险，讨论风险发生所引发的问题，以及总结可用于当前项目后续阶段或未来类似项目的经验教训。根据风险管理计划的规定，风险审查可以是定期项目状态会中的一项议程，或者也可以召开专门的风险审查会。

3．监督风险过程的输出

1）工作绩效信息

工作绩效信息是经过比较单个风险的实际发生情况和预计发生情况，所得到的关于项目风险管理执行绩效的信息。它可以说明风险应对规划和应对实施过程的有效性。

2）变更请求

执行监督风险过程后，可能会就成本基准和进度基准，或项目管理计划的其他组件提出变更请求，应该通过实施整体变更控制过程对变更请求进行审查和处理。变更请求可能包括：建议的纠正与预防措施，以处理当前整体项目风险级别或单个项目风险。

3）项目管理计划更新

项目管理计划的任何变更都以变更请求的形式提出，且通过组织的变更控制过程进行处理。项目管理计划的任何组件都可能受本过程的影响。

4）项目文件更新

（1）假设日志。在监督风险过程中，可能做出新的假设、识别出新的制约因素，或者现有假设条件或制约因素可能被重新审查和修改。需要更新假设日志,记录这些新信息。

（2）问题日志。作为监督风险过程的一部分,已识别的问题会记录到问题日志中。

（3）经验教训登记册。更新经验教训登记册,记录风险审查期间得到的任何与风险相关的经验教训,以便用于项目的后期阶段或未来项目。

（4）风险登记册。更新风险登记册,记录在监督风险过程中产生的关于单个项目风险的信息,可能包括添加新风险、更新已过时风险或已发生风险,以及更新风险应对措施等。

（5）风险报告。应该随着监督风险过程生成新信息,而更新风险报告,反映重要单个项目风险的当前状态,以及整体项目风险的当前级别。风险报告还可能包括有关的详细信息,诸如最高优先级单个项目风险、已商定的应对措施和责任人,以及结论与建议。风险报告也可以收录风险审计给出的关于风险管理过程有效性的结论。

5）组织过程资产更新

可在本过程更新的组织过程资产包括风险管理计划、风险登记册和风险报告的模板;风险分解结构。

9.9　案例分析

1. 案例1

【案例场景】　某公司员工满意度 SWOT 分析矩阵如表 9-1 所示。

表 9-1　某公司员工满意度 SWOT 分析矩阵

	优势 S 认同并遵守公司制度 热爱学习,力求上进 员工心地无私	劣势 W 薪酬待遇在行业中偏低 加班较多,导致员工疲惫 企业文化建设薄弱
机会 O 组织结构正在调整 股份制改造和上市机会	SO 战略 成立人力资源部,强化人力资源管理 后备干部的选拔、培养	WO 战略 聘请管理顾问,大力推进企业文化建设 建立科学合理的绩效考核与薪酬制度
威胁 T 技术人才和熟练工流失 人员素质低	ST 战略 成立培训部,通过持续的培训提升员工素质;引入高素质人才	WT 战略 高薪挽留部分人才

【问题1】　请分析以上"公司员工满意度 SWOT 分析矩阵",给出改进措施。

【问题1分析】

经 SWOT 矩阵分析,该公司应确立三个改进弱项,由新成立的人力资源部和培训部开展弱项改进:第一,改变公司目前使用的工资制度,建立科学合理的绩效考核与薪酬制度;第二,建立内部培训制度,进行全员素质教育;第三,大力推进企业文化建设。

2. 案例2

【案例场景】　2010 年,国内一家省级电信公司（H 公司）打算上某项目,经过发布 RFP（需求建议书）,以及谈判和评估,最终选定希赛信息技术有限公司（CSAI）为其提供 IP 电话设备。宏达公司作为 CSAI 的代理商,成为了该项目的系统集成商。李先生是该项目的项目经理。

该项目的施工周期是三个月。由 CSAI 负责提供主要设备,宏达公司负责全面的项目管理和系统集成工作,包括提供一些主机的附属设备和支持设备,并且负责项目的整个运作和管理。CSAI 和宏达公司之间的关系是一次性付账。这就意味着 CSAI 不承担任何风险,而宏达公司虽然有很大的利润,但是也承担了全部的风险。

3 个月后,整套系统安装完成。但是,自系统试运行之日起,不断有问题暴露出来。H 公司要求宏达公司负责解决,可其中很多问题涉及 CSAI 的设备问题。因而,宏达公司要求 CSAI 予以配合。但由于开发周期的原因,CSAI 无法马上达到新的技术指标并满足新的功能。于是,项目持续延期。为完成此项目,宏达公司只好不断将 CSAI 的最新升级系统(软件升级)提供给 H 公司,甚至派人常驻在 H 公司(外地)。

又过了 3 个月,H 公司终于通过了最初验收。在宏达公司同意承担系统升级工作直到完全满足 RFP 的基础上,H 公司支付了 10% 的验收款。然而,2010 年年底,CSAI 由于内部原因暂时中断了在中国的业务,其产品的支持力度大幅下降,结果致使该项目的收尾工作至今无法完成。

【问题 1】　请分析该项目存在的主要问题和原因。

【问题 2】　请结合你对项目管理的理解,给出如何解决案例中所述问题的办法。

【问题 3】　假如你是李经理,请说明应如何制订有效的项目风险管理方案?

【问题 1 分析】

该项目最终失败的原因主要在于风险控制和风险处理机制。在很多 IT 项目中,由于竞争和其他原因造成了风险过度集中在某一个相对弱势的角色身上。在本案例中,宏达公司就处于这样的境地:一方面它需要依赖代理 CSAI 的产品生存;另一方面要它还必须要满足用户的具体需求。

我们知道,项目经理有识别和处理风险的责任。通常,项目经理在运作这样的项目时,要充分考虑到自己公司所处的地位,充分发挥自己的作用,平衡各方的利益。

【问题 2 分析】

一般情况下,如果项目经理在项目合同签订以前加入项目,可以充分利用项目采购管理的知识,了解自己公司在项目中的位置,对买方提出的需求建议书(RFP)认真回答,规避潜在的风险,这是非常重要的。对于 RFP 中过高的要求不能完全满足时,应充分说明。在项目的进行过程中,项目经理和项目的拥有人要将风险管理纳入日常工作的重要步骤。要明确成本与风险、成本与时间的关系。制订完善的风险管理计划,建立管理风险预警机制。

事实上,项目管理知识体系中关于风险管理方面有非常详细的论述。不过,在实际工作中,完全照搬国外项目管理的风险识别和控制理论,很难达到较好的效果。一般来说,对于国内公司的项目经理来说,除了理解项目管理知识体系中的理论外,还需要在实践中进行总结。

【问题 3 分析】

在全面分析评估风险因素的基础上,制订有效的管理方案是风险管理工作的成败之关键,它直接决定管理的效率和效果。因此,翔实、全面、有效成为方案的基本要求,其内容应包括:风险管理方案的制订原则和框架、风险管理的措施、风险管理的工作程序等。

3. 案例3

【案例场景】 某市电力公司准备在其市区及各县实施远程无线抄表系统，代替人工抄表。经过考察，电力公司指定了国外的S公司作为远程无线抄表系统的无线模块提供商，并选定本市的希赛公司作为项目总包单位，负责购买相应的无线模块，开发与目前电力运营系统的接口，进行全面的项目管理和系统集成工作。希赛公司的杨经理是该项目的项目经理。

在初步了解用户的需求后，希赛公司立即着手系统的开发与集成工作。5个月后，整套系统安装完成，通过初步调试后就交付用户使用。但从系统运行之日起，不断有问题暴露，电力公司要求希赛公司负责解决。可其中很多问题，比如数据实时采集时间过长、无线传输时数据丢失，甚至有关技术指标不符合国家电表标准等，均涉及无线模块。于是杨经理与S公司联系并要求解决相关技术问题，而此时S公司因内部原因退出中国市场。因此，系统不得不面临改造。

【问题1】 请用300字以内文字指出希赛公司在项目执行过程中有何不妥。

【问题2】 风险识别是风险管理的重要活动。请简要说明风险识别的主要内容并指出选用S公司无线模块产品存在哪些风险。

【问题3】 请用400字以内文字说明项目经理应采取哪些办法解决上述案例中的问题。

【案例分析】

问题1"指出项目执行过程中有哪些不妥"。根据题目说明，可以分析出以下几种情况：

（1）由于项目采用国外公司的产品，并由国内一家公司进行系统集成，因此存在对产品不能进行充分调研的风险，尤其是在用户实际的运营环境中的应用情况。

（2）在初步了解用户的需求后，希赛公司立即着手系统的开发与集成工作，说明希赛公司没有详细了解用户需求。

（3）由于S公司是国外无线模块提供商，因此在项目实施时，没有进行有效的风险管理，没有考虑到相应的运行风险和防范措施。

问题2"简要说明风险识别的主要内容以及选用国外公司产品存在的风险"，可以按照教材内容回答即可。

问题3"作为项目经理应该采取哪些应对措施来防范和解决项目实施中的风险"，可以通过对问题1和问题2的分析结果，给出相应的解决措施。

【问题1解答】

（1）希赛公司没有对S公司无线模块产品进行充分调研和熟悉，没有在用户环境中对无线模块进行充分测试。

（2）没有充分了解用户需求。

（3）希赛公司没有实施有效的风险管理。

【问题2解答】

风险识别的主要内容：

（1）识别并确定项目有哪些潜在的风险。

（2）识别引起这些风险的主要因素。

（3）识别项目风险可能引起的后果。

选用S公司无线模块产品存在的风险包括：

（1）技术风险。无线模块提供商 S 公司的产品和技术是否满足用户的需求？能否提供相应的技术支持以解决出现的问题？

（2）运行风险。S 公司退出中国大陆市场，甚至可能会倒闭。

【问题 3 解答】

（1）对原有方案进行充分评估，进行系统改造的可行性分析。

（2）对新采用的无线模块提供商从技术、政策、运行等多方面进行调研和评估。

（3）与客户充分沟通，详细了解用户的需求，特别是重要的技术指标，对于不能满足的需求或者技术指标，向客户详细说明。

（4）在项目进行过程中，将风险管理纳入日常工作，建立风险预警机制。

9.10　单元测试题

1. 选择题

（1）以下都是风险管理规划会议的内容，除了（　　）。

    A. 识别风险

    B. 确定用于风险管理的进度活动及其所需成本

    C. 建立风险应急储备的使用方法

    D. 制订风险管理工作的相关模板

（2）风险数据质量评价是哪个过程的工具与技术？（　　）

    A. 实施定性风险分析　　　　　　　　B. 实施定量风险分析

    C. 规划风险应对　　　　　　　　　　D. 监控风险

（3）风险识别过程会得到（　　）。

    A. 风险分解结构　　　　　　　　　　B. 风险清单及风险特征

    C. 风险责任人　　　　　　　　　　　D. 风险应对措施

（4）最有可能导致项目风险管理失败的因素是（　　）。

    A. 风险应对计划不起作用　　　　　　B. 风险监控不力

    C. 缺乏风险登记册　　　　　　　　　D. 项目范围说明书不够详细

（5）在风险管理中，风险责任人的主要责任是（　　）。

    A. 识别风险　　　　　　　　　　　　B. 预防风险发生

    C. 规划风险应对措施　　　　　　　　D. 实施风险应对措施

（6）对未知风险通常应该采取以下哪项措施进行管理？（　　）

    A. 事先制订应对措施　　　　　　　　B. 设法消除

    C. 制订应急计划　　　　　　　　　　D. 设法减轻

（7）用来检查风险应对措施在处理已识别风险及其根源方面的有效性，以及用来检查风险管理过程的有效性的工具是（　　）。

    A. 风险评估　　　　　　　　　　　　B. 风险审计

    C. 偏差和趋势分析　　　　　　　　　D. 技术绩效测量

（8）以下哪个不是识别风险过程所用的图解技术？（　　）

    A. 因果图　　　　　B. 亲和图　　　　　C. 流程图　　　　　D. 影响图

（9）不为处理某风险而修改项目计划的风险应对策略称为（　　）。

    A. 接受　　　　　　　　B. 转移　　　　　　　　C. 开拓　　　　　　　　D. 回避

（10）下列对概率影响矩阵的描述中，最好的是（　　）。

    A. 用于风险优先级排序

    B. 为风险优先级排序提供一个客观标准

    C. 用于定性风险分析

    D. 由项目管理团队在风险管理计划中事先设定

（11）风险概率和影响评估通常用于（　　）。

    A. 实施定性风险分析　　　　　　　　B. 实施定量风险分析

    C. 规划风险应对　　　　　　　　　　D. 监控风险

（12）在项目执行过程中未按时实现某个中期里程碑，就是项目不能按期完工的（　　）。

    A. 风险触发因素　　　　　　　　　　B. 风险警告信号

    C. 风险症状　　　　　　　　　　　　D. 以上都是

（13）以下都是风险管理计划的内容，除了（　　）。

    A. 风险类别　　　　　　　　　　　　B. 风险清单

    C. 风险概率和影响矩阵　　　　　　　D. 风险概率和影响定义

（14）项目风险管理包括以下所有过程，除了（　　）。

    A. 实施定量风险分析　　　　　　　　B. 规划风险管理

    C. 实施定性风险分析　　　　　　　　D. 实施风险应对措施

（15）以下哪个是定量风险分析的工具与技术？（　　）

    A. 风险数据质量评估　　　　　　　　B. 风险概率和影响评估

    C. 风险概率和影响矩阵　　　　　　　D. 专家访谈

（16）在风险概率影响矩阵中，高风险区域的机会（　　）。

    A. 最容易抓住，但产生的效益最低

    B. 最容易抓住，且产生的效益最高

    C. 最难抓住，应该得到最大程度的监控

    D. 最难抓住，但是产生的效益最高

（17）龙卷风图经常是下列哪种分析的表现形式？（　　）

    A. 敏感性分析　　　　　　　　　　　B. 预期货币价值分析

    C. 决策树分析　　　　　　　　　　　D. 模拟分析

（18）在风险分析过程中，可以采用多种标准对风险进行分类，以便制订有效的风险应对计划以下各种都是风险分类的常用标准，除了（　　）。

    A. 工作分解结构　　　　　　　　　　B. 组织分解结构

    C. 风险的根本原因　　　　　　　　　D. 根据项目阶段对风险进行分类

（19）以下都是项目的风险指示器，除了（　　）。

    A. 项目计划的详细程度　　　　　　　B. 项目计划的质量

    C. 项目计划与项目需求的匹配程度　　D. 项目计划与假设条件的匹配程度

（20）预期货币价值分析经常用哪种图形来表示？（　　）

    A. 龙卷风图　　　B. 概率分布图　　　C. 因果图　　　　D. 决策树

2. 简答题

（1）简单描述项目风险管理的基本过程。

（2）决策树分析用于风险管理的哪个过程？在项目风险管理中应用决策树分析的主要优点是什么？

（3）简述对风险识别清单的理解。

（4）简述风险分解结构（RBS）的概念与作用。

（5）简述概率和影响矩阵的概念与用法。

（6）简述龙卷风图的概念与作用。

第10章

软件项目管理经典实践

视频讲解

【学习目标】

◆ 了解软件过程模型的相关概念

◆ 掌握 Rational 统一过程的核心概念和特点

◆ 掌握敏捷开发的核心内容

◆ 掌握极限编程及 Scrum 的核心内容

◆ 通过案例阅读和测试题练习,进行知识归纳与拓展

10.1 软件过程模型概述

软件过程模型,是指软件开发全部过程、活动和任务的结构框架。软件开发包括需求分析、软件设计、程序设计和测试等阶段,有时也包括维护阶段。软件过程模型能够清晰、直观地表达软件开发的全过程,明确规定要完成的主要活动和任务,用来作为项目实施的基础。对于不同的软件项目,可以采用不同的过程模型来指导项目的实施。

软件过程模型不仅关注软件过程中各生命周期阶段中的活动,更重要的是它同时关注过程中的人员与角色分配、过程中采用的方法及过程各阶段的输入输出产品。软件过程中这四大要素相辅相成、相互作用,从而构成一个有机的整体,缺一不可。相对软件生命周期模型,软件过程模式更全面、深刻、细致地反映了软件过程中的各个层面和各个环节。作为对软件生命周期模型的补充和发展,软件过程模型的四要素及相互关系是项目计划、风险评估、人员管理、质量保证等项目实践的重要依据,将其应用于指导软件开发实践,具有现实的可操作性。

从软件过程模型的角度分析几种颇具影响力的软件过程,能迅速而准确地把握这些软件过程的思想本质、原则规范、主要特点和实现策略等方面。常用的软件过程模型包括以下几种。

1. 瀑布模型

20世纪70年代,Winston Royce提出了软件生命周期中著名的模型"瀑布模型",直到20世纪80年代初,它一直是唯一被广泛采用的软件开发模型。瀑布模型将软件生命周期划分为制订计划、需求分析、软件体系结构设计、构件设计、程序设计、软件测试和运行维护等基本活动,并且规定了它们自上而下、相互衔接的固定次序。在瀑布模型中,首先是对需求进行仔细的分析并制订一份功能/结构说明,接着是体系结构设计、构件设计,然后才着手程序设计。程序设计结束后进行测试,最后才是软件的发布。瀑布模型强调文档的作用,要求每一个阶段都有明确的文档产出,并要求每个阶段都要仔细验证,当评审通过,且相关的产出物都已成为基线后才能够进入到下一个阶段。

2. 螺旋模型

1988年,Barry Boehm正式提出了软件生命周期的"螺旋模型",它将瀑布模型和快速原型模型结合起来,强调了其他模型中所忽视的风险分析,特别适合于开发大型复杂的软件系统。螺旋模型采用一种周期性的方法来进行系统开发,基本做法是以进化的开发方式为中心,在每个项目阶段使用瀑布模型法,在瀑布模型的每一个开发阶段前引入一个非常严格的风险识别、风险分析和风险控制。

3. 统一过程模型

统一过程(Unified Process,UP)是一种现代的软件开发过程模型,它的历史最早可以回溯到1967的Ericsson方法。UP把复杂系统构造为一组相互联系的功能块,小的功能块相连形成更大的功能块以构造出完整的系统。尽管对于只触及系统某部分的任何成员来说,整个系统可能是不可理解的,但是当系统被分成更小的组件时,人们可以理解每个组件提供的服务(即组件的接口)以及这些组件是如何协调工作的。或者可以说,系统被划分为具有较大的功能的子系统,每个子系统又由更小的功能块(组件)所实现。

UP方法是"分而治之"的思想和现在熟知的基于组件的开发(Component-Based Development,CBD)方法的有机结合。统一过程模型是一种以"用例和风险驱动、体系结构为核心、迭代及增量为特征"的软件过程框架,一般由UML方法和工具支持。用例是捕获需求的方法,因此,也可以说UP是需求驱动的。UP的另一个驱动就是风险,因为如果你不主动预测和防范风险,风险就会主动攻击你。UP需要对软件开发中的风险进行分析、预测并关注软件的构造。

在基于组件的开发中,体系结构描述了系统的整体框架:如何把系统划分成组件以及这些组件如何进行交互和部署在硬件上。UP方法实际上就是开发和演进一个健壮的系统体系结构。此外,UP也是迭代和增量的。在UP的迭代构建中,每个迭代包括五个核心工作流:

(1)需求R,捕捉系统应该做什么。

(2)分析A,精化和结构化需求。

(3)设计D,基于系统体系结构来实现需求。

(4)实现I,构造软件系统。

(5)测试T,验证实现是否达到预期效果。

4. 迭代模型和增量模型

任何项目都会涉及一定的风险，虽然不可能预知所有的风险，但是如果能在生命周期中尽早发现并避免尽量多的风险，那么项目的计划自然就更趋精确。迭代模型和瀑布模型的最大的差别就在于风险的暴露时间上。在瀑布模型中，文档是主体，很多的问题要到最后才暴露出来，为了解决这些问题就会付出巨大的代价。

早在20世纪50年代末期，软件领域中就出现了迭代模型。早期的迭代过程被描述为"分段模型（Stagewise Model，SM）"，其应用背景是 Benington 领导的美国空军 SAGE 项目。在某种程度上，开发迭代是一次完整地经过所有工作流程的过程：需求分析、设计、实施和测试工作流程。实质上，它类似小型的瀑布式项目。RUP 认为，所有的阶段都可以细分为迭代。每一次的迭代都会产生一个可以发布的产品，这个产品是最终产品的一个子集。

与迭代模型容易混淆的是增量模型。在增量模型中，软件系统被看作一系列的增量来进行设计、实现、测试和集成，而每个增量是由多个相互作用的具有特定功能的模块构成的。增量模型在各个阶段并不需要交付一个可运行的完整产品，而只需要交付满足客户需求的一个子集的可运行产品。开发人员逐个对各个增量进行交付，这样可以使软件的开发较好地适应需求和环境的变化，客户也能够不断地看到所开发的系统，从而降低开发的风险。

10.2 Rational 统一过程

Rational 统一过程是 Rational 软件公司创造的软件工程方法。1998年，最早由 Ivar Jacobson 提出的 Rational 对象过程（Rational Object Process，ROP）被正式命名为 Rational 统一过程（Rational Unified Process，RUP），并且将 UML 作为其建模语言。RUP 描述了如何有效地利用商业的可靠的方法开发和部署软件，是一种重量级过程（也被称作厚方法学），因此特别适用于大型软件团队开发大型项目，由此 RUP 成为 IT 业界最为成熟和成功的软件开发过程。2002年12月6日，IBM 收购了 Rational 软件公司，从此赋予了 RUP 新的生命力，通过加入 IBM 多年软件开发的最佳实践，形成了强大的 IRUP（IBM Rational Unified Process）架构。先进的理论与 IBM 的最佳实践相结合，使得现代软件开发能够通过切实可行的指导来及早地发现并规避风险，通过统一建模、用例驱动、迭代开发、需求管理、变更控制来提高软件产品的质量。

RUP 强调采用迭代和检查的方式来开发软件，整个项目开发过程由多个迭代过程组成。在每次迭代中只考虑系统的一部分需求，针对这部分需求进行分析、设计、实现、测试和部署等工作，每次迭代都是在系统已完成部分的基础上进行的，每次都能够给系统增加一些新的功能，如此循环往复地进行下去，直至完成最终项目。

RUP 具有很多优点：提高了团队生产力，在迭代的开发过程、需求管理、基于组件的体系结构、可视化软件建模、验证软件质量及控制软件变更等方面，针对所有关键的开发活动为每个开发成员提供了必要的准则、模板和工具指导，并确保全体成员共享相同的知识基础。它建立了简洁和清晰的过程结构，为开发过程提供了较大的通用性。

但同时它也存在一些不足：RUP 只是一个开发过程，并没有涵盖软件过程的全部内容，例如它缺少关于软件运行和支持等方面的内容；此外，它没有支持多项目的开发结构，这在一定程度上降低了在开发组织内大范围实现重用的可能性。可以说，RUP 是一个非常好的开端,但并不完美,在实际的应用中可以根据需要对其进行改进,并可以用 OPEN 和 OOSP 等其他软件过程的相关内容对 RUP 进行补充和完善。

10.2.1 Rational 统一过程的核心概念

RUP 中定义了一些核心概念,如图 10-1 所示。

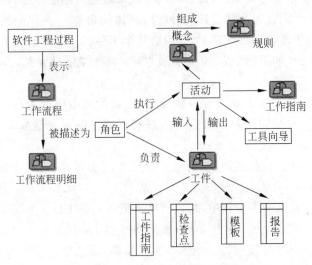

图 10-1 RUP 中定义的核心概念

1. 软件工程流程

流程是为实现某个目标而设定的一系列次序相对固定的步骤。在软件工程中,要实现的目标是开发一个软件产品,或增强现有软件产品,而在流程工程中,其目标是实现或增强一个流程。按业务建模的术语,软件开发流程是一个业务流程。RUP 是一个面向对象软件工程的通用业务流程。它描述了一系列相关的软件工程流程,它们具有相同的结构,即相同的流程构架。RUP 为在开发组织中分配任务和职责提供了一种规范方法。其目标是确保在可预计的时间安排和预算内开发出满足最终用户需求的高品质的软件。RUP 汇集现代软件开发中多方面的最佳经验,为适应各种项目及组织的需要提供了灵活的形式。

如果从零开始开发一个软件系统,开发过程是按需求创建系统的过程。而一旦系统已成形(或者说,一旦系统经历了最初开发阶段),所有进一步的开发都是使系统符合新需求或变更需求的过程。这在系统的整个生命周期中都是如此。软件工程流程是按需求开发系统的过程,可以是新需求(最初开发阶段),也可以是变更需求(演进阶段)。

2. 角色

角色是流程中最重要的概念之一。角色定义了在软件工程组织的环境中,个人或协同工作的多人小组的行为和职责。角色代表项目中个人承担的任务,并定义其如何完成工作。角色概述提供了有关角色的其他信息。

请注意角色不是个人,描述的是个人在业务中应该如何工作及其职责。软件开发组织的个人成员将充当不同的角色,发挥不同的作用。项目经理在计划项目、配备人员时应为角色配备相应的人员，可以让不同的人充当多种不同的角色，也可以让某个角色由多个人承担。

3. 活动

角色从事活动，而活动定义了角色执行的工作。活动是参与项目的角色为提供符合要求的结果而进行的工作。一项活动是一个工作单元，由参与项目的某一成员执行，其具体内容由角色进行说明。活动有明确的目的，其内容通常表述为创建或更新某些工件，例如一个模型、一个类或一个计划。每个活动都被分配给具体的角色。一个活动一般延续几小时到几天，它通常涉及一个角色，只影响一个或少数几个工件。一项活动应该是一个便于实施的计划单元及流程单元。如果活动太小，它将被忽略；而如果活动太大，流程将不得不被分解为一项活动的部分来表述。

有时可能要对同一工件重复进行多次活动，特别是当由同一角色（但不一定是同一个人）从一次迭代到另一次迭代、对系统进行改进和扩展的时候更是如此。活动可细分为步骤。步骤主要分为以下三类：

（1）构思步骤。在这一类步骤中，角色了解任务的实质、收集并检查输入工件、规划输出结果。

（2）执行步骤。在这一类步骤中，角色创建或更新某些工件。

（3）复审步骤。在这一类步骤中，角色按某些标准检查结果。

一项活动并非在每次实施时都一定执行所有步骤，因此它们可以表示为备用流程的形式。例如查找用例和主角活动可分解为以下步骤：①查找主角→②查找用例→③说明主角和用例的交互方式→④将用例和主角打包→⑤在用例图中显示用例模型→⑥生成用例模型的概览→⑦评估结果。查找阶段（步骤①到③）需要一些思考；执行阶段（步骤④到⑥）涉及在用例模型中获得结果；在复审阶段（步骤⑦）由角色评估结果的完整性、强壮性、可理解性或其他品质。

4. 工作指南

活动可能有相关的工作指南，工作指南提供有助于角色执行活动的技巧和实用的建议。对具有工作指南的活动，可从活动说明部分的超链接访问。工作指南概述汇总了所有提供的工作指南，可以从树形浏览器的顶层访问。

5. 工件

工件分为输入工件和输出工件。工件是流程的工作产品，角色使用工件执行活动，并在执行活动的过程中生成工件。工件是单个角色的职责，它体现的是这样一种思想：流程中的每条信息都必须是一个具体的人的职责。即使一个人可能"拥有"某个工件，但其他人也可以使用该工件，如果授予权限，或许他们还可以更新这个工件。

为了简化工件的组织结构，我们以"信息集"或工件集的形式将工件组织起来。工件集是打算用来完成相似目的的一组相关的工件。工件概述介绍有关工件和工件集的详细信息。工件有多种形式：

（1）模型，例如用例模型或设计模型，它包含其他工件。

（2）模型元素，即模型中的元素，例如设计类、用例或设计子系统。

（3）文档，例如商业理由或软件构架文档。

（4）源代码和可执行程序（某种构件）。

（5）可执行程序。

请注意，"工件"是 RUP 中使用的术语。其他流程使用"工作产品""工作单元"等术语表示相同的含义。可交付工件只是所有工件的一部分，最后将其交付给客户和最终用户。

工件最容易受版本控制和配置管理的影响。有时无法对基本的被包容工件进行版本控制，只能对容器工件进行版本控制。例如，您可以控制整个设计模型（或设计包）的版本，但无法控制它们所包含每个类的版本。

工件通常不是文档。许多流程将注意力过多地放在文档上，特别是书面文档上。RUP 不鼓励系统地制作书面文档。管理项目工件最有效和实用的方法是在创建和管理工件的相应工具中维护工件。如果需要，您可以随时从这些工具生成文档（快照）。您也可以考虑将工件和工具一起（而不是书面文档）交付给内部相关各方。这种方法可以确保信息总是最新的，是基于实际项目工作的，并且不必专门制作。工件示例如下：

（1）存储在 Rational Rose 中的设计模型。

（2）存储在 Microsoft Project 中的项目计划。

（3）存储在 ClearQuest 中的缺陷。

（4）RequisitePro 中的项目需求数据库。

但是，有时候仍然需要纯文本文档形式的工件，如在对项目进行外部输入的情况下，或者有时仅仅是因为纯文本文档是提供说明性信息的最佳方式。

6. 模板

模板是工件的"模型"或原型。与工件说明相关的是一个或多个可以用来创建相应工件的模板。模板和将使用的工具相连。例如：

（1）Microsoft Word 模板将用于文档形式的工件和一些报告。

（2）用于 Microsoft Word 或 FrameMaker 的 SoDA 模板将从诸如 Rational Rose、RequisitePro 或 TeamTest 等工具中提取信息。

（3）Microsoft FrontPage 模板用于流程中的多种元素。

（4）Microsoft Project 模板用于项目计划。

对于指南，各个组织可能要在使用前定制模板，添加公司徽标、一些项目标识或该类型项目特有的信息。在树形浏览器中，模板位于与之相关的工件下。树形浏览器中单独有一个条目汇总了所有的模板。

7. 报告

模型和模型元素可能有与之相关的报告。报告从工具中提取模型和模型元素的相关信息。例如，报告提供要复审的工件或工件集。与常规的工件不同，报告不受版本控制的影响。可以随时返回生成报告的工件重新生成报告。在树形浏览器中，报告位于它所报告的工件下。

8. 工件指南和检查点

通常，工件有相关的指南和检查点，提供有关如何开发、评估和使用工件的信息。流程的许多实质内容包含在工件指南中；活动说明主要侧重于工作的结果，而工件指南侧重于工作的过程。检查点提供快速参考，帮助您评估工件的质量。

许多情况下,指南和检查点十分有用:它们帮助决定做什么、如何做,并可帮助检查是否很好地完成了工作。与每个特定的工件相关的指南和检查点与该工件一起位于树形浏览器中。工件指南概述也概括性地介绍了一下工件指南。

9. 工作流程

所有角色、活动和工件的简单列举不能组成一个流程,我们需要采用一种有意义的顺序描述产生有价值结果的活动,并显示角色之间的交互作用。一个工作流程就是一系列活动,这些活动产生的结果是可见的价值。

按 UML 术语,工作流程可以表现为序列图、协作图或活动图。在 RUP 中,我们使用活动图的形式。对于每个核心工作流程,都显示一个活动图。描述流程的一大困难是有多种将活动集组织到工作流程中的方法。

1) 核心工作流程

核心工作流程是在整个项目中与主要"关注领域"相关的活动的集合。将活动划分出核心工作流程主要是为了从"传统的"瀑布式开发角度了解项目。例如,通常情况下,更加普遍的方式是与分析设计活动一起密切配合来执行某些需求活动。将活动分成不同的核心工作流程使活动更容易理解,但也会使时间安排变得比较困难。

像其他工作流程一样,核心工作流程是半条理化的活动顺序,执行这些活动是要达到特定的结果。核心流程"半条理"的性质强调核心工作流程不能反映出安排"真实工作"的实际细微差别,因为它们不能描述活动的可选性或实际项目的迭代性。然而,它们仍然是有价值的,通过将流程分解成较小的"关注领域",为我们提供了一种了解流程的方法。

每个"关注领域"(或核心工作流程)都有一个或多个相关的"模型",这些模型又是由相关的工件组成的。最重要的工件是每个核心工作流程产生的模型:用例模型、设计模型、实施模型和测试模型。

对于每个核心工作流程,还显示一个活动概述。活动概述显示工作流程中的所有活动和执行这些活动的角色。同时,显示工件概述图,该图显示工作流程中涉及的所有工件和角色。

需要注意:"以工作流程为中心的"工件组织结构有时(虽然并不总是)和工件的工件集组织结构稍有不同。原因很简单,一些工件在多个核心工作流程中使用,严格的"以工作流程为中心的"分组使表示完整的流程更加困难。但是,如果仅使用部分流程,"以工作流程为中心的"工件概述会更有用。

2) 工作流程明细

对于大多数核心工作流程,还将用到工作流程明细图,该图显示经常"一起"对活动进行分组。这些图显示所涉及的角色、输入和输出工件,以及执行的活动。提供工作流程明细图有以下几个原因:

(1) 工作流程中的活动既不按顺序执行,也不同时执行。通常,可能会同时执行多个活动,考虑多个工件。核心工作流程有多个工作流程明细图。

(2) 在一个图中显示某个核心工作流程所有活动的输入和输出工件会十分复杂。通过工作流程明细图,可以同时看到某部分工作流程的活动和工件。

(3) 核心工作流程之间不是完全独立的。例如,在实施和测试工作流程中都有集成情况发生,并且在实际情况中,从来不会执行其中一个而不执行另一个。工作流程明细图可以显示工作流程中的一组活动和工件,以及另一个工作流程中密切相关的活动。

10. 其他概念

1) 工具向导

活动、步骤和相关的指南为实施者提供了一般性指导。更进一步,工具向导是另一种提供指导的方式,它展示如何使用特定的软件工具执行步骤。RUP中提供工具向导,将其活动与 Rational Rose、RequisitePro、ClearCase、ClearQuest 和 TestStudio 等工具联系起来。工具向导在工具集中几乎完全涵盖了流程的依赖关系,使活动不受工具具体情况的影响。开发组织可以扩展工具向导的概念,提供其他工具的指导。

2) 概念

流程中的一些核心概念(例如迭代、阶段、风险、性能测试等)在流程中有专门介绍。通常情况下附加于相应的核心工作流程。

10.2.2　Rational 统一过程的特点

RUP 有三大重要特点:软件开发是一个迭代和增量的过程;软件开发是由用例驱动的;软件开发是以架构设计为中心的。

1. 统一开发是迭代和增量的过程

RUP 的每个阶段可以进一步被分解为迭代过程。迭代过程是导致可执行产品版本(内部和外部)的完整开发循环,是最终产品的一个子集,从一个迭代过程到另一个迭代过程递增式增长而形成最终的系统。

与传统的瀑布式方法相比,迭代过程具有以下优点:减小了风险,更容易对变更进行控制,高度的重用性,项目小组可以在开发中学习,较佳的总体质量。增量是指产品中增加的部分,一个增量并不仅仅是对原有制品的增加,在生命周期初始期,增量是对最初简单设计的完善和改进;而在以后的阶段增量通常是对原有制品的增加。

RUP 强调软件开发是一个迭代模型(Iterative Model),它定义了四个阶段(Phase):初始(Inception)、细化(Elaboration)、构造(Construction)、交付(Transition)。其中每个阶段都有可能经历以上所提到的从商务需求分析开始的各个步骤,只是每个步骤的高峰期会发生在相应的阶段,例如开发实现的高峰期是发生在构造阶段。实际上这样的一个开发方法论是一个二维模型,这种迭代模型的实现在很大程度上提供了及早发现隐患和错误的机会,因此被现代大型信息技术项目所采用。

2. 用例驱动

RUP 的另一大特征是用例驱动。用例是 RUP 方法论中一个非常重要的概念,简单地说,一个用例就是系统的一个功能。在系统分析和系统设计中,用例被用来将一个复杂的庞大系统分割、定义成一个个小的单元,这个小的单元就是用例。然后以每个小的单元为对象进行开发。按照 RUP 过程模型的描述,用例贯穿整个软件开发的生命周期。在需求分析中,客户或用户对用例进行描述,在系统分布和系统设计过程中,设计师对用例进行分析,在开发实现过程中,开发编程人员对用例进行实现,在测试过程中,测试人员对用例进行检验。

用户(User)不仅仅指人,也可以是其他系统。用例(User Case)是用户对系统的业务需求,用例是能够向用户提供有价值结果的系统中的一种功能。所有的用户和用例组合在一起就是用例模型,它描述了系统的全部功能。用例图促使我们从系统对用户的价值方面来考虑问题,是站在用户的角度,以人为本。并且用例图不仅能确定用户的需求,还可以驱动系统设计、实现和测试的进行,也就是说,用例可以驱动开发过程。用例驱动表明开发过程是沿着一个流(一系列从用例得到的工作流)前进的,用例被确定、用例被设计、最后用例又称为测试人员构造测试用例的基础。

3. 以架构设计为中心

RUP强调软件开发是以架构设计为中心的。软件架构的作用与建筑构架所起的作用类似。软件系统的架构是从不同的角度描述即将构造的系统。

注意：软件架构(Software Architecture),是一系列相关的抽象模式,用于指导大型软件系统各个方面的设计。软件架构是一个系统的草图。它描述的对象是直接构成系统的抽象组件,各个组件之间的连接明确和相对细致地描述组件之间的通信。在实现阶段,这些抽象组件被细化为实际的组件,在面向对象领域中,组件之间的连接通常用接口来实现。

软件架构包含了系统中最重要的静态和动态特征。架构刻画了系统的整体设计,去掉了细节部分,突出了系统的重要特性,然而"究竟什么是重要的"部分依赖于判断,而判断来自于经验,所以架构的价值也就依赖于执行该任务的人的素质,在架构的过程中可以帮助架构师确定正确的目标。

用例和架构之间是什么关系？每一种产品都具有功能和表现形式两个方面,其中功能与用例相对应,表现形式与架构相对应。因此用例在实现时必须适应于架构,然而随着系统的发展,用例也在不断地进化,所以架构必须设计得使系统能够进化,不仅要考虑系统的初始开发,而且要考虑将来的发展。为了能够找到这样的一种表现形式(架构),架构师必须从全面了解系统的主要功能(即主要用例)入手,这些主要的用例构成了系统的核心功能。

架构应该遵循什么步骤？首先,从不是专门针对用例的那部分架构开始,如平台,创建一个粗略的架构轮廓。其次,着手处理已经确定的重要用例子集,这些用例代表着即将开发的系统的主要功能,详细描述每一个用例,并通过子系统、类和构件来实现。随着用例的描述趋于完善,架构的更多部分便会显现出来,从而也使更多的用例趋于完善。最后,迭代这个工程直到确信得到一个稳定的架构为止。

10.2.3 RUP的开发过程

RUP中的软件生命周期在时间上被分解为四个顺序的阶段,分别是：初始阶段、细化阶段、构造阶段和交付阶段。每个阶段结束于一个主要的里程碑(Major Milestones);每个阶段本质上是两个里程碑之间的时间跨度。在每个阶段的结尾执行一次评估以确定这个阶段的目标是否已经满足。如果评估结果令人满意,可以允许项目进入下一个阶段。

1. 初始阶段

初始阶段的目标是为系统建立商业案例并确定项目的边界。为了达到该目的必须识别所有与系统交互的外部实体,在较高层次上定义交互的特性。本阶段具有非常重要的意义,在这个阶段中所关注的是整个项目进行中的业务和需求方面的主要风险。对于建立在原有系统基础上的开发项目来讲,初始阶段可能很短。初始阶段结束时是第一个重要的里程碑:生命周期目标(Lifecycle Objective,LO)里程碑。生命周期目标里程碑评价项目基本的生存能力。

2. 细化阶段

细化阶段的目标是分析问题领域,建立健全的体系结构基础,编制项目计划,淘汰项目中最高风险的元素。为了达到该目的,必须在理解整个系统的基础上,对体系结构作出决策,包括其范围、主要功能和诸如性能等非功能需求。同时为项目建立支持环境,包括创建开发案例,创建模板、准则并准备工具。细化阶段结束时第二个重要的里程碑:生命周期结构(Lifecycle Architecture,LA)里程碑。生命周期结构里程碑为系统的结构建立了管理基准并使项目小组能够在构建阶段中进行衡量。此刻,要检验详细的系统目标和范围、结构的选择以及主要风险的解决方案。

3. 构造阶段

在构造阶段,所有剩余的构件和应用程序功能被开发并集成为产品,所有的功能被详细测试。从某种意义上说,构造阶段是一个制造过程,其重点放在管理资源及控制运作以优化成本、进度和质量。构造阶段结束时是第三个重要的里程碑:初始功能(Initial Operational,IO)里程碑。初始功能里程碑决定了产品是否可以在测试环境中进行部署。此刻,要确定软件、环境、用户是否可以开始系统的运作。此时的产品版本也常被称为"beta"版。

4. 交付阶段

交付阶段的重点是确保软件对最终用户是可用的。交付阶段可以跨越几次迭代,包括为发布做准备的产品测试,基于用户反馈的少量的调整。在生命周期的这一点上,用户反馈应主要集中在产品调整、设置、安装和可用性问题上,所有主要的结构问题应该已经在项目生命周期的早期阶段解决了。在交付阶段的终点是第四个里程碑:产品发布(Product Release,PR)里程碑。此时,要确定目标是否实现,是否应该开始另一个开发周期。在一些情况下,这个里程碑可能与下一个周期的初始阶段的结束重合。

10.2.4　Rational 统一过程的核心工作流

RUP 中有 9 个核心工作流,分为 6 个核心过程工作流(Core Process Workflows,CPW)和 3 个核心支持工作流(Core Supporting Workflows,CSW)。尽管 6 个核心过程工作流可能会使人想起传统瀑布模型中的几个阶段,但应注意迭代过程中的阶段是完全不同的,这些工作流在整个生命周期中一次又一次被访问。9 个核心工作流在项目中轮流被使用,在每一次迭代中以不同的重点和强度重复。

1. 商业建模

商业建模(Business Modeling,BM)工作流描述了如何为新的目标组织开发一个构想,并基于这个构想在商业用例模型和商业对象模型中定义组织的过程、角色和责任。

2. 需求

需求(Requirement)工作流的目标是描述系统应该做什么,并使开发人员和用户就这一描述达成共识。为了达到该目标,要对需要的功能和约束进行提取、组织、文档化,最重要的是理解系统所解决问题的定义和范围。

3. 分析和设计

分析和设计(Analysis and Design)工作流将需求转化成未来系统的设计,为系统开发一个健壮的结构并调整设计使其与实现环境相匹配,优化其性能。分析设计的结果是一个设计模型和一个可选的分析模型。设计模型是源代码的抽象,由设计类和一些描述组成。设计类被组织成具有良好接口的设计包(Package)和设计子系统(Subsystem),而描述则体现了类的对象如何协同工作实现用例的功能。设计活动以体系结构设计为中心,体系结构由若干结构视图来表达,结构视图是整个设计的抽象和简化,该视图中省略了一些细节,使重要的特点体现得更加清晰。体系结构不仅仅是良好设计模型的承载媒介,而且在系统的开发中能提高被创建模型的质量。

4. 实现

实现(Implementation)工作流的目的包括以层次化的子系统形式定义代码的组织结构;以组件的形式(源文件、二进制文件、可执行文件)实现类和对象;将开发出的组件作为单元进行测试以及集成由单个开发者(或小组)所产生的结果,使其成为可执行的系统。

5. 测试

测试(Test)工作流要验证对象间的交互作用,验证软件中所有组件的正确集成,检验所有的需求已被正确地实现,识别并确认缺陷在软件部署之前被提出并处理。RUP提出了迭代的方法,意味着在整个项目中进行测试,从而尽可能早地发现缺陷,从根本上降低了修改缺陷的成本。测试类似于三维模型,分别从可靠性、功能性和系统性能来进行。

6. 部署

部署(Deployment)工作流的目的是成功地生成版本并将软件分发给最终用户。部署工作流描述了那些与确保软件产品对最终用户具有可用性相关的活动,包括软件打包、生成软件本身以外的产品、安装软件、为用户提供帮助。在有些情况下,还可能包括计划和进行beta测试版、移植现有的软件和数据以及正式验收。

7. 配置和变更管理

配置和变更管理工作流描绘了如何在由多个成员组成的项目中控制大量的产物。配置和变更管理工作流提供了准则来管理演化系统中的多个变体,跟踪软件创建过程中的版本。工作流描述了如何管理并行开发、分布式开发、如何自动化创建工程。同时也阐述了对产品修改原因、时间、人员保持审计记录。

8. 项目管理

软件项目管理(Project Management,PM)平衡各种可能产生冲突的目标,管理风险,克服各种约束并成功交付使用户满意的产品。其目标包括:为项目的管理提供框架,为计划、人员配备、执行和监控项目提供实用的准则,为管理风险提供框架等。

9. 环境

环境(Environment)工作流的目的是向软件开发组织提供软件开发环境,包括过程和工具。环境工作流集中于配置项目过程中所需要的活动,同样也支持开发项目规范的活动,提供了逐步的指导手册并介绍了如何在组织中实现过程。

10.3　敏捷开发过程

敏捷开发以用户的需求进化为核心,采用迭代、循序渐进的方法进行软件开发。在敏捷开发中,软件项目在构建初期被切分成多个子项目,各个子项目的成果都经过测试,具备可视、可集成和可运行使用的特征。换言之,就是把一个大项目分为多个相互联系,但也可独立运行的小项目,并分别完成,在此过程中软件一直处于可使用状态。敏捷开发方式与传统开发方法的主要区别在于:敏捷开发是以人为中心,而传统开发以过程为中心;敏捷开发是有适应能力的,而传统开发是计划驱动的。敏捷开发方式与传统开发方法的比较如图 10-2 所示。

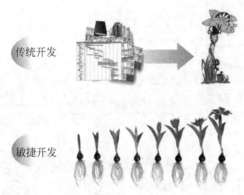

传统开发

敏捷开发

图 10-2　敏捷开发方式与传统开发方法的比较

经典的敏捷开发方法包括极限编程(Extreme Programming,XP)、Scrum、精益开发(Lean Development,LD)等,将在后续小节予以详细介绍。

敏捷开发(Agile Development,AD)的概念从 2004 年初开始广为流行。Bailar 非常支持这一理论,他采取了"敏捷方式"组建团队:Capital One 的"敏捷团队"包括 3 名业务人员、2 名操作人员和 5~7 名 IT 人员,还包括 1 名业务信息指导(实际上是业务部门和 IT 部门之间的"翻译者");另外,还有项目经理和至少 80 名开发人员组成的团队。这些开发人员都曾被 Bailar 送去参加过"敏捷开发"的培训,具备相关的技能。

每个团队都有自己的敏捷指导(Bailar 聘用了 20 个敏捷指导),他的工作是关注流程并提供建议和支持。最初提出的需求被归纳成一个目标、一堆记录详细需要的卡片及一些供参考的原型和模板。在整个项目阶段,团队人员密切合作,开发有规律地停顿(在 9 周开发过程中停顿 3~4 次),以评估过程及决定需求变更是否必要。在 Capital One,大的 IT 项目会被拆分成多个子项目,安排给各"敏捷团队",这种方式在"敏捷开发"中叫"蜂巢式(Swarming)",所有过程由 1 名项目经理控制。

为了检验这个系统的效果,Bailar 将项目拆分,从旧的"瀑布式"开发转变为"并列式"开发,形成了"敏捷开发"所倡导的精干而灵活的开发团队,并划分开发阶段,按 30 天一个周期进行"冲刺",每个冲刺始于一个启动会议,到下个冲刺前结束。

在 Bailar 将该模式与传统的开发方式做了对比后,他感到非常兴奋,"敏捷开发"使开发时间减少了 30％～40％，有时甚至接近 50％，提高了交付产品的质量。"不过，有些需求不能用敏捷开发来处理。"Bailar 承认，敏捷开发也有局限性，比如在面对那些优先权不明确的需求或那些处于"较快、较便宜、较优"的三角架构中却不能排列出三者优先级的需求时。此外，他觉得大型项目或那些有着特殊规则需求的项目，更适宜采用传统的开发方式。尽管描述需求一直是件困难的事，但经过阵痛之后，需求处理流程会让 CIO 受益匪浅。

敏捷开发是由一些业界专家针对一些企业现状提出的一些让软件开发团队具有快速工作、响应变化能力的价值观和原则。《敏捷软件开发宣言》的签署，推动了敏捷方法的发展，敏捷宣言本质是揭示一种更好的软件开发方法，启迪人们重新思考软件开发中的价值和如何更好地工作。如图 10-3 所示，敏捷宣言的 4 个核心价值如下：

（1）个体和交互胜过过程和工具。

（2）可以工作的软件胜过面面俱到的文档。

（3）客户合作胜过合同谈判。

（4）响应变化胜过遵循计划。

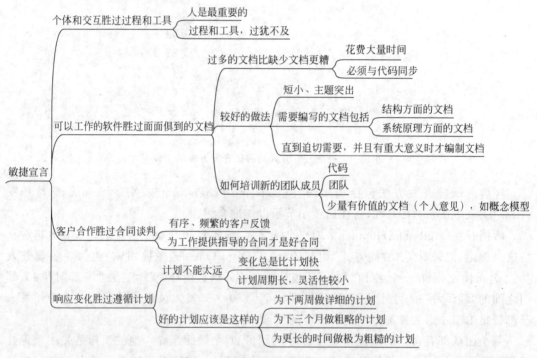

图 10-3　敏捷开发的 4 个核心价值

敏捷宣言的 12 条原则：

第 1 条：我们最优先考虑的是尽早和持续不断地交付有价值的软件，从而使客户满意。

第 2 条：即使在开发后期也欢迎需求变更。敏捷过程利用变更可以为客户创造竞争优势。

第 3 条：采用较短的项目周期（从几周到几个月），不断地交付可工作软件。

第 4 条：业务人员和开发人员必须在整个项目期间每天一起工作。

第 5 条：围绕富有进取心的个体而创建项目。为他们提供所需的环境和支持，信任他们所开展的工作。

第6条：不论团队内外，传递信息效果最好且效率最高的方式是面对面交谈。

第7条：可工作软件是度量进度的首要指标。

第8条：敏捷过程倡导可持续开发。发起人、开发人员和用户要能够长期维持稳定的开发步伐。

第9条：坚持不懈地追求技术卓越和良好的设计，从而增强敏捷能力。

第10条：以简洁为本，最大限度地减少工作量。

第11条：最好的架构、需求和设计出自于自组织团队。

第12条：团队定期地反思如何提高成效，并相应地协调和调整自身的行为。

10.3.1　敏捷项目管理架构

敏捷项目管理架构（Agile Project Management Framework，APMF），旨在协助团队聚焦于将项目的商业价值最大化，是基于价值分析和分解的项目管理，也就是价值驱动的项目管理。APMF敏捷项目管理过程中，参与人员包括干系人、发起人、产品负责人/客户代表、敏捷教练、团队成员和测试员。

1. 敏捷项目管理的5个阶段

敏捷项目管理可分为5个阶段：立项阶段、启动阶段、发布循环阶段、迭代循环阶段、收尾阶段。

1）立项阶段

敏捷项目经过可行性分析，分析此项目能为组织带来什么价值，达成产品愿景共识，经过高层审批，然后确立项目。对于项目要完成的成果及创造的价值有共识之后，建立项目愿景产品盒。

2）启动阶段

制订包含团队章程的项目章程，明确了团队要达成的目标和要遵守的规则；辨识干系人产出角色卡，并获得干系人的概略需求，产出用户故事，形成产品待办列表；进行用户故事粗略估算，规划发布次数及每次发布所要完成的增量成果，产出用户故事地图。

3）发布循环阶段

发布循环阶段包含多次发布，每次发布要做以下相关事情：

（1）进行发布规划，切割用户故事，定义验收标准。

（2）估算用户故事点数和用时，进行优先级排序，形成发布待办列表，更新用户故事地图。

（3）进行迭代循环，迭代前根据需要进行刺探活动。

（4）交付该次发布增量产品或成果，进行发布审查和回顾。

4）迭代循环阶段

迭代循环阶段包含多次迭代，每次迭代要做以下相关事情：

（1）进行迭代规划，将用户故事分解为更小的工作卡，排列工作优先级，形成迭代任务待办列表。

（2）根据最佳工程实践进行迭代的增量交付（如测试驱动开发、简单设计、重构、持续集成、单元测试、结对编程等）。

（3）保持团队信息可视化分享（如每日站立会、看板、燃尽图、燃起图、迭代工作量图、停车场图、缺陷跟踪图、控制图等）。

（4）交付该次迭代增量产品或成果，进行迭代审查和回顾，回顾可进行改善分析（如鱼骨图、五问法、价值流图分析等）和绩效分析（如敏捷净值分析）。

5）收尾阶段

经过多次发布后，每次增量交付，确保项目产品成果最终交付；组织项目回顾会议，进行感恩游戏，总结经验教训；进行收尾活动，成果交接，相关必要文档整理归档，行政收尾等活动。

2. 敏捷开发团队

敏捷开发团队是被充分授权且自我组织的跨职能团队，其拥有令人赞赏的技能，将时间、精力、金钱集中在最有商业价值的部分。敏捷开发团队中的主要角色包括项目经理、主任业务分析师、项目团队和产品所有者。敏捷开发团队成员要做到：自律、共同分担责任、达成共识的核心价值观，并遵守团队工作协议、遵守承诺、开发过程透明化以及遵从公司标准。敏捷开发团队的工作包括确认用户故事、罗列待办列表、完成增量产品或成果。

敏捷开发团队应遵守的原则：

1）快速迭代

相对那种半年一次的大版本发布来说，小版本的需求、开发和测试更加简单快速。一些公司，一年发布仅 2～3 个版本，发布流程缓慢，它们仍采用瀑布开发模式，更严重的是对敏捷开发模式存在误解。

2）让测试人员和开发者参与需求讨论

需求讨论以研讨组的形式展开最有效率。研讨组需要包括测试人员和开发者，这样可以更加轻松地定义可测试的需求，将需求分组并确定优先级。同时，该种方式也可以充分利用团队成员间的互补特性。如此确定的需求往往比开需求讨论大会的形式效率更高，大家更活跃，参与感更强。

3）编写可测试的需求文档

开始就要用"用户故事"（User Story）的方法来编写需求文档。这种方法，可以让我们将注意力放在需求上，而不是解决方法和实施技术上。过早地提及技术实施方案，会降低对需求的注意力。

4）多沟通，尽量减少文档

任何项目中，沟通都是一个常见的问题。好的沟通，是敏捷开发的先决条件。在圈子里面混得越久，越会强调良好与高效沟通的重要性。团队要确保日常的交流，面对面沟通比邮件强得多。

5）做好产品原型

建议使用草图和模型来阐明用户界面。并不是所有人都可以理解一份复杂的文档，但人人都会看图。

6）及早考虑测试

及早地考虑测试在敏捷开发中很重要。传统的软件开发，测试用例很晚才开始写，这导致过晚发现需求中存在的问题，使得改进成本过高。较早地开始编写测试用例，当需求完成时,可以接受的测试用例也基本一起完成了。

10.3.2　极限编程

极限编程(Extreme Programming,XP)是由 Kent Beck 在 1996 年提出的,是一种轻量级的软件开发方法,它使用快速的反馈,大量而迅速的交流,经过保证的测试来最大程度地满足用户的需求。如同其他敏捷方法学,极限编程和传统方法学的本质不同在于它更强调可适应性能以及面临的困难。1996 年 3 月,Kent 终于在为 Daimler Chrysler 所做的一个项目中引入了新的软件开发观念——XP,适用于小团队开发。

XP 是一种近螺旋式的开发方法,它将复杂的开发过程分解为一个个相对比较简单的小周期;通过积极的交流、反馈以及其他一系列的方法,开发人员和客户可以非常清楚开发进度、变化、待解决的问题和潜在的困难等,并根据实际情况及时地调整开发过程。

极限编程中有四个核心价值——沟通(Communication)、简单(Simplicity)、反馈(Feedback)、勇气(Courage)是我们在开发中必须注意的,此外还扩展了第五个价值观:尊重(Respect)。XP 鼓励经常性的口头交流与回馈;XP 鼓励从最简单的解决方式入手,再通过不断重构达到更好的结果;及时反馈则可解决"编程中的乐观主义是危险的"问题;勇气使得开发人员在需要重构他们的代码时能感到舒适,这意味着重新审查现有系统并完善它会使得以后出现的变化需求更容易被实现,而另一个勇气的例子是了解什么时候应该完全丢弃现有的代码。

XP 用"沟通、简单、反馈、勇气和尊重"来减轻开发压力和包袱;无论是术语命名、专著叙述内容和方式、过程要求,都可以从中感受到轻松愉快和主动奋发的态度和气氛。这是一种帮助理解和更容易激发人的潜力的手段。XP 用自己的实践,在一定范围内成功地打破了软件工程"必须重量"才能成功的传统观念,XP 精神可以启发我们如何学习和对待快速变化、多样的开发技术。

1. 极限编程中的基本概念简介

1) 用户故事

开发人员要求客户把所有的需求写成一个个独立的小故事,每个只需要几天时间就可以完成。开发过程中,客户可以随时提出新的 User Story,或者更改以前的用户故事。

2) Story Estimates 和开发速度

开发小组对每个用户故事进行估算,并根据每个开发周期(Iteration)中的实际情况反复计算开发速度。这样,开发人员和客户能知道每个星期到底能开发多少用户故事。

3) Release Plan 和 Release Scope

整个开发过程中,开发人员将不断地发布新版本。开发人员和客户一起确定每个发布所包含的用户故事。

4) Iteration(开发周期或称迭代)和 Iteration Plan

在一个 Release 过程中,开发人员要求客户选择最有价值的用户故事作为未来一两个星期的开发内容。

5) The Seed

第一个迭代完成后,提交给客户的系统。虽然这不是最终的产品,但它已经实现了几个客户认为是最重要的故事,开发人员将逐步在其基础上增加新的模块。

6）Continuous Integration（整合）

把开发完的用户故事的模块一个个拼装起来,一步步接近乃至最终完成最终产品。

7）验收测试（功能测试）

对于每个用户故事,客户将定义一些测试案例,开发人员将使运行这些测试案例的过程自动化。

8）Unit Test（单元测试）

在开始写程序前,程序员针对大部分类的方法,先写出相应的测试程序。

9）Refactoring（重构）

去掉代码中的冗余部分,增加代码的可重用性和伸缩性。

2. 极限编程的 12 个实践

极限编程的 12 个实践是极限编程者总结的实践经典,是体现极限编程管理的原则,对极限编程具有指导性的意义,但并非一定要完全遵守这 12 个实践,主要看它给软件过程管理带来的价值。

1）小版本

为了高度迭代,与客户展现开发的进展,小版本发布是一个可交流的好办法,客户可以有针对性地提出反馈。但小版本把模块缩得很小,会影响软件的整体思路连贯,所以小版本也需要总体合理的规划。

2）规划游戏

就是客户需求,以客户故事的形式,由客户负责编写。极限编程不讲求统一的客户需求收集,也不是由开发人员整理,而是采取让客户编写,开发人员进行分析,设定优先级别,并进行技术实现。当然游戏规则可进行多次,每次迭代完毕后再行修改。客户故事是开发人员与客户沟通的焦点,也是版本设计的依据,所以其管理一定是有效的、沟通顺畅的。

3）现场客户

极限编程要求客户参与开发工作,客户需求就是客户负责编写的,所以要求客户在开发现场一起工作,并为每次迭代提供反馈。

4）隐喻

隐喻是让项目参与人员都必须对一些抽象的概念理解一致,也就是我们常说的行业术语,因为业务本身的术语开发人员不熟悉,软件开发的术语客户不理解,因此开始要先明确双方使用的隐喻,避免歧义。

5）简单设计

极限编程体现跟踪客户的需求变化,既然需求是变化的,所以对于目前的需求就不必过多地考虑扩展性的开发,讲求简单设计,实现目前需求即可。简单设计的本身也为短期迭代提供了方便,若开发者考虑"通用"因素较多,增加了软件的复杂度,开发的迭代周期就会加长。简单设计包括通过测试;避免重复代码;明确表达每步编码的目的,代码可读性强;尽可能少的对象类和方法。由于采用简单设计,所以极限编程没有复杂的设计文档要求。

6）重构

重构是极限编程先测试后编码的必然需求,对于一些软件要开发的模块先简单模拟,让编译通过,达到测试的目的。然后再对模块具体"优化",所以重构包括模块代码的优化与具体代码的开发。重构是使用了"物理学"的一个概念,是在不影响物体外部特性的前提下,重新优化其内部的机构。这里的外部特性就是保证测试的通过。

7)测试驱动开发

极限编程是以测试开始的,为了可以展示客户需求的实现,测试程序优先设计,测试是从客户实用的角度出发,客户实际使用的软件界面着想,测试是客户需求的直接表现,是客户对软件过程的理解。测试驱动开发,也就是客户的需求驱动软件的开发。

8)持续集成

集成的理解就是提交软件的展现,由于采用测试驱动开发、小版本的方式,所以不断集成(整体测试)是与客户沟通的依据,也是让客户提出反馈意见的参照。持续集成也是完成阶段开发任务的标志。

9)结对编程

这是极限编程最有争议的实践。就是两个程序员合用一台计算机编程,一个负责编码,一个负责检查,增加专人审计是为了提供软件编码的质量。两个人的角色经常变换,保持开发者的工作热情。这种编程方式对培养新人或开发难度较大的软件都有非常好的效果。

10)代码共有

在极限编程里没有严格文档管理,代码为开发团队共有,这样有利于开发人员的流动管理,因为所有的人都熟悉所有的编码。

11)编码标准

编码是开发团队里每个人的工作,又没有详细的文档,代码的可读性是很重要的,所以规定统一的标准和习惯是必要的,有些类似编码人员的隐喻。

12)每周40小时工作

极限编程认为编程是愉快的工作,不轻易加班,今天的工作今天做,小版本的设计也为了单位时间可以完成的工作安排。

3. 极限编程的要求

极限编程要求有极限的工作环境、极限的需求、极限的设计、极限的编程和极限的测试。

1)极限的工作环境

为了在软件开发过程中最大程度地实现和满足客户和开发人员的基本权利和义务,XP要求把工作环境也做到最好。每个参加项目开发的人都将担任多个角色(项目经理、项目监督人等)并履行相应的权利和义务。所有的人都在同一个开放的开发环境中工作,每周40小时,不提倡加班。

2)极限的需求

客户应该是项目开发队伍中的一员,而不是和开发人员分开的。因为从项目的计划到最后验收整个过程客户一直起着很重要的作用。开发人员和客户一起,把各种需求分割为一个个小的需求模块,这些模块又会根据实际情况被组合在一起或者被再次分解成更小的模块。上述需求模块都被记录在一些小卡片(Story Card)上,之后将这些卡片分别分配给程序员们,并在一段时间内(通常不超过3周)实现。客户根据每个模块的商业价值进行排序,确定开发的优先级。开发人员要做的是确定每个需求模块的开发风险。风险高的(通常是因为缺乏类似的经验)需求模块将被优先研究、探索和开发。经过开发人员和客户分别从不同的角度评估每个模块后,它们被安排在不同的开发周期里,客户将得到一个尽可能准确的开发计划。

3）极限设计

从具体开发过程的角度来看，XP内部的过程是多个基于测试驱动的开发（Test Driven Development）周期。诸如计划和设计等外层的过程都是围绕这些测试展开的，每个开发周期都有很多相应的单元测试（Unit Test）。通过这种方式，客户和开发人员都很容易检验所开发的软件原型是否满足了用户的需求。XP提倡简单的设计（Simple Design），即针对每个简单的需求用最简单的方式进行设计和后续的编程工作。这样写出来的程序可以通过所有相关的单元测试。XP强调抛弃那种一揽子详细设计方式（Big Design Up Front），因为在这种设计中有很多内容是现在或近期所不需要的。XP还大力提倡设计复核、代码复核、重整和优化。所有这些过程的目标，归根到底还是对设计的优化。在这些过程中不断运行单元测试和功能测试，可以保证经过优化后的系统仍然符合用户的需求。

4）极限编程

编程是程序员使用某种程序设计语言编写程序代码，并最终得到能够解决某个问题的程序的过程。XP极其重视编程，提倡配对编程（Pair Programming），即两个人一起写同一段程序，而且代码所有权归于整个开发队伍（Collective Code Ownership）。程序员在写程序和优化程序的时候，都要严格遵守编程规范。任何人都可以修改其他人写的程序，修改后要确定新程序能通过单元测试。

5）极限测试

测试在XP中是很重要的。XP提倡开发人员经常把开发好的模块整合到一起（Continuous Integration），并且在每次整合后都进行单元测试。对代码进行的任何复核和修改，也都要进行单元测试。发现了错误，就要增加相应的测试，因此XP方法不需要错误数据库。

10.3.3　Scrum

Scrum是一个更广泛的敏捷项目管理框架，它提供了一个轻量级的流程框架，其中包含迭代和增量实践，其他许多敏捷方法都可以被集成到Scrum中，比如测试驱动开发和结对编程等，可帮助组织更频繁地交付可用的软件。它由一个开发过程，几种角色以及一套规范的实施方法组成，项目通过一系列称为Sprint的迭代进行。在每次冲刺结束时，团队都会产生可能交付的产品增量。它可以被运用于软件开发，项目维护，也可以被用来作为一种管理敏捷项目的框架。

Scrum是一种行之有效的方法，可实现软件过程敏捷性。通过短时间的冲刺，可以重复执行此迭代周期，直到完成了足够的工作项，预算用尽或最后期限到来为止。项目动力保持不变，当项目结束时，Scrum确保最有价值的工作已经完成。Scrum与传统的瀑布式方法形成了鲜明的对比，典型的瀑布式开发是基于阶段的顺序过程，在项目结束之前不会给出价值。Scrum将这种模式转变为每一周提供新功能，而不是专注于未来的大发布。Scrum将复杂的工作划分为简单的部分，将大型组织划分为小型团队，将影响深远的项目划分为一系列短时间的被称为Sprint的迭代。

1. Scrum 的过程

在 Scrum 中,产品需求被定义为产品需求积压(Product Backlogs)。产品需求积压可以是用户案例、独立的功能描述、技术要求等。所有的产品需求积压都是从一个简单的想法开始,并逐步被细化,直到可以被开发。

Scrum 将开发过程分为多个 Sprint 周期,Sprint 代表一个 2～4 周的开发周期。每个 Sprint 有固定的时间长度。首先,产品需求被分成不同的产品需求积压条目。然后,在 Sprint 计划会议(Sprint Planning Meeting)上,最重要或者是最具价值的产品需求积压被首先安排到下一个 Sprint 周期中。同时,在 Sprint 计划会上,将会对所有已经分配到 Sprint 周期中的产品需求积压进行估计,并对每个条目进行设计和任务分配。在 Sprint 周期过程中,这些计划的产品需求积压都会被实现并且被充分测试。每天,开发团队都会进行一次简短的 Scrum 会议(Daily Scrum Meeting)。会议上,每个团队成员需要汇报各自的进展情况,同时提出目前遇到的各种障碍。每个 Sprint 周期结束后,都会有一个可以被使用的系统交付给客户,同时进行 Sprint 审查会议(Sprint Review Meeting)。审查会上,开发团队将会向客户或最终用户演示新的系统功能。同时,客户会提出意见以及一些需求变化。这些可以以新的产品需求积压的形式保留下来,并在随后的 Sprint 周期中得以实现。Sprint 回顾会将总结上次 Sprint 周期中有哪些不足需要改进,以及有哪些值得肯定的方面。最后整个过程将从头开始,开始一个新的 Sprint 计划会议。Scrum 过程如图 10-4 所示。

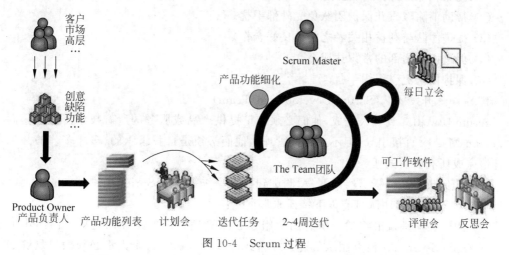

图 10-4　Scrum 过程

2. Scrum 中的 4 种角色

Scrum 项目管理涉及 4 种主要角色:

1) 产品负责人(Product Owner)

该角色负责产品的远景规划,平衡所有利益相关者(Stakeholder)的利益,同时确定产品需求积压的优先级等。它是开发团队和客户或最终用户之间的联络点,负责与用户组合作以确定产品版本中的功能。产品负责人的主要职责是:

(1) 制定产品和服务的方向和战略,包括短期和长期目标。

(2) 提供或获取有关产品或服务的知识。

（3）了解并解释开发团队的客户需求。

（4）收集、优先排序和管理产品或服务要求。

（5）接管与产品或服务预算相关的任何责任，包括其盈利能力。

（6）确定产品或服务功能的发布日期。

（7）每天与开发团队一起回答问题并做出决定。

（8）接受或拒绝与Sprint相关的已完成功能。

（9）在每个Sprint的最后展示开发团队的主要实现。

（10）负责产品Backlog（任务列表）。

2）利益相关者（Stakeholder）

该角色与产品之间有直接的利益关系，通常也是由客户或最终用户代表组成。他们负责收集编写产品需求、审查项目成果等。

3）Scrum专家（Scrum Master）

Scrum专家负责指导开发团队进行Scrum开发与实践。它是开发团队与产品拥有者之间交流的联络点。Scrum Master在许多关键方面与传统项目经理有所不同，包括Scrum Master不向团队提供日常指导，也不向个人分配任务。该角色的关键部分是消除可能使团队放慢速度或停止推动项目前进的活动的障碍或问题。Scrum master管理信息交换的过程，Scrum Master的主要职责是：

（1）充当教练，帮助团队遵循Scrum价值观和实践。

（2）帮助消除障碍并保护团队免受外部干扰。

（3）促进团队与利益相关者之间的良好合作。

（4）促进团队内部的常识达成。

（5）保护团队免受组织干扰。

4）Scrum开发团队（Scrum Development Team）

Scrum团队由3到9人组成，他们必须满足提供产品或服务的所有技术需求。它们将由Scrum Master直接引导（但不会直接管理），他们必须是自我组织的、多才多艺的并且负责任地完成所有必需的任务。

开发团队负责从分析，设计，开发，测试到技术写作等每个Sprint提供潜在的可交付产品增量。对于Scrum团队具有以下特征非常重要：

（1）团队必须是自组织的。所有团队组建必须管理自己的工作以完成已经给出的任务。在Agile Scrum中，没有团队负责人或直线经理的身影。每个人都必须做出足够的承诺来开展自己的活动，并为团队的成功做出贡献。如果一个人失败，每个人都会失败。

（2）团队必须是跨职能的。所有团队成员必须拥有所有必需的知识和技能，以提供优秀并且随时可用的服务或产品。专家可用于必要的案例，但仅作为教练将知识传授给团队以实现特定差距。

（3）成为产品负责人需要企业愿景。产品负责人代表客户的声音，需要将他们的需求转化为Scrum Master和开发团队。这通常是一份全职工作。

（4）Scrum Master不是直线经理。他们帮助向开发团队提供所需的教练，并帮助消除团队面临的任何障碍。

3. Scrum 中的 9 个重要概念

1）短跑（Sprint）

每一次迭代称为一个 Sprint。在 Scrum 框架中，Scrum 产品 Backlog 中实现条目所需的所有活动都在 Sprint 中执行（也称为"Iterations"）。短跑总是很短，通常大约 2～4 周。每个 Sprint 都遵循一个定义的过程，如图 10-5 所示。经验丰富的 Scrum 团队会花费时间和精力将复杂和较大的项目（即用户功能或史诗）分解为较小的用户故事（或随后分解为任务或子任务）。

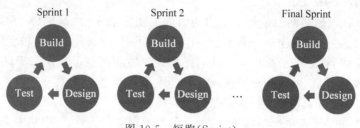

图 10-5　短跑（Sprint）

2）史诗（Epic）

Epic 捕捉了大量的作品。它本质上是一个"大型用户故事"，可以分解为许多小故事。完成史诗可能需要几次冲刺。因此，当我们将 Epic 用于开发时，它必须被分解为更小的用户故事。在项目周期的早期，我们提出了 Epic。这些是非常高级的，几乎包含所有以营销为中心的功能性要点。

3）用户故事（User Story）

故事是产品要求或业务案例的简要陈述。通常，故事用简单的语言表达，以帮助读者理解软件应该完成的内容。产品所有者创建故事。然后，Scrum 用户将故事分成一个或多个 Scrum 任务。用户故事通常是最终用户可见的功能。例如，"作为客户，我希望能够创建一个账户，以便我可以看到我去年购买的商品，以帮助我明年的预算。"

4）任务（Task）

任务更具技术性，任务通常类似于代码、设计，为此创建测试数据、自动执行等。这些往往是由一个人完成的事情。任务不是以用户素材格式编写的，任务更具技术性。例如"评估用户界面的角度材料设计"或"将应用程序提交到应用商店"。

5）积压（Backlog）。其实就是需求列表。

6）产品待办列表（Product Backlog）

产品待办列表是指产品待办事项的集合，其中事务有优先级判断，先处理优先级高的事项。在 Scrum 中，产品拥有者（Product Owner）收集来自于各方的需要、期望、诉求等到产品待办列表中，给定优先级。在冲刺计划会议上，团队从产品待办列表中挑选其中事项组成冲刺待办列表。常见的待办事项表达形式是用户故事。

7）待办事项列表（Sprint Backlog）

Sprint Backlog 是本次迭代需要完成的任务。Sprint Backlog 是开发过程用得最多的 Backlog，因为每次 Release 会建立大量的 Sprint，而每个 Sprint 都有一个 Sprint Backlog。在 Release Backlog 中已经设置好了 Story 的优先级与故事点数，所以根据这两个的值，我们就会通过分解生成更多的小任务，并将其分配到当前 Sprint 中去完成，开发组长只需要在 Sprint Backlog 中将任务根据员工的技术水平与可用时间进行合理分配即可。当分配的小任务无法在当前 Sprint 中完成的时候，可以根据需要在下个 Sprint 分配任务时分配到该Sprint 中继续完成。

8）最佳 Scrum 工具

Scrum Process Canvas 是一个用于帮助您管理 Scrum 项目的 Scrum 工具，从识别项目愿景到最终产品交付。在一个设计精美的 Scrum 流程中无缝导航整个 Scrum 过程。快速、轻松、无缝地执行 Scrum 活动。让整个团队充分参与。敏捷软件使敏捷项目变得简单而有效。

9）燃尽图表（Burn Down Chart）

如图 10-6 所示，燃尽图表是剩余工作与时间的图形表示，由横轴（X）和纵轴（Y）组成，横轴表示时间，纵轴表示工作量。突出的工作（或积压工作）通常在垂直轴上，沿水平方向的是时间。也就是说，这是一份杰出工作的运行图表。燃尽图表可以应用于任何包含一段时间内可衡量进展的项目，可以直观地预测何时工作将全部完成，常用于软件开发中的敏捷软件开发方式，也可以用于其他类型的工作流程监控。

一般可以在燃尽图表中绘制两条线段，一条表示期望的工作进度，另一条记录实际的工作进度，把工作拆分成若干工作要点，完成一个就减去一个，以此来衡量工作距离全部完成的剩余时间。当实际工作曲线低于期望值时，则表示工作可能提前完成，相反的情况则可能会延期。如果每次绘制的图标，实际进度曲线都在期望值下方，则表示计划过于保守，可以适当缩短；相反的情况则表示计划过于激进，应当适当延长。

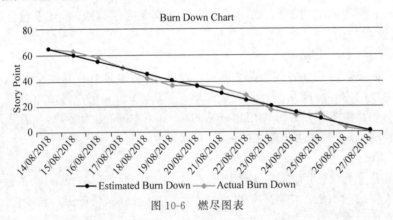

图 10-6　燃尽图表

4. Scrum 中的 5 个会议

Scrum 活动流程图如图 10-7 所示。Scrum 依赖于团队的所有方面并且透明地工作。考虑到这种核心理念，Scrum 方法围绕一系列关键事件构建，并进行检查与调整，如表 10-1 所示。在执行每个 Sprint 期间，Scrum 中有五个主要会议，如图 10-8 所示。

表 10-1　Scrum 的事件与检查调整表

事　件	检　查	适　应
Sprint 计划	产品积压、承诺回顾、Done 的定义	冲刺目标、预测、Sprint 积压
每日 Scrum	冲刺目标的进展	Sprint 积压、每日计划
Sprint 评论	产品增量、产品积压（发布）、市场商业条件	产品积压
Sprint 回顾	团队合作、技术与工程、完成的定义	切实可行的改进

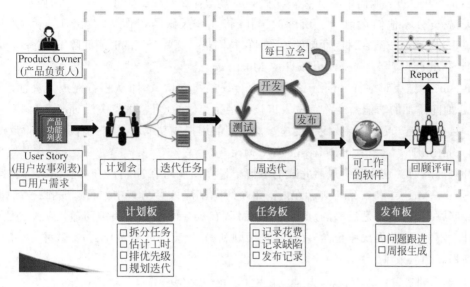

图 10-7 Scrum 活动流程图

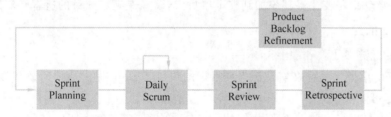

图 10-8 Scrum 中的 5 个主要会议

1) Sprint 计划会议(Sprint Planning Meeting)

所有冲刺都从计划开始,在每个 Sprint 开始时,都会举行一次计划会议,以讨论要完成的工作。产品负责人和团队开会讨论产品待办事项列表上的最高优先级项目,团队成员确定他们可以提交多少项目,然后创建 Sprint 积压,这是在 Sprint 中要完成的任务的列表。团队需要确定并承诺将作为 Sprint 的一部分交付哪些项目。可能的项目总是从 Sprint Backlog 中获取,如图 10-9 所示。

图 10-9 Sprint 计划会议

2) 每日 Scrum 会议 (Daily Scrum Meeting)

一旦团队确定了他们承诺作为 Sprint 的一部分交付的项目。该团队将举行每日站立会议。此会议的核心目标是确保团队中的每个人(以及可能的观察员)完全了解正在完成的任务的状态和进度：他们做了什么？他们今天要做什么？什么阻止他们？在冲刺团队中的每一天，成员分享他们在前一天所做的工作、将在今天做的工作，并找出任何障碍。Daily Scrum 可以使团队成员在讨论冲刺的工作时保持同步。这些会议的时间间隔不超过 15 分钟。

3）Sprint 评审会议（Sprint Review Meeting）

在 Sprint 结束时举行 Sprint 评审/演示会议以检查增量，团队根据完成定义演示增量（Sprint 期间添加的功能），产品负责人审核并接受交付的增量，重点关注 Sprint 目标。这次会议的目的是从产品所有者、任何受邀参加审阅的用户或其他利益相关者那里获得反馈。

4）Sprint 回顾（Sprint Retrospective Meeting）

冲刺回顾通常是冲刺中最后完成的事情。许多团队将在冲刺审查后立即执行此操作。包括 Scrum Master 和产品所有者在内的整个团队都应该参与其中。可以安排一个小时的 Scrum 回顾展，这通常是足够的。回顾展让团队有机会确定 3 个关键问题：应该开始做什么？什么不顺利（并再次停止做）？什么进展顺利（并且应该继续做什么）？这种方法的目的是不断提高团队效率。

5）积压细化会议（Product Backlog Refinement，PBR）

将积压视为项目的路线图。当团队协作创建需要为项目完成构建或完成的所有事项的列表时，可以修改此列表并将其添加到整个项目中，以确保满足项目的所有必要需求。

5. Scrum 的优势

Scrum 的优势在于：

（1）更好的质量。是存在实现愿景或目标的项目，Scrum 提供持续反馈和曝光的框架，以确保质量尽可能高。

（2）有趣的工作。Scrum 实践最好的一点就是它很有趣，整个团队都积极地参与，使得整个工作空间和氛围都因为这种积极参与和互相之间的协作配合而变得更加有趣。敏捷开发采用生动新颖的任务面板来讨论工作的进展，用全新的方式来管控例会以及许多敏捷项目中其他更有趣的东西。

（3）高效的协作。Scrum 团队通过增强团队成员参与、沟通和协作，掌握质量和项目绩效。敏捷开发项目不同于其他软件开发项目，项目管理者（甚至是团队成员）有责任给团队分配任务，这给予团队一种自主感，提高团队士气，最终增加生产率，从而为客户带来最优质的开发系统。

（4）缩短产品上市时间。Scrum 已被证明能够为传统方法提供比最终客户快 30%～40% 的价值。由于传播速度快，企业能更快地响应市场，因此有更高收入。

（5）提高投资回报率。缩短上市时间是 Scrum 项目实现更高投资回报率（Return On Investment，ROI）的一个关键原因。由于收入和其他目标福利开始提前，早期积累意味着更高的总回报率。这是净现值（Net Present Value，NPV）计算的基本原则。

（6）相关者利益保证。敏捷开发保证了项目中所有利益相关者的利益，不论是客户、项目管理、开发团队或测试小组。每个人对项目都有清晰的可见性，这是成功的关键点所在。敏捷开发原则上鼓励用户积极地参与，不论是产品开发或是团体协同的方方面面。这对关键利益相关者提供了非常好的可见性，包括项目的进度或是产品本身，最终这有利于保证产品预期的效果。

10.3.4　精益开发

精益开发(Lean Development,LD)模式,是从丰田公司的产品系统开发方法中演化而来。它主要包括两个部分:一部分是核心思想及原则,另外一部分由一些相应的工具构成。

精益开发的核心思想是查明和消除浪费。在软件开发过程中,错误、没用的功能、等待以及其他任何对实现结果没有益处的东西都是浪费。浪费及其源头必须被分析查明,然后设法制止。精益开发的其他原则包括:

(1) 强调学习。软件开发过程是一个不断学习的过程。每个团队成员都需要从日常的失败、互动、交流以及信息反馈中学习,不断改进所开发的产品和效率。

(2) 不做长久的计划。尽量不要在可能改变的事情上做无谓的努力,这样才能有效地避免浪费。

(3) 尽量缩短迭代周期。较短的迭代周期能够加速产品的开发及交付,加快交流,提高生产力。

(4) 充分的自主权。激励团队并让所有团队成员自我管理始终是所有敏捷方法获得成功的基本因素之一。

(5) 完整性。确保整个系统正常工作,同时真正满足客户的需求是整个团队需要努力实现的完整性。

(6) 全局观。精益开发强调整体优化的系统。无论开发的组织还是被开发的产品,从整体上考虑优化比从各个局部去优化更高效。

对于上述每个原则,都有一些相应的工具对其加以实现。这些工具包括价值流图(Value Stream Mapping)、基于集合的开发(Set-Based Development)、拉系统(Pull System)、排队论(Queuing Theory)等。精益软件更重要的是不断完善开发过程的一种思维方式。因此,将精益模式与其他敏捷开发模式一起使用将会取得很好的效果。

10.4　案例阅读——京东的敏捷实践

对互联网产品设计(尤其是对创业公司)来说,如今是一个快速开发、快速验证的时代。团队工作方式如何应付快速开发和调整的节奏? 敏捷开发给出了答案。我们可以看看京东内部是如何进行敏捷开发的。

京东的 Scrum 模型中,有一个核心和四个基本点。分别是坚持以为用户提供价值为核心,以保持研发团队的状态和进度透明、控制对每个迭代周期的时间和资源限制、快速获取反馈以及在敏捷转型初期必须要有敏捷教练辅导为四个基本点,如图 10-10 所示。

用户的问题是什么? 时时刻刻思考用户的问题是什么? 我为什么要做这个功能? 在实践时,为了保证"要做有价值的事情"这个目标的实现,必须使用好产品待办列表的工具,好的产品待办列表有以下 4 个特征:

图 10-10　京东的 Scrum 模型

1）排序的（Ordered）

这里不同于日常工作中常规优先级排序,常规的优先级排序有个弊端就是对需求的先后定义比较模糊。比如有三个需求都定义为 P0 级重要需求,这三个需求哪个在前? 哪个在后? 但是在 Scrum 中,要求产品经理对每个需求根据价值进行排序,每一个需求都有一个唯一顺序。若是两者价值差不多,就以实现难度为参考,越简单的越靠前。

2）详略得当的（Detailed Rightly）

当前的迭代和下个版本的迭代需求必须很详细,再之后的迭代可以相对颗粒粗一些,越往后,颗粒可以越粗。每个需求的大小要得当,一般是一个团队 2～3 天的量。

3）动态的（Dynamic）

待办列表内,除了当前正在迭代的需求外,其他所有需求都是可变的。

4）估算过的（Estimated）

代办列表内所有需求都是团队一起估算过的。

京东的 Scrum 模型中 4 个基本点如下。

基本点 1：研发团队的透明。必须保证对研发团队的状态和进度透明,为此任务板是个很好的工具,其优点是所有人时时刻刻都能看得到,成本低,操作起来灵活简单。

基本点 2：对迭代时间和资源进行控制。对资源进行限制,同时对每个迭代周期的时间也进行严格限制,一般以两周为一个迭代。两周后不管完成与否,迭代结束,结束后大家一起回顾和总结。对迭代周期进行限制的好处是每个周期内团队可以拿出真正的成果。

基本点 3：快速在 Scrum 中获得反馈。反馈是至关重要的,因此推荐三个会议：

（1）每日站会。每日开始工作前,拿出不超过 15 分钟的时间,大家一起开个小会。要点是：昨日完成了什么? 今天做什么? 工作中有什么问题? 目的是让团队的所有人都了解其他人的进展,及时发现问题并解决。

（2）评审会议。迭代结束后,把所有利益相关人员聚在一起,让其他人体验并指出问题。可以的话,可邀请最终用户,让用户操作,并要将细节（比如,用户操作时在哪里不顺畅、在哪里表情有变化等）用纸笔记录下来。

（3）回顾会议。团队定期开一次回顾会议,整顿工作,反思工作流程能否进一步优化,最终产出可操作性的行动计划。注意行动计划必须是定义清晰、可操作性强的,不能抽象,不可出现类似“改善”之类的措辞。

基本点 4：Scrum 初期必须要有教练指导。Scrum 初期从内部或者外部寻找教练,指出在日常工作中,哪些是敏捷、哪些是非敏捷、哪些才是正确做法等。

10.5　案例阅读——腾讯的敏捷开发及快速迭代

从 2006 年开始,腾讯的研发规模开始膨胀,开发模式急需规范和标准化,到底是走 IPD（集成产品开发）还是 Agile（敏捷）的开发路线,公司管理层也在为此踌躇不定。之后研发管理部开始与 Thought Works 公司接触,逐渐将敏捷产品开发引入进来,并正式命名为TAPD（Tencent Agile Product Development）。

第一次的接触敏捷,是从一次历时 3 天的培训开始的,Thought Works 派来了一个 4 名讲师组成的团队,由此撒下了腾讯日后推行敏捷的第一批种子。有了这样一个框架之后,就

组建了一些团队去实践,并不断地进行改进,这也是一个不断迭代的过程。整个实施过程大概分成以下几个阶段:

(1) 试点期。组织很多专题研讨和内部培训,树立标杆,在更大范围内进行培训。

(2) 推广期。内部建立了一个顾问团队,开发一些扫盲的课程,不断地对一些团队进行培训,让大家接受这些理念。

同样,腾讯在推广敏捷的过程中也面临一些挑战,正是由于这些挑战,才孕育出了独特的腾讯敏捷模式:

(1) 团队非常多,每个团队特点都不一样,比如规模不一样,应用方法不一样。

(2) 产品非常广,互联网上几乎所有的产品腾讯都有,这种多元化的产品的研发模式会有一些不同,那么敏捷、TAPD 应怎样去适应这种多元化产品的研发?

(3) 敏捷在腾讯也存在一个过程改进,这样就会存在一些不适应性,针对这种不适应性应该怎么样去做才能更好?

(4) 腾讯人员本身的素质也是参差不齐,每年校园招聘大概会招聘 1000 多个毕业生,这些毕业生从毕业到能上手工作,他们对敏捷的理解以及融入敏捷团队中都需要一个过程。

(5) 一些长周期的项目,比如 QQ 客户端,一个版本的发布可能要半年到 1 年的时间,像这样一种产品应怎样去做敏捷开发? 也许它本就不适合敏捷开发。

1. 整体的框架结构

简言之,腾讯的 TAPD 是吸收了 XP＋SCRUM＋FDD 三者特点的并行迭代开发模式,涉及范畴包括敏捷项目管理和敏捷软件开发。

1) 产品

采用 FDD,即产品特性开发驱动的一种模式,腾讯的产品会有一个明确的产品经理角色,他会负责整个产品,包括产品的验证、产品的方向、市场调研、用户调研等。FDD 模式非常适合产品经理来对产品做一些滚动的要求,腾讯在产品设计上引入了类似 FDD 这样的模式,但是也不完全是 FDD,只是参考 FDD,所有的开发团队都是由产品经理所归纳出来的产品特性去驱动研发的。

FDD 的核心是面向产品的功能点,但这个功能点是从客户角度出发的,而不是来自于系统角度。功能点是用一个短句描述出一个业务需求,而这个业务需求的粒度是按开发时间来衡量的(一般不超过两个星期)。产品经理这个角色有点 Scrum 的 Product Owner 的味道,但产品特性和 Backlog 相差甚远,因为产品特性只是一个动宾短语,而 Backlog 却是一个完整的故事(Story)。

2) 项目管理过程

腾讯采取了 Scrum,但也不完全是 Scrum,腾讯根据自己的特点去总结一些实践,其大致的项目管理过程与 Scrum 的过程比较类似,包括每天的晨会、迭代、每个迭代完成的时候会有 Showcase、回顾总结等。

3) 开发实践

参考了很多 XP 的实践,而 XP 完整的实践比较理想化,很多东西不一定能在实际开发中被采纳,腾讯也仅仅是采纳了其中的部分实践,比如自动化测试和持续集成,通过这样的实践可保证产品有一个快速发布的过程。

2. 腾讯的快速迭代过程

一个完整的迭代过程包括概念、设计、开发、测试和发布五个过程。

（1）在概念阶段，会采用 FDD 里面提到的一些最佳实践来支持我们去做敏捷的需求开发，会制订一些产品发布的计划，比如产品的某个迭代什么时候发布，要发布哪些产品特性等。

（2）在设计阶段，会做产品原型上的设计。对于互联网产品来说，更多的是通过快速原型法，快速地让产品在不同环境中去获取一些体验，比如产品在某个迭代的一个小迭代里面，可能会先拿到一个团队里面去体验，然后再发布到公司的某一个部门去体验，最后再发布到整个公司去体验，它会是一个不断放大的过程。

（3）在开发和测试阶段，更多的是采取 XP 的一些实践，包括编码规范、代码走读。构建持续集成的环境，包括自动化构建、自动化测试等。会有一些好的测试方面的实践，如全员测试，就是将测试看成不仅仅是测试人员的工作，而更多的是当作整个团队的工作，通过全员测试来激发大家对产品质量负责。

（4）在发布阶段，腾讯采用的是灰度发布，同传统的软件发布不一样。项目中整个迭代过程是通过类似 Scrum 模式去管理，如每日晨会、建设团队氛围、统一的管理平台以及每次迭代完成时的总结回顾等，这属于项目管理的工作。

（5）其中分析、设计、开发、测试、发布这五个过程可以内部再迭代，而且这五个过程不是分阶段开展的，即不是分析完了之后才设计，全部设计完了才开发，开发结束了才测试，测试通过了才发布。而是边分析边设计、边设计边开发，开发完一个功能就测试一个功能，同时开发下一个功能，在业务不复杂的情况下，这是可行的。

（6）还有一些基础的工作，如代码管理、版本管理、文档管理及异地开发管理，这些都包含在腾讯的整个管理体系中。还会制订一些相关的规范，不过规范并不是强硬地要求某一种过程必须执行，而更多的是让团队根据自己的特点、规模去自主选择应该采取哪些实践。

3. 腾讯是如何做敏捷管理的

1）故事墙

就是白板 Story Wall，平时很多团队都会在工作中使用，这些团队每天都会把新开发的一些产品特性用 Story 的方式在白板上展示出来，整个团队每天都会围绕这个白板，清晰地看到整个产品或者整个项目的每一个过程。写在白板上比用 Excel 或者其他工具管理好，因为写在白板上让人感觉更紧迫、更正式、更一目了然，有一种别人在监督、在注视的感觉。

2）每日晨会

每个团队每天大概花 15～30 分钟，回顾昨天做了什么、昨天有些什么问题、同时也会介绍每个人今天计划做什么工作。对团队而言，这是检查进度、快速调整的非常有效的形式。

最早是通过白板的方式去做，就是每天项目经理组织团队成员面对白板，白板上体现项目的进展情况，通过会议可以很明确地知道昨天大家做到什么程度，今天大家计划做什么，最早的时候每个成员都是口头汇报的。实践一段时间就发现了一些问题：

（1）对于一个 20、30 人的团队，每天要怎样开晨会？这是目前遇到的比较大的困惑。

（2）晨会很容易形式化，究竟带来什么样的效率和效果，目前也在通过一些方式去研究探讨。

（3）有一些形式上的呆板，刚开始做，会觉得比较有意思，觉得这跟传统做法不一样，每天这样做并且做多了就感觉很枯燥，这也是面临的一个挑战。

后来腾讯做出一些改进，比如为了让成员的参与程度更深一些，有些团队就会采取每个人轮流主持的方式，刚开始晨会的时候，也会通过一些好玩的东西去刺激一下，但是总觉得改进得还是不够。在腾讯内部有一个交流通信的软件，有些项目也开始不采用站立晨会的方式，觉得其效率不高，而是通过即时通信软件每天去交流，最后由一个人去统一归纳输出，这样能促进一些分布式团队的合作。所谓分布式团队，就是这个团队中有些人在这个大楼，有些人是在其他地方，通过这种实时交流的方式可以解决一些问题。

3）规划游戏

对敏捷的一种常见误解是不要计划，其实在敏捷的体系中不仅强调计划，甚至还要区分 Release 计划、Iteration 计划和 Task 计划等多种不同粒度、不同时长的计划。规划游戏突出的是让用户代表参与，由用户代表评估用户故事/特性的优先级，开发人员评估任务的开发时间，由用户代表＋项目经理＋核心成员三方共同排序、组合，确定本次迭代计划需要实现的特性列表。在腾讯，用户代表就是产品经理。腾讯特别强调的是并行迭代，即多个版本并行，最大程度发挥资源的效率。Release（发布）可理解成当实现的产品特性累积到一定用户价值时的正式发布，它是比迭代更大的概念；迭代是在固定时间内开发特性的过程，Release 一般会包括多次迭代。

4）时间盒

在腾讯的产品研发中，产品的每一次迭代都有一个明确的时间盒。在每一次迭代开始的时候会召开一次 IPM 会议，即本次迭代的计划会议，会议中团队的所有成员包括产品人员、开发人员、项目经理、总监、部门领导，一起去确定本次迭代要完成的任务，一旦任务确定下来，本次迭代就会严格依照执行。TimeBox 反映了敏捷开发的节奏，即在固定时间内实现不固定特性的周期，抛开需求定义阶段，从设计—实现—测试到部署，在腾讯一般需要一至两周时间。

5）产品演示

提交测试前由开发人员演示实现的功能，产品经理到场回顾产品是否符合当初的设想，避免接近发布时才获得反馈。

6）迭代总结

在每一个产品发布的时候，都会有一个总结。具体的做法是，把做得好的、不好的总结出来，做得好的在下一次迭代中发扬光大，做得不好的在下一次迭代时就要加强改进。这样的总结是要求所有的项目成员都必须参加，包括项目的开发人员、测试人员、QA、项目经理、产品经理等，每个人都要去总结他在上一次迭代中遇到了什么问题，通过便笺纸的方式贴出来。

7）自运转团队

自运转团队，是将需求开发过程详细划分成开发的各环节，并明确每个环节的负责人，由该负责人来驱动上下游的负责人，而不再是由项目经理来连接各个环节，再配合高效的项目协助工具平台，实现开发过程自运转。这时项目经理则由指挥者变成服务者，观察环节之间产生的瓶颈，并及时采取措施扫除障碍。

4. 腾讯是如何进行敏捷开发的

1）用户研究

如何加强用户的参与度,这是一种成本比较低的用户研究方法。通过抓取一些用户数据做分析,可分析用户在这个产品上的整个体验过程是怎样的,通过后台的数据可以看到整个活动的曲线。比如 QQ 拍拍的一个用户的研究,经常会由产品经理和用户研究人员到用户的实际办公地点进行调研,获取一天的反馈,观察用户在一天内是如何使用产品的,再配合一些相关的工具去进行科学的分析。因为互联网产品是非常强调用户反馈的,腾讯有自己内部的一个 CE 反馈平台,在这个平台上可以收集到所有用户的反馈,产品经理可以每天都会看到他所负责的产品有哪些反馈,包括内部的和外部的,然后他就可以根据这些反馈对产品进行一些快速的调整,内部同事也可以踊跃地在平台上反馈,内部同事本身就是QQ 用户。

2）故事卡片/故事墙/特征列表

StoryCard 是 XP 中推荐的需求定义方法,要求符合 Invest 和 Moscow 优先级排序原则;故事墙则用于跟踪故事卡片的变化状态,而特征列表是 Tencent 一直沿用的需求表达形式,在腾讯的 TAPD 工具中已经实现了类似 ThoughtWorks 的 Mingle 的故事卡片管理功能,对于需求跟踪而言这是不错的方法,一目了然。

3）结对编程

理论上结对编程可以提高代码的质量,而且并不会降低开发效率,但腾讯的业务繁忙,资源上不允许两人结对。但是在一些团队里还是一直在尝试着做结对编程的工作。一个在编写程序,旁边还有一个人,同时记录编写过程、编写思路、碰到的问题以及自己的想法,编写完以后一段时间他们会交换一下,就是互相交换着进行编程,这是一个结对编程过程。

4）测试驱动

"测试驱动开发"在腾讯执行得并不太好,腾讯的产品以 Web 形式居多、业务逻辑相对简单,C++下的单元测试有些力不从心。相反自动化测试在腾讯比较盛行,因为有专门的自动化测试团队在推动,并且链接的是正式生产环境,可以即时反映产品当前的状态。

5）持续集成

持续集成可以降低发布前集成阶段的难度与成本,腾讯的自动化构建系统推行得比较早,覆盖了大多数产品,而且正在朝自动化构建—自动化测试—自动化发布三者协同的目标迈进。持续集成具备加快产品发布的能力,在以下几个方面作用明显:

（1）自动编译输出报告,维护代码可运行,及时暴露风险,降低集成成本。

（2）Dailybuild 日构建系统,让产品经理、测试人员可以尽早进行体验和测试。

（3）作为一个自动化系统,利用静态代码检查、单元测试报告等手段为团队提供报告,促进编码质量不断得到提高、降低缺陷解决成本并缩短问题解决时间。

6）灰度发布

灰度发布是腾讯的又一创新,它将产品试用扩大到海量用户一端,在小范围内及时获取用户反馈,分析用户行为和喜好,持续修正自己产品的功能体验。在互联网行业,灰度发布已经成为最重要的发布控制手段。有时我们希望通过向小部分用户开发新功能,来让他们预先体验新功能、新特性。通过用户反馈、数据运营的手段及早获得反馈信息,及时改进。以此方式,既可以降低发布风险,也可以提升发布频率,加快发布节奏。

简而言之,不是将一项业务一下子发布给所有用户,而是分批分期地发布,目的有两个方面,一是减轻服务器压力,二是期间可以在小范围收集到用户的反馈,如果业务出现问题,不会让大范围用户受到影响。随着经验的累积,有了许多种灰度策略和方法,灰度也有了更多的应用,甚至引入到了测试环境,即选择一些热心用户,将功能首先发布给他们,通过他们的使用,来帮助进行一些测试,这使得一些难于模拟的测试场景变得简单,测试人员的压力大大降低。用户才是最好的测试人员,如此获取的测试结果更加真实,同时也让用户享受到了优先体验的特权,可谓一举三得。发布的时候也有策略,比如发布时如何放量、对用户有些什么样的实验、技术上怎样做一些后台开关、运营上怎样跟进以及发布完后怎样收集用户反馈等,都会有一些统一的规则。

7)发布汽车

过于频繁的发布会打破团队节奏,有效的发布管理是必不可少的,根据业务特点,通常会采用三种发布模式,可称之为"发布汽车"。

(1)班车模式。像班车一样,固定周期进行,比如 QQ 客户端基本每个月都会发布一个版本。

(2)的士模式。与 QQ 客户端不同,QQServer 作为一个平台,它的需求来源非常多,因此它采用多线并行的方式,根据需求来源分成十多个子项目,每个子项目如果想要发布,就像打的一样随叫随发布。这样的好处是快,但是协调发布的成本是比较高的,比坐班车花钱要多。

(3)警车模式。顾名思义可以不按法规来开车,因此对于一些特别紧急的需求或运营事件,必须采用警车这种模式,紧急发布,但这样做成本更高,会把交通秩序搞乱。

当然如果仅仅是流程和开发方法确定了还远远不够,更难的是如何将其推动落实。首先,腾讯组织开发了承载敏捷思想的 TAPD 项目管理工具,它类似 Thought Works 的 Mingle,然后腾讯推出了敏捷能力模型,类似 CMM 成熟度模型一样对团队评级加以引导,同时还推出了敏捷指数排行榜形成竞争,营造你追我赶的声势氛围。

10.6 单元测试题

1. 选择题

(1)一家公司的组织文化是开放的,积极并重视持续改造,个人员工在会议期间自由表达自己对流程、政策和程序的意见。项目经理希望在项目期间尊重组织的持续改造价值。项目经理应该从哪里收集经验教训?(　　)

    A. 回顾总结会议　　B. 每日站会　　　　C. 相关方参与计划　　D. 团队章程

(2)项目经理加入一个复杂项目,该项目的需求不稳定且交付周期长。客户希望多个可交付成果能更快地进入市场,并且需要一些功能来提高盈利能力。应该为这个项目推荐什么方法?(　　)

    A. 瀑布式　　　　　B. 增量　　　　　　C. 迭代　　　　　　D. 敏捷

(3)在一次迭代结束时,一位团队成员告诉项目经理,由于几天前出现了无法解决的问题,一个计划任务未完成。若要在将来避免这种情况,项目经理应该怎么做?(　　)

    A. 在回顾总结会议上讨论该问题

　　B. 在演示中说明该问题

　　C. 在下一次迭代规划会上讨论该问题

　　D. 在下一次迭代每日站立会上审查该问题

（4）一家公司转向采用跨职能团队进行项目开发的敏捷方法，并将项目经理分配到一个关键的项目。项目经理应该如何避免员工辞职的可能性？（　　）

　　A. 进行圆桌讨论、研讨会和一对一的会议

　　B. 成立一个委员会来确定敏捷方法

　　C. 要求人力资源部门参与该项目以协助员工管理

　　D. 为所有项目团队成员协商更好的工资（保健因素）或项目奖金

（5）敏捷团队正在根据商业分析师团队提供的用户故事开发产品。在第四次冲刺之后，相关方举行了一次演示，其中三个已完成的故事获得通过，其余两个故事未能满足相关方的期望（验收标准），项目经理应该怎么做？（　　）

　　A. 要求商业分析师开发新的用户故事

　　B. 审查用户故事并签发变更请求

　　C. 确认相关方的期望，然后更新并重新编写用户故事

　　D. 启动一个新项目，将修订后的用户故事纳入工作范围

（6）一个在地理位置上分散的团队正在从事一个 IT 项目，他们发现自己会改写彼此的代码，有时还会处理相同的功能，Scrum 主管正在评估他们如何能够促进团队成员之间更加一致地沟通，从而避免这些问题，Scrum 主管应该怎么做？（　　）

　　A. 举行冲刺评审　　　　　　　　　　B. 召开回顾总结会议

　　C. 安排每日站会　　　　　　　　　　D. 开发一个任务分配系统

（7）在一个敏捷项目的演示期间，项目经理缺席，在审查已完成的工作之后，产品负责人要求进行一项变更，然后获得房间中每个人的一致同意。开发团队立即开始实施这项变更，当项目经理回来工作后，这项变更已经完成，项目经理下一步应该怎么做？（　　）

　　A. 将该不一致性问题通知相关方

　　B. 将已完成的变更更新到工作范围中

　　C. 与项目团队开会，讨论变更控制过程

　　D. 向变更控制委员会（CCB）登记这项变更并请求批准

（8）一个具有多元文化的项目团队分布在不同的地理位置，这会带来挑战，因为密切沟通对团队的成功绩效非常关键，若要最大限度地减少团队的错误沟通，项目经理应该怎么做？（　　）

　　A. 安排每日虚拟会议

　　B. 制订并审查项目仪表板

　　C. 发送每日项目状态报告

　　D. 每天通过电子邮件与团队核对

（9）一家公司开始进行敏捷实践，以便更好地接触全球客户和市场，在过渡期间，很多团队都在与这个变化做斗争，因此影响士气，敏捷教练应该怎样做才能最好地利用敏捷实践并实现高绩效？（　　）

　　A. 与团队成员单独开会，为他们提供项目及其对组织带来好处的一个大蓝图

B. 与团队及其经理紧密合作,通过辅导、指导、教学和推进来识别和解决问题

C. 仅在团队层面教导,提供有关期望的信息,并帮助个人提升技能

D. 获得相关方对团队有效性的反馈,并与团队分享

(10)项目经理正在管理一个由跨职能团队执行的软件重新设计项目。该公司正在进行敏捷转型,项目管理办公室(PMO)发布了更新后的政策和程序,要求当前项目迭代开发整合到项目管理方法中。若要确保每次迭代交付都考虑质量,项目经理应该怎么做?(   )

A. 与相关方以及和项目团队合作,以确保有明确定义的"已完成"定义

B. 将测试和验证活动分配给具有功能背景的团队成员

C. 安排该项目最后一次迭代的所有测试活动,以便整个团队可以关注于同一目标

D. 分配专门的软件测试人员,以确保在整个项目生命周期中进行测试

(11)一家公司准备在软件开发项目上使用敏捷实践。他们想让一位内部的候选人做Scrum Master 的角色。候选人应该具备什么技能?(   )

A. 仆人式领导力   B. 冲突解决技能

C. 演讲技能   D. 项目管理技能

(12)Scrum 团队的成员经常与另一个使用看板的团队产生误解。两个团队应该如何做?(   )

A. 和每一个团队领导进行沟通以确保共同的理解

B. 通过使用电子沟通的方法对决定进行记录

C. 请求部门管理层统一(一种敏捷方法)

D. 讨论选择不同敏捷方法的原理,建立共同的术语表

(13)产品负责人抱怨迭代的进展是不可见的。项目团队如何解决这个问题?(   )

A. 使用莫斯科技术   B. 提供一个可视的看板

C. 提供一个可视的 Kaizen 板   D. 使用 5 问法

(14)在迭代规划中,由于技术的困难团队在估算一个工作时有一些问题。敏捷实践者建议应该如何去做?(   )

A. 创建一个鱼骨图   B. 超额估算以补偿技术的困难

C. 使用规划扑克技术   D. 执行一个探针

(15)你被分配为传统瀑布式模型的团队的项目经理已经很长时间了,你要遵从敏捷的方法,你要朝着这个目标,并且要提升合作,第一步应该怎么做?(   )

A. 你让团队成员学习敏捷方法的一本好书

B. 指导故事撰写工作坊

C. 开始每日的站立例会

D. 指导迭代规划会议

(16)作为一名敏捷教练员,你发现某团队因为一个共享资源的使用问题产生了3级冲突,团队中也因此形成了小团队,并且成员间已经产生个人冲突,你会采取以下哪种措施?(   )

A. 合作   B. 支持   C. 谈判   D. 安全

(17)一名资深业务经理要求团队在当前的迭代周期中添加"非常重要"的一项,作为该敏捷团队的 Scrum Master,你应该怎么做?(   )

A. 把该项添加进来,因为资深业务经理是关键利益相关人之一

B. 告知产品经理,以让产品经理和资深业务经理可以一起工作

C. 把该项加到下一个迭代周期中

D. 把该项添加进来,但是和产品经理及团队共同决定把哪项剔除,以满足承诺

(18) 在敏捷组织中,项目管理办公室如何确保团队成员们的服从?(　　)

A. 确定外在需求,定期查看团队所抱怨的内容

B. 基于服从的需求创建流程,并且要求整个团队遵守这些流程

C. 告诉团队存在的外在挑战,并商量一个能够让团队和客户双方满意的流程

D. 敏捷项目管理办公室保护敏捷团队免受干扰,因为团队其实很难完全遵守这些要求

(19) 对敏捷从业者而言,以下哪个敏捷实践最能帮他们赢得利益相关人的信任?(　　)

A. 个体和交付胜过过程和工具

B. 可工作的软件胜过完备的文档

C. 客户的协作胜过合同谈判

D. 响应变化胜过遵循计划

(20) 哪种说法最能说明冲刺评审?(　　)

A. 它是在 Sprint 期间的团队活动进行的审查

B. 它是 Sprint 团队和利益相关者对 Sprint 产出的检查,并指出在即将到来的冲刺中应该做什么

C. 这是在 Sprint 结束时组织中的每个人的一个演示,为了获取已经完成工作的反馈

D. 它用来祝贺开发团队,如果他们完成了工作的提交,或惩罚开发团队,如果它未能履行其承诺

2. 简答题

(1) 试讨论 Rational 统一过程的优缺点。

(2) 简述 Rational 统一过程、敏捷过程及微软过程的适用范围。

(3) 简述 Sprint Backlog 和 Product Backlog 的关键区别。

(4) 详细地描述 Scrum Master 这个角色起什么作用。

(5) 简述敏捷软件开发中涉及的挑战。

(6) 简述什么时候不能使用敏捷开发?

(7) 简述你如何以一种简单的方式来实施 Scrum。

(8) 简述极限编程 XP 与 RUP 对比。

参 考 文 献

[1]　张海藩,牟永敏.软件工程导论[M].6 版.北京:清华大学出版社,2013.

[2]　骆斌.软件工程与计算(卷三):团队与软件开发实践 [M].北京:机械工业出版社,2012.

[3]　郭宁.IT 项目管理[M].2 版.北京:人民邮电出版社,2019.

[4]　肖来元.软件项目管理与案例分析[M].2 版.北京:清华大学出版社,2014.

[5]　覃征,徐文华,韩毅,等.软件项目管理[M].2 版.北京:清华大学出版社,2019.

[6]　秦航.软件项目管理原理与实践 [M].北京:清华大学出版社,2019.

[7]　刘海.软件项目管理实用教程[M].北京:人民邮电出版社,2015.

[8]　PHILLIPS J. PMP 项目管理认证学习指南[M].4 版.北京:清华大学出版社,2016.

[9]　吴永达.PMP 模拟试题与解析——基于 PMBOK 2008[M].4 版.北京:清华大学出版社,2011.

[10]　Project Management Institute.项目管理知识体系指南(PMBOK 指南)[M].6 版.北京:电子工业出版社,2018.

[11]　PHAM. A. Scrum 实战——敏捷软件项目管理与开发[M].北京:人民邮电出版社,2013.

图书资源支持

感谢您一直以来对清华版图书的支持和爱护。为了配合本书的使用，本书提供配套的资源，有需求的读者请扫描下方的"书圈"微信公众号二维码，在图书专区下载，也可以拨打电话或发送电子邮件咨询。

如果您在使用本书的过程中遇到了什么问题，或者有相关图书出版计划，也请您发邮件告诉我们，以便我们更好地为您服务。

我们的联系方式：

地　　址：北京市海淀区双清路学研大厦 A 座 714

邮　　编：100084

电　　话：010-83470236　010-83470237

客服邮箱：2301891038@qq.com

QQ：2301891038（请写明您的单位和姓名）

资源下载：关注公众号"书圈"下载配套资源。

资源下载、样书申请

书 圈

图书案例

清华计算机学堂

观看课程直播